Structural Resilience in
Sewer Reconstruction
From Theory to Practice

排水管道
改造中的结构弹性
从理论到实践

（日）师自海　（日）渡边志津男　著
（日）小川健一　（日）久保肇

王殿常　李玮　谢向向　贾宁　等译

化学工业出版社
·北京·

内容简介

城市排水系统的健康关系到城市更新、可持续发展等重要内容。随着城市化进程和气候变化风险加剧,城市排水管道老化、功能退化、应对突发情况能力不足等问题逐渐凸显,城市排水管道的结构弹性备受关注。本书从弹性理论出发,介绍了排水管道改造过程中,如何将弹性理论应用于工程实践,通过技术创新提升管道的结构弹性。结合具体案例,对比评估了改造后排水管道的性能和对灾害的抵抗能力。

本书适合排水管道设计、建设、修复等专业领域人员阅读,也可供高等院校相关专业师生教学参考。

Structural Resilience in Sewer Reconstruction, 1st edition
Zihai Shi, Shizuo Watanabe, Kenichi Ogawa, Hajime Kubo
ISBN: 9780128115527
Copyright©2018 Elsevier Inc. All rights reserved.
Authorized Chinese translation published by Chemical Industry Press Co., Ltd.

《排水管道改造中的结构弹性:从理论到实践》(第1版)(王殿常、李玮、谢向向、贾宁 等译)
ISBN: 9787122467225

Copyright © Elsevier Inc. and Chemical Industry Press Co., Ltd. All rights reserved.
No part of this publication may be reproduced or transmitted in any form or by any means, electronic or mechanical, including photocopying, recording, or any information storage and retrieval system, without permission in writing from Elsevier (Singapore) Pte Ltd. Details on how to seek permission, further information about the Elsevier's permissions policies and arrangements with organizations such as the Copyright Clearance Center and the Copyright Licensing Agency, can be found at our website.
This book and the individual contributions contained in it are protected under copyright by Elsevier Inc. and Chemical Industry Press Co., Ltd. (other than as may be noted herein).

This edition of Structural Resilience in Sewer Reconstruction is published by Chemical Industry Press Co., Ltd. under arrangement with ELSEVIER INC.
Unauthorized export of this edition is a violation of the Copyright Act. Violation of this Law is subject to Civil and Criminal Penalties.
本书简体字版由ELSEVIER INC 授权化学工业出版社独家出版发行。
本书仅限在中国内地(大陆)销售,不得销往中国香港、澳门和台湾地区。未经许可之出口,视为违反著作权法,将民事及刑事法律之制裁。
本书封底贴有Elsevier防伪标签,无标签者不得销售。
北京市版权局著作权合同登记号:01-2024-5469

注意

本书涉及领域的知识和实践标准在不断变化。新的研究和经验拓展我们的理解,因此须对研究方法、专业实践或医疗方法作出调整。从业者和研究人员必须始终依靠自身经验和知识来评估和使用本书中提到的所有信息、方法、化合物或本书中描述的实验。在使用这些信息或方法时,他们应注意自身和他人的安全,包括注意他们负有专业责任的当事人的安全。在法律允许的最大范围内,爱思唯尔、译文的原文作者、原文编辑或原文内容提供者均不对因产品责任、疏忽或其他人身或财产伤害及/或损失承担责任,亦不对由于使用或操作文中提到的方法、产品、说明或思想而导致的人身或财产伤害及/或损失承担责任。

图书在版编目(CIP)数据

排水管道改造中的结构弹性:从理论到实践 / (日) 师自海等著;王殿常等译. -- 北京:化学工业出版社,2025. 1. -- ISBN 978-7-122-46722-5

Ⅰ. TU992.4

中国国家版本馆CIP数据核字第20244263HS号

责任编辑:林 俐	文字编辑:邹 宁
责任校对:赵懿桐	装帧设计:韩 飞

出版发行:化学工业出版社(北京市东城区青年湖南街13号 邮政编码100011)
印　　装:中煤(北京)印务有限公司
787mm×1092mm 1/16 印张23¾ 字数536千字
2025年6月北京第1版第1次印刷

购书咨询:010-64518888　　　　　　　售后服务:010-64518899
网　　址:http://www.cip.com.cn
凡购买本书,如有缺损质量问题,本社销售中心负责调换。

定　价:138.00元　　　　　　　　　　　　　　　　　　版权所有　违者必究

本书由"国家重点研发计划项目城市污水管网智慧化管控关键技术研发与应用示范（项目编号：2022YFC3203200）""中国长江三峡集团科研项目长江经济带典型城市排水系统缺陷智能识别与风险评估修复技术研究与应用（项目编号：WWKY-2020-0593）"资助。

主译
王殿常、李玮、谢向向、贾宁

副主译
丁一凡、唐洋博、周睿萌、杨沛、晏点逸

参译
赵润芃、吴一帆、张驰、王鑫、余涛、何汶峰、陈宇杨、曹燕

序

2011年3月11日东日本发生里氏9级大地震之后，我萌生了写作本书的想法。震中附近的日本东北地区和东京的震后实地调查显示，基于SPR（sewerage pipe renewal）方法的排水管道修复效果很好，我觉得是时候写一本关于老化排水管道修复设计以及排水管道改造中的管道结构弹性的书了。随着媒体对福岛第一核电站核事故的报道，写这本书的想法变得更加强烈。福岛第一核电站核事故是由对海啸、严重事故的准备不足以及应急措施不足造成的。

在核电站事故调查中，核电站运营商反复使用"不可预见"这个词来描述巨大海啸袭击核电站并彻底摧毁其电源的情境，暴露了他们在操作这个复杂的系统时未能关注弹性问题。然而，对我来说，这一事件也揭示了巩固当前弹性研究理论基础的迫切性，需要发展一套基于通用弹性指数和目标函数的弹性理论，以便在规划、设计、建设和维护关键基础设施时使用。为此，需要在当前弹性方法中建立系统（S）的弹性指数（r）和系统环境（V）之间的关系。方法是使用一个影响函数 $[I(r)]$，它表示系统和系统环境的相互关系，并测量扰动（D）对后者的影响。弹性方法的本质是将不利事件对系统环境的影响最小化。通过引入相关的能量项，可以很容易地建立基于能量的目标函数、弹性指数和影响函数。

本书由四名作者共同撰写 [其姐妹篇《Structural Analysis and Renovation Design of Ageing Sewers: Design Theories and Case Studies》（《老化排水管道的结构分析和改造设计：理论和案例研究》）已出版]。本书的理论部分（第1章～第3章、第7章～第9章）由本人撰写，本人从事该项科学研究超过30年，为SPR方法的设计贡献了新的理论基础。本书的实践部分包括政策制定、技术和建设的创新发展（第4章～第6章、第10章），由其他三位作者撰写，他们的职业生涯都致力于东京的排水管道改造项目，是SPR方法的主要设计者（该方法获得了日本最高工业技术发展奖，2013年Oukochi纪念奖）。在写这本书时，设定了两个明确的目标：第一，形成弹性的数学定义，为弹性的各个研究领域提供统一的物理解释；第二，通过对20世纪90年代初在东京实施的排水管道改造项目的案例研究，建立排水管道系统的结构弹性理论。希望此次合作内容能全面涵盖排水管道系统的结构弹性理论与实践。

师自海

2017年4月1日

中译本作者序

本书的英文版于 2017 年出版。2022 年 5 月收到朋友的电邮，告知中国长江三峡集团有限公司提议出版该书的中文版。这本凝聚了多年科研与实践成果的著作，终于能在蓬勃发展的祖国发挥用武之地，这让我倍感欣慰。在这个不断变化的新时代，弹性理论在许多重要的社会系统中发挥的积极作用是有目共睹的。在本人生活的日本，面对 2011 年 3 月 11 日东日本发生里氏 9 级大地震，多年来积极应用结构弹性理论进行老化排水管道的修复及改造的东京排水管道系统表现出强劲的弹性；而复杂程度相似但疏于应用该理论管理的福岛第一核电站的系统弹性几乎为零，并因此酿成深远的社会恶果。

虽然本书的工程实践内容多基于日本的现实情况，但对于迅速发展的中国，在相关工程领域的借鉴价值是显而易见的，这也是我花费很大心血完成此书的用意之一。在中文版中，本人对非线性动力学行为的广义两步解（第 2.4.2 节）做了进一步的拓展，使其适用于更大范围的非线性动力学行为的求解（当然英文版重印时也做了相应的修改）。希望这一努力能使本书在工程实践和理论研究中发挥更大的作用。

师自海
2024 年 11 月 1 日

中译本译者序

城市排水系统是城市基础设施的重要组成部分，它不仅关系到城市的防洪排涝能力，还直接影响到城市居民的生活质量和城市的可持续发展。随着时间的推移和城市化进程的需求，排水管道更新改造已成为大部分城市面临的重要难题，城市排水管道老化、功能退化等问题逐渐凸显，亟待解决。近年来，强降雨多发，排水管道等涉水基础设施的弹性和对突发状况的适应与调节能力也越来越受到关注。因此，对排水管道改造等方面的研究和实践显得尤为重要。本书主要从排水管道结构弹性的角度介绍了管道更新过程的技术创新与实践，对后续涉水基础设施的建设、改造和低碳发展等方面具有参考意义。

排水管道的结构弹性，是指管道系统在面对外部环境变化时，能够保持其性能的能力以及受损后恢复的能力。译者认为这种弹性主要体现在以下几个方面：材料的适应性，即采用新型材料或改良现有材料，提高管道的耐腐蚀性、耐磨损性和耐久性；设计上的灵活性，即通过模块化设计，使管道系统能够灵活应对不同地形和环境条件；维护的便捷性，即设计易于维护和快速修复的管道结构，以减少维护的成本和时间。近年来，极端天气事件多发，更加要求排水管道在受到自然灾害等外部冲击时，能够快速恢复并维持正常运行。这就需要考虑冗余设计、灾害预警系统、生态工程等。通过增加备用管道或设施，提高系统的冗余度，确保在部分系统受损时，整体仍能正常运行。建立灾害预警和应急响应机制，提高系统应对突发事件的能力。配合城市水系统生态工程的建设，如雨水花园、透水铺装等，整体增强城市水系统应对突发状况的弹性。

在我国经济持续发展和城镇化进程的背景下，原有的排水管道服役性能较难满足实际需求。管道改造成为提升排水效率的关键措施，具体措施包括布局和配置优化，提升污水收集能力，减少管道淤积和内涝现象；对现有管道进行扩容或增设新管道，以适应更大的排水量；引入智能监控技术，实现对排水管网的实时监控和管理等多个方面的功能。同时，低碳发展或将成为未来排水管道改造需要关注的另一重点。我国在排水管道基础设施建设中逐渐重视节能设备、绿色材料等的使用，包括通过节能型泵站减少能源消耗，使用可再生或低环境影响的材料，减少施工过程的污染等。我国也正在探索通过一体化的城市排水系统管理策略，实现科学调度，降低整个排水系统运行的能耗。再生水、污泥等资源化利用也是未来排水系统低碳发展的关键路径。

从这些角度，我们能够构建一个更加安全、高效、可持续的城市排水系统。这不仅能够提升新时期城市的安全保障能力，还能够为城市的绿色发展和生态文明建设作出贡献。译者在翻译过程中，力求准确传达原文的意图和信息，同时结合我国的实际情况，对一些专业术语和概念进行了适当的本土化处理，以期为读者提供更加贴近实际、易于理解的参考。在翻译的过程中，译者也深感责任重大，因为这不仅是一项语言的转换工作，更是一次跨文化交流的实践。译者希望通过自己的努力，为推动我国城市排水系统的现代化改造和可持续发展贡献一份力量。

  最后，感谢所有参与本书翻译和审校工作的同仁，没有他们的辛勤劳动和智慧，本书的中文版本是不可能完成的。也感谢读者对本书的关注和支持，希望本书能够对您的工作和研究有所帮助。

王殿常

2025 年 1 月 1 日

目录

1 引言

1.1 弹性研究综述 ·· 001
1.1.1 受自然界启发的弹性方法 ··· 001
1.1.2 系统和系统环境 ·· 002
1.1.3 变化和干扰的破坏性能量 ··· 002
1.1.4 弹性的本质 ··· 003
1.1.5 弹性的量化 ··· 003

1.2 福岛第一核电站核事故的教训 ··· 004
1.2.1 福岛第一核电站核事故 ·· 004
1.2.2 根本原因分析 ··· 005
1.2.3 经验教训 ·· 006

1.3 东京排水管道改造过程中的结构弹性构建 ································· 008
1.3.1 排水管道老化及排水管道系统改造 ···································· 008
1.3.2 老旧排水管道改造设计中的半复合管概念 ·························· 008
1.3.3 通过排水管道改造构建弹性系统 ······································· 010

1.4 本书的主要特点 ··· 011

参考文献 ·· 011

2 弹性理论及其数学概论

2.1 社会生态系统中的弹性理论和实践 ·· 013
2.1.1 弹性方法 ·· 013
2.1.2 原则1,保持多样性和冗余性 ··· 016
2.1.3 原则2,管理连通性 ·· 017
2.1.4 原则3,管理慢变量和反馈 ··· 018
2.1.5 原则4,培养复杂自适应系统思维 ···································· 020
2.1.6 原则5,鼓励学习 ··· 022

- 2.1.7 原则6，拓宽参与度 ··· 023
- 2.1.8 原则7，推进多中心治理 ··································· 024
- 2.1.9 总结 ··· 026
- **参考文献** ·· 026

2.2 社会技术系统中的弹性理论与实践 ······························ 031
- 2.2.1 弹性方法 ··· 032
- 2.2.2 处理实际情况：响应 ······································· 033
- 2.2.3 处理关键问题：监测 ······································· 034
- 2.2.4 处理潜在问题：预期 ······································· 037
- 2.2.5 处理现实问题：学习 ······································· 039
- 2.2.6 弹性的本质是什么 ··· 040
- **参考文献** ·· 040

2.3 计算机系统中的弹性理论与实践 ································ 042
- 2.3.1 新出现的挑战 ··· 042
- 2.3.2 弹性方法 ··· 044
- 2.3.3 辐射对电子设备的影响 ····································· 045
- 2.3.4 故障处理中的冗余性 ······································· 048
- 2.3.5 具有增强抗干扰能力的容错系统 ····························· 051
- 2.3.6 支持弹性的硬件和软件系统 ································· 053
- **参考文献** ·· 054

2.4 弹性理论的数学概括和非线性动力学行为的两步解 ················ 056
- 2.4.1 弹性的数学定义 ··· 056
- 2.4.2 非线性动力学行为的广义两步解 ····························· 058
- **参考文献** ·· 063

3 弹性评估方法和图论基础

3.1 基于性能的弹性评估方法 ······································ 065
- 3.1.1 基于性能的弹性指标和弹性三角形 ··························· 065
- 3.1.2 弹性表示为系统性能恢复与损失的比率 ······················· 067
- 3.1.3 弹性三角形和影响函数的重新定义 ··························· 072

3.2 图论的基本概念 ·· 076
- 3.2.1 图的定义和基本性质 ······································· 076
- 3.2.2 矩阵表示 ··· 078
- 3.2.3 图的类型 ··· 080

3.3 图论的实际应用 ·· 083
3.3.1 寻找最短路径 ··· 083
3.3.2 最优图的遍历 ··· 085
3.3.3 最小生成树 ··· 090

参考文献 ·· 091

图论中使用的符号 ·· 092

4 日本为增强社会基础设施弹性所做的努力

4.1 日本基础设施的发展历史 ································· 093
4.1.1 战后70年的基础设施发展 ································ 093
4.1.2 排水管道建设和改造的历史 ······························ 095

4.2 日本基础设施面临的挑战 ································· 099
4.2.1 恶劣的自然条件 ·· 099
4.2.2 老化的基础设施 ·· 101
4.2.3 人口减少 ··· 102
4.2.4 经济衰退和国际竞争加剧 ·································· 103
4.2.5 日益严格的财政限制 ······································· 103

4.3 日本为增强基础设施弹性采取的最新措施 ············ 105
4.3.1 《国土强韧化基本法》的原则 ···························· 105
4.3.2 《国土强韧化基本法》的政策 ···························· 106
4.3.3 东京采取的弹性增强措施 ·································· 108

参考文献 ·· 111

5 东京排水管道改造和弹性增强措施

5.1 东京排水管道系统概述 ···································· 113
5.1.1 排水管道项目的起源 ······································· 113
5.1.2 排水管道改造工程启动 ···································· 114
5.1.3 灾后恢复和排水管道项目 ·································· 114
5.1.4 东京及其排水管道系统的扩张 ··························· 114
5.1.5 战后恢复和排水管道项目的全面实施 ·················· 115
5.1.6 城市问题和排水管道服务的新趋势 ····················· 116
5.1.7 排水管道管理中的石油危机和财务困难 ··············· 118
5.1.8 实现100%覆盖率目标的排水管道改造 ················ 118
5.1.9 排水管道项目实施的多方面举措 ························ 119

5.2 维护和修复措施……………………………………………………124
　　5.2.1 排水管道改造……………………………………………124
　　5.2.2 再生水中心和泵站的改造………………………………128
5.3 内涝防治措施……………………………………………………130
　　5.3.1 现状与挑战………………………………………………130
　　5.3.2 今后的任务………………………………………………131
　　5.3.3 《管理计划》中的主要工作……………………………131
5.4 抗震措施…………………………………………………………133
　　5.4.1 现状与挑战………………………………………………133
　　5.4.2 今后的任务………………………………………………135
　　5.4.3 《管理计划》中的主要工作……………………………136
5.5 水环境改善………………………………………………………140
　　5.5.1 现状与挑战………………………………………………140
　　5.5.2 今后的任务………………………………………………140
　　5.5.3 《管理计划》中的主要工作……………………………140
　　5.5.4 迄今为止取得的成效……………………………………141
5.6 减少环境负荷……………………………………………………142
　　5.6.1 污水深度处理……………………………………………142
　　5.6.2 污泥处理…………………………………………………144
5.7 危机管理…………………………………………………………148
　　5.7.1 建立或加强紧急恢复准备工作，以确保排水管道系统正常运行……148
　　5.7.2 与市政当局合作加强防灾措施…………………………148
　　5.7.3 加强风险沟通，以更好应对灾害………………………149
5.8 以远见卓识、科学管理、迅速行动来增强弹性………………150
参考文献………………………………………………………………150

6 通过技术创新提高排水管道改造的结构弹性

6.1 排水管道老化问题及弹性增强措施概述………………………153
　　6.1.1 排水管道老化问题………………………………………153
　　6.1.2 排水管道弹性措施的概念………………………………155
6.2 排水管道资产管理………………………………………………156
　　6.2.1 资产管理办法……………………………………………156
　　6.2.2 与资产管理相关的登记系统概述………………………157

6.3 存量排水管道的健全性评估方法 ·· 159
  6.3.1 技术开发背景 ·· 159
  6.3.2 新开发的系统 ·· 160

6.4 存量排水管道的可用性评估 ·· 164

6.5 排水管道修复 ·· 165
  6.5.1 排水管道修复的必要性 ·· 165
  6.5.2 排水管道修复方法分类 ·· 167
  6.5.3 修复方法类型 ·· 168

6.6 排水管道修复（SPR）方法的发展 ·· 173
  6.6.1 什么是"SPR方法" ·· 174
  6.6.2 排水管道修复型材研发 ·· 177
  6.6.3 排水管道修复方法的发展历史 ·· 180
  6.6.4 排水管道修复方法施工程序 ·· 182
  6.6.5 老化排水管道的材料强度调查 ·· 187
  6.6.6 排水管道修复所需的原有管道调查 ·· 189

6.7 通过技术创新提高排水管道系统的结构弹性 ·· 194

参考文献 ·· 196

7 排水管道改造的结构分析理论与试验研究

7.1 引言 ·· 197

7.2 规范要求解析 ·· 198
  7.2.1 采用复合管法改造排水管道的指南纲要 ·· 198
  7.2.2 复合结构构件的基本规范要求 ·· 200

7.3 排水管道修复的试验研究 ·· 202
  7.3.1 承载能力的断裂试验 ·· 203
  7.3.2 结构元素测试 ·· 211

7.4 半复合管模型和基于断裂力学的材料建模 ·· 221
  7.4.1 无张力界面模型 ·· 221
  7.4.2 材料建模 ·· 224

7.5 基于弥散裂纹法的修复后排水管道开裂的数值分析 ·· 226
  7.5.1 案例选择 ·· 226
  7.5.2 矩形管的数值结果 ·· 228
  7.5.3 圆形管的数值结果 ·· 231

7.5.4 小结 ··· 235

7.6 基于离散裂纹法的修复后检查井的开裂行为的数值分析 ········· 235

7.6.1 案例设置 ·· 235

7.6.2 检查井试样的数值结果 ··· 239

7.6.3 小结 ·· 242

7.7 地下水压力下底拱衬里的屈曲理论 ··································· 243

7.7.1 地下水压力下底拱衬里的屈曲 ································ 243

7.7.2 验证研究 ·· 243

7.7.3 屈曲设计 ·· 246

7.8 建立具备强度冗余的结构弹性 ··· 247

附录 ··· 248

附录7.A 使用正割弹性模量进行应变软化的局部弥散裂纹模型 ······ 248

附录7.B 用于Ⅰ型开裂的EFCM公式 ·· 249

附录7.C 底拱衬里的屈曲方程推导 ·· 253

参考文献 ··· 256

8 基于性能的老旧排水管道改造设计

8.1 基于性能设计提高结构弹性 ·· 257

8.2 排水管道改造的性能要求 ··· 258

8.2.1 性能验证的基本概念 ·· 258

8.2.2 排水管道改造修复的性能要求 ································ 259

8.3 正常载荷下的性能验证 ·· 261

8.3.1 正常使用极限状态验证 ··· 261

8.3.2 承载能力极限状态验证 ··· 262

8.3.3 安全系数 ··· 262

8.3.4 设计载荷 ··· 263

8.3.5 非线性结构分析 ·· 263

8.3.6 载荷系数性能评估 ·· 266

8.4 地震载荷下的性能验证 ·· 268

8.4.1 抗震性能要求验证标准 ··· 268

8.4.2 正常使用极限状态验证 ··· 270

8.4.3 承载能力极限状态验证 ··· 270

8.4.4 安全系数 ··· 270

  8.4.5 验证所用的分析方法···271
  8.4.6 基于非线性动力分析的抗震验证···271

8.5 排水管道修复后抗震性能的试验验证···277
  8.5.1 抗震验证试验···277
  8.5.2 型材拉拔试验···282

8.6 辅助设计软件的开发··285
  8.6.1 基本功能···285
  8.6.2 运行任务···290

8.7 设计案例研究···291
  8.7.1 结构分析的确定条件···291
  8.7.2 正常和地震载荷条件下的安全验证···298
  8.7.3 底板局部屈曲的安全验证···299
  8.7.4 确定修复条件···301

参考文献···302

9 排水管道系统的结构弹性

9.1 结构弹性理论···305
  9.1.1 结构损伤能量···305
  9.1.2 定义结构弹性···306

9.2 某排水管道震后应急恢复的结构弹性评价··309
  9.2.1 排水管道系统应急修复的基本考虑因素·······································309
  9.2.2 关键路径法··312
  9.2.3 排水管道应急修复期间结构弹性与影响指标评价···························312

9.3 基于两个经典图论问题的震后路网应急行动······································324

9.4 两个弹性定义之间的关系···329

9.5 关于结构弹性理论和复杂社会基础设施系统的总结···························330
  9.5.1 弹性增强的四项原则···330
  9.5.2 受变化和干扰影响的复杂社会基础设施系统的安全性评价················331
  9.5.3 结构弹性理论的含义···331

参考文献···332

10　不同国家的排水管道修复改造工程

10.1　日本排水管道改造项目概述 ·············· 333
10.1.1　日本管道建设现状 ·············· 333
10.1.2　管道设施的抗震加固 ·············· 333
10.1.3　管道修复技术 ·············· 334
10.1.4　SPR技术 ·············· 336

10.2　老旧排水管道和非排水管道修复工程 ·············· 336
10.2.1　小管径管道修复 ·············· 337
10.2.2　大管径管道修复 ·············· 337
10.2.3　非圆形管道修复 ·············· 338
10.2.4　非排水管道修复 ·············· 340

10.3　检查井抗震加固实例 ·············· 341
10.3.1　柔性结构法 ·············· 341
10.3.2　超孔隙水压力消散法 ·············· 343

10.4　后评估调查 ·············· 346
10.4.1　施工后的长期调查 ·············· 346
10.4.2　震后调查 ·············· 347

10.5　其他国家的排水管道修复项目 ·············· 349
10.5.1　项目背景 ·············· 349
10.5.2　SPR方法的广泛应用 ·············· 349

10.6　其他国家的排水管道修复案例研究 ·············· 350
10.6.1　案例1：法国欧博讷 ·············· 350
10.6.2　案例2：德国安斯巴赫 ·············· 352
10.6.3　其他案例 ·············· 354

附录 ·············· 355
附录10.A　来自宫城县东武污水处理办公室的当地政府报告：
东日本大地震中经抗震加固的排水管道的性能 ·············· 355

参考文献 ·············· 360

致谢

1 引言

1.1 弹性研究综述

1.1.1 受自然界启发的弹性方法

鱼儿游动，鸟儿飞翔，四季交替，这些充满奇迹的自然现象，自古以来就激发着人类通过掌握非凡的技能，在瞬息万变的世界中适应并生存，通过模仿、想象和技术发明来延续种族。但是仍然有一些自然奇迹并不像上述现象一样那么容易被观察到。要观察和理解这些不那么明显的自然现象是如何运作的，逻辑推理和深刻分析必不可少。1973 年霍林（Holling）在《Annual Reviews》（Holling，1973）上发表了一篇具有开创性的评论论文，提出了"生态系统弹性"，并从哲学层面阐述了这一理论。

> "我们所观察到的个体死亡、种群消失、物种灭绝，是观察世界的一种视角，但是也可以从另一种视角观察，即不过多关注生物的存在或消亡，而是关注生物体的数量及其数量的稳定程度……如果我们正在研究一个严重受到外部变化影响的系统，并且该系统将持续地面临意外情况，那么该系统的行为一致性就不那么重要了，重要的是系统内部关系能否持续稳定。因此，人们的注意力转移到了事物的性质和其是否存在的问题上。"

霍林基于这种自然现象提出了生态系统弹性理论：从系统行为的两种不同视角到一系列不断变化和干扰的外部条件，以及可能发生的出乎意料的事件，这些都会对系统产生深刻的影响。在这些严酷的条件下，自然生态系统除了表现出已知的稳定行为外，还表现出另一种非凡的行为，即弹性。它衡量的是系统的持久性以及系统吸收变化和干扰后，仍保持种群或状态变量之间的关系的能力（Holling，1973）。

在霍林的论文发表数十年后，弹性理论已经扩展到科学研究的几乎所有领域，从生态学到经济社会科学，从计算机科学到工程研究，这些都基于同一基础——霍林的理论及其延伸发展。人类再次试图从自然中了解"弹性"这一非凡特性，以便应对新时期不断变化的世界。

新时期的特点包括前所未有的气候变化、频繁发生的严重自然灾害以及恐怖袭击等不可预测的灾难。考虑到生态系统与其他系统在系统功能特性以及管理机制等方面的科学差异，这种学习过程显然不能只是简单地模仿自然现象。相反，任何这样的系统（就像这本书中讨论的排水管道系统一样）都需要一种创新的方法，以实现在面对变化和干扰时的弹性恢复。

在研究人员和实践人员的共同努力下，弹性理论的发展在社会生态系统和社会技术系统等许多重要系统中已取得重大进展，这些理论涉及专家提出的非常具体的原则和有用的实践。然而，学术界对弹性的本质尚未达成共识，也没有统一的弹性指标来量化所有相关系统的弹性。弹性研究在理论和计算方面长期没有进展，阻碍了弹性研究方法的发展。

就像任一科学学科，如物理学，一个已证明的理论关注的是其核心问题，通常是从质量、速度/加速度、力和能量等方面，揭示给定问题中基本元素的基本关系，这为理解和解决实际问题提供了重要指导。同样，研究人员也希望通过明确弹性的本质，形成一个适用于所有系统的弹性核心问题的一般理论，以及一个可以用来量化弹性的统一标准。这不仅有助于提高现有的各种系统的弹性和实践的有效性，而且有助于在普遍接受的弹性理论基础上发展新的弹性理论。

1.1.2　系统和系统环境

系统是指任何自然形成或人为创造/设计的系统，包括自然生态系统、社会生态系统、社会技术系统和计算机系统。根据定义，一个系统有空间和时间的界限，并被它所处的环境包围和影响。为了避免与自然环境的概念混淆，本书将系统的环境明确定义为系统环境，根据具体情况，系统环境可以仅指与该系统密切相关的人。值得强调的是，对于任何给定的系统，都存在一个支持并与系统互动且接受其行为影响的系统环境。

例如，日本东京污水管道系统的系统环境包括东京都会区及其中1300多万居住和工作的人群。该地区的社会和生态结构也包含在系统环境中。同样，一个大坝水库的系统环境包括上游和下游地区以及周边生活和工作的人。与民用基础设施系统中这些庞杂的系统环境相比，心脏起搏器中植入的计算机芯片所处的系统环境较简单。对于客机上的嵌入式实时系统，乘客和机组人员以及飞机本身都是系统环境的一部分。

如下文所述，2011年3月11日，在东日本大地震期间发生的福岛第一核电站事故中，核电站的系统环境包括整个福岛县以及事故发生时在该地区生活和工作的大约200万人。显然，周边地区和生态系统也应被视为扩展的系统环境，因为它们都受到了放射性沉降物的影响。

1.1.3　变化和干扰的破坏性能量

变化和干扰是指一定数量的破坏性能量从外部施加到一个系统上并干扰其正常运作的物理过程，这些不良事件的破坏性能量是导致系统发生变化的原因。在地震、洪水、滑坡、台风或海啸等自然灾害发生时，大部分破坏性能量都在很短的时间内被释放出来。但这些能量也可能在很长一段时间内缓慢释放，比如污水管道系统的老化，会涉及复杂的材料和结构的退化和损坏过程，可能需要几十年才会表现出来；再比如长期的干旱可能持续数年才会严重损害农业和畜牧业。

对于以安全为关键的计算机系统而言，辐射会导致瞬时故障，从而导致灾难性的系统故障。电离辐射以波或粒子形式所产生的破坏性能量是造成原子晶格位移和电离损伤的直接原因，这是辐射损伤的基本机制。在核电站发生重大核事故时，破坏性能量既包括对系统操作人员的致命影响，也包括大量放射性物质释放对系统环境的影响。

1.1.4 弹性的本质

为了揭示弹性的本质，我们考虑了大坝-水库系统因大地震释放了破坏性能量后可能出现的一些情景。

① **一个有弹性的系统**：尽管发生了大地震，但大坝没有出现可能会影响大坝水库系统正常运作的严重裂缝。地震的破坏性能量完全被大坝在地震运动过程中产生的运动学能量所吸收，不会向系统环境释放负面能量。

② **一个非弹性的系统**：由于大地震，大坝遭受严重的影响而产生裂缝，可能会影响大坝水库系统的正常运作，如其防洪功能因溢洪道受损而危及下游地区。也就是说，一定量的负面能量会以断裂能的形式释放到系统环境中。

③ **一个失灵的系统**：在大地震的作用下，大坝产生贯通性裂缝，导致下游地区洪水泛滥，造成严重的社会、环境和经济后果。在这种情况下，大量的破坏性能量被释放到系统环境中。

综上所述，一个有弹性的系统能够吸收变化和干扰的破坏性能量，保护系统环境免受这些事件的负面影响。非弹性系统只能吸收部分破坏性能量，并释放剩余部分，对系统环境产生一些负面影响。失灵系统在事件发生时引发系统故障，向系统环境释放大量的破坏性能量。因此，可以通过评估释放到系统环境中的负面能量的量级来评估给定系统的弹性。这就提出了弹性研究的基本问题：弹性的本质是什么？

一个简单的答案是，弹性的本质是开发能够完全吸收某些不利事件的破坏性能量的弹性系统，从而保护系统环境免受变化和干扰的负面影响，例如，全球生态系统是地球上所有系统的扩展环境，人类希望通过弹性方法最大限度地减少变化和干扰对系统环境的影响，并通过可持续发展再次实现与自然的和谐相处。

显然，前面针对大坝水库系统提出的弹性分析的三种情景同样可以应用到其他类型的系统中，如前面提到的大型城市污水管道系统，植入心脏病患者体内的起搏器，或客机上计算机系统中的芯片，以及核电站的系统。毋庸置疑，根据系统的功能和特点，每个系统都有其独特的度量、规模和干扰类型，用于评估其系统性能。但对于弹性系统来说，无论研究领域还是科学学科，它们都有能力完全吸收造成变化和干扰的破坏性能量，并最大限度地减少这些不利事件对其系统环境的影响。

1.1.5 弹性的量化

基于前面的讨论，以系统吸收的能量与造成变化和干扰的破坏性能量的比率来衡量弹性，成为各种系统弹性评估的通用度量方法。对于弹性系统，这个比率是1；对于非弹性或弹性较小的系统，这个比率小于1；对于一个失灵的系统，这个比率是0。对于大多数现实世界的系统，这个比率一般在0至1之间。对于这些系统来说，比率越高，系统就越有弹性。

需要注意的是，如果弹性被定义为恢复与损失的比率，那么基于能量的弹性度量实际上就等同于基于性能的度量（Henry和Ramirez-Marquez，2012）。这是因为系统中由于变化和干扰而失去的性能是这些事件的破坏性能量所做的功，而性能的恢复则是系统所做的功，即系统吸收的能量。这些概念可以通过众所周知的弹性三角形（resilience triangle）进行最佳解释，弹性三角形描述了"由于破坏和干扰而导致的性能损失，以及随着时间的推移而恢复的形式（Tierney和Bruneau，2007）"。这些重要工作的细节将在第3章"弹性评估方法和图论基础"中阐述。

两种弹性指标，即基于性能的指标和基于能量的指标，哪一种适用于给定系统的弹性研究？答案取决于系统本身。当系统的性能可以很容易地被量化时，使用基于性能的度量方法可能较为容易。然而，当系统性能难以量化时，就应该使用基于能量的度量方法。

1.2 福岛第一核电站核事故的教训

> 原子释放出来的能量改变了一切，除了我们的思维。因此，我们正走向空前的灾难。如果人类要生存下去，我们就需要一种全新的思维方式。
>
> ——爱因斯坦
> 《原子科学家公报》，1979年3月

1.2.1 福岛第一核电站核事故

2011年3月11日，日本本州东海岸附近发生了里氏9级地震。日本东部大地震是由邻近日本海沟的地壳大面积多段断裂造成的。这是日本有记录以来最强烈的地震。地震引发了强烈的海啸，袭击了包括东北海岸在内的大片沿海地区，部分海浪高达10m以上。地震和海啸造成了巨大的生命损失和大规模的破坏：造成15000多人死亡，6000多人受伤，4年后仍有大约2500人失踪（国际原子能机构，2015）。这场灾害对日本的建筑物和基础设施造成了相当大的破坏，特别是东北部沿海地区受影响最为严重。

福岛第一核电站由东京电力公司（TEPCO）运营，地震破坏了向该核电站供电的电线，随后的海啸对该核电站的运营和安全基础设施造成了重大破坏。所有现场和场外电力完全丧失。最严重的是，电力设备室发生洪水切断了其部件和装置的电力供应，这导致三个运行中的反应堆机组以及乏燃料池的冷却系统失效。

尽管反应堆操作员努力控制，但仍然造成1号、2号和3号反应堆的堆芯过热，核燃料熔化，三个安全壳破裂。反应堆压力容器中的氢气泄漏，导致1号、3号和4号反应堆厂房内发生爆炸，造成建筑和设备受损、人员受伤。放射性核素被释放到大气中，然后沉积于陆地和海洋，也有的直接泄漏于海洋中。方圆20km及其他指定区域内的居民被疏散，方圆20～30km内的居民被告知避难，随后被建议自愿撤离。根据国际核事件分级（INES），福岛第一核电站核事故被日本政府核安全机构评为7级，是自1986年切尔诺贝利第一次7级重大灾难以来最严重的核电站事故。

1.2.2 根本原因分析

基于日本原子能学会发表的《福岛核事故委员会调查报告》（AESJ，2016），本书开展以下关于福岛第一核电站核事故根本原因的讨论。

1.2.2.1 直接因素

核电站的灾难性事故与当地居民所遭受的痛苦存在因果关系。地震引起的地面运动和海啸导致核电站的许多设备失效，严重损坏了核反应堆，反应堆中的大量放射性物质被释放到环境中。核电站大部分能源的损失更是加剧了这一严峻形势。有三个因素直接导致了事故和当地居民的灾难：

- 对海啸的应对准备不足；
- 对严重事故的应对准备不足；
- 应急措施、事后行动、缓解和恢复措施不足。

尽管在日本东部大地震之前，人们已经获得了关于海啸的两项新研究成果，但没有采取任何行动。其中一项涉及历史文献中提到的公元869年三陆海岸外的贞观（Jogan）地震引发的海啸，这次海啸的沉积物主要分布在宫城县，相关海啸源模型的学术论文已发表。第二项是日本文部科学省地震调查研究指出的福岛县近海海沟发生海啸地震的可能性。2008年，东京电力公司对每一次海啸进行了模拟，并计算出福岛第一核电站的最大波高分别可以达到9.2m和15.7m。这些波高远高于东京电力公司此前估计的5.7m。然而，东京电力公司针对预测结果并没有及时采取行动，一部分原因是他们不相信这些海啸源理论可以代表地震学家的统一观点，另一部分原因是他们认为发生这样一场海啸的可能性不大，不需要额外的准备。然而，此事件的重点应该是所谓的悬崖边缘效应，即如果采取概率方法来解决这一问题，那么海啸事件超过设计波高会大幅增加反应堆堆芯损坏的概率。

严重事故是指比设计基准事故更严重的事故。由于设计基准事故是基于一定的假设，因此发生更大事故的可能性不为零。为防止发生严重事故时反应堆堆芯损坏或安全壳损坏，人们制定了一套事故管理（Accident Management，AM）措施。该措施是核电运营商自愿采取的措施，日本所有的核电站在2002年之前都采用了AM措施，但此后很少对这些措施进行审查。特别是没有采取任何措施来预防和减轻地震、海啸等自然灾害造成的严重事故的影响。

在发生核事故时，如果大量放射性物质释放到环境中，必须紧急疏散当地居民。在距离福岛第一核电站5km的地方，有一个应急响应支持设施（场外中心），但由于地震几乎切断了所有通信手段，总部无法进行现场应急响应指挥。关于使用碘片的说明并没有普及到每个人。由于应对紧急情况的准备不足，造成当地居民撤离失败。消毒工作的延迟也是由于未能预见到这类紧急情况。

1.2.2.2 背景因素

本节分析了导致事故直接原因的背景，重点涉及专家、电厂运营商和监管当局的组织背景因素。由于该事故是从日本原子能协会（AESJ）专家团队的角度来调查的，因此与专家相关的背景因素位于首位。

（1）专家对自己的角色认识不足

专家们局限在自己的专业范围内，没有注意到系统安全措施的不足。海啸方面的专家主要专注于海啸问题，而没有充分讨论核电站的相关风险。核安全专家专注于核电站的专有知识，对涉及的自然灾害风险缺乏了解。

（2）电厂操作员缺乏安全意识和安全措施

作为核电站运营商，东京电力公司没有正视海啸和严重事故的新研究成果所揭示的风险。他们延迟采取必要的安全措施，应该受到谴责。在做出管理决策时，他们没有认真对待事故风险。

（3）监管机构缺乏安全意识

作为监管机构，原子力安全保安院（NISA）已经从东京电力公司那里收到了有关预测到海啸风险的信息，但没有指示东京电力公司采取安全措施。作为负责安全监管的机构，NISA对自己的责任认识不足。

（4）缺乏从国际合作中学习的谦逊态度

缺乏向其他国家的良好做法以及向原子能机构和其他国际组织学习经验的意愿。例如，2004年印度洋发生9.1级地震时，印度洋另一侧海岸的一座核电站部分被海啸淹没。然而，这次地震和海啸并没有促使日本做出任何努力或措施，来加强应对发生在日本各地的类似震级的地震和海啸。

（5）缺乏安全监管的专职人员和组织管理体系

核电站不仅是一个工程系统，更是一个大型的复杂系统，而且与社会和经济息息相关。例如，安全措施不能简单地依靠安全设备发挥作用。这些措施是否有效，在很大程度上取决于人员管理以及维护和应急响应行动。迄今为止，所有背景因素中的另一个共同点在于，事故发生时既缺乏具备相应能力的人员，也缺乏能够系统、综合地发挥作用，以确保核电站这一庞杂系统的安全的管理体系。

1.2.3 经验教训

根据前面讨论的弹性本质，弹性系统能够吸收变化和干扰的破坏性能量，保护其系统环境免受与这些事件相关的不利影响。国际原子能机构（IAEA，2015）的报告《福岛第一核电站事故》（The Fukushima Daiichi Accident）中提出了改善核电站运行中核安全工作的建议，重点是提高这些复杂的社会技术系统在不断变化的条件下的应变能力，并为意外情况做好准备。这些建议包括以下六个方面：

- 核电站对外部事件的脆弱性评估；
- 纵深防御概念的应用；
- 未能履行基本安全功能的评估；
- 超出设计基准事故和事故管理（Accident Management，AM）的评估；
- 监管有效性的评估；
- 人员和组织因素的评估。

报告摘录如下。

对自然灾害的评估需要足够保守。

考虑到知识的进步，核电站的安全需要定期进行评估，并需要立即采取必要的纠正或补偿措施。

运营需要经验的项目需要参考来自国内和国际的经验。

纵深防御的概念仍然有效，但需要通过充分的独立性、冗余性、多样性和对内外危害的保护，在各级加强这一概念的实施。不仅要注重事故预防，还要注重改进缓解措施。

仪表和控制系统在超出设计基准的事故期间需要保持可操作性，以便监测重要的电站安全参数，并支撑电站运行。

为了确保对核设施安全的有效监管，监管机构必须是独立的，并拥有法律权威、技术能力和强大的安全意识。

显然，这些纠正措施直接解决了前面所讨论事故的根本原因。而且国际原子能机构的建议可以概括为构建弹性社会技术系统的四项基本能力（Hollnagel 等，2011）：应对事件的能力，持续监测事件发展的能力，预测未来的威胁和可能性的能力，从过去的失败和成功中吸取经验的能力。社会技术系统中的弹性方法将在第 2 章"弹性理论及其数学概论"中进行阐述。

基于对福岛第一核电站核事故的研究，Omoto（2013）提出了可以从事故中吸取的普遍教训。

① **弹性**：需要增强组织能力，以在不断变化的环境中作出反应、监控、预测和学习，特别是为意外事件做好准备。包括通过了解"悬崖边缘"的位置以及如何提高安全距离来增加到"悬崖边缘"的距离。

② **责任**：经营者主要负责安全问题，政府负责保护公众健康和环境。对他们来说，其正确决定取决于他们的能力、知识和对技术的理解，以及对所知局限性的认知，并保持从他人经验中学习的谦逊态度。

③ **社会经营许可**：无论事故发生概率如何，都必须尽量避免合理预见的环境影响（例如土地污染），并且要建立公众信心/信任和更新责任计划。

需要指出的是，Kitamura 在使用弹性概念分析事故时提供了类似的教训（Kitamura，2014）。

正如 Acton 和 Hibbs（2012）所观察到的，福岛第一核电站事故并没有揭示与核能相关的先前未知的致命缺陷。也许它实际上揭示的是爱因斯坦在警告人们面临核时代的危险时，对"我们的思维"的担忧，而这种思维在前原子时代就已经形成，因此在这个快速变化的世界中，在"原子释放的能量"所导致的灾难性后果方面，要充分理解"我们的思维"存在致命的局限性。可悲的是，继切尔诺贝利核灾难之后，福岛第一核电站事故再一次充分印证了爱因斯坦的这种担忧。

尽管未来的前景令人担忧，但还是有希望的。随着弹性科学的出现，从爱因斯坦的警告中推断出的一种新的思维方式正在出现并日益强大，希望人类能够及时成熟，以避免无法想象的灾难。

1.3 东京排水管道改造过程中的结构弹性构建

1.3.1 排水管道老化及排水管道系统改造

东京排水管道系统的建设可以追溯到明治时代（1868—1912）。经过一个多世纪的发展，截至 1994 年底，东京城区的排水管道覆盖率几乎达到 100%。这座大都市地下纵横交错的排水管道总长约 16000km，是东京到悉尼距离的两倍。此外，还有 20 个水回收中心和 86 个泵站。东京的排水管道系统每天排放 $5.56×10^6 m^3$ 的污水，足够填满 4.5 个东京巨蛋棒球场（Tokyo Dome baseball stadium）。

由于东京的排水管道系统建设周期较长，一些早期建成的排水管道已经接近或超过了其 50 年的设计使用寿命，到达设计使用年限的时间远远早于该市实现完全排水管道覆盖目标的时间。经过几十年的强交通负荷和在强腐蚀性污水环境下的使用，排水管道老化加剧，导致了道路塌方事故和排水管道堵塞、泄漏和渗透等其他问题。由于城市化和当地频繁的暴雨导致雨水径流增加，现有排水管道的排放能力太弱，无法抵御洪水泛滥。此外，一些较老的排水管道不符合抗震要求。

出于这些原因，自 1995 年以来，在城市《第二代排水管道系统总体规划》的指导下，在开展维护和改造工作的同时，实施了旨在解决排水能力问题和增强抗震能力的重建项目。改造范围包括老化的排水管道和检查井、老化的水回收中心和泵站，计划还要求对合流制排水系统进行深度处理和改进。为了助力建设零废弃的社会，该计划下的措施还包括污水资源（如处理过的水、污泥和污水热能）回收利用的相关项目，以及妥善高效地维护排水管道设施，以延长其使用寿命。

到目前为止，约 6600ha 覆盖范围（占东京四个城市中心排水区总面积的 40%）的排水管道已经重建。但是，约 1800km 的排水管道已超过法定使用寿命，并且这一数字将在未来 20 年增至 8900km，剩余的重建任务仍然很艰巨。

1.3.2 老旧排水管道改造设计中的半复合管概念

日本在 1987 年采用排水管道修复方法（Sewerage Pipe Renewal，SPR）生产了首条复合管用于老化排水管道的修复改造，其设计和施工根据日本排水工程协会（Japan Sewage Works Association，JSWA，2011）制定的《排水管修复设计和施工指南》（Design and Construction

Guidelines for Sewer Pipe Rehabilitation）开展。

在该暂行规范中，修复方法分为两类：复合管法（composite pipe method）和独立（或单机）管法（independent or stand-alone pipe method）。复合管法的概念是通过在现有管道上牢固地附加内衬（即修复层），来构建一个复合结构，而修复后的排水管道预计将利用两个结构组件的联合强度来承受外部载荷（注意这种复合管与FRP复合管有根本的区别，FRP复合管是指由复合纤维增强聚合物材料制成的，用于运输石油、天然气和液体商品的管道）。独立管道法是在现有管道的内部构造一个新的管道，新管道的设计是不依赖现有管道来抵抗外力的。

由于复合管具有成本低、周期短和对环境影响小等特点，自20世纪80年代末以来，东京都政府污水处理管理局（TMG）积极推广复合管法来改造东京老化的排水系统。因此，除了必须要用明挖式施工来更换排水管道的情况，一般均采用几种经过认证的复合管道施工技术，人工进入排水管道并对各种截面形状的排水管道进行改造。在东京地区，对于圆形截面人工无法进入的排水管道修复，有时采用独立管法，但其使用频率远低于复合管法。

对于采用SPR方法对人工可进入的排水管道进行修复时，内衬成型机器会沿着现有的管道移动，其预制框架与排水管道的横截面形状相符，从而沿着现有管道形成衬管管道。衬管是通过螺旋缠绕具有互锁边缘的连续的聚氯乙烯（PVC）带肋型材形成的。然后在压力下用水泥灌浆填充衬垫后面的环形空间，形成一个高度集成的结构，PVC衬垫在自然硬化后通过灌浆与现有排水管道相连。对于中型到大型的人工可进入的排水管道，为了提高衬管的环向强度和刚度，型材的肋条采用钢加固，修复后的排水管道的结构强度在很大程度上取决于修复层的厚度和材料特性。请注意，使用类似修复技术的施工过程可能在细节上因制造商不同而有所差异。

修复后，老化的排水管已形成由原有排水管、加固衬垫及砂浆组成的复合结构，在周围土压力、地下水压力以及地面交通的载荷下，预计将发挥复合结构的作用。为了使修复后的排水管道作为一个复合结构抵抗外部载荷，砂浆与老化排水管道的黏结强度必须足够大，才能使其中的应力或压力通过界面时的连续性得以保持，从而承受极端载荷条件下可能产生的较大的界面应力。

众所周知，日本几家制造商开发的各类高强度砂浆与混凝土的黏结强度相差很大，从1.5MPa到3.0MPa不等。一般而言，胶凝浆液的黏结强度平均为普通混凝土抗拉强度的一半。在这种有限的黏结强度下，复合管法中两个不同结构构件之间的刚性连接的要求并不总能得到保证。虽然通过在现有管中预埋足够的机械连接件来刚性地连接两部分可以实现所需的黏结强度，但考虑到典型排水管道的横截面小、长度长以及施工成本等问题，在排水管道修复中使用此类机械连接件是不现实的。

本书的主要作者和他的同事们从20世纪90年代中期就开始参与老化排水管道的修复设计，并为复合管法开发了一种独特的结构模型，该模型使用无张力界面模型来定义现有管道的接触面和修复层之间的刚性连接（Shi等，2016）。换句话说，当界面张力区域的张力产生时，原本假定在修复施工后形成的两个表面之间的刚性连接会被断开，由此产生的结构称为半复合管结构，或半复合管。

半复合管结构的设计方法是基于极限状态设计理论。作为该设计方法的一个典型特点，在极端载荷条件下对半复合管进行混凝土裂缝分析等非线性结构分析，以获得其特征承载能力。在考虑相关安全系数的情况下，根据构件受力与构件强度的比值，采用设计公式确定修复层的细节，包括厚度和配筋配比等。需要注意的是，构件受力通常是通过设计载荷条件下的线性结构分析得到的，根据承载能力时结构破坏的极限状态，可以得到构件的强度。这种半复合管的概念及其设计方法已经在日本排水管道改造中应用了 20 多年，特别是在东京都市区，总建设长度超过 800km。在本书中，用"半复合管"一词来表示复合管法结构分析和改造设计中的无张力界面建模。因此，当使用"复合管"这一术语时，除非另有说明，否则应理解为此类结构。

显然，在当前的改造设计中，采用现实的、非线性的结构模型（如半复合管模型），而不采用保守的线性设计方法，是为了获得修复层所需的最小厚度，从而使修复后的排水管管道不仅结构安全，而且功能完善，水力容量不受改造影响。

1.3.3 通过排水管道改造构建弹性系统

因为地下排水管道系统与周围的生态环境融为一体，排水管道老化、功能退化及其他自然灾害导致的排水管道系统故障，可能对系统环境产生巨大的、直接的环境和社会后果。这些后果包括生态环境污染、公共健康危害、作为系统环境重要组成部分的民生损害。通过修复和重建排水管道，可以做好充分的应对，预先处理这些潜在危险，在这些不利情况发生时，弹性排水管道系统有望能够吸收破坏性能量，并将其对系统环境的负面影响降到最低。

建立弹性排水管道系统是 20 世纪 90 年代初在东京规划和开展的排水管道改造项目的目标。这些工程经过多年的实施，近年来极大地增强了东京排水管道系统的整体结构弹性，比如道路塌方事故和洪水事件的大幅减少，以及 2011 年的强风暴和大地震自然灾害中系统性能的大幅提升。虽然改造项目还有很长的路要走，也有新出现的问题待解决，但人们在东京 20 多年的排水管道改造过程中已经吸取了关于排水管道系统结构弹性建立的良好经验。这些经验可以总结为以下四个原则。

原则 1：以开阔的视野，科学的管理，迅速的行动来增强弹性。
原则 2：通过技术创新提高排水管道系统的结构弹性。
原则 3：建立具有强度冗余的结构弹性。
原则 4：通过基于性能的设计提高结构弹性。

作为复杂的社会基础设施系统，排水管道改造需要大量的公共资金。因此，规划和实施排水管道改造项目不仅涉及技术问题，也涉及政府政策问题，包括国家和地方政府在社会基础设施弹性加强方面的行动措施。本书将按照制定改造政策、发展改造技术、建立结构分析和改造设计理论、实施改造项目的顺序来探讨排水管道改造问题。本书还将根据讨论得出四项弹性增强原则，每一项原则都是在每一发展阶段为加强排水系统的结构弹性所作努力的实质表现。

1.4 本书的主要特点

本书作者设置了两个明确的目标：获得弹性的数学定义，提出一个适用于各研究领域的统一的弹性的物理解释，并以20世纪90年代初在东京实施的排水管道改造项目为例，建立一套排水管道系统的结构弹性理论。

全书共10章，可分为3个部分。第一部分（第1章～第3章）为本书的概述，讨论了弹性理论，并介绍了图论，这些将用于评估排水管道网络的弹性。第二部分（第4章～第6章）阐述了日本国家和地方政府为增强社会基础设施弹性而采取的政策和措施，特别是增强排水管道系统弹性的政策与措施以及排水管道改造技术的发展。第三部分（第7章～第10章）基于结构分析和改造设计的相关理论以及结构弹性理论的发展，阐述了排水管道系统结构弹性的建立。第9章"排水管道系统的结构弹性"介绍了自然灾害后排水管道管网结构弹性的计算实例研究，第10章"不同国家的排水管道修复改造工程"介绍了日本和其他国家排水管道改造项目的案例，是增强排水管道系统弹性的实践案例展示。

本书由四位合著者共同撰写，包括一位科学家、一位TMG的官员和两名公司总裁，他们在长达20多年的时间内都直接参与了东京的排水管道改造项目。第2章和第10章由Watanabe, Ogawa和Kubo撰写，Shi编辑，其余章节由Shi撰写。在第9章"排水管道系统的结构弹性"中，两个用于评估排水管道弹性的计算案例研究是由Nakano设计的。Nakano是一名数学专业的结构工程师，他与Shi一起合作研究了20多年。希望此次合作内容能全面涵盖排水管道系统的结构弹性理论与实践。

参考文献

Acton, J.M. and Hibbs, M. (2012). Why Fukushima was preventable; The Carnegie Papers., http://www.CarnegieEndowment.org/pubs..

AESJ, 2016. The Whole Picture and Proposal for Future - The Fukushima Daiichi Nuclear Power Plant Accident: The Final Committee Report of Accident Investigation. The Atomic Energy Society of Japan. Maruzen Publishing Co., Ltd (in Japanese).

Henry, D., Ramirez-Marquez, J.E., 2012. Generic metrics and quantitative approaches for system resilience as a function of time. Reliab. Eng. Syst. Saf. 99, 114-122.

Holling, C.S., 1973. Resilience and stability of ecological systems. Annu. Rev. Ecol. Syst. 4, 1-23.

Hollnagel, E., Pariés, J., Woods, D., Wreathall, J. (Eds.), 2011. Resilience Engineering in Practice: A Guidebook. Ashgate Publishing Company, Burlington, VT.

IAEA, 2015. The Fukushima Daiichi Accident. Report by the Director General: Exclusive Summary. International Atomic Energy Agency.

JSWA, 2011. Design and Construction Guidelines for Sewer Pipe Rehabilitation. Japan Sewage Works Association, Tokyo.

Kitamura, M., 2014. Resilience engineering for safety of nuclear power plant with accountability. In: Nemeth, C.P., Hollnagel, E. (Eds.), Becoming Resilient: Resilience Engineering in Practice, vol. 2. Ashgate

Publishing Company, Burlington, VT, pp. 47-62.

Omoto, A., 2013. The accident at TEPCO's Fukushima-Daiichi nuclear power station: what went wrong and what lessons are universal?. Nuclear Instruments and Methods in Physics Research A. 731, 3-7, http://www.elsevier.com/locate/nima.

Shi, Z., Nakano, M., Takahashi, Y., 2016. Structural Analysis and Renovation Design of Ageing Sewers: Design Theories and Case Studies. De Gruyter Open Ltd, Warsaw/Berlin.

Tierney, K., Bruneau, M., 2007. Conceptualising and measuring resilience: a key to disaster loss reduction. TR News. 250, 14-17, http://onlinepubs.trb.org/onlinepubs/trnews/trnews 250_p14-17. pdf. (accessed 8.04.15.).

2 弹性理论及其数学概论

2.1 社会生态系统中的弹性理论和实践

缩略语

SES 社会生态系统
CAS 复杂自适应系统
CFCs 氯氟烃
SARs 严重急性呼吸系统综合征
NGO 非政府组织

本节首先介绍了社会生态系统中的弹性方法,包括其基本原理和假设。在此基础上,讨论了提高社会生态系统应对变化和干扰能力的关键原则及其社会和政治意义。对于其更详细的讨论,请参阅原著(Biggs 等,2015a)。

2.1.1 弹性方法

社会生态系统研究是一个快速发展的跨学科研究领域,包括社会、经济、政治和生态科学。弹性方法着重关注社会生态系统应对变化的能力,特别是此类系统中的意外变化。在这里,社会生态系统的弹性被定义为社会生态系统在面对变化时维持人类福祉的能力,既可以通过缓冲冲击来实现,也可以通过对变化适应或转变来实现。

20世纪以来,由于科学技术的巨大进步,人类经历了前所未有的快速发展,全球经济增长了15倍,大规模的土地被开发并用于农业,全球人口从1900年的16亿增加到2011年的70多亿(MA,2005;Steffen 等,2007)。日新月异的变化给人们的生活带来了巨大的益处和显著的改善。以平均预期寿命为例,由于营养不良、疾病、战争,特别是婴儿低存活率等因素的综合影响,在人类历史的大部分时间中,平均预期寿命一直保持在20~30岁(Lancaster,1990)。1900年时人类平均预期寿命只有31岁,而在2010年,人类的平均预期寿命已经达到67岁，这是一个惊人的成就（CIA，2013）。预计将来平均寿命还将继续增加。

虽然掌握现代科技使人类能够更好地应对自然，但它并没有把人置于自然之上。归根结底，人们仍然在很大程度上依赖自然来满足各种基本需求，包括获取新鲜的空气、清洁的水和食物，使人们免受干旱和风暴等灾害侵扰的保护措施，以及对人类福祉起关键作用的各种文化、精神和娱乐需求。这种从人与自然的相互作用中获得的好处被称为生态系统服务（Ernstson，2013；Reyers 等，2013；Huntsinger 和 Oviedo，2014）。生态系统服务可分为三类：食物和燃料等供给服务、疾病和洪水控制等调节服务以及体育和教育等文化服务。

一个越来越明显的事实是，人类的大规模活动，如农业、交通运输、新型化学品的排放和各种环境问题正在削弱自然生态系统的服务能力，气候变化就是一个很好的例子。科学证明，人造化石燃料的燃烧和开垦土地导致大气中二氧化碳水平上升正在改变全球的降雨和温度模式，并导致干旱和风暴等极端事件的发生概率增加（IPCC，2014）。对自然的其他破坏性影响还包括生物多样性的丧失和物质循环的改变。所有这些变化都在影响粮食安全、疾病流行趋势和基础设施运行，同时也影响着人们的传统生活方式和文化习俗。

人类引起的环境变化也在增加生态系统中跨越临界值或临界点的风险，这些临界值或临界点可能导致从局部到全球范围的大规模、非线性、不可逆转的变化，例如珊瑚礁死亡、区域季风降雨模式的变化、格陵兰冰盖的崩塌（MA，2005；Rockström 等，2009；Barnosky 等，2012）。除了这些众所周知的影响之外，我们对环境的影响也导致了全新的变化，这些变化很难预料，并可能对各种生态系统服务产生巨大影响，例如冰箱中使用氯氟烃造成的臭氧空洞（Farman 等，1985）。同时，严重急性呼吸系统综合征等新疾病的可能出现和传播、核扩散以及大规模增加的全球互通和贸易活动对环境的潜在影响都是人们密切关注的问题（Martin，2007）。

面对环境和人类社会的这些快速、持续的变化，人类的持续福祉显然需要突破性的方法来应对，特别是应对意外变化。生态学弹性理论的创始人霍林曾说，正是被创造出的一些本质上全新的东西赋予了区域发展进化的特性，这使得可持续发展成为一个可能，而不是自相矛盾的空谈（Holling，1996）。正如霍林在1973年发表的具有划时代意义的评论文章《生态系统的弹性和稳定性》中向我们展示的那样，大自然对变化的反应给我们上了最好的一课。基于他敏锐的观察，他对生态系统的行为提出了两种不同的解释：

> 环境变化的整个序列可以被看作是参数或驱动变量的变化，而面对这些重大变化的长期研究表明，自然系统具有很高的吸收变化而不发生根本性改变的能力……区分这两种行为是有用的。一个可以被称为稳定性，它代表了一个系统在受到暂时干扰后恢复到平衡状态的能力；它恢复得越快，波动越小，就越稳定。还有另一个用来衡量系统的持久性的属性被称为弹性，它被用来衡量系统吸收变化和干扰后，仍然保持种群或状态变量之间相同关系的能力。

大自然的弹性最好地体现了系统应对变化和干扰的弹性。自霍林的弹性理论发表以来，弹性方法越来越受到研究者的关注，从生态学研究扩展到社会生态学、计算机科学以及工程和民用基础设施系统的研究中，并且，研究者开始关注系统应对预期的或意外的、渐进的或突然变化的弹性特征。一般来说，弹性研究是围绕可能促进或削弱系统弹性的系统属性开展的，确定建立弹性的关键原则，并为其在现实环境中的应用建立的实用程序。

社会生态系统弹性方法的基本观点是，人类是生物圈或全球生态系统不可分割的一部分，无论是在局部还是全球尺度上，人类活动都在塑造着我们赖以生存的环境，而这些环境又为我们提供了各种生态系统服务（Berkes and Folke，1998；Berkes 等，2003；Walker 和 Salt，2006）。这些交织在一起的社会生态系统被认为是复杂的自适应系统（CASs），即它们具有基于过去的经验和不断变化的条件进行自组织和自适应的能力，并且具有非线性动力学的特征，可能产生系统行为的不确定性（Norberg 和 Cumming，2008）。因此，在社会生态系统中，应对变化的弹性方法不仅包括从意外冲击中恢复并避免到达不必要的阈值或临界点，还包括适应持续变化的能力，并在必要时从根本上改变社会生态系统（Walker 等，2004；Folke 等，2010）。在广泛的新兴科学领域内，弹性方法是研究自然和社会之间的相互作用，以期在不损害社会、经济和环境基础的情况下实现人类长期福祉的方法。

虽然社会生态系统中的弹性理论尚未达到成熟阶段，但在社会生态系统中，一些理论或原则被认为对系统弹性的构建具有重要意义。这里选取了一批来自不同学科背景的年轻的弹性研究者的成果，以期为发展弹性理论的科学研究奠定初步的理论框架。参见图2.1，这些原则是：

原则1，保持多样性和冗余性；
原则2，管理连通性；
原则3，管理慢变量和反馈；
原则4，培养复杂自适应系统思维；
原则5，鼓励学习；
原则6，拓宽参与度；
原则7，促进多中心治理。

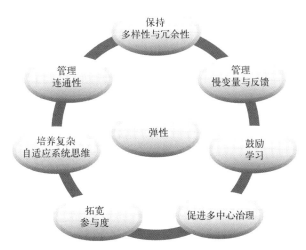

图2.1　社会生态系统中弹性理论的原则

前三个原则是关于增强弹性的通用社会生态系统属性和过程的，后四个原则则关于社会生态系统的治理方式。更详细的相关讨论，请参阅 Biggs 等（2015b）的研究。

2.1.2 原则1：保持多样性和冗余性

2.1.2.1 多样性和冗余性的定义

根据 Stirling（2007）的文章，多样性有三个相互关联但又截然不同的方面，即多样性（有多少种不同类型的元素）、平衡性（每种元素的比例）和差异性（元素之间的差异程度）。根据所考虑的因素，在特定的社会生态系统中可能存在不同类型的多样性。例如，植物或动物物种之间的功能多样性可以通过现有物种数量（多样性）、相对丰度（平衡性）以及物种之间差异程度（差异性）来描述（Kotshy，2013）。同样，文化多样性可以通过存在的文化群体的数量（多样性）、它们的相对规模或影响（平衡性）以及它们之间的差异（差异性）来描述。由于弹性涉及对变化的应对，因此社会生态系统要素对干扰的响应差异（响应多样性）是弹性的重要内容（Elmqvist 等，2003；Leslie 和 McCabe，2013；Mori 等，2013）。

冗余性表示系统中要素或路径的重复，并由执行特定功能的要素的数量来确定（Walker，1992）。冗余性为故障或丢失的元件的更换提供了潜在的应对手段，从而提高了系统的可靠性。一般而言，对干扰表现出不同反应的元素提供了响应多样性，而执行特定功能的元素同样为该功能提供了冗余度。

2.1.2.2 弹性增强机制

生态系统服务被认为是由社会生态系统中的生态和社会组成部分共同产生的（Reyers 等，2013）。以我们食用的鱼或蔬菜为例，这些服务是由生态过程和人类捕获/培育、储存和运输农产品到消费地的知识和技能相结合而提供的。生态系统服务的弹性可能受到与生产该生态系统服务有关的系统要素的冗余性和多样性的影响。

具有多个类似功能的元件产生的冗余性允许在元件发生故障或丢失时，在这些元件之间进行替换，这一点确保了功能的连续性。就农业而言，为了确保持续的粮食供应，小规模耕种的农民通常种植几种不同类型的粮食作物，以减少潜在的任何一种作物歉收对粮食供应会产生的影响（Altieri，2009）。一些作物有助于提供粮食，而且可以相互替代，为农民提供了粮食供应的冗余度。众所周知，不同作物类型或物种对干旱或疾病等干扰的反应往往不同（响应多样性），因此所有作物不太可能同时歉收。在这种情况下，这些粮食供应的冗余性和多样性增强了这种特殊生态系统服务的弹性。

而以社会治理体系为例，政府部门、非政府组织和社区组织等多种组织形式的存在，使其在管理或规范生态系统服务方面既具有冗余性、又具有响应多样性。在调节某一特定生态系统服务的使用时，如果不同的组织都扮演着相似的角色，那么就存在冗余，因为即使一个或多个组织功能失调，调节功能仍将继续。由于不同规模、文化、筹资机制和内部结构的组织可能以不同的方式应对各种社会生态挑战，这些组织形式和结构之间的差异自然导致了响应多样性（Williamson，1985；Ostrom，2005）。因此，如果管理得当，社会治理系统中的功能冗余性和响应多样性有可能增强系统维持生态系统服务和应对干扰与变化的适应能力和弹性。

2.1.2.3 相关问题

有关多样性和冗余性的若干问题应该得到解决。众所周知，在一些社会生态系统中，高冗余性和低响应多样性可能并存。当有许多系统要素对一个特定的生态系统服务起作用时，就会发生这种情况，但所有要素或因为人为设计（例如人类机构或活动）或由于环境与历史限制而具有相似的结构。当系统在所经历的传统变化范围内发生变化和干扰时，这类系统可以运行良好，从而使得生态系统服务具有弹性。然而，当面临诸如气候变化引起的新类型干扰时，由于缺乏应对新挑战的选择，该系统很可能很脆弱（Janssen 等，2007）。

此外，非常高的多样性和冗余性有时会对生态系统服务的弹性产生负面影响，因为它增加了生态系统某些方面不活跃的可能性。在管理组织中，高冗余性可能会阻碍生态系统服务的治理功能，因为它不仅会增加行政成本，而且还会增加权力斗争和法规相互矛盾的可能性，这些都会损害治理系统有效应对变化的能力（Jentoft 等，2009）。这些问题应该在研究多样性和冗余性以增强生态系统服务的弹性时加以注意。在生态系统中，高多样性和高冗余性对系统抗变化和抗干扰能力的负面影响较少。更详细的相关讨论，请参阅 Kotschy 等（2015）的研究。

2.1.3 原则 2，管理连通性

2.1.3.1 连通性的定义

连通性是指一个社会生态系统的各个部分（如物种、景观板块）之间相互作用的方式（如信息交换、物质传递）。如果一个系统可以被认为是由不同组件组成的，那么连通性指的就是这些组件之间相互作用的性质和强度。从网络的角度来看，系统的所有独立组件都是集成到连通网络中的节点，这些连接构成了整体的连通性。连接的例子是物种间的相互作用（例如，开花植物与其动物传粉者之间的互惠互动）、跨越栖息地的植被走廊或人类群落之间的交流渠道。社会生态系统的结构由系统内连接的排列方式决定，不仅包括组件之间的连接结构（例如，有或没有链路、单向或相互链路），还包括这些连接的强度。

2.1.3.2 弹性增强机制

一般而言，社会生态系统中的连通性为建立生态系统服务的弹性提供了能量、物质或信息流动的途径。连接根据其结构和强度，可能促进恢复或限制局部干扰的传递，从而保护生态系统服务免受变化的影响（Nyström 和 Folke，2001）。

珊瑚礁再生是一个很好的例子，它表明了连通性对于恢复受干扰的社会生态系统的作用及其维持生态系统服务弹性的重要性。研究表明，残存珊瑚礁群落之间的连通程度影响着珊瑚礁再生的程度，而这种连通性是由允许珊瑚在相邻珊瑚礁之间重新聚集的主要洋流决定的（Treml 等，2007；Mumby 和 Hastings，2008）。同样，在干扰实验中，科学家们发现大型底栖动物群落的恢复在很大程度上取决于群落的连通程度（Thrush 等，2008）。没有物理

屏障的、连通良好的栖息地有助于附近地点的珊瑚礁重新生成，与连通不良的栖息地相比，由于变化和干扰而导致物种损失的可能性更小。这就是为何在增强社会生态系统弹性的保护计划中，保护、维持和恢复栖息地之间连通性是优先考虑的范畴。

在某些情况下，连通性可能会增强生态系统服务的弹性，它不是促进其从干扰中恢复的诱因，而是作为干扰传播的屏障（例如，火灾或疾病的传播）。例如，当由于局部干扰而造成的生态系统服务的局部损失不可避免时，与外部世界的有限连通性可以减少大规模全球影响的可能性，即将生态系统服务的潜在损失控制在局部范围内。这种连通性的功能经常被用于通过隔离受影响的区域来对抗疾病、野火或核污染的传播。

一般来说，连通性有助于维持景观中的生物多样性，这对许多生态系统服务的产生至关重要，因此间接地增强了生态系统的弹性。例如，在连通良好的栖息地中，当地物种的灭绝可以通过周围物种流入来避免。另一方面，人为因素（如道路、水坝等）造成了连通性的降低，对种群生存能力产生了负面影响。然而，连通性和维持生物多样性的问题不应过于简单化，在极端条件下，过度连通系统的种群生存概率可能低于适度连通系统（Baggio 等，2011；Salau 等，2012）。

在人类社会系统中，连通性可以通过改善治理条件、提高治理能力来实现，从而提高生态系统服务的弹性。当不同社会群体之间存在强连通性时，信息共享就会变得顺畅，集体行动所需的信任和互惠就会发展起来（Brondizio 等，2009）。然而，就像在自然系统中一样，当社会系统发生过度连通时，生态系统服务的弹性可能会受到不利影响。

2.1.3.3 相关问题

虽然连通性通常可以促进恢复或限制干扰的传播，但在某些情况下，连通性也会对生态系统服务的弹性产生不利影响。根据干扰的性质和规模，在强连通性的社会生态系统中，干扰可能通过系统各部分之间的密集路径快速传播，导致对社会生态系统和相关生态系统服务的广泛影响（Van Nes 和 Scheffer，2005；Ash 和 Newth，2007）。在强连通性的系统中，干扰传播高风险的典型例子不仅存在于害虫暴发和外来物种入侵等生态系统中，也存在于金融危机等社会经济系统中，如 2008 年美国房地产崩盘引发的全球经济衰退蔓延（Adger 等，2009；Biggs 等，2011）。在这些情况下，生态系统服务的弹性，如粮食生产、虫害管制和金融系统安全，都会受到强连通性的负面影响。更详细的相关讨论，请参阅 Dakos 等（2015）的研究。

2.1.4 原则 3，管理慢变量和反馈

2.1.4.1 慢变量和反馈的定义

社会生态系统是一种自组织的复杂自适应系统，由大量变量组成，并受这些变量的影响，这些变量在一系列的时间尺度上变化并相互作用。这些变量可以分为慢变量和快变量，因为其中一些变量的变化要比其他变量缓慢得多。提供生态系统服务的产品，如作物生产和淡水水质变化是快变量的例子，它们受到土壤成分和湖泊沉积物中磷浓度的影响，而土

壤成分和湖泊沉积物中磷浓度的变化则都是慢变量的例子。需要注意的是，慢变量和快变量的概念是相对的，根据系统所在的环境，每个社会生态系统都有自己的时间尺度来确定慢变量和快变量（Walker 等，2012）。

在大多数社会生态系统中，总是有一组有限的关键变量和其内部反馈过程相互作用来控制系统的配置，这些关键变量通常是慢变量。因此，社会生态系统的底层结构通常由慢变量来定义，系统动力学是在慢变量所创造的条件下，由快变量之间的交互作用和反馈产生的（Gunderson 和 Holling，2002；Norberg 和 Cumming，2008）。调节生态系统服务常常与慢变量有关，如侵蚀控制、养分保持和洪水调节（MA，2003）。

反馈是指在当前社会生态系统条件下，同一变量、过程或信号在社会生态系统中的原始变化对变量、过程或信号产生的回复效应。反馈的效果可能是加强变化，也可能是抑制进一步的变化。这两种反馈又称为正反馈和负反馈。正反馈的一个例子是指数型人口正增长：人口增长导致更高的出生率，从而进一步增加了人口数量。与之相对，打击犯罪的执法措施通过抑制违法行为而产生负反馈。

2.1.4.2 弹性增强机制

对所有社会生态系统来说，变化和干扰都被认为是持续的威胁，如干旱和洪水，同时它们也面临着更为渐进的、持续的变化，如全球贸易连通性的增加，这往往会影响控制慢变量。重要的是，社会生态系统内部的反馈包含关键信息，这些信息揭示了社会生态系统如何应对此类冲击和持续变化。一般来说，社会生态系统的可能构造是在控制变量设定的一定范围内形成的，它构成了系统发展的底层结构和过程的基本条件。例如，在降雨丰富的条件下，通常会形成森林，而在中等或者偏少的降雨条件下，通常会形成热带稀树草原（树木稀少的热带草原）。由于社会生态系统的内部过程对控制变量的影响很小或极为平缓，通常被认为是系统的外部过程。许多研究都集中在理解控制变量和社会生态系统结果之间的联系上。

尽管在许多情况下，社会生态系统的构造可以从关键控制变量推导出来，但情况并非总是如此。众所周知，对于给定的一组条件，一个社会生态系统有时可能采用两种或两种以上具有完全不同的生态系统服务组合的构造。例如，在中等降雨条件下（每年 1000～2500 mm），景观既可以是开阔的大草原（20%～40% 的树木覆盖率），也可以是封闭的森林景观（约80% 的树木覆盖率），其土壤和其他因素并没有实质性的差异（Sankaran 等，2005；Hirota 等，2011；Staver 等，2011）。在这些情况下，一个特定的地方在特定的时间点是否有稀树草原或森林取决于系统过去的构造，或者更具体地说，取决于哪个反馈过程占主导地位。在一些干扰下，例如干旱或大火，由于干扰触发的反馈过程的变化，景观甚至可能突然从森林转变到稀树草原（或从稀树草原转变到具有不同干扰的森林）。这些案例突出体现了反馈过程在影响可持续发展战略及其提供的生态系统服务方面的重要作用。

面对变化和干扰，社会生态系统的内部反馈通常缓冲并吸收了这些冲击所带来的影响。抑制性反馈尤其重要，它有助于抵消干扰、保持系统的持续运行，从而保持当前的系统构造。在前面的实施打击犯罪执法措施的例子中，抑制性反馈有助于维护社会安全和维持普通人的生活方式。

然而，没有任何一个国家的基本框架和职能能够承受无限的冲击或无限的变化。当系统里的控制慢变量超过其承受临界点时，原本用于保持系统稳定的反馈机制就会失效，导致系统无法再应对那些变化。以森林与稀树草原的变化为例，草地生物量与木质生物量的比值是一个控制慢变量，在大量放牧的压力下，其变化幅度会减小。当这个比值下降到临界水平时，意味着草的数量已不足以引起高温火灾，这样的火灾原本是能够烧死灌木的。当小灌木生长成树木时，系统将转变成森林（Aneries 等，2002）。需要注意的是，在这种情况下，火灾是保持草原景观的关键正反馈。由于草数量减少，这个反馈机制被削弱，加速了草原向森林的转变。

从这个例子中可以看出，在社会生态系统中控制慢变量的临界阈值通常对应以前占主导地位的反馈机制失效和新反馈机制的突然运作，这迫使社会生态系统经常突然地重组成不同的构造。因此，系统的结构和功能将发生变化，并产生不同的生态系统服务组合。在生态系统中，这种大规模的、持续的、经常是突然的系统重组被称为稳态转换。稳态转换往往发生突然，因为反馈机制缓冲了稳态转换，在稳态转换开始之前，几乎没有可观察到的迹象。同样，控制慢变量的变化以及系统弹性的逐渐失效也常常被忽视。因此，增强生态系统弹性的一个关键方面是改进对慢变量和反馈的管理，以确保系统保持在能够产生所需生态系统服务的构造状态。

2.1.4.3 相关问题

关于反馈的一个众所周知的问题是，它们可能会将系统锁定在一个不需要的构造中，或者降低系统在面对变化和干扰时的适应或转变能力。一个典型的例子是经济学中的贫困循环，在这种循环中，不断加强的反馈使穷人陷入难以改变的贫困状况。其他问题主要涉及对慢变量和反馈的管理不当，这降低了生态系统服务的弹性。例如，管理干预措施掩盖、消除或忽略了那些支撑生态系统服务供给的稳定反馈，或缺乏对哪些关键慢变量和反馈支持特定社会生态系统构造的知识，或由于各种原因导致社会生态系统监管行动缺失。更详细的相关讨论，请参阅 Biggs 等（2015）的研究。

2.1.5 原则 4，培养复杂自适应系统思维

2.1.5.1 复杂自适应系统思维的定义

在这里，复杂自适应系统思维被定义为一种思维模式或世界观，认为社会生态系统是复杂自适应系统，并主张采取相应的管理方法。基于这一观点，社会生态系统是由许多相互作用的组件组成的，这些组件能够适应变化，因此系统能够自组织和进化，在不同的规模和不同的发展阶段呈现新的特性。此外，在这样一个系统中，可能会发生稳态转换，导致提供不同生态系统服务的全新生态系统的产生。

因此，复杂自适应系统思维使得社会生态系统的各个方面具有高度的不确定性，并难以预测和控制。虽然积极的研究和实验有助于减少系统不确定性的一些重要方面（Lee，1993），但复杂自适应系统思维由于不可预测性、不完整的知识或涉及多个知识框架等因素，其不确

定性不可被还原（Levin，2003；Brugnach 等，2008），并将不确定性视为一种机遇（Janssen，2002；Cilliers 等，2013）。

需要注意的是，培养复杂自适应系统思维并不能直接增强生态系统服务弹性。相反，它改变和适应了支撑管理过程和决策的认知基础和范式。换句话说，认识到社会生态系统是建立在一个复杂且不可预测的相互关联和依赖的网络结构上，是促进社会生态系统弹性管理行动的第一步。

2.1.5.2 弹性增强机制

从以往案例来看，未采用复杂自适应系统思维的传统资源管理会导致生态系统弹性丧失，从这些案例中吸取经验教训得到了如下理论：复杂自适应系统思维有助于增强生态系统服务的弹性。Holling 和 Meffe（1996）基于美国几十年来广泛的生态系统改造实践，描述了一种"资源管理的病理学"，包括河流稳定、灭火和单一耕作等实践，直至系统崩溃。这种病态现象还表现为农业活动管理不善（Allison 和 Hobbes，2004）、渔业管理不善（Mahon 等，2008）和森林管理不善（Agrawal，2005）。狭隘的社会生态系统管理以在短期内实现经济生产的最大化为目的，但这种管理方法降低了系统提供生态系统服务的潜在能力，最终导致地下水位下降、土地退化、渔业和森林退化甚至枯竭、河流污染。

这些经验教训表明，基于生态系统线性化、还原论世界观的管理做法无意中削弱了这些系统在面临干扰和变化时继续提供生态系统服务的能力。由此推断，一种基于复杂自适应系统思维模式的替代管理方法可能会产生更具弹性的生态系统服务的长期效果，因为它考虑了系统层面跨时间、跨空间和多元参与者（资源使用者、管理者和决策者）等因素。

复杂自适应系统思维并不是新的概念，相关的案例表明复杂自适应系统思维通过有弹性的生态系统服务促进了社会生态改善。生态系统管理变革的最新实例表明，承认社会生态系统作为复杂自适应系统特征这一个潜在思维模式的变化可以提高生态系统服务弹性，世界自然奇观之一的澳大利亚大堡礁的大规模重新分区就是一个很好的例子。这种管理变化是由于人们越来越认识到了珊瑚礁系统中连通性、非线性变化和多尺度相互作用的重要性（Olsson 等，2008）。通过对珊瑚礁区内捕鱼和其他用途实行空间限制，重新分区旨在增强生态系统功能对一系列干扰（包括温度异常和气旋）的弹性。这种方法的复杂自适应系统思想体现在两个方面：保持礁系统内部的连通性以及提高系统吸收较大扰动的能力。更重要的是，认识到不同珊瑚礁使用者的价值观和观点。在实施这一预防性和适应性管理办法几十年之后，通过生态监测和试验，珊瑚礁海洋生态系统对气候变化影响的弹性明显提高，但随着问题日益复杂，挑战依然存在（Brodie 和 Waterhouse，2012；Brodie，2014）。

尽管复杂自适应系统思维对弹性建设产生了积极影响，但由于缺乏可靠的科学证据，仍然很难将弹性的增强直接归因于复杂自适应系统思维模式。这不仅是由于复杂自适应系统思维对管理和弹性建设的间接影响，也是由于复杂自适应系统思维作为一门科学的历史很短，其在管理中的应用才刚刚开始。在许多情况下，需要更多的时间来评估复杂自适应系统思维能在多大程度上指导管理或促进积极变革。

2.1.5.3 相关问题

在社会生态系统管理方法中培养复杂自适应系统思维所面临的主要问题是对复杂性的误解、新管理方法的无效运用和对复杂自适应系统世界观的僵化解读。例如，当"复杂性"仅被解释为社会生态系统的未知方面时，它可能会鼓励管理者在监控和数据收集方面投入巨资，而不是鼓励采用适应性方法、允许将实验和边界探测作为解决不确定性的机制（Walters 和 Holling，1990）。此外，由于复杂自适应系统方法意味着管理方式的变化，从关注短时间内的因果关系和控制重点，到关注应对较长时间尺度的变化和不确定性，这种管理转变中可能出现无效操作。另外对复杂自适应系统心智模型的错误态度可能会将其视为一种静态的管理形式，而不是一种追求持续学习、实验和适应的动态管理方法。由于这些问题可能会在不同程度上损害社会经济系统的弹性，因此应努力避免或解决这些问题。更详细的相关讨论，请参阅 Bohensky 等（2015）的研究。

2.1.6 原则 5，鼓励学习

2.1.6.1 学习的定义

Saljo（1979）认为，学习意味着：第一，获取信息和增加知识；第二，记忆；第三，掌握事实、技能和方法；第四，形成具体意义或抽象意义；第五，通过对知识的重新解读，以不同的方式解释和理解现实。因此，学习可以理解为一种多方面的现象。两种互补的学习方法被认为可以增强生态系统服务的弹性，即循环学习和社会学习。

循环学习有三种类型：单环学习、双环学习和三环学习。单环学习是指技能、实践或行动的改变，以满足现有的目标和期望，它关注的是"我们做事情的方式对吗？"双环学习将质疑作为行动基础的假设，它关注的是"我们做的是正确的事情吗？"；三环学习包括对制度和行动背后的价值观和规范的更深入的质疑，它关注的问题是"我们如何知道该做什么才是正确的？"（Flood 和 Romm，1996）。就其性质而言，三环学习可以导致信念和价值观的重组，成为世界观转变的基础，并可能促进生态系统治理和管理方法的变化（Pahl-Wostl，2009；Biggs 等，2010）。

Reed 等人（2010）认为，社会学习是指"一种理解上的变化，这种变化超越 3 个体层面，通过社会网络内行动者之间的社会互动，在更广泛的社会单元或实践群体中得以深化和形成。"社会学习旨在分享知识和观点，主要通过两种方式进行，即个人之间互动的讨论过程，或通过共享活动的实践和反思（Cundill 和 Rodela，2012）。

2.1.6.2 弹性增强机制

作为一个复杂的动态系统，社会生态系统是不断发展的，对这些系统的认识往往是片面的和过时的。因此，增强生态系统服务的弹性需要不断学习提供这些服务的社会生态系统（Holling，1978；Walker 和 Salt，2006；Chapin 等，2009）。经验表明，学习可以通过影响决策过程和治理来增强生态系统服务的弹性。这种学习可以是各种计划内或计划外的过程，以循环学习和社会学习的形式实现，包括积极的实验和监测、多角色协作以及与环境的代际互动。

有关生态系统服务可用性变化的信息可以通过实验和监测获得（Bellamy 等，2001；Boyle 等，2001），这也可以用来解决社会生态系统如何运行的不确定性问题。此外，利用监测和实验探索替代管理办法是支持学习和增强生态系统服务弹性的重要手段。

越来越多的人认识到广泛参与社会生态系统管理的重要性及其在通过学习增强生态系统服务弹性方面的作用（Danielsen 等，2005）。一项关于生态监测合作项目的五个美国社区林业组织的研究发现，共同监测活动形成了单环学习，从而确定了最佳处理入侵杂草物种的建议，促进了双环学习，进而使人们认识到蘑菇收获的重要性和必要性。这些学习过程共同改变了人们对社会生态系统适应性管理的态度和假设。以澳大利亚大堡礁为例，政界人士和公众对大堡礁的原本看法是将其视为原始生态系统，后续转变为受到严重威胁的生态系统，这种看法的转变对大堡礁及其相关生态系统服务的保护扫清了障碍（Olsson 等，2008）。这两种观念的转变都发生在学习过程中。这些经验强调了学习在支持生态系统服务弹性方面的作用。

2.1.6.3 相关问题

越来越多的人认识到，某些学习可能是无效的，或者更糟的是，它不能提高社会生态系统的弹性，而且学习过程的设计是至关重要的。有效、合法的社会学习和适应性治理面临诸多挑战，其中包括管理问题和技术问题。前者影响学习如何进行，后者影响如何有效地进行监测和实验，以及如何在适当的范围内应用。总体来说，为了有效地进行监测和实验，学习的过程应该是合作且长期的，并且能在适当的范围内为决策制定和社会生态系统服务，能够承受短资助周期、政策和目标变化的影响（Barthel 等，2010）。其他方面，如多样化的参与、适当的便利条件、充足的财力和人力资源以及社交网络，也被认为是有效学习的重要因素。更详细的相关讨论，请参阅 Cundill 等（2015）的研究。

2.1.7 原则6，拓宽参与度

2.1.7.1 参与的定义

根据 Stringer 等（2006）的研究，参与是指利益相关者在管理和治理过程中的积极参与。参与包括从简单地通知利益相关者到完全下放管理权。它可以发生在生态系统服务的整个过程中，也可以只发生在某些阶段，该过程包括确定问题和目标、执行政策、监测结果以及评估结果。

2.1.7.2 弹性增强机制

由于人类与自然的相互作用是社会生态系统概念的基础，人类参与生态系统管理的作用已被广泛接受（Schreiber 等，2004；Armitage 等，2007）。大量证据表明，要使生态系统服务具有弹性，就应让各利益相关方参与其管理，以提高合法性，扩大知识的深度和多样性，并帮助发现和评估系统变化。值得注意的是，这些要素是相互依存和相互作用的。

首先，参与生态系统管理可以通过建立协商过程来提高社会生态系统管理的合法性，并支持不同利益相关者之间关系的形成或发展。这些关系有助于建立信任和共识，并作为应对阈值问题、提出创新解决方案、促进学习及共享经验等方面集体行动的基础（Lebel等，2006）。

第二，参与生态系统管理还可以通过丰富知识促进对系统的理解。鼓励各种行动者或利益相关者参与，可以通过提供一系列无法通过更传统的科学过程获得的生态、社会和政治观点来促进对社会生态系统动态的理解（Armitage等，2009；Folke等，2005）。

第三，参与生态系统管理有助于加强信息收集和决策之间的联系，从而对生态系统的变化作出反应（Danielsen等，2005；Evans和Guariguata，2008）。这些机制共同作用，可以提高管理系统检测和减缓冲击和干扰的能力，这对于促进集体行动以应对社会经济状况的变化至关重要。

澳大利亚大堡礁的大规模重新分区就是一个很好的例子。开展广泛的公众参与和咨询活动，提高了公众对珊瑚礁所受威胁的认识，并请公众协助制定新的分区计划，以达到保护珊瑚礁的目的（Olsson等，2008）。公众参与加深了人们对珊瑚礁所面临威胁的了解，使公众既能广泛支持管理当局关于重新分区的决定，也能广泛支持更改海岸公园分区的计划，公众参与有助于更好地在这些决定和计划中纳入群体的关注点。在相关的水治理领域，公众参与也扩大了生态系统服务管理所考虑的利益范围（Lebel等，2006）。

2.1.7.3 相关问题

参与行为对社会生态系统管理至关重要，但社会生态系统弹性的真正提高，取决于参与者、参与过程以及社会和制度环境等多重因素（Stringer等，2006）。这些因素是相互关联的，但也取决于具体情况，如果准备、执行、支持或资源不足，参与可能反而会削弱或损害系统弹性。

参与者对治理过程至关重要，因为他们决定或影响了景观中需要的生态系统服务以及弹性建设的重点。如果没有适当的个人和群体参与，或者没有考虑到参与的具体情况，生态系统服务的弹性可能会受到损害。无效的参与过程也可能不利于生态系统服务管理，例如那些没有成功建立社会资本的参与战略或缺乏有效地与自然系统联系的过程。如果参与过程不能创造一个支持性的社会或制度环境，也可能会损害社会生态系统的管理。此外，还应注意平衡利益相关者的利益，改善利益相关者间的关系，选择适当的参与规模，因为这些因素也会影响参与的结果。更详细的相关讨论，请参阅 Leitch 等（2015）的研究。

2.1.8 原则7，推进多中心治理

2.1.8.1 多中心的定义

多中心是指在特定的政策领域和地理区域内，由多个相互作用的管理机构来制定和执行规则的治理体系。在一个理想的多中心系统中，为了实现协作和自治的平衡，每个管理机构都需要与其他机构进行横向和纵向的互动和联系。这里治理被定义为人们在自我规范（或自我组织）其社会关系的过程中，群体间进行审慎商议与决策的行为。例如，虽然国家

政府机构有制定对所有公民具有约束力的规则的合法权力，但区域管理机构（如森林或乡镇管理当局）可以在自己的领域内自主管理。

2.1.8.2 弹性增强机制

由于变化和干扰可能发生在从全球到区域和地方的各个可能的层面上，因此多中心治理被认为是一个更好的治理体系。与其他单中心治理战略相比，它从几个基本方面增强了生态系统服务的弹性。这些基本方面都与先前讨论的增强弹性的原则有关。

首先，一个具有广泛包容性的体系，在多个较小的规模上进行治理，为在更局部的层面上进行实验提供了机会，并为测试不同的政策创造了自然实验条件（Brondizio等，2009）。这个过程需要鼓励学习（原则5）。

第二，通过增加包容性的广度，多中心治理体系可以利用特定范围的知识（如传统知识和地方知识），通过跨文化和范围的信息、经验和知识共享来帮助学习（Olsson等，2004），同时扩大管理慢变量和反馈的渠道（原则3），并提供更广泛的参与机会（原则6）。在有更直接的资源提供和使用的地方层面，制度更多样，从而有助于将成功的经验与他人共享（Folke等，1998）。此外，这种去中心化的设计往往有助于提高某一级别治理体系的合法性，为决策提供更具规模性的投入（Engle和Lemos，2010）有助于在地方一级治理体系层面对规则进行长期监测和执行，这些都被认为是在社会生态系统中建立弹性的重要因素。

第三，有人建议采用多中心治理方法来赋予连通性和模块性（原则2）、响应多样性和功能冗余性（原则1），并培养复杂自适应系统思维（原则4），以帮助在面对干扰和变化时保留关键的社会生态系统要素。弹性治理的这些特征反过来可能在范围上发生变化，并随着多中心合作程度的提高而进一步加强。

然而，应该指出的是，迄今为止对复杂系统的研究主要是基于诊断性判断，缺乏预测能力和精确度。为了更好地理解如何操作，需要对社会生态系统治理中的多中心理念进行更多的研究。

2.1.8.3 相关问题

在多中心治理中，有三个关键挑战，如果不解决，可能导致在一个或多个尺度上生态系统服务退化。首先是需要平衡冗余和实验，因为权力重叠和交易成本增加可能会导致社会生态系统管理效率的低下（Parks和Ostrom，1999）。第二个挑战是解决不同生态系统服务使用者之间的权衡问题（Rodriguez等，2006；Robards等，2011），在当前或潜在生态系统服务的用户之间，可能需要在相互冲突的目标和需求之间进行权衡（Søreng，2006），当那些不受生态系统服务影响或从中受益的人承担影响时，也需要进行权衡（Chapin等，2006）。第三个挑战与第二个挑战密切相关，涉及政治问题，即解决冲突的过程和集体决定如何分配取舍的过程。需要注意的是，谁承担成本、谁受益于特定生态系统服务弹性的增强，是社会生态系统治理中最大的问题之一（Lebel等，2006；Robards等，2011）。

最后，应当指出的是，在某些情况下，特别是在短时间尺度或危机中，跨尺度的协调妨碍了及时采取行动，可能还会有其他治理工具（包括自上而下的强制手段或市场方法），单独使用这些治理工具可能比通过多中心治理体系更能有效地实现特定目标（Imperial 和 Yandle，2005；Hilborn 等，2006）。更详细的相关讨论，请参阅 Schoon 等（2015）的研究。

2.1.9 总结

本节讨论了增强生态系统服务在面对变化和干扰时的弹性的七项原则。所有这些原则都很重要，需要很好地理解它们在何时（when）、何地（where），以及如何（how）起作用。此外，由于社会生态系统是高度关联的系统，与这些原则相关的特性和过程常常通过协同工作而变得有效。因此，环境问题和促进有弹性的生态系统服务既取决于如何应用各个原则，也取决于原则的适当组合，应当牢记它们之间的相互作用。

作为相互依赖的复杂自适应系统，社会生态系统的本质是要求治理和管理能够改善社会生态系统的各个方面，从而有助于塑造未来的有利发展路径，并能够对突发事件做出适应性的反应。本质上，这些原则有助于确定在设计治理结构和管理政策时应考虑的与构建弹性相关的关键特征，其中包括：

- 增加对关键社会生态系统组件、变化过程以及适当管理选项的了解；
- 通过建立对突发事件可能性的认识，在突然需要时提供处理突发事件的替代方法和方式，使社会生态服务做好应对突发事件的准备；
- 通过提供多样化的应对方案，建立决策和采取行动所需的信任，以及针对规模差异提供不同的应对措施，提高应对能力。

我们需要进行更多的研究，从而更好地理解各个原则及其相互作用关系，以及它们在不同环境中的操作和应用方法。

参考文献

Adger, W.N., Eakin, H., Winkels, A., 2009. Nested and teleconnected vulnerabilities to environmental change. Front. Ecol. Environ. 7, 150-157.

Agrawal, A., 2005. Environmentality: Technologies of Government and the Making of Subjects. Duke University Press, Durham, NC.

Allison, H.E., Hobbs, R.J., 2004. Resilience, adaptive capacity, and the 'Lock-in Trap' of the Western Australian agricultural region. Ecol. Soc. 9, 3.

Altieri, M.A., 2009. Agroecology, small farms, and food sovereignty. Mon. Rev. 61, 102-113.

Aneries, J.M., Janssen, M.A., Walker, B.H., 2002. Grazing management, resilience and the dynamics of a fire-driven rangeland. Ecosystems. 5, 23-44.

Armitage, D., Berkes, F., Doubleday, N. (Eds.), 2007. Adaptive Co-Management: Collaboration, Learning, and Multi-Level Governance. UBC Press, Vancouver.

Armitage, D., Plummer, R., Berkes, F., et al., 2009. Adaptive co-management for socialecological complexity. Front. Ecol. Environ. 7, 95-102.

Ash, J., Newth, D., 2007. Optimising complex networks for resilience against cascading failure. Physica A.

380, 673-683.

Baggio, J.A., Salau, K., Kanssen, M.A., Schoon, M.L., Bodin, Ö., 2011. Landscape connectivity and predator-prey population dynamics. Landsc. Ecol. 26, 33-45.

Barnosky, A.D., Hadly, E.A., Bascompte, J., et al., 2012. Approaching a state shift in Earth's biosphere. Nature. 486, 52-58.

Barthel, S., Folke, C., Colding, J., 2010. Socialecological memory in urban gardens: retaining the capacity for management of ecosystem services. Global Environ. Change. 20, 255-265.

Bellamy, J., Walker, D., McDonald, G., Syme, G., 2001. A systems approach to the evaluation of natural resource management initiatives. J. Environ. Manage. 63, 407-423.

Berkes, F., Folke, C. (Eds.), 1998. Linking Social and Ecological Systems. Cambridge University Press, Cambridge.

Berkes, F., Colding, J., Folke, C. (Eds.), 2003. Navigating SocialEcological Systems: Building Resilience for Complexity and Change. Cambridge University Press, Cambridge.

Biggs, D., Biggs, R., Dakos, V., Scholes, R.J., Schoon, M.L., 2011. Are we entering an era of concatenated global crises? Ecol. Soc. 16, 27.

Biggs, R., Gordon, L., Raudsepp-Hearne, C., Schlüter, M., Walker, B., 2015. Principle 3— manage slow variables and feedbacks. In: Biggs, Schlüter, Schoon (Eds.), Principles for Building Resilience: Sustaining Ecosystem Services in SocialEcological Systems. Cambridge University Press, Cambridge, pp. 105-141.

Biggs, R., Schlüter, M., Schoon, M.L. (Eds.), 2015a. Principles for Building Resilience: Sustaining Ecosystem Services in SocialEcological Systems. Cambridge University Press, Cambridge.

Biggs, R., Schlüter, M., Schoon, M.L., 2015b. An introduction to the resilience approach and principles to sustain ecosystem services in socialecological systems. In: Biggs, Schlüter, Schoon (Eds.), Principles for Building Resilience: Sustaining Ecosystem Services in SocialEcological Systems. Cambridge University Press, Cambridge, pp. 131.

Biggs, R., Westley, F., Carpenter, S., 2010. Navigating the back loop: fostering social innovation and transformation in ecosystem management. Ecol. Soc. 15, 9.

Bohensky, E.L., Evans, L.S., Anderies, J.M., Biggs, D., Fabricius, C., 2015. Principle 4—foster complex adaptive systems thinking. In: Biggs, Schlüter, Schoon (Eds.), Principles for Building Resilience: Sustaining Ecosystem Services in SocialEcological Systems. Cambridge University Press, Cambridge, pp. 142-173.

Boyle, M., Kay, J., Pond, B., 2001. Monitoring in support of policy: an adaptive ecosystem approach. In Encyclopedia of Global Environmental Change. Wiley, New York, NY, pp. 116-137.

Brodie, J., 2014. Dredging the Great Barrier Reef: use and misuse of science. Estuarine Coastal Shelf Sci. 142, 13.

Brodie, J., Waterhouse, J., 2012. A critical review of environmental management of the 'not so Great' Barrier Reef. Estuarine Coastal Shelf Sci. 104, 122.

Brondizio, E.S., Ostrom, E., Young, O.R., 2009. Connectivity and the governance of multilevel socialecological systems: the role of social capital. Annu. Rev. Environ. Resour. 34, 253-278.

Brugnach, M., Dewulf, A., Pahl-Wostl, C., Taillieu, T., 2008. Toward a relational concept of uncertainty:

about knowing too little, knowing too differently, and accepting not to know. Ecol. Soc. 13, 30.

Chapin Ⅲ, F.S., Lovecraft, A.L., Zavaleta, E.S., et al., 2006. Inaugural article: policy strategies to address sustainability of Alaskan boreal forests in response to a directionally changing climate. Proc. Natl. Acad. Sci. U.S.A. 103, 16637-16643.

Chapin, F.S., Kofinas, G.P., Folke, C. (Eds.), 2009. Principles of Ecosystem Stewardship: Resilience-Based Natural Resource Management in a Changing World. Springer, New York, NY.

CIA, 2013. The World Factbook 201314. Central Intelligence Agency, Washington, DC.

Cilliers, P., Biggs, H.C., Blignaut, S., et al., 2013. Complexity, modelling, and natural resource management. Ecol. Soc. 18, 1.

Cundill, G., Rodela, R., 2012. A review of assertions about the processes and outcomes of social learning in natural resource management. J. Environ. Manage. 113, 714.

Cundill, G., Leitch, A.M., Schultz, L., Armitage, D., Peterson, G., 2015. Principle 5—encourage learning. In: Biggs, Schlüter, Schoon (Eds.), Principles for Building Resilience: Sustaining Ecosystem Services in SocialEcological Systems. Cambridge University Press, Cambridge, pp. 174-200.

Dakos, V., Quinlan, A., Baggio, J.A., Bennett, E., Bodin, Ö., BurnSilver, S., 2015. Principle 2—manage connectivity. In: Biggs, Schlüter, Schoon (Eds.), Principles for Building Resilience: Sustaining Ecosystem Services in SocialEcological Systems. Cambridge University Press, Cambridge, pp. 80-104.

Danielsen, F., Burgess, N., Balmford, A., 2005. Monitoring matters: examining the potential of locally-based approaches. Biodivers. Conserv. 14, 2507-2542.

Elmqvist, T., Folke, C., Nyström, M., et al., 2003. Response diversity, ecosystem change, and resilience. Front. Ecol. Environ. 1, 488-494.

Engle, N.L., Lemos, M.C., 2010. Unpacking governance: building adaptive capacity to climate change of river basins in Brazil. Global Environ. Change. 20, 413.

Ernstson, H., 2013. The social production of ecosystem services: a framework for studying environmental justice and ecological complexity in urbanised landscapes. Landsc. Urban Plann. 109, 717.

Evans, K., Guariguata, M.R., 2008. Participatory Monitoring in Tropical Forest Management: A Review of Tolls, Concepts and Lessons Learned. CIFOR, Bogor.

Farman, J.C., Gardiner, B.G., Shanklin, J.D., 1985. Large losses of total ozone in Antarctica reveal seasonal CIOx/NOx interaction. Nature. 315, 207-210.

Flood, R., Romm, N., 1996. Diversity Management: Triple Loop Learning. Wiley, Chichester.

Folke, C., Berkes, F., Colding, J., 1998. Ecological practices and social mechanisms for building resilience and sustainability. In Linking Social and Ecological Systems. Cambridge University Press, Cambridge, pp. 414-436.

Folke, C., Carpenter, S.R., Walker, B.H., et al., 2010. Resilience thinking: integrating resilience, adaptability and transformability. Ecol. Soc. 15, 20.

Folke, C., Hahn, T., Olsson, P., Norberg, J., 2005. Adaptive governance of socialecological systems. Annu. Rev. Environ. Resour. 30, 441-473.

Gunderson, L.H., Holling, C.S. (Eds.), 2002. Panarchy: Understanding Transformations in Human and Natural Systems. Island Press, Washington, DC.

Hilborn, R., Arcese, P., Borner, M., et al., 2006. Effective enforcement in a conservation area. Science. 314,

1266.

Hirota, M., Holmgren, M., van Nes, E.H., Scheffer, M., 2011. Global resilience of tropical forest and savanna to critical transactions. Science. 334, 232-235.

Holling, C., 1978. Adaptive Environmental Assessment and Management. Wiley, London.

Holling, C.S., 1973. Resilience and stability of ecological systems. Annu. Rev. Ecol. Syst. 4, 123.

Holling, C.S., 1996. Engineering resilience versus ecological resilience. In: Schulze, Peter C. (Ed.), Engineering Within Ecological Constraints. National Academy of Engineering, National Academy Press, Washington, DC, pp. 31-44.

Holling, C.S., Meffe, G.K., 1996. Command and control and the pathology of natural resource management. Conserv. Biol. 10, 328-337.

Huntsinger, L., Oviedo, J.L., 2014. Ecosystem services are socialecological services in a traditional pastoral system: the case of California's Mediterranean rangelands. Ecol. Soc. 19, 8.

Imperial, M.T., Yandle, T., 2005. Taking institutions seriously: using the IAD framework to analyse fisheries policy. Soc. Nat. Resour. 18, 493-509.

IPCC, 2014. Climate Change 2014: Impacts, Adaptation, and Vulnerability. Cambridge University Press, Cambridge.

Janssen, M.A., 2002. A future of surprises. In Panarchy: Understanding Transformations in Human and Natural Systems. Island Press, Washington, DC, pp. 241-260.

Janssen, M.A., Anderies, J.M., Ostrom, E., 2007. Robustness of socialecological systems to spatial and temporal variability. Soc. Nat. Resour. 20, 307-322.

Jentoft, S., Bavinck, M., Johnson, D.S., Thomson, K.T., 2009. Fisheries co-management and legal pluralism: how an analytical problem becomes an institutional one. Hum. Organ. 68, 27-38.

Kotschy, K.A., 2013. Biodiversity, Redundancy and Resilience of Riparian Vegetation under Different Land Management Regimes. PhD Thesis. University of the Witwatersrand, Johannesburg.

Kotschy, K., Biggs, R., Daw, T., Folke, C., West, P., 2015. Principle 1—maintain diversity and redundancy. In: Biggs, Schlüter, Schoon (Eds.), Principles for Building Resilience: Sustaining Ecosystem Services in SocialEcological Systems. Cambridge University Press, Cambridge, pp. 50-79

Lancaster, H.O., 1990. Expectations of Life: A Study in the Demography, Statistics, and History of World Mortality. Springer-Verlag, New York, NY.

Lebel, L., Anderies, J.M., Campbell, B.M., et al., 2006. Governance and the capacity to manage resilience in socialecological systems. Ecol. Soc. 11, 19.

Lee, K.N., 1993. Compass and Gyroscope: Integrating Science and Politics for the Environment. Island Press, Washington, DC.

Leitch, A.M., Cundill, G., Schultz, L., Meek, C.L., 2015. Principle 6—broaden participation. In: Biggs, Schlüter, Schoon (Eds.), Principles for Building Resilience: Sustaining Ecosystem Services in SocialEcological Systems. Cambridge University Press, Cambridge, pp. 201-225.

Leslie, P., McCabe, J.T., 2013. Response diversity and resilience in socialecological systems. Curr. Anthropol. 54, 114-143.

Levin, S.A., 2003. Complex adaptive systems: exploring the known, the unknown and the unknowable. Bull. Am. Math. Soc. 40, 319.

MA, 2003. Ecosystems and Human Well-Being: A Framework for Assessment. Island Press, Washington, DC.

MA, 2005. Ecosystems and Human Well-Being: Synthesis. Island Press, Washington, DC.

Mahon, R., McConney, P., Roy, R.N., 2008. Governing fisheries as complex adaptive systems. Mar. Policy. 32, 104-112.

Martin, J., 2007. The Meaning of the 21st Century: A Vital Blueprint for Ensuring Our Future. Riverhead Books, New York, NY.

Mori, A., Furukawa, T., Sasaki, T., 2013. Response diversity determines the resilience to environmental change. Biol. Rev. 88, 349-364.

Mumby, P.J., Hastings, A., 2008. The impact of ecosystem connectivity on coral reef resilience. J. Appl. Ecol. 45, 854-862.

Norberg, J., Cumming, G.S. (Eds.), 2008. Complexity Theory for a Sustainable Future. Columbia University Press, New York, NY.

NystrÖm, M., Folke, C., 2001. Spatial resilience of coral reefs. Ecosystems. 4, 406-417.

Olsson, P., Folke, C., Berkes, F., 2004. Adaptive comanagement for building resilience in socialecological systems. Environ. Manage. 34, 75-90.

Olsson, P., Folke, C., Hughes, T.P., 2008. Navigating the transition to ecosystem-based management of the Great Barrier Reef, Australia. Proc. Natl. Acad. Sci. U.S.A. 105, 9489-9494.

Ostrom, E., 2005. Understanding Institutional Diversity. Princeton University Press, Princeton, NJ.

Pahl-Wostl, C., 2009. A conceptual framework for analysing adaptive capacity and multilevel learning processes in resource governance regimes. Global Environ. Change. 19, 354-365.

Parks, R.B., Ostrom, E., 1999. Complex models of urban service systems. Polycentricity and Local Public Economies: Readings from the Workshop in Political Theory and Policy Analysis. University of Michigan Press, Michigan, MI, pp. 355-383.

Reed, M., Evely, A., Cundill, G., et al., 2010. What is social learning? Ecol. Soc. 15, 1.

Reyers, B., Biggs, R., Cumming, G.S., et al., 2013. Getting the measure of ecosystem services: a socialecological approach. Front. Ecol. Environ. 11, 268-273.

Robards, M.D., Schoon, M.L., Meek, C.L., Engle, N.L., 2011. The importance of social drivers in the resilient provision of ecosystem services. Global Environ. Change. 21, 522-529.

Rockström, J., Steffen, W.L., Noone, K., et al., 2009. A safe operating space for humanity. Nature. 461, 472-475.

Rodriguez, J.P., Beard Jr, T.D., Bennett, E.M., et al., 2006. Trade-offs across space, time and ecosystem services. Ecol. Soc. 11, 28.

Salau, K., Schoon, M.L., Baggio, J.A., Janssen, M.A., 2012. Varying effects of connectivity and dispersal on interacting species dynamics. Ecol. Model. 242, 81-91.

Säljö, R., 1979. Learning in the learner's perspective: some common-sense conceptions. Reports from the Institute of Education. University of Gothenburg, p. 76.

Sankaran, M., Hanan, N.P., Scholes, R.J., et al., 2005. Determinants of woody cover in African savannas. Nature. 438, 846-849.

Schoon, M.L., Robards, M.D., Meek, C.L., Galaz, V., 2015. Principle 7—promote polycentric governance systems. In: Biggs, Schlüter, Schoon (Eds.), Principles for Building Resilience: Sustaining Ecosystem Services in SocialEcological Systems. Cambridge University Press, Cambridge, pp. 226-250.

Schreiber, E.S., Bearlin, A.R., Nicol, S.J., Todd, C.R., 2004. Adaptive management: a synthesis of current understanding and effective application. Ecol. Manage. Restor. 5, 177-182.

Søreng, S.U., 2006. Moral discourse in fisheries co-management: a case study of the Senja fishery, Northern Norway. Ocean Coast. Manage. 49, 147-163.

Staver, A.C., Archibald, S., Levin, S., 2011. The global extent and determinants of savanna and forest as alternative biome states. Science. 334, 230-232.

Steffen, W.L., Crutzen, P.J., McNeill, J.R., 2007. The anthropocene: are humans now overwhelming the great forces of Nature? AMBIO. 36, 614-621.

Stirling, A., 2007. A general framework for analysing diversity in science, technology and society. J. R. Soc. Interface. 4, 707-719.

Stringer, L.C., Dougill, A.J., Fraser, E., et al., 2006. Unpacking 'participation' in the adaptive management of socialecological systems: a critical review. Ecol. Soc. 11, 39.

Thrush, S.F., Halliday, J., Hewitt, J.E., Lohrer, A.M., 2008. The effects of habitat loss, fragmentation, and community homogenisation on resilience in estuaries. Ecol. Appl. 18, 12-21.

Treml, E.A., Halpin, P.N., Urban, D.L., Pratson, L.F., 2007. Modelling population connectivity by ocean currents, a graph-theoretic approach for marine conservation. Landsc. Ecol. 23, 19-36.

Van Nes, E.H., Scheffer, M., 2005. Implications of spatial heterogeneity for regime shifts in ecosystems. Ecology. 86, 1797-1807.

Walker, B.H., 1992. Biodiversity and ecological redundancy. Conserv. Biol. 6, 18-23.

Walker, B.H., Salt, D., 2006. Resilience Thinking: Sustaining Ecosystems and People in a Changing World. Island Press, Washington, DC.

Walker, B.H., Carpenter, S.R., Rockström, J., Crépin, A.-S., Peterson, G.D., 2012. 'Drivers', 'slow' variables, 'fast' variables, shocks, and resilience. Ecol. Soc. 17, 30.

Walker, B.H., Holling, C.S., Carpenter, S.R., Kinzig, A., 2004. Resilience, adaptability and transformability in socialecological systems. Ecol. Soc. 9, 3.

Walters, C.J., Holling, C.S., 1990. Large-scale management experiments and learning by doing. Ecology. 71, 2060-2068.

Williamson, O.E., 1985. The Economic Institutions of Capitalism. Free Press, New York, NY.

2.2 社会技术系统中的弹性理论与实践

缩略语

ATC　空中交通管制
EAS　紧急情况和异常情况
FRMS　疲劳风险管理系统
FSS　金融服务系统
FTL　飞行和值勤时间限制
STS　社会技术系统
T²EAM　空中交通管理突发事件中的团队任务与合作策略

在这一部分中，首先介绍了社会技术系统（STSs）中的弹性方法，重点介绍构建社会技术系统弹性的四个主要因素，这些因素代表了弹性系统的四个基本能力。每一个问题都是通过来自不同社会技术领域的实际案例研究来讨论的。更详细的相关讨论，请参阅原著（Hollnagel 等，2011）。

2.2.1 弹性方法

一般情况下，安全工作关注的是不良事件造成的意外后果、伤害和损失。这体现在对安全的共同理解上，即"避免不可接受的风险"。然而，弹性方法将安全定义为在不同条件下取得成功的能力。由于对安全态度的改变，从正确的事情中学习与研究错误的事情同样重要。因此，了解社会技术系统的正常功能为理解其如何失效提供了必要和充分的基础。通常情况下，通过增加正确事情的数量来提高安全性要比减少出错事情的数量更容易、更有效。一个具有弹性的系统必须具备以下四种能力。

这些能力是对事件作出反应、监测事态发展、预测未来的威胁和机会以及从过去的失败和成功中吸取经验教训的能力，见图2.2。弹性工程的建立和管理涉及这四种能力。对于社会技术系统，弹性定义为：

系统在变化和干扰之前、期间或之后调整其功能，以便其在预期和意外条件下维持所需运行的内在能力。

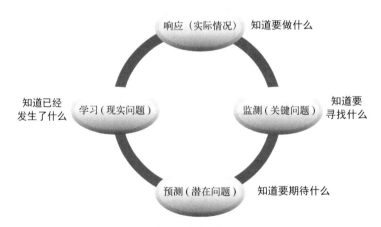

图2.2　弹性系统的四个主要功能

需要注意的是，这个定义的关键术语是系统调整其功能的能力。以下是关于弹性的四个基本能力的说明。

① 知道要做什么，也就是说，如何通过实施一套准备好的应对措施或对常规功能的调整来应对定期和不定期的中断和干扰。这是解决实际问题的能力。

② 知道要寻找什么，也就是说，如何监测那些在短期内可能存在的威胁。监测必须包括环境中发生的情况和系统本身发生的情况，即系统本身的性能。这是解决关键问题的能力。

③ 知道要期待什么，即如何预测未来的发展、威胁和机会，如潜在的变化、干扰、压力及其后果。这就是发掘潜力的能力。

④ 知道已经发生了什么，也就是说，如何从经验中吸取教训，无论是成功的还是失败的，特别是如何吸取正确的经验。这就是解决现实问题的能力。

能够及时有效地应对所发生的事情——无论是威胁还是机遇，对一个系统、组织或有机体的生存至关重要。响应是指检测和评估事件，并采取相关行动。要做到这一点，就必须有准备好的应对措施和必要的资源，或者有足够的灵活性，以便在需要时提供必要的支持。

一个有弹性的系统必要有有效的手段来监测自身的性能以及环境的变化。监测使该系统能够应对和为可能的短期威胁和机会做准备。为了使监测具有灵活性，必须经常评估和修订其依据。虽然监测是立竿见影的，但也应作出具体努力，着眼于更遥远的未来。观察潜在性的目的是确定可能会对系统的功能产生积极或消极影响的未来事件、条件或状态变化。

很明显，只有从过去的表现中吸取教训，未来的表现才能得到改善。学习的有效性取决于学习的基础，即考虑哪些事件或经验，以及如何分析和理解这些事件。由于顺利的情况，包括那些差一点就出错的情况比出错的情况多得多，因此尝试从具有代表性的事件中学习而不是仅仅从失败中学习是更有意义的。更详细的相关讨论，请参阅 Hollnagel（2011a）的研究。

2.2.2 处理实际情况：响应

2.2.2.1 三个实际案例说明"实时"弹性

（1）哈德逊河的经验（Pariés, 2011a）

2009 年 1 月 15 日，美国航空公司 1549 航班，一架双引擎空客 A320 客机在纽约哈德逊河进行无动力紧急水上迫降，在此之前班机曾多次遭到鸟击而导致两个引擎失灵。空客 A320 客机沉入河中时，机上 155 名乘客和机组人员全部从部分淹没的机身上成功撤离；他们被附近的船只救起。这一事件被称为"哈德逊河上的奇迹"，这件事发生在飞机起飞约两分钟后，在大约 3000ft（912m）的高空遇见了一群大鸟。其中几只大鸟被吸入双引擎，导致两个引擎很快失去动力。由于飞机失去了动力，驾驶舱中的机组人员认为飞机无法到达最近的机场。因此，他们转移到附近的哈德逊河，并在失去动力大约 3min 后实施水上降落，拯救了所有机上人员。

在本案例研究中，作者讨论了针对航空系统预期的鸟击的"纵深防御"策略，事实上，这种预期在哈德逊河事件中极大地提高了生存能力。这一战略被描述为铺设三道防线：第一道防线是尽量减少鸟击频率，第二道防线是确保飞机及其发动机能够承受一定程度上的鸟击，最后一道防线是使机组飞机系统在完全失去动力后能够安全着陆。

（2）应对不确定性：麻醉中的弹性决策（Cuvelier and Falzon, 2011）

在儿科麻醉患者安全研究的背景下，在法国一家医院的儿童麻醉科进行了一项基于关键事件技术的实证研究（用于收集具有关键意义且符合系统定义标准的人类行为的直接观察结果）。这项研究的目的有两个：确定麻醉师在工作中必须处理的不同类型的干扰，并强调弹性因素，即麻醉师通过实践制定的策略，使系统在受到干扰的情况下仍能正常工作。

研究结果突出了麻醉师预先设想的潜在情况与麻醉师未预见的意外情况之间的区别。这种基于"感知者的灵感"的主观分类强调了麻醉师为了管理可变性而做出的两个关键决定。第一个是术前确定手术治疗的潜在可变范围，第二个问题涉及发生超出这一范围的事件，因此需要调动额外的资源。这两个关键决定的确定提高了研究和行动中麻醉实践的弹性。

（3）在不断升级的情境下培养组织弹性（Bergström et al., 2011）

为了评估在意外和不断升级的情境下建立前端组织弹性的可能性，瑞典的消防安全工程师使用符合系统定义的场景指南的培训计划进行了一项实验。

通过为期两天的危机模拟练习，对两个实验组的一般能力进行了练习，实验表明，设计一个训练环境，使人们真正面对不断升级情境下的不确定性和不可预测性，可以产生当前训练所没有的"弹性"，这项实验旨在说明在已知场景中进行训练是正确的行为策略。它还表明，非特定领域的培训加深了对不断升级情境的本质以及对管理难度的理解。尽管需要更多的研究和进一步的测试，但在需要对不断升级的情境作出快速且有序的响应的各种行业中，应用这种培训的潜力是巨大的。

2.2.2.2 讨论

本节重点讨论一个系统或组织"处理实际情况"的能力，即应对当前形势的能力——即使是一种破坏性的或令人震惊的情况。在系统面临困境时，"应对形势"意味着一系列行动：评估形势、知道应对什么、决定做什么和什么时候做。准备应对主要依赖于两种策略：主动策略和被动策略。第一种方法是预测潜在的破坏性情况，并预先确定现成的解决方案（例如，异常或紧急程序、具体的反应技能、危机应对计划等）。第二种是产生、创造、发明或衍生出特别的解决方案。

换句话说，从共时和历时的角度来看，这三个案例讨论的是"实时"弹性。但实际上，从设计师、经理或培训师的角度来看，与"实时弹性"相关的问题包括如何确保所需资源（人员、能力、设备等）可用或能够及时获取。因此，一个更相关的问题是如何建立（现在）、保持（明天）并随时准备好（在未来的任何时候）作出回应。虽然这三个案例侧重于"应对准备"，但它们也涉及与建立和保持这种准备有关的一些问题。他们提出了三个具体领域的实际案例研究：商业航空、麻醉和救援服务。除了他们在视角和领域上的明显差异之外，他们在弹性方面有着相似的基本理论问题。第一个是弹性和预期之间的关系，这也贯穿于社会技术系统研究的其他案例中。更详细的相关讨论，请参阅 Pariés（2011b）的研究。

2.2.3 处理关键问题：监测

2.2.3.1 为构建系统弹性进行监测的三个实例

（1）从飞行时间限制到疲劳风险管理系统（FRMS）——一种弹性方法（Cabon 等，2011）

众所周知，疲劳是航空安全的一大风险。民航采用飞行和值勤时间限制是通过调整值勤时间来防止疲劳。然而，从操作的角度来看，除了法规固有的刚性指标外，这种方法往往无法考虑有关疲劳的所有复杂因素。为了应对这种复杂性，疲劳风险管理系统应运而生。疲劳风险管理系统方法不是设置绝对工作时间限制，而是评估每个操作的疲劳风险。国际民用航空组织（ICAO，2011）将疲劳风险管理系统定义为："以科学原理、知识和运行经验为基础，持续监测和维护疲劳相关安全风险的数据驱动手段，旨在确保相关人员保持足够的警惕性。"

监测在疲劳风险管理系统中起着重要的作用。以下是对整个监测过程的一些建议，包括针对四种设想中的风险制定疲劳监测的一系列应对策略。

①"连续"模式：在这种"基本"模式下，系统监控风险矩阵有持续反馈。例如，在通过航空安全报告识别特定事件后，将之前未识别的风险添加进风险矩阵中。

②"探测"模式：在这种模式下，在有限的时间（例如 1 个月）内进行重点监控，并用于更新风险矩阵。

③ 主动模式：在此模式下，重大变更（例如引入新路线、时间表更改）后触发重点监控。风险矩阵根据结果更新。

④ 反应模式：在这种模式下，由于系统监测指标发生重大变化而触发重点监控，例如，在过去几个月，某一特定名册上的航空安全报告和相关的机组人员疲劳报告表的频率有所增加。

实施疲劳风险管理系统需要综合的工具和方法，以应对与机组人员相关的复杂的安全性能影响。疲劳风险管理系统可以被视为一种设计弹性的具体方式，因为它要求组织在由法规控制的安全之外重新引入由人管理的安全来调整其功能。

（2）重视和处理危急事故的实践——以电厂检修为例（Lay，2011）

在高风险、高压力的复杂工作中，例如电厂的维护，可能会发生质量和安全事故，这些事故的代价对于服务提供商和客户都是极其高昂的。因此，在选择服务提供商时，始终如一的高质量工作表现和很少的事故可能是最重要的考虑因素。传统的安全和质量计划通常在范围上有限，一般是微观的，倾向于关注特定的历史事件或趋势。弹性理论的原理可以应用于设计一个广泛的、主动的策略，以注意到危急情况的迹象，并采取不同的行动来降低风险，从而根据计划提高绩效。

高弹性组织有以下四种特征：
- 能够预测关键的隐患及其后果；
- 能够注意到关键的隐患和发生时的情况；
- 能够计划如何应对这种情况；
- 能够适应并采取不同的行动。

在这种特殊情况下，建立弹性的第一步是提高对关键情况的"识别"，同时考虑一般情况和特定的意外情况。一种方法是实施对风险状况变化的主动探测（Florathall 和 Merritt，2003），通过与经验丰富的项目经理和运营支持人员进行研讨，假设出可能接近失控的情况或风险状况发生变化的迹象。另一种方法是通过研究小组对整个组织进行弹性概念的培训，通过观察和认识日常工作中的弹性和脆弱性的模式和特征，讨论各种情况和领域的观察结果。

现场人员已经看到了应用弹性概念的好处，尽管其高弹性管理才刚刚开始。因此，即使只是建立"识别"的技能也能帮助减少损失。"识别"会触发行动，即使没有既定的帮助方案，人们也会临场做出反应。

（3）紧急和异常情况训练中的认知策略——对空中交通管制（ATC）弹性的影响（Malakis and Kontogiannis, 2011）

管理空中交通管制系统中出现的紧急情况和异常情况是空中交通管制员面临的严峻挑战。进修培训的基本假设是为空中交通管制员提供所需的技能和知识，以成功应对紧急情况和异常情况所带来的各种挑战。该案例运用认知系统工程原理，采用一套认知策略和团队协作策略，探讨了欧洲某大型控制中心在真实和模拟紧急情况下，双人操作控制人员这一二元团队的应变模式。对真实事件的调查显示，实际操作问题与进修培训期间遇到的问题可能不尽相同。这一案例研究展示了初步的发现以及有关从源头促进弹性的见解，以补充目前的进修培训计划。

研究的第一阶段产生了一个性能模型，被称为"空中交通管理中紧急情况下的任务工作和团队合作策略（T^{2}EAM）"。T^{2}EAM 模型旨在实现一种平衡和实用的方法，以捕获空中交通管制系统中紧急情况和异常情况事件期间的弹性过程。与 T^{2}EAM 相对应的个体和联合认知策略如下。

- 预期：及时、准确地发现和应对威胁。
- 识别：及时、准确地发现紧急情况的早期迹象，并人为预测事件的进展。
- 不确定性管理：收集和评估情景模型，并制定安全相关目标。
- 规划：采用标准和（或）应对事态发展的应急计划。
- 组织管理：及时、准确地组织所需的任务，并对中断和干扰做出反应。
- 团队协调和沟通。
- 错误管理和任务管理。

根据进修培训的结果，我们得出结论，这些对失败敏感的认知策略在两个层面上展现了弹性的潜力，为我们提供了重要的实践范例。首先，这些认知策略培育了洞察能力，即控制者通过认知策略的形式进行适应，从而有助于提升关键安全事件的弹性。其次，这些认知策略被作为发展先进安全培训计划的基石，目的是完善 ATC 系统的弹性。

2.2.3.2 讨论

与安全相关的每个组织都使用一个或多个指标来判断组织中的安全级别是否可接受。使用一个通用的安全定义，组织需要知道它是否能"避免不可接受的风险"，这个指标通常是在一段时间内发生的事故或伤害（或死亡）的数量或比率，或事故间的时间间隔。虽然这些措施可以在一定程度上保证安全不会完全失控，但在考虑今后如何管理安全时，这些措施用处不大，甚至可能是有害的。由于组织的环境及其自身的内部过程都是动态的，去年的（或上个月的，或昨天的）安全表现充其量只是一个微弱的迹象，它不能表明今天和明天的情况如何。

正如众所周知的管理格言"你不能管理你没有衡量的东西"所表明的那样，对过程的衡量是任何组织必不可少的一部分。虽然在实践中很少找到明确的模型来定义和解释如何衡量某个过程或结果，但是通常存在与安全相关的重要知识，这些知识可以用来创建模型。

在疲劳研究（案例1）中，讨论了安全性、疲劳及其潜在机制之间的一系列关系，并使用这些关系来创建了监测疲劳风险的指标。在ATC的认知策略研究（案例3）中，T²EAM绩效模型是在已有研究的基础上发展起来的，这些研究涉及类似任务中的认知策略，但在其他行业中也经常出现，同时该性能模型为开发衡量方法也提供了依据。

有几项研究使用了特别的方法来选择指标。如案例2所述，通过与经验丰富的项目经理和其他经常参与支持项目的人员在遇到问题时进行头脑风暴研讨，确定了与干扰相关的关键因素。换言之，即使这些都是基于对过去事件的学习，但至少从测试概念的角度来看，它能够在下一个大修周期（1～2年）保持有效。同样，在Rireathall（2006）的研究中，基于核工业的集体经验，指标的选择通常与人为因素最为相关。更详细的相关讨论，请参阅Wreathall（2011）的研究。

2.2.4 处理潜在问题：预期

2.2.4.1 构建系统弹性预期的三个实例

（1）铁路工程规划中的弹性衡量（Ferreira等，2011）

英国铁路网络的扩容需求不断增长，这给改善工程规划和交付带来了越来越大的压力。作为英国铁路基础设施的所有者，英国国营铁路公司面临着在更多样化、更短暂的基础设施建设机会中交付更多工作（维护、增强和更新基础设施）的挑战，同时还要满足监管机构设定的安全性能标准。在生产效率压力和保证安全标准之间取得平衡，这一点对于铁路相关组织的可持续性至关重要。

弹性工程作为一个研究框架被提出，旨在提高负责规划工程工作的组织系统对压力的应对能力。在这一范围内，通过问卷调查的方式建立了一种衡量弹性的方法。使用因子分析法从问卷数据中确定潜在趋势，这些趋势可作为铁路工程规划中可测量的弹性因素。确定的弹性因素如下。

① **适应性和灵活性**：规划者能够根据压力调整工作，并通过解决问题来适应环境。
② **控制**：人们觉得他们有必要的手段（特别是信息）来适当地控制和引导其活动。
③ **意识和准备**：该系统产生反馈并提供支持，使人们清楚地认识到他们应该如何为应对挑战作出贡献。
④ **权衡**：通过决策实现安全与效率的平衡。
⑤ **时间管理**：当计划决策需要时，有足够的时间进行充分的考虑。

自我报告的方法，如问卷调查，可能不足以提供一个强有力的弹性措施。然而，这种方法可以有效地监测系统的弹性行为，特别是通过长期监测定期收集的分析调查结果。

（2）平衡的艺术：利用上行弹性来处理相互冲突的目标（Tjørhom和Aase，2011）

本案例研究以挪威民航运输为例，描述了在变化密集型环境中平衡相互冲突的目标（如安全和运营之间）所涉及的一些过程。处理多个目标的能力包括利用下行和上行的弹性特征来解决这些潜在的冲突。在这里，下行弹性意味着宏观层面的方向和解决方案，即通过明确的目标结构、基础设施和处理安全和效率之间权衡的程序，从而为弹性做好准备。向上的弹性意味着在系统的微观层面上做出的决策，即在目标冲突的情况下对安全作出的承诺。由外部或内部驱动因素引起的变化可能会导致监管缺失，从而改变这些弹性特征。

在系统宏观层面上所作的改变可能会在微观层面上产生意料之外的后果，反之亦然。这些发现对不同层次的航空运输系统具有启示。

建议采取以下措施来加强下行弹性。

① 在政府层面制定明确的安全目标规则。

② 不在战略层面明确的目标规则会威胁到下行弹性。在航空运输系统经历了多年的变革之后，员工需要明确的声明来使他们能够在经济压力下保持灵活性并致力于提高安全性。

③ 目标规则应基于整个航空运输系统输入的最坏情况。系统的制度层面必须负责收集有关威胁弹性的趋势的信息。

④ 制定解决跨尺度交互的指导方针和要求。

⑤ 培训工具应包括来自不同级别和专业的学员。

建议采取以下措施来加强上行弹性。

① 培养操作人员持续的警觉性。

② 如果对操作的处理方式没有持续的危险意识，人们可能会陷入日常事务中，从而无法注意到变化。在运行的过程中，即使是看似微不足道的变化也必须被视为对弹性构成威胁的潜在指标。

③ 提高操作员与系统其他部分的协作。

④ 对职业价值的过分关注可能会带来一些负面影响（McDonald，2006）。在职业生涯中，自信可能会演变成过度自信。在权衡的情况下，这可能会导致过度依赖个人的判断而牺牲了谨慎的客观评价。技术人员和机场运营商可能过于依赖经验和知识，从而在不完全遵守规则的情况下冒不必要的风险。同时，跨专业的知识交流是有必要的。

⑤ 在航空系统中，上行和下行的弹性之间的紧张关系可以通过整个系统强大的专业性来平衡，这起到了缓冲作用，使得安全目标普遍高于生产目标。为了维护这种平衡的艺术，必须在宏观层面制定强有力但灵活的目标规则，以表明对安全的承诺，而微观层面的参与者也认为这一举措值得信赖。在生产压力加剧和组织节奏加快的情况下，需要对弹性来源进行额外投资，以防止在生产和安全的权衡过程中失去平衡。换言之，即便在生产投入最小化的时期，安全投入也是最为重要的（Woods，2006）。

（3）金融服务体系中功能相关性的重要性（FSSs）（Sundström 和 Hollnagel，2011）

2007～2009 年全球金融市场发生的事件清楚地表明，需要更好地了解全球金融服务系统的运作方式。这场危机更是清楚地表明，国家金融监督机构或此类系统的组成部分（如个别银行）高度依赖于全球金融监督机构其他组成部分的正常运作。

本案例研究的主要目的是说明弹性工程如何为金融服务业提供一种从宏观和微观审慎层面上理解风险的不同方式。为了使多个利益相关者能够共享系统全局视野，我们需要一个共同的金融服务系统模型。在本研究中，采用了 Merton 和 Bodie（1995）提出的函数方法。这种方法使利益相关者和决策者能够关注其行为本身，而不是单个金融服务机构的具体情况。建模过程通常包括四个阶段：

① 确定需要建模的功能；

② 确定可能导致性能变化的条件；

③ 确定可能出现功能共振的区域；
④ 确定如何监控和控制性能差异。

功能视角的一个关键优势是，可以发现各个机构和系统组件之间的功能相关性所产生的风险。因此，本研究中概述的概念和功能建模方法为开发一种标准化方法以更好地捕捉和理解金融服务行业的风险提供了基础。

2.2.4.2 讨论

本节讨论了关于弹性系统的预测和适应能力。这些案例研究解释了弹性系统如何预测适应性能力下降、如何应对缓冲或储备耗尽、如何改变目标优先级等几种模式。这些模式具体如下。

- 弹性系统能够识别适应性能力下降。
- 弹性系统能够认识到缓冲或储备耗尽的情况。
- 弹性系统能够识别何时在目标权衡中调整优先级。
- 弹性系统能够改变视角，对比超出其名义位置的不同视角。
- 弹性系统能够应对角色、活动、级别和目标不断变化的相互依赖关系。
- 弹性系统能够认识到需要学习新的适应方法。

为了使系统具有弹性，系统始终关注其当前配置和执行状态的自适应能力是否足以满足未来可能遇到的需求。忽视或轻视适应能力下降的迹象会使系统容易突然崩溃或失败（Woods，2009）。更详细的相关讨论，请参阅 Woods（2011）的研究。

2.2.5 处理现实问题：学习

以下关于学习的观点源自 Hollnagel 的著作《To Learn or Not to Learn, That is the Question》（Hollnagel，2011b）。

2.2.5.1 学习的条件

学习要发生，必须满足三个条件。第一个条件是有合理的学习机会，也就是说，可以学习的情况以足够高的频率出现。第二个条件是，事件产生的原因是否足够相似并可以作出总结概括。第三个条件是，必须有足够的机会核实是否吸取了正确的教训。

当事故、紧急情况和灾难发生时，找出它们发生的原因显然很重要，但也很明显，它们并不能为学习提供最好的基础。事故不会频繁发生，至少在活动领域相当安全的情况下。此外，事故之间通常是不同的，而且这种差异往往与结果的大小成正比。最后，由于事故很少发生，几乎没有机会检查是否吸取了正确的教训。因此，尽管这是常见的刻板印象，但事故并不能为学习提供良好的条件。

从这些论点可以看出，如果学习是建立在更频繁发生的事件或条件的基础上，并且不那么极端且高度相似，那么学习可能会更有效（Herrera 等，2009；Woods and Sarter，2000）。事实上，从正确的事情中学习要比从错误的事情中学习更有效率，因为前者发生的频率远远高于后者。

2.2.5.2 学习的影响

弹性的四个主要能力同样必要且重要。以学习为出发点,我们很容易认为,没有学习的能力,响应的能力就没有什么价值。面对变化和干扰,学习新的响应方式势在必行,系统只有通过观察和评估响应的效率才能进行学习。

对于学习和监测之间的关系也可以提出类似的论点。主要是通过实践学习,才能为监测必须关注的指标建立适当的基础。监测的效率取决于学习的效率,就像学习的效率取决于对正确经验的关注一样。最后,学习对于预期也是必要的,这对于产生一个现实的,甚至是完善的模型或者对未来可能发生的事情的理解是必不可少的。

2.2.6 弹性的本质是什么

如果弹性是一种系统属性,那么它可能需要被视为特定社会技术系统与该系统环境之间的一种相互关系。弹性似乎传达了适应环境要求的特性,或者能够管理环境带来的可变性或挑战性的情况。尽管存在扰动,但是弹性的一个基本特征是保持核心过程的稳定性和完整性。

弹性本质的重点是中长期生存,而非短期调整。然而,因为环境的稳定不是理所当然的客观条件,组织的适应能力和生存能力是有关弹性的核心问题之一。因此,能够恰当地理解环境,且能够预测、计划以及实施适当的调整,以满足预期的未来需求,这一概念非常重要。

弹性是指(组织系统)通过适当调整其行动、系统和过程,有效预测和管理风险的能力,以确保其核心职能在与环境的稳定有效关系中得以履行。

参考文献

Bergström, J., Dahlström, N., Dekker, S., Petersen, K., 2011. Training organisational resilience in escalating situations. In: Hollnagel, E., Pariés, J., Woods, D.D., Wreathall, J. (Eds.), Resilience Engineering in Practice: A Guidebook. Ashgate Publishing Company, Burlington, USA, pp. 45-57.

Cabon, P., Deharvengt, S., Berechet, I., Grau, J.Y., Maille, N., Mollard, R., 2011. From flight time limitations to fatigue risk management systems—a way toward resilience. In: Hollnagel, E., Pariés, J., Woods, D.D., Wreathall, J. (Eds.), Resilience Engineering in Practice: A Guidebook. Ashgate Publishing Company, Burlington, USA, pp. 69-86.

Cuvelier, L., Falzon, P., 2011. Coping with uncertainty: resilient decisions in anaesthesia. In: Hollnagel, E., Pariés, J., Woods, D.D., Wreathall, J. (Eds.), Resilience Engineering in Practice: A Guidebook. Ashgate Publishing Company, Burlington, USA, pp. 29-43.

Ferreira, P., Wilson, J.R., Ryan, B., Sharples, S., 2011. Measuring resilience in the planning of rail engineering work. In: Hollnagel, E., Pariés, J., Woods, D.D., Wreathall, J. (Eds.), Resilience Engineering in Practice: A Guidebook. Ashgate Publishing Company, Burlington, USA, pp. 145-156.

Herrera, I.A., Norsdkag, A.O., Myhre, G., Halvorsen, K., 2009. Aviation safety and maintenance under major organisational changes, investigating non-existing accidents. Accident Analysis and Prevention. 41 (6),

1155-1163.

Hollnagel, E., 2011a. Prologue: the scope of resilience engineering. In: Hollnagel, E., Pariés, J., Woods, D.D., Wreathall, J. (Eds.), Resilience Engineering in Practice: A Guidebook. Ashgate Publishing Company, Burlington, USA.

Hollnagel, E., 2011b. To learn or not to learn, that is the question. In: Hollnagel, E., Pariés, J., Woods, D.D., Wreathall, J. (Eds.), Resilience Engineering in Practice: A Guidebook. Ashgate Publishing Company, Burlington, USA, pp. 193-198.

Hollnagel, E., Pariés, J., Woods, D., Wreathall, J. (Eds.), 2011. Resilience Engineering in Practice: A Guidebook. Ashgate Publishing Company, Burlington, USA.

ICAO, 2011. FRMS Implementation Guide for Operators. first ed. IATA, ICAO, IFALPA.

Lay, E., 2011. Practices for noticing and dealing with the critical: a case study from maintenance of power plants. In: Hollnagel, E., Pariés, J., Woods, D.D., Wreathall, J. (Eds.), Resilience Engineering in Practice: A Guidebook. Ashgate Publishing Company, Burlington, USA, pp. 87100.

Malakis, S., Kontogiannis, T., 2011. Cognitive strategies in emergency and abnormal situations training—implications for resilience in air traffic control. In: Hollnagel, E., Pariés, J., Woods, D.D., Wreathall, J. (Eds.), Resilience Engineering in Practice: A Guidebook. Ashgate Publishing Company, Burlington, USA, pp. 101-117.

McDonald, N., 2006. Organisational resilience and industrial risk. In: Hollnagel, E., Woods, D.D., Leveson, N. (Eds.), Resilience Engineering: Concepts and Precepts. Ashgate, Aldershot, UK, pp. 155-180.

Merton, R.C., Bodie, Z., 1995. A conceptual framework for analysing the financial environment. In: Crane, D.B., Froot, K.A., Mason, S.P., Perold, A.F., Merton, R.C. (Eds.), The Global Financial System. Harvard Business School Press, Cambridge, MA, pp. 331.

Pariés, J., 2011a. Lessons from the Hudson. In: Hollnagel, E., Pariés, J., Woods, D.D., Wreathall, J. (Eds.), Resilience Engineering in Practice: A Guidebook. Ashgate Publishing Company, Burlington, USA, pp. 927.

Pariés, J., 2011b. Resilience and the ability to respond. In: Hollnagel, E., Pariés, J., Woods, D.D., Wreathall, J. (Eds.), Resilience Engineering in Practice: A Guidebook. Ashgate Publishing Company, Burlington, USA, pp. 48.

Sundström, G., Hollnagel, E., 2011. The importance of functional interdependencies in financial services systems. In: Hollnagel, E., Pariés, J., Woods, D.D., Wreathall, J. (Eds.), Resilience Engineering in Practice: A Guidebook. Ashgate Publishing Company, Burlington, USA, pp. 171-190.

Tjørhom, B., Aase, K., 2011. The art of balance: using upward resilience traits to deal with conflicting goals. In: Hollnagel, E., Pariés, J., Woods, D.D., Wreathall, J. (Eds.), Resilience Engineering in Practice: A Guidebook. Ashgate Publishing Company, Burlington, USA, pp. 157-170.

Woods, D.D., 2006. How to design a safety organisation: test case for resilience engineering. In: Hollnagel, E., Woods, D.D., Leveson, N. (Eds.), Resilience Engineering: Concepts and Precepts. Ashgate, Aldershot, UK, pp. 315-325.

Woods, D.D., 2009. Escaping failures of foresight. Saf. Sci. 47 (4), 498-501.

Woods, D.D., 2011. Resilience and the ability to anticipate. In: Hollnagel, E., Pariés, J., Woods, D.D., Wreathall, J. (Eds.), Resilience Engineering in Practice: A Guidebook. Ashgate Publishing Company, Burlington, USA, pp. 121-125.

Woods, D.D., Sarter, N.B., 2000. Learning from automation surprises and 'going sour' accidents. In: Sarter, N., Amalberti, R. (Eds.), Cognitive Engineering in the Aviation Domain. Erlbaum, Hillsdale, NJ, pp. 327-354.

Wreathall, J., 2006. Properties of resilient organisations: an initial view. In: Hollnagel, E., Woods, D.D., Leveson, N. (Eds.), Resilience Engineering: Concepts and Precepts. Ashgate, Aldershot, UK, pp. 275-285.

Wreathall, J., 2011. Monitoring—a critical ability in resilience engineering. In: Hollnagel, E., Pariés, J., Woods, D.D., Wreathall, J. (Eds.), Resilience Engineering in Practice: A Guidebook. Ashgate Publishing Company, Burlington, NJ, pp. 61-68.

Wreathall, J., Merritt, A.C., 2003. Managing human performance in the modern world: developments in the US nuclear industry. In: Edkins, G., Pfister, P. (Eds.), Innovation and Consolidation in Aviation. Ashgate, Aldershot, UK, pp. 159-170.

2.3 计算机系统中的弹性理论与实践

缩略语

CPU	中央处理器
DDD	位移损伤剂量
DRE	检测到可恢复的错误
DUE	检测到不可恢复的错误
FM	故障模式
FT	容错
GAFT	广义容错算法
HW	硬件
IC	集成电路
NMR	N 模冗余
PKA	初级离位原子
RTS	实时系统
SDC	静默数据损坏
SEE	单粒子效应
SSW	系统软件
TID	总电离剂量
TMR	三模冗余
TR	时间冗余

在这一部分中,我们将介绍新一代弹性理论和一个持续进化的计算机系统,包括它的关键概念、支持理论的要素、分析方法和实现原则。更详细的相关讨论,请参阅原著(Castano 和 Schagaev,2015)。

2.3.1 新出现的挑战

大多数嵌入式系统都是实时系统(RTs),由计算机软件系统控制,并将执行预定义任务的硬件设备进行封装。自 20 世纪 60 年代开始早期应用以来，嵌入式实时系统在现代社会中的应用已经无处不在，包括家庭、办公室、桥梁、医疗器械、汽车、飞机和卫星，甚至是服装等多个领域。它适用于公共安全和环境安全等至关重要的领域：从汽车系统和航空电子设备，到医疗保健、工业控制以及军事防御系统。这类系统响应有时间限制的要求，且需要其具有最高可用性和可靠性。

技术成就导致时钟频率（例如：中央处理器等芯片运行速度）和内存大小呈指数级增长，促进了密度更高的晶体管微处理器的发展。Moore 在 1965 年的论文中记录了每个集成电路（IC）的元件数量的成倍增加（Moore，1965），他表示电子元件的逐渐小型化使这种增长成为可能。最终，技术发展因物理限制而放缓：由于电子元件的尺寸减小到纳米级以及时钟频率的增加，电源电压得以降低并保持功耗可控，但热噪声电压却增加了（Asanovic 等，2006；Kish，2002）。

环境影响和辐射效应一直是航空、航天和特种任务电子领域的一个严重问题。辐射引起的故障在外太空很常见（Adams 等，1982；Binder 等，1975；Blake 和 Mandel，1986）。由于尺寸和电压的减小，嵌入式系统对电离粒子的灵敏度大大提高。激发粒子可以在硬件（HW）层面上产生许多故障，它不仅存在于诸如外太空之类的恶劣环境中，也存在于现实生活环境中，这已经通过粒子轰击的应力实验得到了验证。

因此，功率和噪声裕度较低的电子元件可靠性较低，这就是为什么最近的系统更容易发生由辐射引起的瞬态故障（Baumann，2005a,b；Seifert 等，2002；Shivakumar 等，2002）。虽然瞬态故障不会对电路造成永久性损坏，但它们会破坏存储的信息或通信信号，从而影响系统行为（Karnik 和 Hazucha，2004；Mavis 和 Eaton，2002）。

鉴于这些新的挑战，我们越来越需要关注系统中的故障及其后果。处理故障的机制有两类：故障避免和容错技术（FT）（Avizienis 等，2004）。故障避免意味着要开发出故障率几乎为零的组件/系统，而容错技术使系统能够承受这些故障的影响。根据定义，容错是提供不间断服务的能力，即使在存在故障的情况下也符合其所需的可靠性水平（Avizienis 等，2004）。由于在一个系统中完全避免故障几乎是不可能的，目前所采取的方式是这两种方法的平衡。

尽管现在已经在努力将容错技术应用于现成的商用计算机中以降低成本，但在系统效率或安全属性方面尚未取得实质性突破（Antola 等，1986）。目前研究界的主要重点是：第一，确定导致事故的所有可能机制；第二，提供针对事故的预先计划及防御技术。然而，人们对开发具有潜在弹性的系统的关注还太少，而这些系统由于承受变化和干扰而处于偏离期望状态。

这项关于新一代具有弹性且持续发展的计算机系统研究是由对计算机体系结构演变所产生的局限性观察而推动的，而这些局限性是由技术和市场选择以及物理局限性所驱动的。由于传统的可靠性、容错性和可信性（提供可以合理信任的服务的能力）的概念没有考虑到辐射引起的某些故障的瞬态性质，因此必须为嵌入式系统引入一个新的弹性概念，以反映不断变化的环境和不同的容错背景。新提出的弹性理论具有六个属性：可靠性、安全性、保障性、可执行性、鲁棒性和可进化性。需要提出来的是，作为错误源的软件故障不在本讨论范畴内。

2.3.2　弹性方法

在计算机科学中,"弹性"一词传统上被用作容错的同义词。从历史上看,这个词在各个领域都有多种含义。在社会心理学中,弹性反应在弹性、精神力、资源和良好情绪方面。在材料科学中,弹性不仅包括弹性,还包括鲁棒性。在本研究中,安全关键应用的弹性概念是根据材料科学的应用而扩展的。因此,本节讨论的术语"弹性"包括两个属性:鲁棒性和弹性。

术语"鲁棒性"(Robustness)指的是静态技术的使用,例如使用非常可靠的材料或使用刚性且预先设计的容错方法。理想情况下,鲁棒系统可以在超出正常运行范围的条件下提供正确的服务,而不会对原系统进行根本性的更改。然而,在正常运行范围以外的不可预见故障情况下,系统是不具有可靠性的。因此,弹性方法需要另一个重要属性,即弹性,以响应由于变化和干扰而偏离期望状态的情况。

弹性被解释为在不丧失材料或系统固有特性的情况下"回弹"(恢复)的能力。弹性同时也被理解为进化的能力,即成功适应变化的能力(进化性)。进化系统可以对系统进行更改,即在特定的时间范围内降低其性能或可靠性水平以达到以下可能的目的:第一,补偿故障;第二,在特殊情况下,当系统发生故障时仍保持有限的功能。换句话说,一个有弹性的系统必须具有适应性,而适应性可以被理解为在执行过程中不断进化的能力。

因此,适应性是可进化性的一个子集,即在所造成的损害发生之前预测变化的能力。因此,弹性体系结构必须具有不同的机制来获取这两个属性:一是静态预先设计容错技术(鲁棒性);二是动态技术(弹性)。这两种技术可以通过重新配置系统元件来实现。在为安全应用程序设计计算机体系结构时,这种弹性方法旨在实现,在指定的时间限制内提供适应干扰、中断和变化的正确服务的能力。

具体要求的属性如下:

- 服务连续性(可靠性);
- 准备就绪(可用性);
- 不发生灾难性后果(安全性);
- 不发生错误的系统更改(完整性);
- 能够在最大限度的故障范围内进行纠正性维护和恢复的能力(可测试性和可恢复性);
- 在出现故障时的执行能力(可执行性);
- 在特定时间范围内降低性能水平以补偿硬件故障的能力(缓慢降级);
- 在出现故障时通过重新配置恢复运行状态的能力(通过重新配置恢复的能力);
- 适应变化的能力(进化能力);
- 预测变化的能力(适应性)。

显然,弹性不是一个简单的单一概念,而是所有这些属性的函数集合。考虑到所有这些属性,可以将弹性定义如下:

> 弹性系统是指在规定的环境和运行条件下,在规定的时间间隔内,准备执行其预期功能,保证不发生不适当的系统变更,并能够在执行时预测和适应其

变化，以及进行维修和检查的能力，以便在故障时快速恢复到规定的工作状态，或以安全的方式停止运行。

图2.3说明了弹性的不同属性和度量。可见，它们大多是传统计算机系统的重要设计原则。为清楚起见，下文给出了关于可靠性、安全性、保障性和可执行性的定义：

可靠性： $R(t)$ 是在规定的环境和操作条件下，系统或部件在整个时间间隔 $[1, t]$ 内执行其预期功能（无故障）的概率。

安全性： 在安全关键系统中，安全性表示在发生故障时，用户和环境没有发生灾难性故障。

保障性： 保障性是"完整性、可维护性和可用性"三个属性的集合体。完整性可以定义为没有不适当的系统状态改变。可维护性是指在发生故障后，可修复的系统可以轻松快速地恢复到特定的操作状态。可用性可以简单地定义为"为正确的服务做好准备"。

可执行性： 系统或组件在特定的限制条件下完成其指定功能的能力，如速度、准确性或内存使用（Avizienis等，2004）。

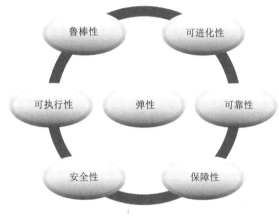

图2.3 弹性的属性和度量

2.3.3 辐射对电子设备的影响

在静态随机存储器、动态随机存储器、微处理器和现场可编程门阵列等硅基电子元件中，硬件故障是一个值得关注的问题，这些元件的故障主要由高能核粒子引起。在安全关键系统中，通过假设这些系统对各种内部干扰（如互连耦合噪声）和外部干扰（如宇宙和太阳辐射）产生的故障十分敏感，则可以实现最大程度上的可靠性。到目前为止，工程师们已经排除了瞬时故障的影响。然而，现代硅芯片的密度使得它们容易受到低能量粒子的影响，这些粒子会导致瞬时故障，从而导致灾难性的系统故障（Constantinescu，2003；Hazucha和Svensson，2000；Hazucha等，2003）。

2.3.3.1 辐射及其对电子设备的影响

"辐射"一词通常指以波或粒子形式存在的能量通过空间或物质介质，最终被另一物体吸收的过程。一般来说，辐射根据其电离物质的能力可分为电离辐射和非电离辐射。非电离辐射在这里不进行讨论，因为通常它携带的能量不足以改变电子线路。

另一方面，电离辐射携带足够的能量，能直接或间接地从原子或分子中除去电子，从而形成离子。电离辐射源包括高能质子、α粒子、重离子、宇宙射线等。这种分类也包括中子，即使它们不是电离粒子，但它们也与原子核碰撞产生电离辐射。

由于晶体管尺寸的减小和逻辑电路临界电荷的减少，电离辐射的影响已成为外太空、高海拔和海平面等各种环境下半导体器件的一个严重问题。影响电子学的基本辐射损伤机制包括原子晶格位移和电离损伤，它们会导致不同类型的失效，如总电离剂量（TID）、单粒子效应（SEEs）和位移损伤剂量（DDD）的失效。因此，当高能粒子与半导体的敏感区域碰撞时，存储的信息可能会失真，从而导致逻辑错误。具有讽刺意味的是，随着制造业技术的进步，以前的技术对信息失真的自然弹性正在下降（Baumann，2005a，b；Seifert等，2002；Shivakumar等，2002）。

瞬态故障（Breuer，1973）是现代技术中的主要故障，可由温度、压力、湿度、电压、电源、振动、波动和芯片中长平行线间串扰引起的电磁干扰等环境条件引起。然而，电离粒子是这类故障的主要来源。

2.3.3.2 损伤机理

如上所述，辐射对电子元件的损伤机制主要有两种：原子晶格位移和电离。当高能粒子与电子器件的一个或多个原子发生核碰撞时，就会发生原子晶格位移，改变其原始位置（参见图2.4），从而改变半导体结构的模拟特性，潜在地影响到材料特性并造成永久性的损伤。如图2.4所示，被置换的原子被称为"初级离位原子"（PKA），其新的非晶格位置被称为"间隙原子"，而其从原始晶格位置的缺失被称为"空位"。空位和相邻间隙原子的组合被称为"弗伦克尔对"（Frenkel Pair）。

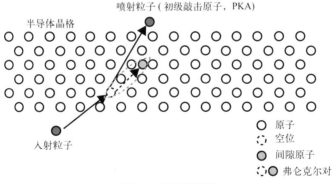

图 2.4 原子晶格位移

在硅中，如果受撞击的原子是晶体结构的一部分，并且入射粒子能够产生约20 eV的最小能量（位移阈值能量）（Miller等，1994），则受到撞击的原子可能会发生位移。在大多数情况下，具有足够能量的置换原子可能会进一步击退相邻原子，从而形成一种更复杂的结构，称为"团簇"，并影响大块半导体材料的性能。在硅中，团簇和空位具有不稳定的性质，它往往被附近的原子填充，形成更稳定的缺陷。一般来说，这种迁移会导致最典型的过程，即所谓的"缺陷重新排序"或"正向退火"，从而减少损伤的数量和损伤的有效性。然而，在某些情况下（取决于时间、温度和器件的性质），也可能发生"反向退火"，产生影响更大的缺陷。

众所周知，电离损伤主要是由带电粒子引起的，通常会导致瞬态效应，并导致系统功能的暂时变化。这种误差称为软误差，因为它在电子电路中不会引起永久性损坏。电离损伤也可能导致微小的降级和永久性误差，这被归类为硬误差。

损伤过程中的一个关键因素是临界电荷，即 Q_{crit}，它代表了能引起晶格数值变化的最小电荷量。上述损伤机制引起的影响可能因辐射类型、辐射通量、总剂量、设备的临界电荷和制造技术而异，这使得故障建模变得困难且耗时。

2.3.3.3 辐射宏观效应

由此产生的辐射宏观效应可分为三类：总电离剂量（TID）、位移损伤剂量（DDD）和单粒子效应（SEEs）。根据这些宏观效应对电子学产生的降级类型，总电离剂量和位移损伤剂量被认为是长期的，而单粒子效应被认为是短期的。

总电离剂量用于衡量长期暴露于电离辐射的累积效应。金属氧化物半导体和双极电子技术受到总电离剂量的影响，因此造成的损害是永久性的：一旦材料受损，就不会恢复到原始状态（Felix 等，2007）。典型的总电离剂量效应包括参数失效、器件参数变化（如漏电流、阈值电压等）以及功能失效。总电离剂量的主要来源是被俘获的质子和电子以及太阳质子（Barth 等，2004）。

当高能粒子由于长期暴露于非电离能量损失而从半导体晶格中置换原子时，会发生位移损伤剂量或"批量"损坏（Barth 等，2004；Yu 等，2005）。位移损伤剂量通常具有与总电离剂量相似的长期降级特性，但它是一种独立的物理机制。损伤机制是与原子碰撞的结果，原子从晶格中移位，产生间隙和空位。随着时间的推移，可能会发生足够的位移，并可能改变设备或材料的性能。因此，位移损伤剂量是所有基于半导体的设备关注的效应。位移损伤剂量的积累主要发生在半导体材料长期暴露于中子、俘获质子和太阳质子的情况中。同样，屏蔽材料中产生的二次辐射也会引起位移损伤剂量效应。

正如它的名字所揭示的一样，术语"单粒子效应"强调了这样一个事实：即这种效应是由单个粒子与物质相互作用引起的。在目前的半导体技术中，其造成的问题比所有长期累积效应的总和要大得多。详情请参阅下一节的说明。

2.3.3.4 单粒子效应

单粒子效应是由单个高能粒子（离子、质子、电子、中子等）在材料敏感区域的撞击引起的。粒子穿过半导体材料，通过积聚足够的能量在电子设备的局部区域产生影响而留下电离轨迹。虽然总电离剂量和单粒子效应都是由电离辐射引起的，但它们的损伤机制却截然不同。虽然总电离剂量是一种改变器件电性能的长期效应，但单粒子效应是瞬时扰动的结果。

中子和α粒子是地球环境中最常见的单粒子效应来源，而在太空中，单粒子效应主要由宇宙射线和重离子引起。单粒子效应影响许多不同类型的电子设备和技术，导致数据损坏、大电流条件和瞬态干扰。如果不加以处理，很容易发生有害的功能中断和灾难性故障。

半导体器件遭受单粒子效应主要有两种形式：具有破坏性效应的硬错误和具有非破坏性效应的软错误。前者导致设备永久性降级甚至破坏，后者不会造成永久性损害。软错误具有时间性质，意味着即使时间完整性受到影响，但其物理功能不受影响。典型的例子包括时序逻辑中逻辑值的非期望变化和临时改变组合后逻辑输出的非期望模拟脉冲。

软错误可进一步分为瞬态错误和静态错误（Mavis 和 Eaton，2002）。当软错误发生时，可能检测到可恢复错误、不可恢复错误或静默数据损坏（Kadayif 等，2010；Weaver 等，2004）。单粒子效应有很多种类型，可以根据降级类型、可恢复性和技术敏感性进行分类。

2.3.4 故障处理中的冗余性

为了提高安全关键系统的可靠性，必须采用有效的方法和技术来防止或减少出现可能导致灾难性系统故障的情况。在系统设计中，故障处理可以采用两种不同的设计策略：故障避免和故障转移。

由于失效是错误传播的结果，而错误是故障的结果，因此消除故障将提高系统的可靠性。针对故障源，故障避免技术试图在第一时间防止故障的发生。因此，可以在电子设备的设计阶段采用故障避免策略。故障避免技术的应用实例是绝缘体上的硅和硬化的存储单元。但是，通过故障避免来完全排除故障是不可能的。此外，这些技术在成本、操作速度、芯片面积和功耗方面仍存在缺陷。

一旦产生了故障，就可以通过使用静态容错技术或动态容错技术来防止激活错误。因此，容错策略是在作业执行的过程中实现的。因为故障和容错可以在系统描述的不同抽象层次上进行考虑，所以容错策略也可以在系统层次或元件层次上实现。图 2.5 显示了故障生命周期和在每个开发阶段处理故障所采用的不同技术。

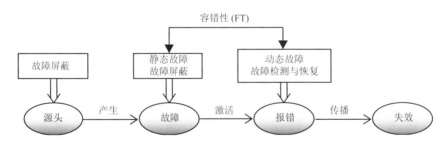

图 2.5 故障生命周期和每个阶段处理故障所采用的不同技术

2.3.4.1 故障避免

在主流系统中，采用故障避免设计策略来实现系统预期的故障率。制造公司评估和识别可能导致潜在故障的源头和弱点。在评估的基础上，采取预防措施，确保总体可靠性目标的实现。

此外，可通过设计缓解技术避免故障，缓解技术可能导致对传统制造工艺的修改。这些技术涉及特定材料的使用、器材和衬底杂质分布的修改以及绝缘体沉积工艺的优化。

更具体地说，设计缓解技术是基于工艺层面的，包括通过改进制造工艺或改进所用材料来改变集成电路工艺。设计缓解技术在布局层面上起作用，例如封闭式布局晶体管。此外，为了防止或减少辐射的影响，存储单元可以通过使用触点和保护环来进行硬化，并且可以在时钟速度、工作温度和电源电压裕度中插入安全裕度。

2.3.4.2 冗余容错

容错的关键策略是冗余，冗余的定义是在系统正常运行所需的信息、资源或时间之外添加信息、资源或时间。冗余可以包括硬件和（或）软件的附加元件的组合，并且容错技术依赖于它们来检测故障和（或）从故障中恢复。这些组件被称为冗余是因为在一个完美的系统中它们是不被需要的。

作为一种设计策略，人工内置或保护冗余被视为一种系统属性，即在系统设计中加入额外的组件，以便在发生故障时系统功能不受损害。冗余可能由设计（人工内置冗余）或设计的自然副产品（自然冗余）产生。虽然前者是被有意引入，但后者通常不被利用。这里只考虑人工设计冗余。

当系统的最低可靠性不满足时，可以增加系统正常运行所不需要的额外的冗余，以增加系统正常运行的概率。请注意，冗余表示执行相同任务的性能，而不是相同功能。因此，执行相同工作的异构硬件也可以提供冗余。

容错是由诸如故障检测、故障部件定位、恢复和（如有必要）重新配置系统等操作组成的。故障检测和定位是指分别确定故障的存在和发生时间，并准确定位故障的原因/根源。应该强调的是，系统恢复必须在作业执行期间动态执行，即使一些冗余已经用完，就好像系统在操作方面"与新的一样好"，这可能会限制将来修复的可能性。

在分类冗余方面遵循了 Schagaev（2001）提出的方法。图 2.6 显示了不同类型的冗余，以及它是如何在硬件和软件系统中实现的。一般来说，有三种类型的冗余：结构冗余（S），涉及组件上的增加；信息冗余（I），涉及信息/数据上的增加；时间冗余（T），涉及时间函数上的增加。这里，重点是冗余和容错的硬件方面。

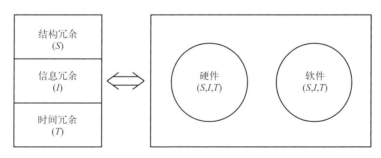

图 2.6 硬件和软件系统中的冗余类型和实现

2.3.4.3 结构硬件冗余

结构硬件冗余涉及多个独立的硬件组件，并假设在同一时间对这些组件执行相同的计算。当这种类型的冗余用于可靠性目的时，通过检查和比较独立执行的结果来暴露错误。一般来说，冗余可以应用于不同的抽象层次：从晶体管级、门级或逻辑级到微码级和芯片级。

（1）结构冗余

结构冗余有两种不同的组织形式：

- 并行冗余，冗余部件同时运行；
- 备用冗余，备用部件在现有部件发生故障时激活。

结构冗余可分为两种类型：静态冗余和动态冗余。

① 静态冗余

静态冗余，也称为屏蔽冗余，执行误差缓解。术语"静态"与系统结构中内置冗余这一事实有关。基于这种冗余的容错技术可以在检测到错误时透明地删除错误。三模冗余（TMR）（Von Neumann, 1956）及其推广 N 模冗余（NMR）代表了硬件冗余的最常见形式。图 2.7 示出了具有多数表决器的 TMR。

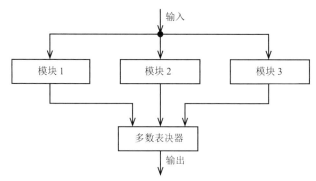

图 2.7 带表决器的三模冗余（TMR）

② 动态冗余

这种类型的冗余类似于静态冗余，但其表决器逻辑被错误检测块控制的开关所取代。为了减少 TMR 和 NMR 系统的大量空间、能量和性能开销，采用了动态冗余技术。

③ 混合冗余

这种冗余方法是通过混合故障屏蔽、检测、定位和恢复来形成的，以结合静态冗余和动态冗余的优点（Johnson, 1989）。混合方法使用故障屏蔽来防止错误结果被处理以及错误数据在系统中传播。混合技术还使用故障检测、定位和恢复，通过消除错误来改进容错。

（2）信息冗余

信息冗余是指向现有信息添加新信息，即使用比需求更多的数位来确保无故障运行。最常见的信息冗余形式是编码。编码包括向数据中添加校验位，以允许验证数据正确性和/或纠正错误数据。编码理论最初的动机是为了减少信息传输中的错误（Shannon, 1948），因此有着悠久的应用历史。

（3）时间冗余

上面讨论的结构和信息冗余类型的主要缺点是以额外硬件的形式增加系统的负担。以使用额外时间为代价，基于时间冗余的容错技术旨在减少所需的硬件数量。时间冗余技术涉及使用同一块硬件执行多个程序，并比较执行结果以确定是否发生了故障。这种方法在检测由瞬时故障引起的错误时是有效的。这包括各种时间冗余技术，如使用交替逻辑，用移位、旋转或交换的操作数（计算机数据指令中的地址）重新计算等。

2.3.5 具有增强抗干扰能力的容错系统

假设 M 是执行给定函数 F 的系统的已知模型。为了分析在性能和功耗约束下实现所需可靠性水平的方法，定义了以下三种模型。

M_S：系统的模型。
M_{fault}：实时容错系统将面临的故障模型。
M_{FT}：容错模型或实现容错的新结构。

如图 2.8 所示，这些模型是相互依赖的。请注意，在这种方法中，不考虑解决方案成本。M_{fault} 表示系统必须容忍的所有故障。硬件故障的典型示例如下。

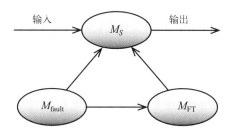

图 2.8 容错系统实现高可靠性的新特性

- 拜占庭式错误：一个组件的行为，给其他组件带来冲突；此故障会影响整个系统。
- 子系统故障：子系统的暂时或永久性错误行为；此故障会影响整个系统。
- 固定型故障：结果值固定为 0 或 1。
- 崩溃停止故障：故障单元停止工作，不产生错误输出。
- 隐藏故障或潜在故障：硬件中长期存在的行为故障，如拜占庭故障和崩溃停止故障。

故障封装方法可以促进故障处理：由于经过深思熟虑的设计解决方案，可以确保系统中的严重故障不会升级，并且处理起来更简单，因此可以在实践中实现故障处理。

图 2.9 说明了具有高可靠性的处理系统中处理各种故障的新方法的概念，并提供了各种可行的解决方案。图 2.9 中的系统模型重叠了硬件（HW）和系统软件（SSW），以表示系统的双重性：硬件和系统软件。由于硬件不能覆盖所有可能的故障，所以它们必须都参与到容错的实现中。显然，容错模型扮演着实时容错系统可靠性的"概念传递者"的角色。因此，它必须在计算机本身的整个运行生命周期内有效。

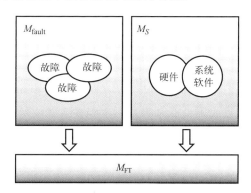

图 2.9 具有新容错功能的计算机系统模型

与通常的可靠性建模概念相反，该方法假设系统中可能存在任意长时间的故障（潜在故障），且它的检测和消除不可能"一次完成"。遵循 Dijkstra 的方法（Dijkstra，1965），将函数定义为其算法描述的过程，这里容错也被认为是一个由算法描述和实现的函数。

假设通过采用上述各种类型的冗余技术来使用硬件和软件，则有几种实现容错的方法。然而，使用某种类型的冗余可能会导致系统性能下降，尤其是对于软件（Kulkarni 等，1987；Oh 等，2002）。

2.3.5.1 故障模型

单独描述系统中可能发生的所有故障是不现实的。因此，故障模型（FMs）被开发并用于以简单的形式表示导致故障的复杂物理机制的结果。为了使故障评估成为可能，假设故障按照这些故障模式表现。根据 Dunn（1991），故障模型被认为是一种同时总结许多故障描述的方法。通常，需要通过总结许多不同故障的共同特征来同时对它们进行建模。

在电子系统的情况下，故障建模可以在两个不同的层面上实现：硬件组件层面或系统层面。以下故障分类主要基于 Avizienis 等（2004）的工作。

（1）故障来源分类

故障可根据与来源有关的属性进行分类，包括成因、发生程度、形成阶段、性质、系统边界等。

（2）按表现形式划分故障

故障也可以根据与故障表现相关的属性进行分类，包括其响应、维度、重现性、程度、持续性等。

2.3.5.2 容错与系统建模

当故障发生时，需要额外的冗余来处理它。因此，冗余和使用冗余消除故障的能力形成了实现重构所需的工具和技术的组合。

当系统和故障建模一起开发时，可以在早期阶段考虑存在故障时的系统行为和容错的控制过程，同时考虑设计和开发过程每个阶段解决方案的相互依赖性。在设计嵌入式系统时，可以充分利用这一优势，因为嵌入式系统有许多设计约束，并且在可靠性、性能和功耗方面往往相互排斥，从而限制了设计选项。

值得注意的是，冗余可以用于各种目的，它可以作为重新配置连接计算机的一个重要部分。系统重构的目的包括提高性能、增强可靠性和节能使用。

2.3.5.3 容错的广义算法

虽然在计算机系统中，通过在硬件和软件中引入静态冗余可以实现容错，但是采用这些传统的方法在时间、信息或硬件开销方面是昂贵的。为了解决这些问题，Schagaev 和 Sogomonian（Schagaev，1986a,b，1987；Sogomonian 和 Schagaev，1988）提出，不仅将容错作为一种特征，而且还可以将其作为一种可以通过算法实现的过程。图 2.10 显示了实现容错的过程，该过程假设要素之间存在现有冗余类型的动态交互。原来的三步算法（Sogomonian 和 Schagaev，1988）进一步发展为容错广义算法（GAFT）——一种五步故障处理算法，如

图 2.10 所示：

- 检测故障；
- 识别故障；
- 识别故障部件；
- 实现可修复状态的硬件重构；
- 恢复系统和用户软件的正确状态。

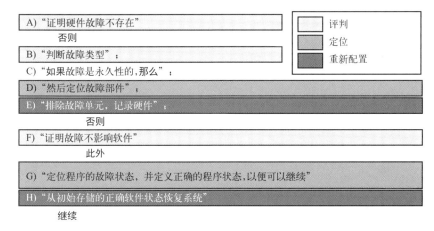

图 2.10 使用广义容错算法（GAFT）实现容错的动态过程

不同类型的冗余（信息、时间和基于硬件或软件的结构冗余）可用于实现容错广义算法的每个步骤。由于瞬时故障的发生频率比永久性故障高一个数量级，因此处理瞬时故障必须非常有效。一个好的容错系统能够容忍指令执行间隔内的绝大多数瞬时故障，使它们对其他指令不可见。同时，当遇到具有较长时间范围的瞬时故障或永久性故障时，在系统软件的程序或任务级别上，它们可能会以不同的方式被检测和恢复。

需要强调的是，容错广义算法的动态交互特性对于构建容错系统至关重要，如图 2.11 所示。图 2.11 比较了传统方法和容错广义算法处理故障的情况，其中 S 表示单个处理元件系统的五种可能状态之一：理想状态、故障状态、错误状态、降级状态和失效状态；T 表示过渡操作，M 表示容错中涉及的机制。而在容错广义算法方法中，容错是在涉及不同元件之间相互作用的动态过程中执行的，而在传统方法中，故障被视为单个事件，误差缓解是静态执行的。显然，容错广义算法的策略代表了一种处理故障和干扰的弹性方法。

2.3.6 支持弹性的硬件和软件系统

这种新型计算机体系结构的开发遵循了 Schagaev 等（2010）提出的整体原则：简单性、冗余性、可重构性、可扩展性、可靠性和资源意识。下面简要介绍这些原则。

- **简单性**：复杂系统很难有效地实现和处理。此外，大型复杂系统更容易发生故障，从而降低可靠性。
- **可靠性**：每个组件的可靠性达到最高是最好的，但要始终牢记其实现的成本效率。
- **冗余性**：故意引入硬件和软件冗余，提供所需的可重构性水平，以达到性能和可靠性目标。

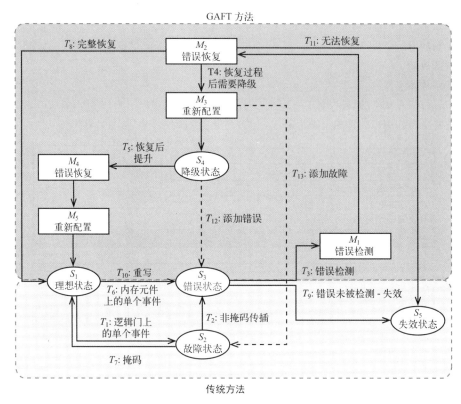

图 2.11 传统方法和 GAFT 方法在误差缓解方面的比较

- 可重构性：除了简单性、可靠性和冗余性外，实现性能、可靠性和功耗之间的平衡至关重要。可重构性服务于三个主要目的：性能、可靠性和功耗意识。它允许系统适应两个方面：第一是从永久性故障中恢复，第二是调整正在运行的应用程序的需求。
- 可扩展性：在设计系统时，应牢记可扩展性，以便在需求发生变化时可以对其进行扩展。
- 资源意识：关键任务系统对硬件资源和功耗（如电池寿命）有很大的限制。因此，为了可靠地使用资源，必须引入可重构性。

遵循这些原则，为安全关键应用开发了新的硬件体系结构和系统软件，这是一种应对变化和干扰的弹性方法，最终目标是在规定的时间限制内提供正确的服务。关于硬件和软件开发的进一步讨论不在本文范围。

参考文献

Adams, J.H., Silberberg, R., Tsao, C.H., 1982. Cosmic ray effects on microelectronics. IEEE Trans. Nucl. Sci. 29, 169-172.

Antola, A., Erényi, I., Scarabottolo, N., 1986. Transient fault management in systems based on the AMD 2900 microprocessors. Microprocess. Microprogram. 17, 205-217.

Asanovic, K., Bodik, R., Catanzaro, B., et al., 2006. The Landscape of Parallel Computing Research: A View from Berckeley. Technical Report No. UCB/EECS-2006-183.

Avizienis, A., Laprie, J.C., Randell, B., Landwehr, C., 2004. Basic concepts and taxonomy of dependable and secure computing. IEEE Trans. Dependable Secure Comput. 1, 11-33.

Barth J.L., LaBel, K.A., Poivey, C., 2004. Radiation assurance for the space environment. In: Integrated Circuit Design and Technology, ICICDT'04, pp. 323-333. doi: 10.1109/ ICICDT. 2004. 1309976.

Baumann, R.C., 2002. The impact of technology scaling on soft error rate performance and limits to the efficacy of error correction. In: International Electron Devices Meeting (IEDM'02), Digest., pp. 329-332.

Baumann, R.C., 2005a. Soft errors in advanced computer systems. IEEE Des. Test Comput. 2, 258-266.

Baumann, R.C., 2005b. Radiation-induced soft errors in advanced semiconductor technologies. IEEE Trans. Device Mater. Reliab. 5, 305-316.

Binder, D., Smith, E.C., Holman, A.B., 1975. Satellite anomalies from galactic cosmic rays. IEEE Trans. Nucl. Sci. 22, 2675-2680.

Blake, J.B., Mandel, R., 1986. On-orbit observations single event upset in Harris HM-6508 1K RAMS. IEEE Trans. Nucl. Sci. 33, 1616-1619.

Breuer, M.A., 1973. Testing for intermittent faults in digital circuits. IEEE Trans. Comput. C. 22, 241-246.

Castano, V., Schagaev, I., 2015. Resilient Computer System Design. Springer.

Constantinescu, C., 2003. Trends and challenges in VLSI circuit reliability. IEEE Micro. 23, 14-19.

Dijkstra, E.W., 1965. Solution of a problem in concurrent programming control. Commun. ACM. 8, 569.

Dunn, M., 1991. Designer fault models for VLSI. IEE Colloquium Des. Testability (Digest No. 1991/102). 1991, 4/1-4/5.

Felix, J.A., Shaneyfelt, M.R., Schwank, J.R., Dalton, S.M., et al., 2007. Enhanced degradation in power MOSFET devices due to heavy ion irradiation. IEEE Trans. Nucl. Sci. 54, 2181-2189.

Hazucha, P., Svensson, C., 2000. Impact of CMOS technology scaling on the atmospheric neutron soft error rate. IEEE Trans. Nucl. Sci. 47, 2586-2594.

Hazucha, P., Karnik, T., Maiz, J., Walstra, S. et al., 2003. Neutron soft error rate measurements in a 90-nm CMOS process and scaling trends in SRAM from 0.25-μ m to 90-nm generation. In: Technical Digest, IEEE International Electron Devices Meeting (IEDM'03), pp. 21.5.1-21.5.4.

Johnson, B.W., 1989. The Design and Analysis of Fault Tolerant Digital Systems. AddisonWesley, Reading, MA.

Kadayif, I., Sen, H., Koyuncu, S., 2010. Modelling soft errors for data caches and alleviating their effects on data reliability. Microprocess. Microsyst. 34, 200-214.

Karnik, T., Hazucha, P., 2004. Characterization of soft errors caused by single event upsets in CMOS processes. IEEE Trans. Dependable Secure Comput. 1, 128-143.

Kish, L.B., 2002. End of Moore's Law: thermal (noise) death of integration in micro and nano electronics. Phys. Lett. A. 305, 144-149.

Kulkarni, G.V., Nicola, F.V., Trivedi, S.K., 1987. Effects of Checkpointing and Queueing on Program Performance. Duke University, Durham, NC.

Mavis, D.G. and Eaton, P.H., 2002. Soft error rate mitigation techniques for modern microcircuits. In: 40th Annual Reliability Physics Symposium Proceedings, pp. 216-225.

Miller, L.A., Brice, D.K., Prinja, A.K., Picraux, S.T., 1994. Molecular dynamics simulations of bulk displacement threshold energies in Si. Radiat. Eff. Defects Solids: Incorporat. Plasma Sci. Plasma Technol. 129, 127.

Moore, G.E., 1965. Cramming more components onto integrated circuits. Electronics. 38 (8), 114-117.

Oh, N., Shirvani, P.P., McCluskey, E.J., 2002. Control-flow checking by software signatures. IEEE Trans. Reliab. 51, 111-122.

Schagaev, J.Z.I., 2001. Redundancy classification and its applications for fault tolerant computer design. IEEE TESADI-01, Arizona, Tucson.

Schagaev, I., 1986a. Detecting the defective computer in two-unit, fault tolerant system having a sliding stand-by units. Autom. Remote Control. 5, 143-150.

Schagaev, I., 1986b. Algorithms of computation recovery. Automatic and Remote Control 7. Plenum, New York, NY.

Schagaev, I., 1987. Algorithms to restoring a computing process. Automatic and Remote Control. Plenum, New York, NY, p. 7.

Schagaev, I., Kaegi, T., Gutknetch, J., 2010. ERA: evolving reconfigurable architecture. In: Proceedings of 11th ACIS, Presented at the International Conference on Software Engineering Artificial Intelligence, Networking and Parallel/Distributed Computing, London.

Seifert, N., Zhu, X., Massengill, L.W., 2002. Impact of scaling on soft-error rates in commercial microprocessors. IEEE Trans. Nucl. Sci. 49, 3100-3106.

Shannon, C.E., 1948. A mathematical theory of communication. Bell. Syst. Tech. J. 27 (379423), 623-656.

Shivakumar, P., Kistler, M., Keckler, S.W., Burger, D., Alvisi, L., 2002. Modeling the effect of technology trends on the soft error rate of combinational logic. In: Proceedings of the International Conference on Dependable Systems and Networks (DSN 2002), pp. 389-398.

Sogomonian, E., Schagaev, I., 1988. Hardware and software fault tolerance of computer systems. Avtomatika i Telemekhanika, 339.

Von Neumann, J., 1956. Probabilistic logics and synthesis of reliable organisms from unreliable components. In: Shannon, C., McCarthy, J. (Eds.), Automata Studies. Princeton University Press, pp. 43-98.

Weaver, C., Emer, J., Mukherjee, S.S., Reinhardt, S.K., 2004. Techniques to reduce the soft error rate of a high-performance microprocessor. In: Proceedings of the 31th Annual International Symposium on Computer Architecture, pp. 264-275.

Yu, Q.K., Tang, M., Zhu, H.J., Zhang, H.M. et al., 2005. Experimental investigation of radiation damage on CCD with protons and cobalt 60 gamma rays. In: 8th European Conference on Radiation and Its Effects on Components and Systems (RADECS 2005), pp. LNW3-1LNW2-5.

2.4 弹性理论的数学概括和非线性动力学行为的两步解

本节首先介绍了在各个研究领域发展起来的弹性理论的数学概括。随后回顾了用广义两步法求解非线性动力学问题的理论工作，以期弹性理论能在复杂动力学系统中得到应用。

2.4.1 弹性的数学定义

McDonald 对他自己所提问题的回答非常好地揭示了弹性方法的根本问题：弹性的本质是什么（McDonald，2006）？

如果弹性是一种系统属性，那么它可能需要被视为特定社会技术系统和该系统环境之间关系的一个方面。弹性是指（组织系统）通过适当调整其行动、系统和过程来有效预测和管理风险的能力，以确保其核心功能在与环境的稳定有效的关系中得以实现。

这一深入分析总结了上述弹性理论的所有基本方面，明确了弹性研究的最终目标，以确保系统与系统环境之间稳定有效的关系。他的描述包含四个关键要素：系统、系统环境、两者之间的关系以及风险或干扰。弹性的数学概括如下。

系统被定义为 $S(q_1, q_2, \cdots, q_n)$，$[q]$ 是关键的系统变量。系统环境用 V 表示，V 直接受系统关键变量的影响。扰动用 D 表示。影响函数定义为 $I(q_1, q_2, \cdots, q_n)$，它是关键系统变量的函数，用于衡量干扰对系统环境的影响。此影响函数表示系统与系统环境之间的关系，并假定为平滑函数。

当扰动发生时，它会向系统释放一定量的破坏性能量 E_d。设 $E_{s(1)}$，$E_{s(2)}$ 分别表示事件发生期间或之后系统吸收的能量和系统释放到系统环境中的内能。

随后，系统环境所吸收的总能量 E_v 为

$$E_v = E_d - E_{s(1)} + E_{s(2)} \tag{2.1}$$

当遇到干扰时，弹性系统完全吸收不利事件释放的能量，并防止其潜在的有害系统能量释放到系统环境中（例如，核电站的核熔毁、化工厂的有毒化学污染、商用飞机的坠毁），即

$$E_{s(1)} = E_d \tag{2.2}$$
$$E_{s(2)} = 0 \tag{2.3}$$

将式（2.2）和式（2.3）代入式（2.1）得出

$$E_v = 0 \tag{2.4}$$

在没有有害能量释放到系统环境中的情况下，影响函数保持其最小值，即

$$\left.\frac{dI(q)}{dq}\right|_{[q]} = [q^*] = 0 \text{ 或 } I'(q^*) = 0 \tag{2.5}$$

这里，特征系统变量 $[q^*]$ 表示系统的弹性设计。图 2.12 显示了系统环境影响函数的概念以及承受不良事件的弹性和非弹性系统的示例。一般来说，系统设计受到各种约束或限制，因此即使是弹性系统也可能对系统环境产生有限的影响，如图 2.12 中的 I_0 所示。然而，与其他不包含弹性策略的方法相比，弹性系统对系统环境的影响最小。

显然，对于一个社会生态系统或一个社会技术系统来说，这个本地系统的系统环境是指与这个系统相互作用的更大的社会生态或社会技术环境，包括在其中生活和工作的人。对于心脏病患者植入的起搏器中使用的嵌入式计算机系统，患者是系统环境；对于商用飞机而言，乘客和机组人员是直接的系统环境，以此类推。关键系统变量是控制系统变量，通过这些系统变量可以将社会生态系统的七项弹性原则、社会技术系统的四项基本弹性能力和计算机系统的六项弹性属性引入系统。

最后引入弹性的数学定义。在发生任何干扰的情况下，如果系统完全吸收了该事件释放的破坏性能量，即 $E_{s(1)} = E_d$，并且没有因该事件而将任何有害的系统能量释放到系统环境

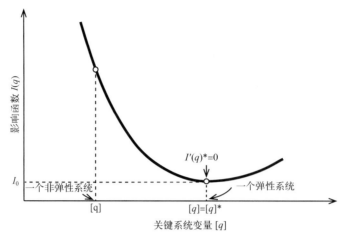

图2.12 系统环境影响函数的概念和承受不良事件的弹性和非弹性系统

中,即 $E_{s(2)}=0$ 和 $E_v=0$,则系统环境的影响函数保持其最小值,满足 $I'(q^*)=0$。在这种最小影响条件下,系统被定义为弹性系统。

基于这一定义,弹性方法的首要任务是将系统发生的不利事件对系统环境的负面影响降至最低。虽然没有明确提及事件期间或之后的系统条件,但它是由式(2.2)和式(2.3)中规定的系统能量条件隐式定义的。显然,只有当系统具有目前讨论的各种弹性理论所规定的弹性特征时,才能满足这些条件。

基于影响函数的弹性定义关注的是在不利事件期间,干扰和系统之间以及系统和系统环境之间的各种能量交换。这一定义使人们能够在不同的研究领域对弹性进行统一的物理解释。具有特定能量条件的弹性和非弹性系统的几个通用示例如下。

① 在地震工程中,弹性社会是指在发生大地震时,能承受有限的破坏,并能迅速恢复其正常功能,从而满足 $E_{s(1)}=E_d$、$E_{s(2)}=0$ 和 $E_v=0$ 的条件。

② 用于安全关键应用的弹性计算机系统必须具有第2.3节所述的弹性属性。这样的系统在发生故障和错误(例如辐射引起的故障和错误)时,才能通过使用前面讨论的任何一种容错和错误缓解技术满足条件 $E_{s(1)}=E_d$、$E_{s(2)}=0$ 和 $E_v=0$。

③ 1986年切尔诺贝利核电站和2011年福岛核电站发生的两起核事故证明,这两座核电站是非弹性系统。尽管这些事故的原因完全不同[前者是由于反应堆设计有缺陷,由未经充分培训的人员操作(WNO,2016),后者是由于自然灾害],在这两种情况下都发生了最坏的情况 $E_{s(2)}>0$、$E_v>0$(或者 $E_{s(2)}=\infty$、$E_v=\infty$)。

影响函数将在下一章进一步讨论。将 E_d 和 $E_{s(1)}$ 的比值定义为弹性指标,将影响函数重新定义为该弹性变量的函数。本文还将讨论影响函数的具体形式。

2.4.2 非线性动力学行为的广义两步解

原则上,作为弹性研究目标的复杂动力系统的精确解是找不到的,这些系统的运动方程通常是机械或物理性质的,在生物学、经济学和其他领域的系统也是如此。这是因为对系统行为的精确数学描述无法清晰定义,这将不可避免地导致无法求解动力学方程。然而,了解复杂动力系统的长期定性行为对于开发一种高效可靠的弹性方法是非常必要的。

在下面的综述中，首先介绍了非线性动力学问题的广义两步近似解（Shi 等，2014），旨在将其广泛应用于复杂动力学系统中类似类型的问题。然后将该方法应用于某大型混凝土坝在强震作用下的抗裂性能研究，并对复杂坝库系统的抗灾能力问题进行了简要讨论。

2.4.2.1 广义两步解

为了概括两步法的求解策略，用四个函数定义了包含时变激励或能量输入的动态响应问题，分别是目标函数 $T(x,y,z)$；激励或能量函数 $E(t)$；$T(x,y,z)$ 的受力函数 $F_T(x,y,z,t)$ 的力函数；以及 $T(x,y,z)$ 的变形函数 $D_T(x,y,z,t)$。一般来说，$T(x,y,z)$ 在 $E(t)$ 作用下的线性或非线性响应分析的目的是得到 $D_T(x,y,z,t)$。

目标函数 $T(x,y,z)$ 是一个定义明确的空间函数，表示研究的目标，如本研究就是大坝。激励函数 $E(t)$ 表示与时间相关的能量输入源，例如地震，并且使 $E(t)$ 作用于 $T(x,y,z)$ 时，会在目标函数中产生动态响应。随时间变化的动力函数 $F_T(x,y,z,t)$ 是由 $T(x,y,z)$ 的动力响应（如地震力作用下的惯性力函数）导出的。在这个受力函数的作用下，$T(x,y,z)$ 发生变形或变化，用变形函数 $D_T(x,y,z,t)$ 表示。响应分析的目的是得到这种随时间变化的变形函数，从中研究目标函数动力响应的重要特征，如大坝在大地震中的开裂行为。

用数学术语来说，上述问题的描述可以表示为

$$T(x,y,z) \times E(t) \rightarrow F_T(x,y,z,t) \times D_T(x,y,z,t) \tag{2.6a}$$

或者

$$T(x,y,z) \times E(t) = F_T(x,y,z,t) \times D_T(x,y,z,t) \tag{2.6b}$$

对于线性的响应

$$T(x,y,z) \times E(t) = F_T(x,y,z,t)|_L \times D_T(x,y,z,t)|_L \tag{2.7}$$

一般来说，式（2.7）的精确解是可能的。对于非线性响应

$$T(x,y,z) \times E(t) = F_T(x,y,z,t)|_{NL} \times D_T(x,y,z,t)|_{NL} \tag{2.8}$$

一般来说，式（2.8）是没有精确解的。这是因为非线性变形函数 $D_T(x,y,z,t)|_{NL}$ 包含的变化要素可以从根本上改变目标函数 $T(x,y,z)$ 的原始形式，例如几何结构或质量或其他一些基本特征的逐渐变化，导致动力学方程定义不明确，从而无法求解。

两步法在 $F_T(x,y,z,t)|_L$ 的基础上得到 $D_T(x,y,z,t)|_{NL}$ 的近似函数 $D_T^*(x,y,z,t)|_{NL}$，假设 $F_T(x,y,z,t)|_L$ 是 $F_T(x,y,z,t)|_{NL}$ 的近似值，即

$$T(x,y,z) \times E(t) \cong F_T(x,y,z,t)|_L \times D_T^*(x,y,z,t)|_{NL} \tag{2.9}$$

式（2.9）基于已知的 $F_T(x,y,z,t)|_L$ 函数，将式（2.8）中的时程分析从动力分析转化为静力分析，希望这种重新定义的非线性问题可以精确求解，得到函数 $D_T^*(x,y,z,t)|_{NL}$。这种方法基于力学原理的逻辑推理是，如果线性受力函数 $F_T(x,y,z,t)|_L$ 是实际受力函数 $F_T(x,y,z,t)|_{NL}$ 的近似值，那么近似变形函数 $D_T^*(x,y,z,t)|_{NL}$ 必定是实际变形函数 $D_T(x,y,z,t)|_{NL}$ 的良好估计。图 2.13 说明了这种两步法的求解流程。该方法的误差可按百分比形式估算，如下所示

$$\text{Error} = \left| \frac{W_F^* - W_F}{W_F} \right| \times 100\% \tag{2.10}$$

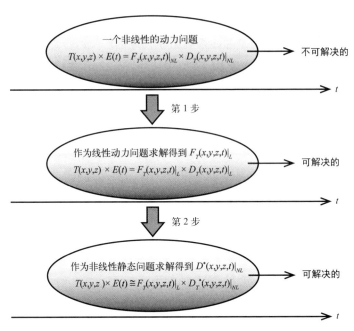

图 2.13 非线性动力问题的两步方法的概念

在这里，W_F 是在产生本文重点研究的 $D_T(x,y,z,t)|_{NL}$ 中的重要特征的过程中所花费的总功（例如在地震期间大坝中的所有裂缝传播所消耗的总断裂能），这是研究的重点，W_F^* 是由 $D_T^*(x,y,z,t)|_{NL}$ 计算出的相应值。

对于某些类型的非线性响应现象，由于问题的某些特殊性，其变形函数 $D_T(x,y,z,t)|_{NL}$ 中的非线性对系统的动态响应几乎没有影响（反之亦然，毕竟非线性是由动态响应引起的）。因此，通过线性响应分析获得的受力函数 $F_T(x,y,z,t)|_L$ 很可能近似表示实际力函数 $F_T(x,y,z,t)|_{NL}$，这在原则上不能从非线性响应分析中准确导出。

另一方面，对于一般类型的非线性动力问题，变形函数 $D_T(x,y,z,t)|_{NL}$ 的非线性对其动力响应的影响可以通过计算每个时间增量 Δt 的两步解来评估，例如

$$T(x,y,z) \times E(t_i + \Delta t) = F_T(x,y,z,t_i + \Delta t)|_L \times D_T(x,y,z,t_i + \Delta t)|_L \tag{2.11}$$

$$T(x,y,z) \times E(t_i + \Delta t) \approx F_T(x,y,z,t_i + \Delta t)|_L \times D_T^*(x,y,z,t_i + \Delta t)|_{NL} \tag{2.12}$$

这里，$t_{i+1} = t_i + \Delta t, i = 0, 1, 2, 3, \cdots, N$；$t_0$ 为初始时间，t_N 为结束时间。根据式（2.11）的解，可以导出近似变形函数 $D_T^*(x,y,z,t_i + \Delta t)|_{NL}$。注意，新获得的增量非线性特征应在下一个增量时更新为线性响应分析的目标函数，如下所示

$$T(x,y,z)|_{t=t_{i+1}} = T(x,y,z)|_{t=t_i+\Delta t} \tag{2.13}$$

因此，为了动力分析的连续性，必须将得到的力函数和其他动力特征重置为更新后的目标函数，作为后续分析的初始条件，例如

$$F_T(x,y,z,t_{i+1})|_L = F_T(x,y,z,t_i+\Delta t)|_L \tag{2.14}$$

因此，求解式（2.11）和式（2.12）的计算过程比求解式（2.7）和式（2.9）要复杂得多。但这是一个值得的努力，以避免直接求解式（2.8）的困难。图 2.14 给出了求解某类一般非线性响应问题的增量两步法的求解流程图。

最后，值得指出的是，虽然最初假设目标函数 $T(x,y,z)$ 与时间无关；实际上，它也可

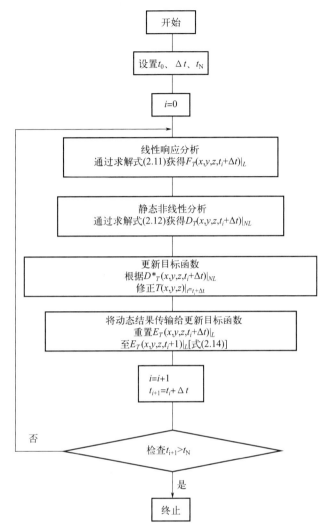

图 2.14 某类一般非线性响应问题的增量两步法的求解过程

以包含一个时间变量，比如 $T(x, y, z, t)$，前提是这个新的目标函数在空间和时间上也是已知的函数。

2.4.2.2 复杂坝库系统的弹性评价

图 2.15 和图 2.16 显示了在基于线性获得的内陆型和海沟型地震活动下的大坝惯性力场时程，并采用上述两步法成功获取大型混凝土重力坝离散裂缝特性。注意，为了扩大大坝中的大裂缝，研究中假设了两次极强地震。参考混凝土坝地震裂缝特性的详细研究（Shi 等，2014），这里讨论的重点是大坝-水库系统的弹性问题，使用前一节讨论的新提出的弹性理论。

根据获得的裂缝特性，坝库系统抗干扰的弹性可分为三类。

（1）弹性系统

尽管发生了大地震，但大坝并未出现可能影响坝库系统正常运行的严重裂缝破坏。因

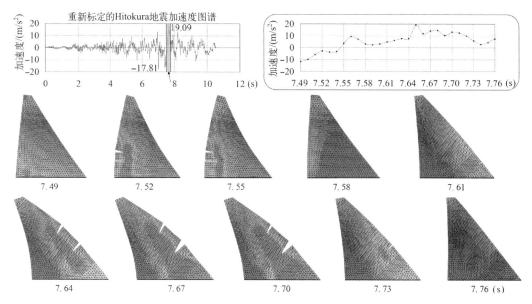

图 2.15 重定标定的 Hitokura 地震（内陆型）中裂缝特性瞬间连续变化展示（Shi 等，2014）
（扫封底或后勒口处二维码看彩图）

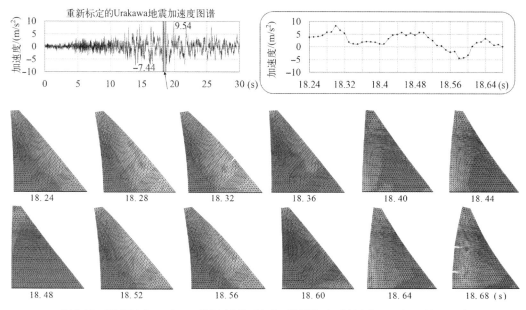

图 2.16 重新标定的 Urakawa 地震（海沟型）中裂缝特性瞬间连续变化展示（Shi 等 2014）
（扫封底或后勒口处二维码看彩图）

此，这种情况下满足条件：$E_{s(1)}=E_d$、$E_{s(2)}=0$、$E_v=0$，即没有有害能量释放到系统环境中。在这里，E_d 和 $E_{s(1)}$ 分别表示破坏性地震能量和地震活动期间大坝的运动能量。

（2）非弹性系统

大地震的发生让大坝遭受到了严重的裂缝破坏，且可能会影响到坝库系统的正常运行，如溢洪道受损导致的防洪问题等。值得注意的是，地震损坏的大坝可能需要几年的时间才能实现完全修复和功能恢复（Hartford，2011）。在这种情况下，表达式是：$E_d<E_{s(1)}$、$E_{s(2)}=0$、

$E_v>0$，这表示对系统环境存在有害影响。显然，大坝在地震作用下所承受的断裂能 W_F 代表了这种有害影响，即 $W_F=E_d-E_{s(1)}$、$E_v=W_F$。

（3）失效系统

大地震的发生让大坝出现了贯穿裂缝，从而导致了灾难性的溃坝，给下游地区造成了严重的社会、环境与经济后果。在这种情况下的表达式是：$E_{s(2)}=\infty$、$E_v=\infty$。

参考文献

Hartford, D.N.D., 2011. Combinations of earthquake and flood hazards together with other factors. In: Schleiss, A.J., Boes, R.M. (Eds.), Dams and Reservoirs under changing challenges. Taylor & Francis Group, London, pp. 685-692.

McDonald, N., 2006. Organisational resilience and industrial risk. In: Hollnagel, E., Woods, D.D., Leveson, N. (Eds.), Resilience Engineering: Concepts and Precepts. Ashgate, Aldershot, UK, pp. 155-180.

Shi, Z., Nakano, M., Nakamura, Y., Liu, C., 2014. Discrete crack analysis of concrete gravity dams based on the known inertia force field of linear response analysis. Eng. Fract. Mech. 115, 122-136.

WNO, 2016., www.world-nuclear.org/information.../chernobyl-accident.aspx..

3 弹性评估方法和图论基础

3.1 基于性能的弹性评估方法

本节首先介绍了基于性能的弹性定量评估指标,其中重点介绍了著名的弹性三角形及相关弹性理论。随后讨论了将弹性定义为恢复与损失比率的弹性理论及一个案例研究。最后,利用第 2.4.1 节提出的基于能量的弹性理论重新解释了弹性三角形,并将其影响函数重新定义为弹性变量的函数。

3.1.1 基于性能的弹性指标和弹性三角形

尽管 Holling 在 20 世纪 70 年代初引入了系统弹性的概念(Holling,1973),但是在 2001 年 9 月 11 日恐怖袭击之前,对系统弹性的定量评估却很少。自此以后,基础设施弹性及其量化,逐渐引起了人们的极大兴趣(Omer,2013)。

为了量化基础设施系统的抗震能力,Bruneau 及其合作者观察到,在任何时候,任何系统的实际或潜在性能都可以作为性能度量多维空间中的一个点(Bruneau 等,2003)。他们在基准测试工作中得出的结论是:"弹性可以理解为系统降低干扰发生的概率、在干扰发生时吸收干扰(性能突然降低)以及在干扰后迅速恢复(重新建立正常性能)的能力"。

将一个社区基础设施的质量定义为函数 $Q(t)$,通过图 3.1(A)中 $Q(t)$ 的变化来描述弹性的概念。该图显示,如果在时间 t_0 发生地震,可能会对基础设施造成重大破坏,从而使质量瞬间降低(例如,图 3.1 中,从 100% 降至 50%)。预计基础设施会随着时间的推移而逐渐恢复,直到时间 t_1 完全修复(表示为质量为 100%)。

基于这种关注性能的观点,Bruneau 等人(2003)提出了一个衡量社区在地震中弹性损失的计算方法

$$RL = \int_{t_0}^{t_1} \left[100 - Q(t)\right] dt \tag{3.1}$$

在该方法中,将恢复期间降低的基础设施质量与期望基础设施质量(100)进行比较。在图 3.1(A)中,弹性损失 RL 可以由阴影区域表示。Tierney 和 Bruneau(2007)创造了"弹

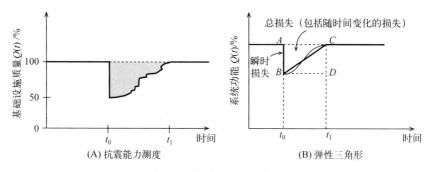

图 3.1 基于性能的弹性概念

（A）来源于 Bruneau, M., Chang, S.E., Eguchi, R.T 等, 2003. A framework to quantitatively assess and enhance the seismic resilience of communities. Earthquake Spectra 19(4), 733-752。

性三角形"一词，如图 3.1（B）所示，表示"由于破坏和干扰而导致的功能损失，以及修复和恢复过程随时间变化的规律"。如图 3.1（B）所示，从点 A 到点 B 的下降表示性能的瞬时损失，区域 ABC 表示总损失，其中也包括随时间变化的损失量。引入这一图形化概念的好处之一或许有助于直观地理解弹性增强措施的目标，即通过最小化瞬时损失和缩短完全恢复的时间来减小弹性三角形的大小。

地震工程多学科研究中心（MCEER）的研究人员为增强基础设施系统的抗灾能力制定了四项原则，称为四个 Rs，如下所示。

• 稳健性（Robustness）：系统、系统元素和其他分析单元在不发生重大性能退化或损失的情况下承受灾害的能力。

• 冗余性（Redundancy）：系统、系统元素或其他单元在发生功能性的显著退化或损失时，能够被替代以满足功能性需求的程度。

• 应变能力（Resourcefulness）：通过识别和调配物质、资金、信息、技术和人力资源，诊断问题、优化决策及启动解决方案的能力。

• 可恢复性（Rapidity）：快速恢复功能（即控制损失和避免中断）的能力。

根据图 3.1 中的概念，Attoh-Okine 等（2009）将弹性指标定义为：

$$R = \frac{\int_{t_0}^{t_1} Q(t) \mathrm{d}t}{100(t_0 - t_1)} \tag{3.2}$$

根据此模型，弹性的单位是单位时间的性能，这反映了弹性可以用受外部冲击后基础设施系统的性能来衡量，也可以用恢复到事件发生前的性能水平所需的时间来衡量（Attoh-Okine 等，2009）。

在 Bruneau 等人最初提出的弹性框架之后（2003），学者们开展了大量研究，以找到更多不同的指标来量化弹性。虽然式（3.1）和式（3.2）中表达的弹性理论及其改良版本在量化弹性方面已被广泛应用，例如在水路系统（Chang 和 Shinozuka，2004）、电力系统（Cagnan 等，2006）、医院（Cimellaro 等，2010）和城市（Chang 等，2014）等领域，但是这些理论仍存在一个亟待阐明的问题。

为了确定一个系统是否具有弹性，应将系统在指定时间内恢复的性能的量与式（3.1）中定义的性能损失或弹性损失相比，以得出恢复率，该恢复率是对系统弹性的准确测度。

这是因为弹性关注的是系统在灾难发生后恢复的能力，而弹性三角形的大小只反映了给定系统的相对稳健性，即 RL 越小，系统越稳健。从这个意义上说，弹性比稳健性更具深度。

Henry 和 Ramirez-Marquez 的开创性著作《系统弹性随时间变化的通用指标和定量方法》（Henry 和 Ramirez-Marquez，2012）提出了与上述讨论的弹性理论明显不同的观点。他们将弹性重新定义为恢复的性能与损失的性能的比率，这是弹性研究在概念上向前迈进的一步，他们的研究将在下一节进行阐述。

3.1.2 弹性表示为系统性能恢复与损失的比率

通过对各学科关于弹性的定义、弹性指标和测度方法的文献回顾，Henry 和 Ramirez-Marquez（2012）提出了以下两个问题。

> 首先，由于没有对弹性概念的统一认知，因此也没有统一的定量方法。其次，可用的定量方法的范围和可用性受到限制，因此不适合在其发展的学科之外使用。如果有的话，用于计算弹性的指标和公式以及此类计算所需的输入数据也取决于学科类型。

他们提出了以下解决方案。

> 因此，需要一种在各学科领域基本通用的弹性定量方法，可用于发展弹性系统和有效弹性战略。

以下理论和示例是对 Henry 和 Ramirez-Marquez（2012）工作的总结。

3.1.2.1 弹性理论

图 3.2 显示了一个弹性系统 S 及其系统性能（SF）$F(t)$（或系统层面的交付功能 system level delivery function）由于干扰事件而处于过渡状态的情况。该系统具有三个稳定状态（即稳定的初始状态 S_0，干扰状态 S_d 和稳定的恢复状态 S_f）以及两个过渡状态（即系统干扰和系统恢复）。其中恢复状态 S_f 与系统的初始状态 S_0 可以是相同的，也可以是不同的。SF $F(t)$ 是计算弹性的基础。

如图 3.2 所示，在 t_e 时刻发生干扰性事件，系统由原始状态 S_0 过渡到 t_d 时刻的干扰状态 S_d，此时，系统性能为 $F(t_d)$ < 初始性能为 $F(t_0)$。在 t_s 时刻采取弹性措施后，系统恢复到恢复状态 S_f，此时，在 t_f 时刻的系统性能为 $F(t_f)$。在立即采取弹性措施的情况下，$t_d = t_s$，且干扰后状态 S_d 变成一种瞬时系统状态。注意，恢复后稳定状态 $F(t_f)$ 可能与初始性能 $F(t_0)$ 水平持平，也可能高于或低于初始水平。

尽管这里我们仅考虑了一个单一的系统性能，但通常要考虑一个系统的多个性能。因此，为了对系统弹性进行全面分析，必须考虑所有相关且重要的系统性能。在考虑多个系统性

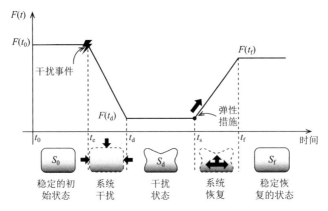

图 3.2 系统性能和弹性状态变化过程

来源于 Henry, D., Ramirez-Marquez, J.E., 2012. Generic metrics and quantitative approaches for system resilience as a function of time. Reliab. Eng. Syst. Saf. 99, 114-122。

能时，一个事件的发生，可能对一个系统性能产生干扰，但对另一个性能并不会产生影响。我们用 E 来表示所有事件的集合，即 $E=\{e_1,e_2,\cdots,e_m\}$。那么干扰性事件的集合 D 可以表示为 $D=\{e_j \in E | F(t_d|e_j)<F(t_0)\}$。

根据以上描述，在干扰性事件 e_j 下，t_r [这里，$t_r \in (t_d, t_f)$] 时刻所评估的一个特定系统性能 SF $F(t_r|e_j)$ 所对应的系统弹性值 $R_F(t_r|e_j)$ 可用以下公式计算

$$R_F\left(t_r|e_j\right) = \frac{F\left(t_r|e_j\right) - F\left(t_d|e_j\right)}{F\left(t_0\right) - F\left(t_d|e_j\right)}, \quad \forall e_j \in D \tag{3.3}$$

式（3.3）表示已从干扰状态恢复的系统性能的比例。这种衡量系统弹性的方法与弹性概念的原始含义是一致的。当 $F(t_r|e_j)=F(t_d|e_j)$ 时，系统弹性值 $R_F(t_r|e_j)$ 为 0，这种情况下，系统还未从干扰状态中恢复，这可能意味着还未采取任何弹性措施，或者采取的弹性措施是无效的。当 $F(t_r|e_j)=F(t_0)$ 时，系统弹性值 $R_F(t_r|e_j)$ 为 1，这种情况下，系统已经从干扰状态 S_d 恢复到原始状态 S_0，实际上，由于采取弹性措施，系统已经完全恢复。

3.1.2.2 案例分析

Hillier 和 Lieberman（2009）以 Seervada 公园问题为例，讨论了运营管理中的最短路径、最小生成树和最大流量的问题。这里我们将问题进行修改来描述弹性的定量框架。虽然许多类似基础设施系统通常用网络来表示，但无论它是否可以用网络来表示，定量方法本身都适用于任何系统。

Seervada 公园的道路网络如图 3.3 所示，为了进行弹性分析，我们假设了两个干扰性事件。节点 O 是公园的入口，节点 T 处有一个风景秀丽的景观。节点 $A \sim E$ 是护林站，它们充当道路网络的连接节点。公园运营有轨电车，供游客从公园入口到达 T 处的景观。每个路段的距离和有轨电车的最大日通行能力都是特定的。箭头指示有轨电车在将乘客从公园入口运送到风景名胜区时的行驶方向。电车的最大日通行量是指往返的总行程。

假设 Seervada 公园位于丘陵地带，且有一条河流贯穿其中。图 3.3（B）和（C）分别描述了两个干扰性事件：公园入口附近的岩石滑坡，破坏了 OA、OB、OC、AB 和 BC 的路段

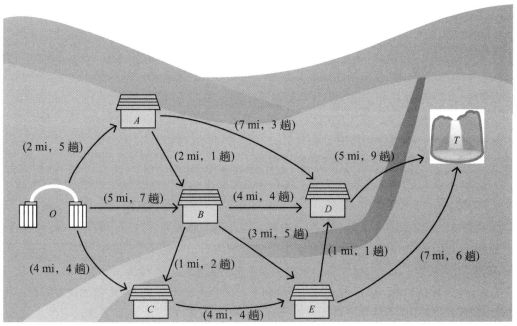

(A) Seervada公园的道路系统

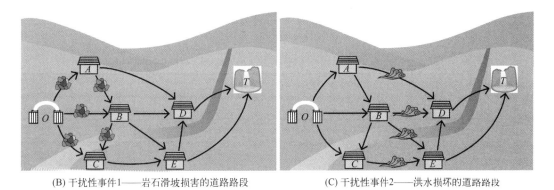

(B) 干扰性事件1——岩石滑坡损害的道路路段　　(C) 干扰性事件2——洪水损坏的道路路段

图 3.3　Seervada 公园问题（1mi=1609.344m）

来源于 Henry, D., Ramirez-Marquez, J.E., 2012. Generic metrics and quantitative approaches for system resilience as a function of time. Reliab. Eng. Syst. Saf. 99, 114-122。

（干扰性事件 1）；公园中段洪水泛滥，摧毁了 AD、BD、BE 和 CE 的路段（干扰性事件 2）。在这两种情况下，都假定整个路段都被破坏，即不考虑部分损坏或恢复的情况。

如前文所述，一个系统通常具有多个性能 SFs。在 Seervada 公园问题中我们考虑以下三个系统性能。

• SF_1：从 O 到 T 的最短路径。该性能的目的是找到从 O 到 T 的最短路径。破坏状态下的路径比原始未受破坏状态下的路径要长。

• SF_2：O 到 T 之间的最大流量。可根据每个路段的最大日通行量来计算。这里，SF_2 可用每天的行车次数来计算。

• SF_3：道路网络的整体健康状况。以道路长度与道路总长度的比值来计算。在初始状态下，所有道路都是可用的，因此，$SF_3=1$。

对于受损的道路，将采取一些措施进行道路维修，但需基于以下条件：只有一个维修团队来依次修复受损的路段；每一段都是以每英里 10 个时间单位的进度维修，且每英里的维修成本为 1000 美元；假设维修团队的初始设置时间和成本都为 0。而且，不考虑可保障性成本，即当维修团队从一个路段转移到另一个路段时，不花费时间或成本；当多个路段被破坏时，修复策略将指示道路修复的顺序。

如图 3.3（B）所示，在干扰性事件 1 中，有五条路段因岩石滑坡而被破坏。我们考虑了两种恢复策略。策略 1 为按照 OA、OB、OC，AB 和 BC 的顺序恢复路段；策略 2 为按照 BC、AB、OC、OB 和 OA 的相反顺序恢复路段。

表 3.1 列出了在干扰性事件 1 中，实行恢复策略 1 的网络状态。在 t_0 处，所有路段均处于良好状态，状态用"1"来表示。表 3.2 列出了三个系统性能 SFs 的初始值。例如，从节点 O 到 T 的最短路径为 13mi❶。在 t_d 时刻，道路网络被破坏，被破坏的各个路段状态表示为"0"，如表 3.1 所示。表 3.2 中的 SF 值表示对这一干扰的定量化。在这种情况下，所有 SF 值均已降至其最差的可能值。恢复措施在 t_s 时刻启动，此时由于还没有恢复，其 SF 值等于 t_d 时刻的 SF 值。从 t_1 到 t_f 的这段时间里，按照策略 1 指示的顺序依次恢复路段。每个时间段内，均计算了恢复所需的总时间（T_R）和总成本（C_R）。可以发现，系统性能 SF 和系统弹性 R_F 值随时间变化而增加。在表 3.2 中，每个 SF 的 R_F 可以用 R_1、R_2 和 R_3 来代替。应该注意的是，R_1 在 t_4 时刻达到 1，R_2 在 t_3 时刻达到 1，R_3 在 t_f 时刻达到 1。因此，在 t_f 时刻，路网已恢复到其初始状态，也就是说所有路段均已全面运行。

表 3.1 干扰性事件 1 下实行策略 1 的网络状态变化（Henry 和 Ramirez-Marquez, 2012）

路段	网络状态								
	t_0	t_d	t_s	t_1	t_2	t_3	t_4	t_f
OA	1	0	0	1	1	1	1	1
OB	1	0	0	0	1	1	1	1
OC	1	0	0	0	0	1	1	1
AB	1	0	0	0	0	0	1	1
AD	1	1	1	1	1	1	1	1
BC	1	0	0	0	0	0	0	1
BD	1	1	1	1	1	1	1	1
BE	1	1	1	1	1	1	1	1
CE	1	1	1	1	1	1	1	1
DT	1	1	1	1	1	1	1	1
ED	1	1	1	1	1	1	1	1
ET	1	1	1	1	1	1	1	1

注：1 表示道路路段正常；0 表示道路路段受损。

类似地，可以对在干扰性事件 1 下，实行恢复策略 2 时的道路网络进行弹性分析。在

---

❶ 1mi=1609.344m。

表 3.2 干扰性事件 1 下实行策略 1 时的弹性分析结果（Henry 和 Ramirez-Marquez, 2012）

时间	网络状态							
	t_0	t_d	t_s	t_1	t_2	t_3	t_4	t_f
SF_1/mi	13.00			14.00	14.00	14.00	13.00	13.00
R_1		0.00	0.00	0.93	0.93	0.93	1.00	1.00
SF_2/（行车次数/天）	14.00	0.00	0.00	3.00	10.00	14.00	14.00	14.00
R_2		0.00	0.00	0.21	0.71	1.00	1.00	1.00
SF_3	1.00	0.58	0.58	0.67	0.75	0.83	0.92	1.00
R_3		0.00	0.00	0.20	0.40	0.60	0.80	1.00
T_R			0.00	20.00	70.00	110.00	130.00	140.00
C_R/$			0.00	2000	7000	11000	13000	14000

干扰性事件 1 下实行两种策略的弹性分析结果如图 3.4 所示。图中显示，两种策略下，随着路段被修复，弹性值增加的规律不同。对于策略 1 下的 SF1（系统性能 1），在恢复第一段路段后，网络弹性值显著增加，在恢复三个以上路段后，网络可以完全恢复到初始状态，即 $R_1=1$。对于弹性策略 2 下的 SF_1（系统性能 1），在前三段路段恢复之前，弹性值都不会增加，因此，在 $t<60$ 时，$R_1=0$，直到所有路段被恢复，弹性值才能达到 1。因此，在考虑 SF_1（系统性能 1）时，策略 1 更好，因为它能够在仅恢复一个路段的情况下使弹性恢复至接近其原始值。

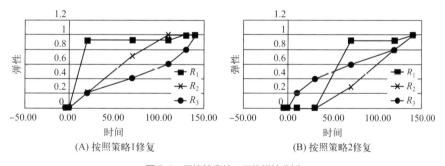

(A) 按照策略1修复　　(B) 按照策略2修复

图 3.4 干扰性事件 1 下的弹性分析

来源于 Henry, D., Ramirez-Marquez, J.E., 2012. Generic metrics and quantitative approaches for system resilience as a function of time. Reliab. Eng. Syst. Saf. 99, 114-122。

图 3.5 中比较了干扰性事件 1 发生后，两种修复策略下三个系统性能的变化。如图所示，如果是以尽快恢复到初始状态为目标，那么对于 SF_1（系统性能 1）和 SF_2（系统性能 2）来说，恢复策略 1 更好，而对于 SF_3（系统性能 3）来说，恢复策略 2 更好。类似的弹性分析可以用于干扰性事件 2，即路段 *AD*、*BD*、*BE* 和 *CE* 由于洪水而被破坏。对于这种破坏，恢复策略 1 是按照路段 *AD*、*BD*、*BE*、*CE* 的顺序进行修复，而策略 2 是按照路段 *CE*、*BE*、*BD*、*AD* 的顺序进行修复。从图 3.6 中可以明显看出，SF_1（系统性能 1）和 SF_2（系统性能 2）呈现出非常相似的变化趋势，且对于三个性能来说，恢复策略 2 都是最优选择。

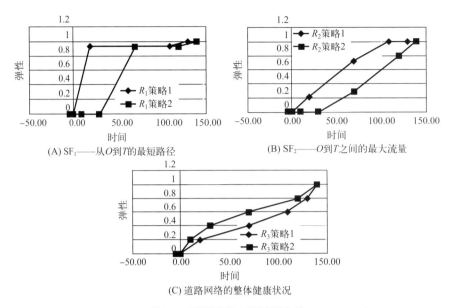

图 3.5　干扰性事件 1 下的策略比较

来源于 Henry, D., Ramirez-Marquez, J.E., 2012. Generic metrics and quantitative approaches for system resilience as a function of time. Reliab. Eng. Syst. Saf. 99, 114-122。

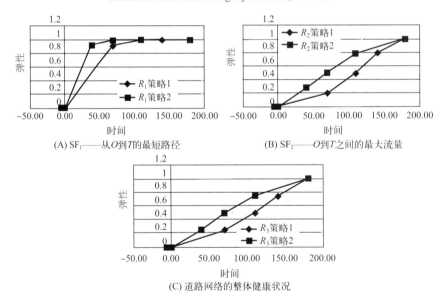

图 3.6　干扰性事件 2 下的策略比较

来源于 Henry, D., Ramirez-Marquez, J.E., 2012. Generic metrics and quantitative approaches for system resilience as a function of time. Reliab. Eng. Syst. Saf. 99, 114-122。

3.1.3　弹性三角形和影响函数的重新定义

在 2.4.1 节中提出了弹性的广义数学定义，假设系统为 S，系统环境为 V，V 的影响函数为 I，扰动项为 D。在事件 D 中，如果系统能够完全吸收该事件释放的破坏性能量 E_d，即 $E_{s(1)}=E_d$，并且不会由于该事件而将任何有害的系统能量释放到 V 中，即 $E_{s(2)}=0$，那么式

(2.1) 中 $E_v=0$,即没有有害能量释放到 V 中。因此,影响函数保持其最小值,满足 $I'(q^*)=0$ ($[q^*]$ 一个有弹性的系统中的关键变量)。在这种影响最小的条件下,系统被定义为弹性系统。

图 3.7 中描述的是使用先前描述的能量概念对弹性三角形的另一种解释。假设弹性三角形中的总损耗是由 E_d 引起的,并且阴影区域恢复的系统性能 SF 是由 $E_{s(1)}$ 引起的,那么两个区域可以分别由 E_d 和 $E_{s(1)}$ 表示,如图 3.7(A)所示。显然,弹性三角形的这些能量解释的相关性不受恢复曲线类型(线性、非线性或阶梯形)的影响。图 3.7(A)中描述了一个快速恢复的过程,其中 t_d 是干扰时间,t_{exp} 是预期的恢复时间,满足条件 $E_{s(1)}=E_d$,$E_v=0$,系统被认为是具有弹性的。而图 3.7(B)则描述了一个延迟恢复过程,系统在 t_{del} 时刻完全恢复,且满足条件 $E_{s(1)}<E_d$,$E_v>0$,因此系统被认为是非弹性的。需要注意的是,在两种情况下都假定 $E_{s(2)}=0$,因为 $E_{s(2)}>0$ 的情况通常意味着严重的系统损坏或破坏(例如,核电厂发生核事故以及起搏器中的嵌入式计算机系统发生故障)。如图 3.7(C)所示,在系统性能 SF 无法完全恢复到原始水平的情况下,存在 $E_{s(2)}>0$ 的可能性。

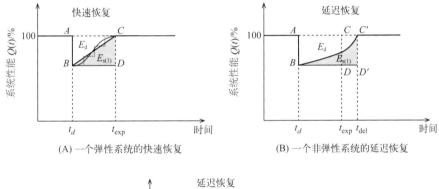

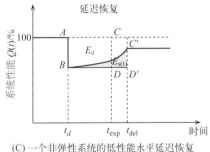

(C) 一个非弹性系统的低性能水平延迟恢复

图 3.7 弹性三角形的另一种解释

图(A)为一个弹性系统的快速恢复,其中 $E_{s(1)}=E_d$,$E_{s(2)}=0$,$E_v=0$;

图(B)一个非弹性系统的延迟恢复,其中 $E_{s(1)}<E_d$,$E_{s(2)}=0$,$E_v>0$;

图(C)一个非弹性系统的延迟恢复,且恢复至较低的系统性能水平,其中 $E_{s(1)}<E_d$,$E_v>0$,$E_{s(2)}>0$

一个弹性指标 R_E 的计算公式为

$$R_E = \frac{E_{s(1)}}{E_d} \tag{3.4}$$

其中,下标 E 表示其能量基础。对于弹性系统,$R_E=1$;对于非弹性系统,$R_E<1$。式(3.4)基于问题的根源对弹性进行定义,从而提供了一种量化弹性的简单直接的方法。这是因为许多自然灾害(例如地震、海啸和台风等)释放的破坏性能量可以基于它们的大小、规模

和速度进行计算,因为这些现象在物理方面已经得到了很好的理解。类似地,当遭受这些灾难时,系统吸收的破坏性能量也可以根据事件发生期间或之后的系统性能直接或间接地估算出来。此外,在许多最坏的情况下,系统释放的潜在能量是可以被很好地估算出来的,例如核电厂发生核事故时释放的破坏性能量。因此,对于功能难以量化的系统,例如许多生态系统和某些社会生态系统,式(3.4)提供了一种评估弹性的替代方法。除弹性量化外,式(3.4)还表明,为了增强弹性,有必要增强系统的能量吸收能力。

尽管影响函数 $I(q_1, q_2, \cdots, q_n)$ 最初被定义为关键系统变量的函数,但是现在有了弹性指数,可以将其重新定义为 R_E 的函数,或简单来说定义为 r 的函数,如下所示

$$I(r) = e^{a\left(\frac{1}{r} + \frac{r^2}{2}\right)} - b \tag{3.5}$$

这里,$0 < r \leq 1$,$a > 0$,且 $b \leq e^{1.5a}$ [为了确保 $I(1) \geq 0$],式(3.5)中的影响函数显然要满足以下条件:$I' = 0$,$I(1) = I_0 = e^{1.5a} - b$,且 $I(0) = \infty$,其中 I_0 是指一个系统对其系统环境的最小影响。换句话说,对于一个弹性系统($r=1$),式(3.5)确保影响函数 $I(r)$ 处于其最小值 I_0;对于一个完全非弹性系统($r=0$),通常意味着其最坏情况的条件为 $E_{s(2)} > 0$,其影响函数接近无穷大。

图3.8用参数 a 和 b 的不同组合绘制式(3.5),以说明各种类型的影响函数。图3.8(A)表明,增大参数 a,影响函数随弹性降低而变化的速率会有所增加。在图3.8(B)和(C)中,当参数 a 分别固定在 0.5 和 1.0 时,改变参数 b 以说明其对 I_0 的直接影响。显然,在一个理

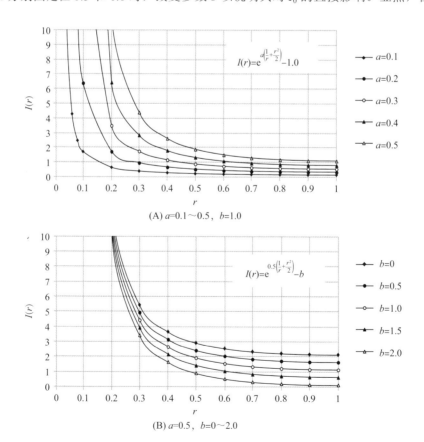

(A) $a = 0.1 \sim 0.5$,$b = 1.0$

(B) $a = 0.5$,$b = 0 \sim 2.0$

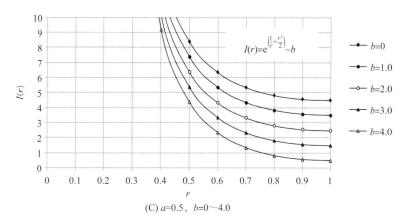

(C) $a=0.5$,$b=0\sim4.0$

图 3.8　不同参数组合下的指数型影响函数

想的系统中，I_0 应该是小到可以忽略不计，当系统处于一个不太有弹性的状态时，影响函数应该有一个缓慢的变化率。相反，在一个不理想的系统中，I_0 很大，且影响函数会随着系统弹性的降低而迅速增加。显然，为了建立影响函数，必须要对系统和系统环境有一个很好的理解。

在前面讨论的 Seervada 公园问题中，根据表 3.2 中的弹性分析结果，计算了弹性行为各个阶段的影响函数。将公园作为一个理想系统，即 $I_0=0$，假定公式（3.5）中影响函数的参数 $a=0.1$，参数 $b=1.1618$。图 3.9 显示了干扰性事件 1 下实行恢复策略 1 时，SF_1、SF_2 和 SF_3 的影响函数。在 t_s 时刻，随着弹性指数降至 0，影响函数在每种情况下都接近无穷大。在 t_s 时刻，R_1 反弹至 0.93，从而将其影响函数减小到接近 0。在 t_4 时刻，R_1 完全恢复，并且影响函数变为 0。对于 R_2 和 R_3，随着弹性指数完全恢复，它们的影响函数分别在 t_3 和 t_f 时刻变为 0。显然，此问题中的系统是指公园的道路系统，系统环境既包括访客又包括公园本身。

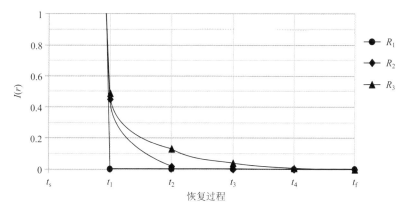

图 3.9　基于表 3.2 中的弹性分析结果，Seervada 公园问题中在干扰性事件 1 下实行恢复策略 1 的影响函数计算结果

应该指出的是，除了式（3.5）中给出的影响函数，也可能存在其他类型的影响函数，应积极探索一个给定系统的影响函数。

3.2 图论的基本概念

本节参考了《Graph, Network and Combinatorial Analysis》(Fujishige, 2002) 和《Graph Theory and Its Applications》(Gross 和 Yellen, 2006) 两本书, 介绍图论的基本概念。

3.2.1 图的定义和基本性质

图 G 是由两个有限集合 V 和 E 组成的二元组 $G=(V, E)$。集合 V 的元素称为顶点（或节点），集合 E 的元素称为边（或连接线）。每条边都有一组与之相关联的一个或两个顶点，这些顶点称为其端点。

边可以是有向边（或圆弧）或无向边。有向边有尾和头，箭头通常放置在边的正向方向上。

如果图的边是有向的，则称该图为定向图（或有向图）(directed graph)，如果图的边是无向的，则称该图为无向图 (digraph)。需要注意的是，当 G 不是唯一图时，$V(G)$ 和 $E(G)$ (或 V_G 和 E_G) 分别作为 G 的顶点集和边集。图 3.10 显示了 Seervada 公园路线图的有向图和无向图（由图 3.3 抽象所得）。

为了便于讨论，先给出以下几个定义。

真边（proper edge）：是连接两个不同顶点的边。

自环（self-loop）：是将单个顶点与自身连接起来的边。

多重边（multi-edge）：是具有相同端点的两条或多条边的集合。边的多重性是多重边中的边数。

一个简单图（simple graph）：既没有自环也没有多重边的图。

无环图（或多重图）(loopless graph)：可能具有多重边，但没有自环。

（一般）图可能具有自环和/或多重边。

加权图（weighted graph）：若图中是每条边都分配有一个数字（称为边权重），所形成的图为加权图。

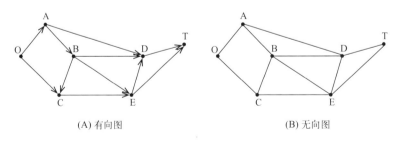

图 3.10　Seervada 公园的道路图

一个通用有向图 $G=(V, E, \text{tail}, \text{head})$ 的形式规范包括顶点列表、边列表以及一个两行的关联表（指定尾和头），其列由边索引。图 3.11 显示了通用有向图的线图和形式规范。如图所示，两个边 e_2 和 e_3 形成一条多重边，而边 e_{10} 是一个自环。由于图 3.10 中的两个图既没有自环，也没有多重边，因此可以看作简单图。

图 3.11 中有向图的线图表示的是其几何形式。当已知图 G 的几何表示形式时，G 的顶点集和边集及其映射函数［tail：$E(G) \rightarrow V(G)$ 和 head：$E(G) \rightarrow V(G)$］是唯一确定的。但是，从 $G=(V, E, \text{tail}, \text{head})$ 函数中无法找到 G 的唯一几何表示。例如，图 3.12 展示了图 3.11 中有向图的另一种几何表示。因此，图论独立于图的平面几何表示，仅关注其顶点和边之间的连接关系，这是结构不变的属性（或拓扑属性）（Fujishige，2002）。这里涉及两个图之间的同构性问题。给定两个图 G_1 和 G_2，如果它们的顶点之间和它们的边之间存在一一对应的关系，从而保持了关联关系，则称 G_1 和 G_2 是同构的，例如图 3.11 和图 3.12 中的两个图。

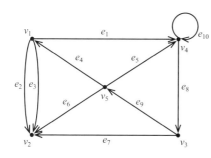

边界	e_1	e_2	e_3	e_4	e_5	e_6	e_7	e_8	e_9	e_{10}
尾部	v_1	v_1	v_1	v_5	v_5	v_5	v_3	v_4	v_3	v_4
头部	v_4	v_2	v_2	v_1	v_4	v_2	v_2	v_3	v_5	v_4

图 3.11　通用有向图及其形式规范

来源于 Fujishige, S., 2002. Graph, network and combinatorial analysis. Kyoritsu Shuppan Co., Ltd., Tokyo (in Japanese) 文章中的图 1.2。

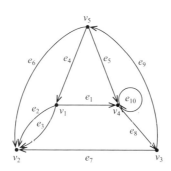

图 3.12　图 3.11 中有向图的另一种几何表示形式

来源于 Fujishige, S., 2002. Graph, network and combinatorial analysis. Kyoritsu Shuppan Co., Ltd., Tokyo (in Japanese) 中的图 1.3。

在图形中，连接到一个顶点的有向或无向边的数量是这个顶点的度（degree），用 $d_{G(v)}$ 表示，缩写为 $d_{(v)}$。

在一个有向图中，顶点的出度（out-degree）等于方向向外的边的数量，入度（in-degree）等于方向向内的边的数量。出度是连接到顶点尾部的数量，入度是连接到顶点头部的数量。顶点的度是图论中一个简单但功能强大的概念。

对于所有图形 G，顶点度的总和是边数的两倍，即 $\sum_{v \in V(G)} d(v) = 2|E(G)|$。显然，由于每条边连接两个顶点，因此每条边为图 G 中所有顶点度之和的贡献为 2。那么顶点度总和就是边数的两倍。还有一个有趣的推论，即顶点的度为奇数时，顶点个数必是偶数。我们

可以很容易地证明这一点，首先将顶点 $V(G)$ 分为两组：V_{odd} 包含所有顶点度为奇数的顶点，而 V_{even} 包含所有顶点度为偶数的顶点。由于顶点度的总和是偶数，因此很容易看出，在减去偶数顶点度之和（根据定义为偶数）后，剩余的奇数顶点度总和必须是偶数，即 $|V_{odd}|$ 为偶数。

对于图 $G(V, E)$，若 $V' \subseteq V$ 且 $E' \subseteq E$，则称图 $G'(V', E')$ 为图 $G(V, E)$ 的子图（subgraph），并表示为 $G' \subseteq G$。将图 3.12 重画为图 3.13 中的几个子图，其中 G_2 是 G_1、G_3 和 G_4 的子图；G_3 是 G_1 和 G_4 的子图。注意这里 G_4 不是 G_1 的子图。若 $V(G')=V(G)$，则称图 $G'(V', E')$ 为图 $G(V, E)$ 的生成子图（spanning subgraph），也就是说，G' 和 G 有完全相同的顶点集。在图 3.13 中，G_3 是 G_1 和 G_4 的一个生成子图。

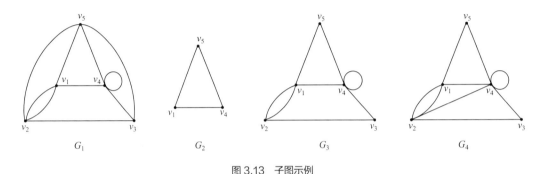

图 3.13　子图示例

3.2.2　矩阵表示

图形的矩阵表示在概念和理论上具有重要性。它为利用线性代数研究图 G 的结构提供了数学基础，同时便于图 G 的计算机化存储和处理。

3.2.2.1　关联矩阵（Incidence matrix）

一个有向图 G 的关联矩阵可以用矩阵 I_G 表示，矩阵 I_G 的行和列分别由顶点集 V_G 和边集 E_G 按照一定顺序存储，使得

$$I_G(v,e) = \begin{cases} 0 & \text{如果}v\text{不是}e\text{的一个终点} \\ +1 & \text{如果}v\text{是}e\text{的尾部} \\ -1 & \text{如果}v\text{是}e\text{的头部} \\ 2 & \text{如果}e\text{是}v\text{处的一个自环} \end{cases} \quad (3.6)$$

有向图 3.11 的关联矩阵可以表示为

$$I_G = \begin{array}{c} \\ v_1 \\ v_2 \\ v_3 \\ v_4 \\ v_5 \end{array} \begin{array}{c} \begin{matrix} e_1 & e_2 & e_3 & e_4 & e_5 & e_6 & e_7 & e_8 & e_9 & e_{10} \end{matrix} \\ \begin{pmatrix} +1 & +1 & +1 & -1 & 0 & 0 & 0 & 0 & 0 & 0 \\ 0 & -1 & -1 & 0 & 0 & -1 & -1 & 0 & 0 & 0 \\ 0 & 0 & 0 & 0 & 0 & +1 & -1 & +1 & 0 \\ -1 & 0 & 0 & 0 & -1 & 0 & 0 & +1 & 0 & 2 \\ 0 & 0 & 0 & +1 & +1 & +1 & 0 & 0 & -1 & 0 \end{pmatrix} \end{array} \quad (3.7)$$

对于无向图，将 I_G 中的正负号删除，而简单地表示为 v 是否为 e 的顶点。图 3.14 中无向图 G 的关联矩阵表为

$$D = \begin{array}{c} \\ v_1 \\ v_2 \\ v_3 \\ v_4 \\ v_5 \end{array} \begin{pmatrix} e_1 & e_2 & e_3 & e_4 & e_5 & e_6 & e_7 & e_8 & e_9 & e_{10} \\ 1 & 1 & 1 & 1 & 0 & 0 & 0 & 0 & 0 & 0 \\ 0 & 1 & 1 & 0 & 0 & 1 & 1 & 0 & 0 & 0 \\ 0 & 0 & 0 & 0 & 0 & 0 & 1 & 1 & 1 & 0 \\ 1 & 0 & 0 & 0 & 1 & 0 & 0 & 1 & 0 & 2 \\ 0 & 0 & 0 & 1 & 1 & 1 & 0 & 0 & 1 & 0 \end{pmatrix} \quad (3.8)$$

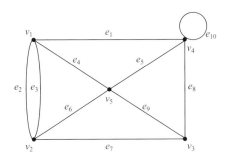

图 3.14　图 3.11 中的无向图

3.2.2.2　邻接矩阵（Adjacency matrix）

一个简单无向图 G 的邻接矩阵是对称矩阵 A_G，其行和列均由 V_G 的相同顺序来存储，即

$$A_G(v_i, v_j) = \begin{cases} 1 & \text{若} v_i \text{和} v_j \text{相邻} \\ 0 & \text{否则} \end{cases} \quad (3.9)$$

对于一般图形，设 $A_G(v_i, v_j)$ 为 v_i 和 v_j 之间的边数，设 $A_G(v_i, v_i)$ 为 v_i 处的自环数量的两倍。那么图 3.14 中无向图的邻接矩阵 A_G 可以表示为

$$A_G = \begin{array}{c} \\ v_1 \\ v_2 \\ v_3 \\ v_4 \\ v_5 \end{array} \begin{pmatrix} v_1 & v_2 & v_3 & v_4 & v_5 \\ 0 & 2 & 0 & 1 & 1 \\ 2 & 0 & 1 & 0 & 1 \\ 0 & 1 & 0 & 1 & 1 \\ 1 & 0 & 1 & 2 & 1 \\ 1 & 1 & 1 & 1 & 0 \end{pmatrix} \quad (3.10)$$

一个简单有向图 G 的邻接矩阵（用 A_G 表示），其行和列均按照 V_G 中的相同顺序存储，且满足以下条件

$$I_G(v_i, v_j) = \begin{cases} 1 & \text{若} v_i \text{到} v_j \text{之间有一条边} \\ 0 & \text{否则} \end{cases} \quad (3.11)$$

对于一般图形，如前文所述，对多重边和自环应用相同的规则。那么图 3.11 中的有向图的邻接矩阵 A_G 为

$$A_G = \begin{array}{c} \\ v_1 \\ v_2 \\ v_3 \\ v_4 \\ v_5 \end{array} \begin{array}{c} v_1 \; v_2 \; v_3 \; v_4 \; v_5 \\ \begin{pmatrix} 0 & 2 & 0 & 1 & 0 \\ 0 & 0 & 0 & 0 & 0 \\ 0 & 1 & 0 & 0 & 1 \\ 1 & 0 & 1 & 2 & 0 \\ 1 & 1 & 0 & 1 & 0 \end{pmatrix} \end{array} \quad (3.12)$$

要注意式（3.10）和式（3.12）表示的两个邻接矩阵之间的差异性。式（3.10）中的 A_G 是关于顶点之间的邻接关系。式（3.12）中的 A_G 仅显示指定方向的邻接信息。

3.2.3 图的类型

在图论中经常出现的几种常见图形的类型介绍如下。

3.2.3.1 完全图（Complete graph）

完全图是一种简单图，其中每对顶点之间都有一条边相连。任意有 n 个顶点的完全图可以用 K_n 表示。图 3.15 中展示了五个顶点数量分别为 1～5 的完全图。

3.2.3.2 二分图（Bipartite graph）

一个二分图 G，其顶点集 V 可以划分成两个非空子集 A 和 B（即 $A \cup B = V$ 且 $A \cap B = \Phi$），这样 G 的每条边有一个端点在 A 中，另一个端点在 B 中。$V = A \cup B$ 被称为 G 的一个二分。图 3.16（A）展示了一个二分图。根据定义，一个二分图不能具有任何自环。对于一个简单二分图，当 A 中的每一个顶点与 B 中的每一个顶点都相连接时，则该图称为完全二分图，反之亦然。如果 A 中有 m 个顶点，B 中有 n 个顶点，则该图可以用 $K_{m,n}$ 表示。图 3.16（B）中显示了一个完全二分图 $K_{3,4}$。

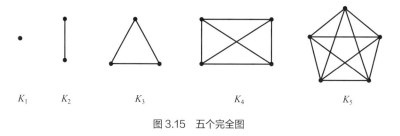

图 3.15　五个完全图

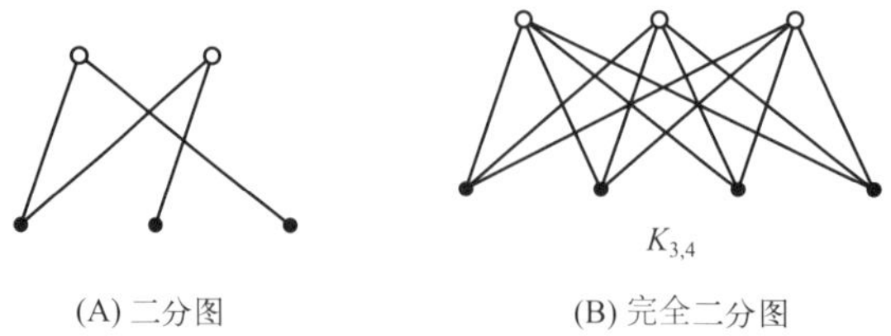

图 3.16　二分图和完全二分图示例

3.2.3.3 正则图（Regular graphs）

正则图是指各顶点的度均相同的图。K- 正则图是指顶点具有 K 个自由度的正则图。例如，图 3.15 中的完全图 K_2、K_3、K_4 和 K_5 分别是 1- 正则图、2- 正则图、3- 正则图和 4- 正则图。一个跨越河流的双层桥梁可以用图 3.17（A）中的 2- 正则图表示，而东京门大桥的桁架结构（侧视图）的几个部分可以用 3.17（B）中 4- 正则图表示。

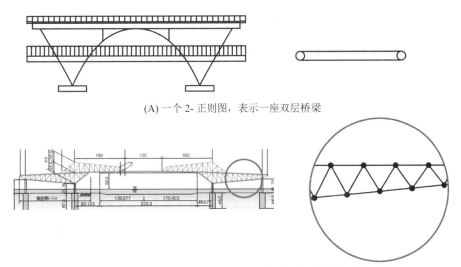

(A) 一个 2- 正则图，表示一座双层桥梁

(B) 一个 4- 正则图，表示东京门大桥的桁架结构（侧视图）的多个部件

图 3.17　桥梁工程中 K- 正则图的两个例子

3.2.3.4 路径、环和树（paths, cycles, and trees）

一个图 G 中的线路（walk, W）是顶点和边的交替序列。如果边是有向的，则它是有向线路。一条线路的长度是线路中边的数量（计算重复次数）。轨迹（trail）是没有重复的边的线路。路径（path）是指没有重复的点的轨迹（起点和终点除外）。有向轨迹和有向路径是满足其相应条件的有向线路。例如，有向轨迹是一条没有重复边的有向线路。如果不含边，那么线路、轨迹、路径就不那么重要了。图 3.18 展示了给定图形（起点为点 v_1）的一条线路、一条轨迹和一条路径这三个例子。其中，$W=\langle v_1, e_1, e_5, e_6, e_1, e_4, v_5\rangle$ 是线路的边序列，但不是轨迹的边序列，因为边 e_1 是重复的；$T=\langle v_1, e_1, e_2, e_3, e_4, e_5, v_2\rangle$ 是一条轨迹而不是路径，因为顶点 v_3 是重复的；$P=\langle v_1, e_6, e_5, e_4, e_3, v_4\rangle$ 是给定条件下可能的最长路径。一个具有 n 个顶点和 $n-1$ 条边的路径可以用 P_n 表示，并且根据定义，可以绘制一条包含其所有顶点和边的单一直线。

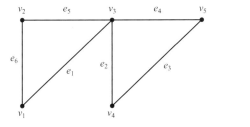

图 3.18　线路、轨迹和路径示例

使用路线、轨迹和路径的概念，可以引入几种重要的图形类型。环（cycle）是指一个长度至少为 1 的封闭的非平凡路径。一个具有 n 个顶点的环可以用 C_n 表示，根据定义，可以绘制出一条包含所有顶点和边的单一环。在图 3.18 中有两个环 C_3，$C_3 = \langle v_1, e_1, v_3, e_5, v_2, e_6, v_1 1\rangle$ 和 $C_3 = \langle v_3, e_2, v_4, e_3, v_5, e_4, v_3\rangle$。

如果一个图中的每对顶点 v_i 和 v_j 都有线路相连，则这个图为连通图。如果对于每对顶点 v_i 和 v_j，从 v_i 到 v_j 都有一条有向路线，且从 v_j 到 v_i 也有一条有向路线，那么此图为强连通图。

树（tree）是指没有环的有向或无向的连通图，如图 3.19（A）～（C）所示。通常以根的方式绘制树，其中根节点（v_0）在顶部，而分支结构向下延伸，如图 3.19（B）和（C）所示。在底部仅与另一个顶点连接的顶点称为叶（即度为 1 的顶点）。根据排名顺序，可以为树节点赋予有趣的名称，如父节点（v_0）和子节点（v），如图 3.19（B）和（C）所示。森林是一种由树组成的图形，其中这些树不一定是相互连接的。

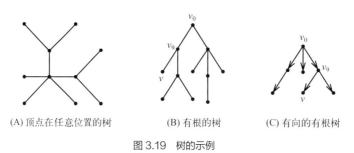

(A) 顶点在任意位置的树　　(B) 有根的树　　(C) 有向的有根树

图 3.19　树的示例

树在网络研究中发挥着几个重要的作用。因为树没有环或者闭环，因此任意一对顶点之间恰好有一条路径，且具有 n 个顶点的树通常恰好有 $n-1$ 条边。图 3.20（A）～（D）展示了一个区域的排水管道系统分别用天然存在的树、有向树和森林表示。

3.2.3.5　可平面图（Planar graphs）

如果一个图可以画在一个平面上而使得任何两条边都不会交叉，那么这个图就叫作平面图。任何同构于一个平面图的图都称为可平面图。

区域排水管道系统

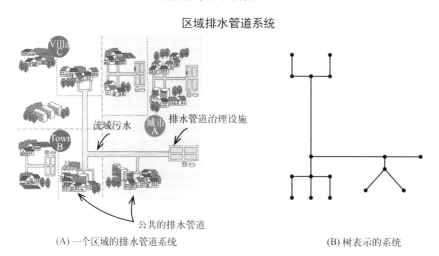

(A) 一个区域的排水管道系统　　　　　　(B) 树表示的系统

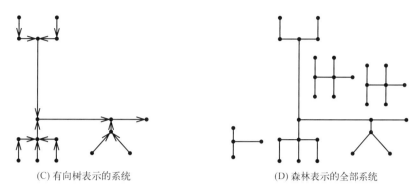

(C) 有向树表示的系统　　　　　　　　(D) 森林表示的全部系统

图 3.20　用天然存在的树和森林表示排水管道网络

图 3.21 展示了可平面图 K_4 的三种画法，其中仅 G_2 和 G_3 是平面图。很明显，所有树都是可平面图。

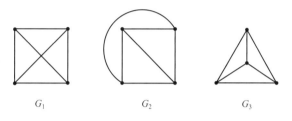

图 3.21　可平面图 K_4 的三种画法

3.3　图论的实际应用

本节主要参考 Steen（2010）、Ray（2013）以及 Gross 和 Yellen（2006）的研究，介绍了图论的几种重要应用。

3.3.1　寻找最短路径

寻找最短路径其实涉及的是一大类优化的问题，在这些问题中，距离可以用时间、成本或其他可测度的量来代替，这些都是研究的目标。下文中在讨论最短路径问题之前，首先给出了加权图的更详细定义。

3.3.1.1　加权图

边权重是最常用的图形属性之一。当将真实世界的网络表示为图形时，边权重自然而然地出现。例如，将区域污水处理系统表示为图 3.20 中的图形，公共区域和住宅区、检查井、中继泵站和污水处理设施用顶点表示，而连接两个相邻节点的排水管道用边表示。然后，给边分配一个权重，例如用于计算排水能力的流速或用于进行排水管道修复的距离。加权图的定义如下。

定义：加权图 G 是指该图的每一条边 e 都对应一个实数 $w(e)$，此实数称为边 e 的权重。

对于任何子图 $H \subseteq G$，H 的权重只是其边的权重之和：$w(H) = \sum_{e \in E(H)} w(e)$。

加权图通常用于搜索权重最大或最小的子图。一个典型的问题就是找到两个顶点之间的最短距离。荷兰数学家 Edsger Dijkstra 于 1959 年发布了一种有效算法（Dijkstra，1959），用于计算一个无向图中从源顶点 v_0 到所有其他顶点的最短路径。以下讨论是基于 Steen（2010）的研究。

3.3.1.2 最短路径问题

假设一个无向图 G，一个顶点 $u \in V(G)$ 以及顶点的集合 $S(u)$，且这些顶点距离 u 的最短路径已经确定。在每个步骤中，我们关注与 $S(u)$ 中某些顶点相邻但不属于 $S(u)$ 的一组顶点。我们从这些顶点中选择一个最接近 u 的顶点，然后将其添加到 $S(u)$ 中。

首先，我们以一个示例对 Dijkstra 算法有一个直观的了解。在图 3.22（A）中，假设有一个简单的图，我们需要找到距离顶点 v_0 的最短路径。我们首先将 $S(v_0)$ 初始化为 $\{v_0\}$，并考虑最接近 v_0 的顶点。在我们的例子中，此顶点为 v_3，随后将其添加到集合 $S(v_0)$ 中。此外，我们用 (k,d) 标记 v_3，其中 k 是从 v_0 到达 v_3 要经过的顶点的下标（在此示例中，需要经过的顶点是 v_0，即 $k=0$），而 d 是到达 v_3 的最短路径的长度（在此示例中为 $d=1$）。

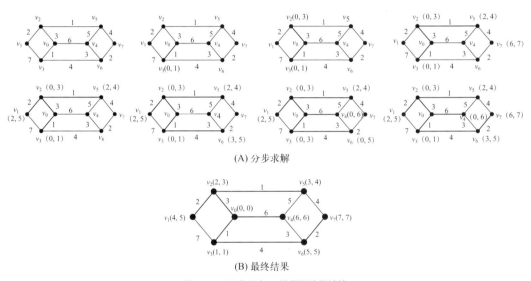

(A) 分步求解

(B) 最终结果

图 3.22 距离顶点 v_0 的最短路径计算

图 (B) 中括号中表示的是求解的步数和长度

来源于 Steen, M.V., 2010. Graph Theory and Complex Networks: An Introduction. Maarten van Steen, Amsterdam。

我们将继续识别可以从 $S(v_0)$（现在等于 $\{v_0, v_3\}$）中的任何顶点到达的、最接近 v_0 的顶点。显然，这个顶点是 v_2，然后将它添加到 $S(v_0)$ 中，并标记为 (0,3)。此时 $S(v_0)=\{v_0, v_2, v_3\}$，可以到达 v_0 的顶点是 v_1、v_4、v_5 和 v_6，距离分别为 5（通过 v_2）、6（通过 v_0）、4（通过 v_2）和 5（通过 v_3），因此下一个要添加的顶点是 v_5。在将 v_5 加入 $S(v_0)$，且标记为 (2,4) 后，我们可以选择 v_1 或 v_6，这两个顶点到 v_0 的距离均为 5。继续此过程，直到将所有 G 中的顶点添加到 $S(v_0)$ 中。图 3.22（B）在一张图中总结了分步求解的结果，每个顶点的括号显示了求解的步数以及从 v_0 到该顶点的最短距离。Dijkstra 算法的形式描述如下。

Dijkstra 算法：考虑一个无向的简单加权图 G，要求边权重是非负的，考虑一个顶点 u。我们介绍以下集合和标签。

令 $S_t(u)$ 为在进行第 t 步之后找到的、距离顶点 u 路径最短的一组顶点。

每个顶点 v 都分配了一个标签 $L(v) \underline{\text{def}} [L_1(v), L_2(v)]$，其中 $L_1(v)$ 是到目前为止找到的最短路径 (u,v) 中 v 之前的顶点，$L_2(v)$ 是该路径的总权重。

$R_t(u) \underline{\text{def}} S_t(u) \bigcup_{v \in S_t(u)} N(v)$ 其中 $N(v)$ 表示 v 的相邻顶点集合。也就是说，$R_t(u)$ 包含了所有 $S_t(u)$ 及其相邻顶点。

① 初始化 $t \leftarrow 0$ 和 $S_0(u) \leftarrow \{u\}$。此外，对于所有 $v \in V(G)$：

$$L(v) \leftarrow \begin{cases} (u, 0) & \text{当} v = u \text{时} \\ (-, \infty) & \text{其他情况下} \end{cases}$$

② 对于每一个顶点 $y \in R_t(u) \backslash S_t(u)$，考虑 $S_t(u)$ 中与 y 相邻的顶点 $N'(y)$，也就是 $N'(y) \underline{\text{def}} N(u) \cap S_t(u)$。选择 $x \in N'(y)$，其中 $L_2(x) + w(\langle x, y \rangle)$ 最小。设 $L(y) \leftarrow [x, L(x) + w(e)]$。

③ 令 $z \in R_t(u) \backslash S_t(u)$，其中 $L_2(z)$ 最小。设 $S_{t+1}(u) \leftarrow S_t(u) \cup \{z\}$。如果 $S_{t+1}(u) = V(G)$，运算停止；否则 $t \leftarrow t+1$，重新计算 $R_t(u)$ 并重复上一步骤。

众所周知，Dijkstra 算法有效地产生了以 u 为根的树 $T(u)$，这意味着只有路径 (u, v) 才有意义。通常，对不同的顶点使用 Dijkstra 算法会创建不同的根树。因此，在两个顶点 u 和 v 之间可能有不止一条的最短路径。换句话说，可能有几条 (u, v) 路径都具有相同的最小权重。

3.3.2 最优图的遍历

图遍历是指经过一个图形中所有边或所有顶点的线路。图遍历的各种实际问题通常归为两种类型：欧拉环游（Euler tours）和哈密尔顿路径（Hamilton walks）。欧拉型问题要求遍历每个边至少一次。哈密尔顿型问题是指必须访问每个顶点至少一次。这两类问题需要完全不同的解决方案和算法。中国邮递员问题和旅行商问题是这些图论理论中两个最著名的经典应用。

3.3.2.1 欧拉环游（Euler tour）

众所周知，哥尼斯堡七桥问题是由著名的瑞士数学家莱昂哈德·欧拉（Leonhard Euler）（1707—1783）在 1736 年解决的第一个图论问题，该解决方案通常被认为是图论的起源。哥尼斯堡镇（现称俄罗斯的加里宁格勒）的一部分位于一个岛和一个岬角上，有七座桥将这些岛和岬角与外部河岸相连。图 3.23 以卡通画的形式描绘了这个问题，图中有四块陆地，分别标记为 A、B、C 和 D。当地人想知道在城市行走时，是否有可能经过每座桥正好一次后回到起点。欧拉证明了一个定理（欧拉定理），表明不可能有这样的走法。欧拉针对此问题的模型是一个具有四个顶点和七个边的图形，其中顶点和边分别代表陆地和桥梁，如图 3.24 所示。

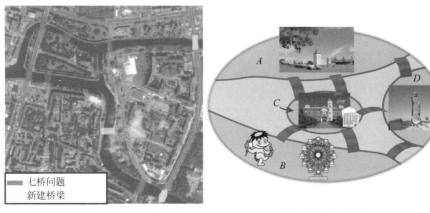

(A) 横跨普雷格尔河的七座桥梁的航拍图　　(B) 七桥问题的卡通示意图

图 3.23　哥尼斯堡七桥问题

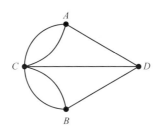

图 3.24　哥尼斯堡七桥问题的图形描述

用图论的术语来说，这个问题要求在 G 中有一条封闭的轨迹，即一个回路，该回路恰好经过多个图形的每个边至少一次。回路也许会根据需要重复经过一个顶点。这样的轨迹被称为欧拉迹。如果将 G 的一个环游定义为经过 G 的每条边至少存在一次的一条闭合路线，那么欧拉环游就是经过每条边恰好一次的环游。换句话说，欧拉迹就是欧拉环游。如果一个图具有欧拉环游，则称为欧拉图。

欧拉定理：对于一个连通图 G，当且仅当每个顶点的度都是偶数时，该图为欧拉图。

Ray（2013）给出了以下证明：

必要条件：

令图形 G 为欧拉图。

令 $W = \langle u, \cdots, e_{i-1}, e_i, e_{i+1}, \cdots, u \rangle$ 是一个欧拉环游，v 为任意的内部顶点，且 $v \neq u$。假设 v 在欧拉环游 W 中出现了 k 次。因为每一次一条边到达 v 的时候，都有另一条边离开 v，因此，$d_G(v) = 2k$（偶数）。而且，因为 W 的起点和终点都是 u，所以 $d_G(u)$ 等于 2。因此，图形 G 的顶点的度都是偶数。

充分条件：

假设 G 为非平凡连通图，那么对于所有顶点 $v \in V(G)$，$d_G(v)$ 是偶数。我们需要证明 G 是欧拉图。

令 $W=\langle v_0, e_1, \cdots, e_n, v_n \rangle$，这里 $e_i=v_{i-1}v_i$，W 是 G 中的最长轨迹。所有的 $e=v_nw \in E(G)$ 都在 W 的边中。否则，$W'=\langle W, e \rangle$ 会比 W 更长，这是互相矛盾的。特别是，$v_0=v_n$ 意味着轨迹 W 是一个封闭轨迹。的确，如果 $v_0 \neq v_n$，那么 v_n 会在 W 中出现 k 次，从而 $d(v_n)=2(k-1)+1=2k-1$ 为奇数，这是矛盾的。

如果 W 不是一个欧拉环游，那么因为 G 是连通图，对于一些 i 就会出现一个边 $f=v_iu \in E(G)$，从而使得 f 不在 W 中。然后，$W'=\langle e_{i+1}, \cdots, e_n, e_1, \cdots, e_i, f \rangle$ 是 G 中的一个轨迹，且比 W 要长。这与 W 的假设条件（W 是 G 中的最长轨迹）是相互矛盾的。因此，W 是一个封闭的欧拉环游，从而证明 G 是一个欧拉图。

3.3.2.2　中国邮递员问题

欧拉研究的一个实际应用是中国邮递员问题（Guan，1962），该问题是关于一个邮递员在各街道进行信件投递：邮递员希望通过安排一条最优的环游路线，使他所走的总路程最短。这个问题是许多遍历问题的一个概括，并且比寻找欧拉环游更为复杂。给定一个加权图 G，其中每条边的权重均为非负数。问题是找到一个封闭的线路 $W=\langle v_0, e_1, v_1, \cdots, v_{n-1}, e_n, v_n \rangle$，且该线路应经过 G 的所有边，但要满足权重最小。换句话说，$E(W)=E(G)$ 和 $\sum_{i=1}^{n} w(e_i)$ 是最小的。如果 G 是欧拉图，那么问题的答案就很简单了：任何欧拉环游自然具有最小的权重。回想一下，当且仅当 G 的每个顶点的度均为偶数时，G 才是欧拉图。如果 G 不是欧拉图，我们将采用如下由 Steen（2010）给出的方法进行解决。

为了解决中国邮递员问题，我们需要通过简单地将边复制来将非欧拉图转换为欧拉图。要复制边 $e=\langle u, v \rangle$，我们只需添加一个额外的边 $e^*=\langle u, v \rangle$，并使其与 e 有相同的权重。当然，要复制尽可能少的边，以使所生成图形的总权重最小。将原始图转换为欧拉图后，我们可以通过应用某些已知算法（Fleury 算法）来找到欧拉环游。需要注意的是，如果变换后的图的总权重是最小的，我们就可以确保变换后的图中的欧拉环游也最小。

我们从最简单的情况开始，即只有两个顶点具有奇数度，例如 u 和 v。然后，我们可以使用 Dijkstra 算法找到权重最小的 (u, v) 路径，随后在该路径上复制每条边。这种方法可以很容易地推广。回想一下 3.2 章节，每个图都有偶数个具有奇数度的顶点，即 $2k$。我们正在寻找的是 k 条路径，每条路径都连接两个奇数度顶点，这样就没有两个路径具有相同的起点和终点，并且它们各自的权重之和最小。根据 Gibbons（1985）的研究，我们提出以下解决方案。

中国邮递员算法：考虑一个加权的连通图 G，它具有奇数度顶点 $V_{odd}=\{v_1, \cdots, v_{2k}\}$，其中 $k \geq 1$。

① 对于每对不同的奇数度顶点 v_i 和 v_j，找到一条具有最小权重 (v_i, v_j) 的路径。

② 在 $2k$ 个顶点上构造一个加权完全图，其中顶点 v_i 和 v_j 通过权重为 $w(P_{ij})$ 的边连接在一起。

③ 找到 k 条边 $e_1, \cdots, e_k$ 的集合 E，以使它们的权重之和 $\sum w(e_i)$ 最小，并且没有两条边有相同的顶点。

④ 对于集合 E 中的每条边 e，其中 $e=\langle v_i, v_j \rangle$，在图形 G 中复制 P_{ij} 的边。

得出的图 G^* 是一个具有最小权重的欧拉图，然后我们应用 Fleury 的算法（Steen，2010）找到最小权重的欧拉环游。

以 Gibbons（1985）提到的一个简单示例来演示此算法。图 3.25（A）显示了具有奇数度顶点 v_1、v_2、v_3 和 v_4 的初始图。我们首先找到所有这些顶点之间的最小权重路径。不难验证以下路径确实具有最小的权重：

$P_{1,2}=\langle v_1, v_2\rangle$（权重 3）；$P_{2,3}=\langle v_2, u_3, u_5, u_4, v_3\rangle$（权重 5）；

$P_{1,3}=\langle v_1, u_2, v_3\rangle$（权重 3）；$P_{2,4}=\langle v_2, u_6, v_4\rangle$（权重 2）；

$P_{1,4}=\langle v_1, u_1, u_5, v_4\rangle$（权重 5）；$P_{3,4}=\langle v_3, u_4, u_5, v_4\rangle$（权重 4）

然后，我们考虑四个顶点 v_1、v_2、v_3 和 v_4 上的加权完全图，如图 3.25（B）所示。我们需要找到一组两条边的集合，以使它们的总权重最小，并且没有任何共同端点。这是通过设置与两个路径 $P_{1,3}$ 和 $P_{2,4}$ 对应的集合 $\{\langle v_1, v_3\rangle, \langle v_2, v_4\rangle\}$ 来实现的。然后复制这两条路径的边，以得到具有最小权重的欧拉图，如图 3.25（C）所示。注意，Edmonds 和 Johnson（1973）给出了中国邮递员问题的一般解决方案。

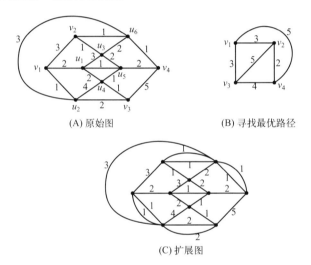

图 3.25　解决中国邮递员问题的一个例子

3.3.2.3　哈密尔顿回路（Hamilton cycles）

一个连通图 G 中的哈密尔顿路径是指包含 G 中所有顶点的路径。同样，哈密尔顿回路是包含 G 的每个顶点的回路。如果图 G 具有哈密尔顿回路，则将其称为哈密尔顿图。对于一个给定的图，欧拉环游是遍历图中的每个边，哈密尔顿路径则是遍历该图中的每个顶点。

哈密尔顿图以爱尔兰数学家哈密尔顿（William Rowan Hamilton，1805—1865）的名字命名，他对图论的基本贡献也帮助他发明了一个比较难的 Icosian 游戏。游戏的目的是要找到一次环游世界的路径，需要游览每个城市正好一次后，回到出发点。换句话说，就是在图 3.26 所示的十二面体图上找到一个哈密尔顿回路。对于给定的图形，只需遵循这样一个规则，即改变下一层的行进方向并选择合适的顶点进入内部或离开，即可轻松找到解决方案。图 3.26 中粗线表示了一种解决方案（也有其他类型的解决方案）。

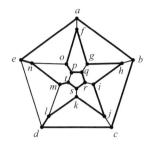

图 3.26 Icosian 游戏的十二面体图形，粗线表示解决方案

不要被 Icosian 游戏的简单解决方案所误导，通常，没有已知的有效程序可用来确定任意图是否为哈密尔顿图。另一方面，找到哈密尔顿回路或封闭路径，使其访问某个顶点的次数最少，具有非常重要的实际意义，后面讨论的旅行商问题可以很好地说明这一点。研究人员和实践者在寻找最优路径和有效方法方面作出了巨大努力，取得了重要进展。另外，有一些基本规则可帮助确认某些图形不是哈密尔顿图。两个定理表述如下。

定理（Dirac, 1952）：设 G 为一个具有 n 个顶点的简单图，其中 $n \geq 3$，对于每个顶点 n，使得 $deg(v) \geq n/2$。那么 G 是哈密尔顿图。

定理（Ore, 1960）：设 G 为一个具有 n 个顶点的简单图，其中 $n \geq 3$，对于每对不相邻的顶点 x 和 y，使得 $deg(x) + deg(y) \geq n$。那么 G 是哈密尔顿图。

有关这些定理的证明，请参见 Gross 和 Yellen（2006）、Steen（2010）的相关文献。

3.3.2.4 旅行商问题（Traveling salesman problem，TSP）

以下是旅行商问题的一个版本。一名旅行商要去访问若干个城市以销售他的商品。他想在所有城市都停留，然后回家，同时尽量减少旅行时间。图 3.27 是该问题的加权图模型；各个顶点表示各城市，边的权重表示每两个城市之间的旅行时间。我们需要找到一个具有最小权重的哈密尔顿回路。值得注意的是，可以通过将任意大的权重分配给实际上不存在的边来假定该图是完全图。

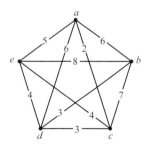

图 3.27 以加权图表示的旅行商问题

为了深入理解旅行商问题的难度，Gross 和 Yellen（2006）的研究提供了有益信息。"1934 年，H. Whitney 似乎最早提出了基于哈密尔顿回路来解决旅行商的问题。Rand 公司的 M. Flood 意识到这一问题对于早期的运筹学领域的重要性，1954 年，他的三位同事 G.B. Dantzig、D.R. Fulkerson 和 S.M. Johnson（Dantzig 等，1954）通过找到 49 个城市（华盛

顿特区和 48 个毗邻州的首府）的最优路线，实现了第一个重大突破。接下来的戏剧性成功发生在 1980 年，Crowder 和 Padberg 发表了一个针对 318 个城市问题的最优解决方案（Crowder 和 Padberg，1980）。此前若以每秒 10 亿次访问的速度迭代该问题，大约需用 10^{655} 次巡回，一台计算机需要工作 10^{639} 年。Crowder 和 Padberg 的解决方案结合分支限界法（branch-and-bound）和刻面定义不等式法（facet-defining inequalities），在计算机上仅花费了大约 6min"。

3.3.3 最小生成树

最小生成树代表了另一类重要的优化问题，它们在实践和科学的各个领域都普遍使用。令 G 为连通加权图。找到 G 的一个生成树，其中 G 的所有边的总权重最小。前文已经定义了最小生成树问题。根据 Cayley 的公式（Gross and Yellen，2006）可以证明，具有 n 个顶点的图的不同生成树的数量可以多达 n^{n-2}。对于一个比较大的图，通过全面检查所有生成树来直接搜索显然是不切实际的。Kruskal（1956）提出了一种构建此类树的有效算法。以下是 Steen（2010）对 Kruskal 算法的解释。

Kruskal 算法：考虑一个加权图 G，其中每条边 e 都被赋予了一个实数权重 $w(e) \in \mathbb{R}$。选择权重最小的边 e_1。

① 假设到目前为止已经选择了边 $\{e_1, e_2, \cdots, e_k\}$。从 $E(G)\backslash E_k$ 中选择下一条边 e_{k+1}，以便满足以下两个条件：

i. 引入的子图 $G_{k+1}=G[\{e_1, e_2, \cdots, e_k, e_{k+1}\}]$ 是非循环的（请注意，我们不要求 G_{k+1} 也是连通的）；

ii. 权重 $w(e_{k+1})$ 是最小的，即对于所有 $e \in E(G)\backslash E_k$，已知 $w(e) \geqslant w(e_{k+1})$。

② 在上一步中没有可供选择的边时停止。

为了直观阐释 Kruskal 算法是如何工作的，图 3.28 显示了有八个顶点的加权完全图。每个边随机赋予了权重。如图 3.28 所示，如果按权重对边进行排序，则可以更清楚地看到这一算法的工作原理。生成树的总权重为 190。有关 Kruskal 算法的证明，请参阅 Steen（2010）的文献。

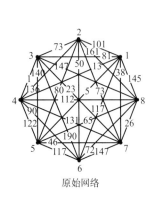

原始网络

Kruskal算法的图解说明

边	权重	注释
(3, 4)	1	选取第1条边：添加
(1, 5)	5	选取第2条边：添加
(1, 4)	13	选取第3条边：添加
(3, 7)	23	选取第4条边：添加
(7, 8)	26	选取第5条边：添加
(1, 7)	38	不添加：产生回路(1, 7, 3, 4, 1)
(5, 7)	46	不添加：产生回路(1, 5, 7, 3, 4, 1)
(2, 6)	50	选取第5条边：添加
(5, 8)	65	不添加：产生回路(1, 5, 8, 7, 3, 4, 1)
(6, 8)	72	选取第7条边：添加，完成树

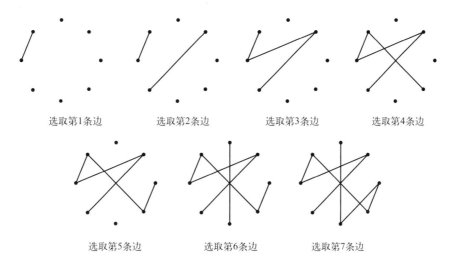

图 3.28　运用 Kruskal 算法找到最小生成树

来源于 Steen, M.V., 2010. Graph Theory and Complex Networks: An Introduction. Maarten van Steen, Amsterdam。

参考文献

Attoh-Okine, N., Cooper, A.T., Mensah, S.A., 2009. Formulation of resilience index of urban infrastructure using belief functions. IEEE Syst. J. 3 (2), 147-153.

Bruneau, M., Chang, S.E., Eguchi, R.T., et al., 2003. A framework to quantitatively assess and enhance the seismic resilience of communities. Earthq. Spectra. 19 (4), 733-752.

Cagnan, Z., Davidson, R.A., Guikema, S.D., 2006. Post-earthquake restoration planning for Los Angeles electric power. Earthq. Spectra. 22 (3), 589-608.

Chang, S.E., Shinozuka, M., 2004. Measuring improvements in the disaster resilience of communities. Earthq. Spectra. 20 (3), 739-755.

Chang, S.E., McDaniels, T., Fox, J., et al., 2014. Toward disaster-resilient cities: characterising resilience of infrastructure systems with expert judgements. Risk Anal. 34 (3), 416-434.

Cimellaro, G.P., Reinhorn, A.M., Bruneau, M., 2010. Seismic resilience of a hospital system. Struct. Infrastruct. Eng. 6 (1-2), 127-144.

Crowder, H., Padberg, M.W., 1980. Solving large-scale symmetric travelling salesman problem to optimality. Manag. Sci. 26, 495-509.

Dantzig, G.B., Fulkerson, D.R., Johnson, S.M., 1954. Solution of a large-scale travelling salesman problem. Oper. Res. 2, 393-410.

Dijkstra, E.W., 1959. A note on two problems in connexion with graph. Numer Math. 1, 269-271.

Dirac, G.A., 1952. Some theorems on abstract graphs. Proc. Lond. Math. Soc. 2 (1952), 69-81.

Edmonds, J., Johnson, E.L., 1973. Matching Euler tours and the Chinese postman. Math Program. 5, 88-124.

Fujishige, S., 2002. Graph, Network and Combinatorial Analysis. Kyoritsu Shuppan Co., Ltd, Tokyo (in Japanese).

Gibbons, A., 1985. Algorithmic Graph Theory. Cambridge University Press, Cambridge, UK.

Gross, J.L., Yellen, J., 2006. Graph Theory and Its Applications. 2nd ed. Chapman & Hall/ CRC, Taylor & Francis Group, Boca Raton, FL.

Guan, M., 1962. Graphic programming using odd and even points. Chin. Math. 1, 273-277.

Henry, D., Ramirez-Marquez, J.E., 2012. Generic metrics and quantitative approaches for system resilience as a function of time. Reliab. Eng. Syst. Saf. 99, 114-122.

Hillier, F.S., Lieberman, G.J., 2009. Introduction to Operations Research. 9th ed. The McGraw-Hill Companies, New York.

Holling, C.S., 1973. Resilience and stability of ecological systems. Annu. Rev. Ecol. Syst. 4, 123.

Kruskal, J., 1956. On the shortest spanning subtree of a graph and the travelling salesman problem. Proc. Am. Math. Soc. 7 (1), 48-50.

Omer, M., 2013. The Resilience of Networked Infrastructure Systems: Analysis and Measurement. World Scientific Publishing Co. Pte. Ltd, Singapore, pp. 21-23. Ore, O., 1960. Note on Hamilton circuits. Amer. Math. Mon. 67, 55.

Ray, S.S., 2013. Graph Theory with Algorithms and Its Applications. Springer India, New Delhi.

Steen, M.V., 2010. Graph Theory and Complex Networks: An Introduction. Maarten van Steen, Amsterdam.

Tierney, K., Bruneau, M., 2007. Conceptualising and measuring resilience: a key to disaster loss reduction. TR News. 250, 14-17, <http://onlinepubs.trb.org/onlinepubs/trnews/ trnews250_p14-17.pdf>. (08.05.15).

图论中使用的符号

符号	含义
$|A|$	A 的绝对值
$A \cup B$	A 和 B 的并集
$A \cap B$	A 和 B 的交集
$A \subseteq B$	A 是 B 的子集
$A \backslash B$	集合中包含了 A 中所有不在 B 中的元素
$a \in A$	a 是集合 A 的元素
$a \notin A$	a 不是集合 A 的元素
$deg(v)$, $d_G(v)$ 或 $d(v)$	顶点 v 的度
$G \to eH$	图像映射
$K_{m,n}$	完全二分图中,一部分是 m 个顶点,一部分是 n 个顶点
K_n	完全图中的顶点数
$\mathbb{R}$	实数集
$x \leftarrow S$	x 变成 S
$\forall$	对于所有
$\overset{\text{def}}{=}$	用来定义函数
$|$	受限于

4 日本为增强社会基础设施弹性所做的努力

4.1 日本基础设施的发展历史

4.1.1 战后 70 年的基础设施发展

本节参考《社会资本的未来》(Morichi 和 Yai, 1999) 中的观点, 概述了日本战后的基础设施发展和公共投资情况。

4.1.1.1 战后恢复时期 (1945 ~ 1955 年)

在此期间, 日本为恢复因基础设施破坏、粮食短缺、频繁的灾害 (洪水) 和事故 (铁路) 而遭受重创的城市, 开展了一系列基础设施项目, 并通过创造就业机会来减少失业。但是, 由于严重的通货膨胀和紧缩的财务状况导致资金严重短缺, 使得这些努力受到了阻碍。尽管如此, 日本的战后经济在短短几年内开始以惊人的速度复苏。随着私营部门经济活动的恢复, 钢铁、煤炭和电力成了发展瓶颈, 而且迫切需要增加铁路运输量和修建道路。从 20 世纪 50 年代上半叶开始, 日本陆续通过了各种法律, 制定了多个五年计划, 并建立了相应的融资机制, 这些举措为随后几年的基础设施建设指明了方向。到了 50 年代中期, 采矿和工业生产以及运输和电信等基础设施 (例如公路、国营铁路、港口、电报和电话网络) 恢复到战前水平。

4.1.1.2 经济快速增长的前半期 (1955 ~ 1965 年)

这一时期京滨、中京、阪神和北九州地区的工业活动加强, 私营部门的资本和劳动力集中在这些地区。然而, 工业基础设施的缺乏阻碍了工业活动的开展。

为了改善这种状况, 政府采取了优先对大都市地区进行公共投资的政策, 而不是稳定民众生计。1964 年, 东京奥林匹克运动会举行, 这象征日本战后恢复已基本完成。与此同时, 包括沿海工业区、新干线铁路、高速公路、黑部大坝和千里新市镇项目在内的许多大型项目均已完成。在 1955 年 ~ 1960 年期间, 国民生产总值 (GNP) 的年均增长率为 8.5%, 而私营资本投资和公共投资的增长率分别高达 23.4% 和 12.4%。但是，随着经济的持续快速增长，一些城市问题开始出现，如污染、通勤拥挤、居住环境的恶化以及大城市与其他地区之间的收入差距等。

4.1.1.3　经济快速增长的后半期（1965～1975 年）

为了缓解因快速经济增长所造成的压力，提高"国家最低标准"已成为当务之急。日本针对污染和环境问题颁布了若干法律，并设立了环境局（1971）和国家土地局（1974）。非都市地区的公共投资分配比例大大增加，以鼓励这些地区的私人投资和企业的建立。这样，非都市地区的就业机会得以增加，基础设施的投资比例也得到提高，从而促进了非都市地区的基础设施发展。

4.1.1.4　稳定增长时期（1975～1985 年）

1973 年的第一次石油危机引发了国民生产总值的平均增长率从快速经济增长时期的 10% 以上下降到 5% 左右。这导致产业结构的重大变化，主要行业从钢铁、造船、石化等转变为汽车、家用电器、机械工具和电子行业。尽管私营投资有所下降，人们对技术开发的兴趣反而增加了，私人投资在研发资金中的比例也上升了。由于国家和地方政府收入的增长率下降，非都市地区的公共投资相对减少。这导致了大都市区与其他地区在经济和财政能力上的差距扩大。1980 年，公共财政改革成为一项重要目标，基础设施发展的原则（即"国家最低标准"）被修改。从 1981 年到 1985 年，公共投资受到严格限制。在 1980 年左右，非大都市地区的投资比例停止增加，大都市及其邻近地区的投资比例开始增加，这导致大都市地区与其他地区之间的收入差距逐渐扩大。

4.1.1.5　泡沫经济形成期（1985～1990 年）

为应对 1985 年日元大幅升值造成的经济衰退，政府采取了放松信贷政策以及扩大公共支出和内需的措施，导致土地价格飞涨，并引发了泡沫经济。在此期间，根据《广场协议》（1985 年）和《卢浮宫协议》（1987 年），政府采取了一系列措施，例如实行《综合度假区开发法》（1987 年），《家乡振兴》项目以及《公共投资基本计划》（1990 年），以通过刺激内需来扩大公共支出。全国的均衡发展和人民生活的改善被认为是基础设施建设的基本原则，一些综合性基础设施开发项目（如机场、港口、供排水系统、社会和文化设施）开始在非大都市地区各省逐步开展。但是，日元的大幅升值导致日本制造商的生产设施向其他国家转移（工业空心化），从而使得原本因地价和劳动力成本较低而对企业具有吸引力的非大都市地区的投资减少。

4.1.1.6　泡沫经济破裂期（从 1990 年开始）

1992 年土地价格下跌，泡沫经济破裂，导致经济萧条和金融不稳定。由于随之而来的经济萧条和工业空心化，制造业的就业人数减少了。城市地区不得不依靠服务业，而非大都市地区则要依靠公共工程来维持就业。在此期间，日本政府实施了包括公共财政改革在内的多项改革，如 13 万亿日元的综合经济措施（1993 年），财政结构改革法和放松管制计划（1997 年）。限制公共投资对严重依赖公共工程项目的地方经济产生了巨大影响，负增长期开始出现。有人质疑基础设施建设的必要性，舆论开始发生转变。然而，由于 1995 年的阪神淡路大地震、2004 年的新潟中部地震、2007 年的能登阪东地震和 2011 年的东日本大地震等一系列重大灾难，这些财政结构改革法案问题被暂时搁置了，大量资金用于重建金融机构和公共工程项目。

4.1.2 排水管道建设和改造的历史

4.1.2.1 旧排水管道法的颁布

在过去，污水排放不畅，会导致暴雨引发的洪水泛滥，而滞留的污水会污染环境，并导致传染病的暴发，同时影响了城市景观，使得居住环境恶化。为预防此类问题的发生，日本引入了排水管道系统，并于 1900 年制定了《排水管道法》。

该法律规定，排水管道系统的目的是保持土地的清洁，排水管道系统必须由市政府运营，新建排水管道系统需要获得主管国务部长的批准。该法律对随后几年的排水管道管理产生了重大影响。在该法律颁布的同时，许多城市开始修建排水管道系统。具有代表性的例子是始建于 1881 年位于横滨外国租界区的砖砌排水管道，以及始建于 1884 年的东京神田排水管道（照片 4.1）。这些排水管道具有许多前所未有的特征，例如部分横截面为蛋形，这种截面的设计使得管道功能更加全面，既可以输送雨水，也可以输送含有废弃物的污水，这是日本现代排水管道系统的前身。

(A) 1881 年建造的砖砌排水管道　　(B) 1884 年建造的神田排水管道

照片 4.1　在横滨和东京城市早期建设的排水管道

4.1.2.2 明治时代（1868～1912 年）和大正时代（1912～1926 年）的排水管道系统

这一时期，即使是专为清除排水而设计的排水管道建设也进展缓慢，而且只有少数城市开始建设了排水管道工程。一部分原因是财务拮据，必须优先考虑供水系统，因为供水系统有望通过卫生环境的改善项目产生收益。另一个原因可能是公众对排水管道系统缺乏兴趣。在这种情况下，明治时代有五个城市开始建设排水管道系统。在大正时代，横滨等 11 个城市开始修建排水管道，以应对经济衰退。在这些排水管道项目中，值得一提的是 1922 年东京三河岛污水处理厂（如照片 4.2 所示），其采用了标准速率滴滤工艺处理工业废水和生活污水。

照片 4.2　1922 年的三河岛污水处理厂

4.1.2.3　昭和时代早期的排水管道系统

20 世纪 20 年代下半叶，为了缓解失业，有 30 多个城市开始了排水管道工程建设。到 1940 年，约有 50 个城市已经拥有正在建设或运行的排水管道系统，排水管道系统服务的地面范围达到 26,393ha，服务的人口达到 506 万。在昭和时代，排水管道建设于明治或大正时代的城市开始引入处理设施。值得一提的是，英国 1913 年开发的活性污泥法仅在 17 年后就在日本应用。排水管道建设和相关制度发展势头强劲：1935 年污水检测方法实现了标准化，1938 年制定了污水出水水质标准，1939 年确立了可排放到排水管道的工业废水水质限制标准。然而，这些早期的努力因战争而中断，此后又花了相当长的时间来恢复。

4.1.2.4　战后恢复时期的排水管道系统

1946 年和 1947 年的公共工程项目主要是战后重建项目。1948 年，日本政府恢复了对公共排水管道项目的补贴，在战争引起的长期中断之后，排水管道建设迎来了新时代。

例如，在东京，战后恢复工作到 1949 年已基本完成。之所以能完成，是因为尽管战争期间约 80% 装有排水设备的房屋被烧毁，但对公共排水管道本身的伤害相对较小。1950 年，《东京城市规划》提出，排水管道工程被作为战后扩建进程的第一步。

尽管日本经济战后几年停滞不前，但之后稳定复苏，从而刺激了工业活动，并促进人口向城市集中。因此，用水需求增加，日本政府需要采取措施以确保水资源的可用性。在 1946 年至 1958 年期间，政府将解决供水问题放在优先位置，而不再是排水管道建设项目。

4.1.2.5 现行《排水管道法》的制定

1958 年《排水管道法》修订版是对旧《排水管道法》的基本修订。修订的目的是改善城市环境,从而为健全的城市发展和公共卫生作出贡献,修订后的法律着重于通过使用合流制排水系统来防止城市洪水泛滥和改善城市环境。但是,修订后的法律还是没有将保护公共水域水质作为法定目标。

从 1955 年左右开始,河流污染的恶化速度超出了预期,环境恶化从主城区河流向郊区河流蔓延,政府被迫采取行动解决污染问题(见照片 4.3)。因此,1970 年再次修订了《排水管道法》,纳入了保护公共水域水质的目标。至此,确定了现行《排水管道法》的基本结构。

(A) 1973年"东京污染"摄影比赛中的多摩河的照片　　(B) 1973年"东京污染"摄影比赛中某地的照片

照片 4.3　20 世纪 70 年代初,东京的河流受到严重污染

1. 图(A)显示了人们在被一层白色泡沫覆盖的多摩河捕鱼,这些泡沫主要来自含有清洁剂的生活污水。在公众日益关注水环境之际,1970 年在所谓的 "污染国会 Pollution Diet" 会议上通过了《水污染控制法》,1973 年 3 月,在熊本水俣病案件中法院最终判决原告胜诉。左图是国土交通省的京滨工作办公室张贴的告示牌,该办公室负责多摩河工作。
2. 图(B)显示大量的聚苯乙烯泡沫和木块漂浮在河流入口处。当时,非法向河流倾倒废物是一个重大社会问题。
3. 资料来源:TMG 环境局网站。

在 1958～1970 年期间,为改善城市环境,完成新增的水质保护任务,建立了排水管道建设和扩建的组织系统。从 1970 年开始,水质保护的优先地位上升,一些法律制度和项目实施制度建立,从而推动了诸如建立排水区排水处理工程等。随后政府对《排水管道法》进行了修订,以应对排水处理系统周围不断变化的条件。下文按时间顺序总结了《排水管道法》修订的主要内容。1996 年的修订版使得在新兴的先进信息时代,在排水管道中铺设光缆和其他设施成为可能,并规定排水管道管理者需要考虑通过脱水、焚烧和回收利用等手段来减少污泥量。2005 年修订版内容包括:通过先进的处理技术来改善封闭水体的水质,通过区域雨水排放来改造排水管道,以及采取措施处理有毒物质或机油意外流入排水管道的情况（发生事故时采取必要的措施是义务所在）。

4.1.2.6 水污染控制管理的历史

1958 年颁布了《公共水域水质保护法》(《水质保护法》)和《工业废水管理法》(《工业废水法》)。但是，这些法律没有规定排水排放质量标准或对违规者的处罚措施。然而，该法律要求针对被工业废水污染的河流制定城市河流污染防治计划，以及在指定日期之前建造污水处理设施，以确保处理后的水质达标后方可排入河流，因此，该法律可以看作是《排水管道法》向前迈出的一大步。简而言之，新法律规定必须采取与城市环境改善以及河流水质保护相关的控制措施。

1967 年《环境污染控制基本法》颁布，引入了环境质量标准。1970 年，在"污染国会会议"上通过了《水污染控制法》。由于制定了与水污染有关的污水排放质量标准，并且根据《水污染控制法》开始将排水管道归为"特定工作场所"，排水管道系统在水质保护中的重要性日益增加。1978 年引入的总污染物负荷控制系统进一步提升了排水管道系统在水质保护中的重要性。1984 年，随着《湖泊水质保护特别措施法》的颁布，排水管道的改善被定位为保护水质的重要措施。1993 年，《环境污染控制基本法》被《环境基本法》所取代。随着民众对口感更好、更安全的水的需求增加，政府于 1994 年颁布了两项法律，即《促进饮用水水源水质保护法》和《保护饮用水水质以防止特定用水问题的特别措施法》。这些法律将排水管道项目定位为控制生活污水的关键措施。图 4.1 描述了排水管道系统作用的历史变化。

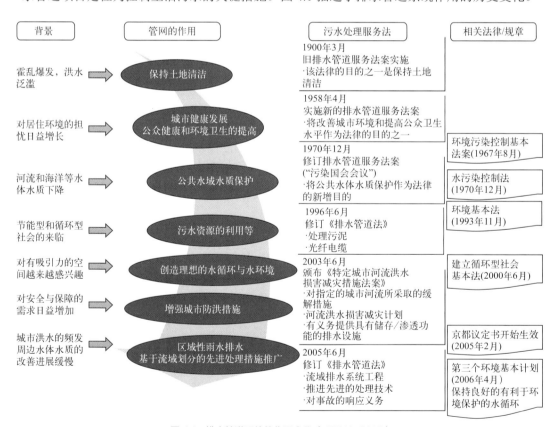

图 4.1　排水管道系统的作用变化（JSWA, 2016）

4.2 日本基础设施面临的挑战

4.2.1 恶劣的自然条件

4.2.1.1 气候

狭长的日本群岛南北方向绵延约2000km，主要岛屿的主干线上分布着陡峭的山脉。日本是一个山区国家，适宜居住的平地面积相对较小，仅占总面积的27%，远低于欧洲国家（60%～80%）。

日本的气候特征是：年平均降水量是世界年平均水平的两倍，降水高度集中在雨季和台风季节（图4.2）。相对短小的河流沿着山坡急流而下，迅速流入大海，大雨后经常引起洪水和山体滑坡。此外，由于许多城市位于河口水位以下的低洼河口地区，因此洪水会给其带来相当大的破坏。

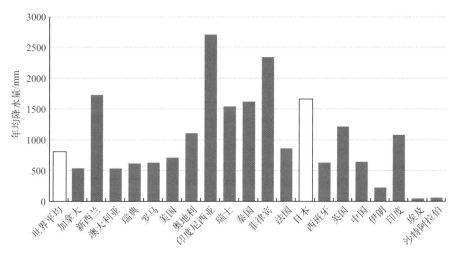

图4.2 不同国家的年平均降水量

日本约有51%的土地位于降雪量大的地区，那里居住的人口约占总人口的15%。为了维持居住在这些地区人们的生活和经济活动，有必要采取安全措施以防雪崩和暴风雪，并及时清理积雪。

4.2.1.2 地震

日本位于地球表面上四个构造板块的交界处，世界上大约20%的6级和6级以上地震发生在那里。此外，日本四面环海，海岸线漫长而复杂。这些因素使日本极易遭受海啸袭击。"南海海槽"地区发生了多次大规模毁灭性地震，过去每隔100～150年就发生一次8级或8级以上地震。过去的地震周期表明，下一次地震可能会很快发生。同时，在东京，人们认为每200～400年就会发生一次与1923年关东大地震相当的8级海槽地震。尽管下一次大的海槽地震可能会在100～300年后发生，但预计在大地震之前会发生几次7级大城市近郊（内陆）地震。

4.2.1.3 气候变化

根据联合国政府间气候变化专委会（IPCC）2013年9月发布的报告（基于物理科学），气候变暖是毋庸置疑的。该报告还指出，随着全球平均地表温度的升高，到21世纪末，大多数中纬度陆地和热带湿润地区的极端降水事件将很可能变得更加强烈和频繁。

在日本，年均气温也已经上升，尽管由于数据周期短而与全球变暖的关系尚不清楚，但日本气象厅（JMA）自动化气象数据采集系统（AMeDAS）的观测数据显示，每小时降水量为50mm或以上的降水事件频率呈现增加趋势。JMA预测，随着全球变暖，到21世纪末，此类降水事件的数量将会增加。这将增加洪水和泥石流灾害的风险（图4.3和图4.4）。总而言之，日本基础设施的条件非常恶劣，因此在规划未来几年的基础设施开发时必须考虑到这些。

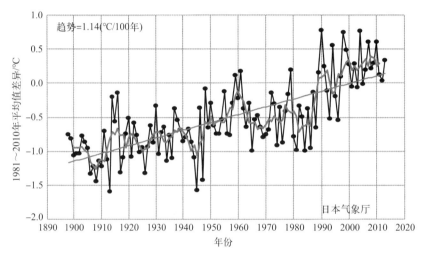

图4.3 日本年平均气温变化

资料来源：日本气象厅

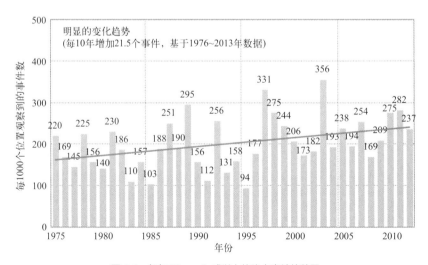

图4.4 每年50mm/h或以上的降水事件的数量

资料来源：日本气象厅

4.2.2 老化的基础设施

在日本，1964年东京奥林匹克运动会时期建造的基础设施（如城市快速路）和经济快速增长时期的基础设施正在迅速老化。如表4.1所示，在未来20年中，修建年限在50年及以上的设施所占的百分比将加速增长。可以看出，由于排水管道的建设开始较晚，因此排水管道的重建需求往往比河流、道路和港口结构的重建需求要晚，或将在20年后达到顶峰。

表4.1 50年或以上基础设施的大致百分比

类型	测算或预测时间		
	2013年3月/%	2023年3月/%	2033年3月/%
公路桥［400000座桥梁（700000座长度为2m或以上的桥梁）］	18	43	67
隧道（10000隧道）	20	34	50
河流管理设施（例如，水闸）（10000个设施）	25	43	64
管道（总长度：450000km）	2	9	24
港口海堤［5000个设施（水深4.5m及以上）］	8	32	58

注：1. 比率计算中不包括建设日期未知的设施。
2. 资料来源：日本国土交通省。

我们可以用"年份"（平均年限）来表示日本基础设施的老化程度。图4.5显示了由国土交通省负责的八类基础设施使用年限的时间变化，这是使用内阁府编制的"2012年日本基础设施"数据计算得出的。

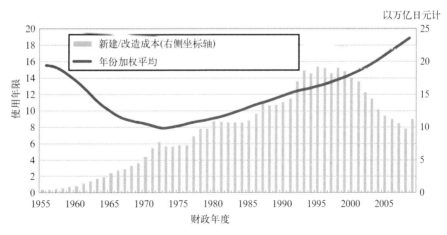

图4.5 八类基础设施的使用年限

战后，日本已没有大量的存量基础设施。因此，随着新的投资增加，基础设施使用年限（平均年限）逐渐变小。随着基础设施的存量超过一定水平，基础设施使用年限（平均年限）开始增加。从2000年开始，随着公共投资的逐渐减少，相对较新的基础设施所占的百分比下降，导致基础设施使用年限（平均年限）增加。

4.2.3 人口减少

自明治时代（1868年～1912年）以来，日本的总人口在以年均1%的速度稳定增长。但是目前，日本总人口正在减少，并且这种趋势预计将持续很长时间。如图4.6所示，从2010年开始，预计日本的人口将在40年内回到1965年的水平（即大约半个世纪前）。

可以用抚养比例［（14岁及以下的年轻人与65岁及以上的老年人的数量总和）除以劳动年龄的人口数（15岁～64岁），再乘以100］来体现人口的变化。从1960年到20世纪70年代上半叶，基础设施项目密集开展期间，抚养比例很低，但从20世纪90年代下半叶开始，抚养比例开始上升，预计到2015年将超过64.0（图4.7）。预计到2060年，当一名处于劳动年龄的人员必须抚养一名儿童或一名老人时，抚养比例将高达96.3。

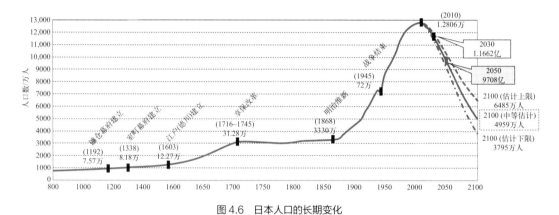

图4.6 日本人口的长期变化

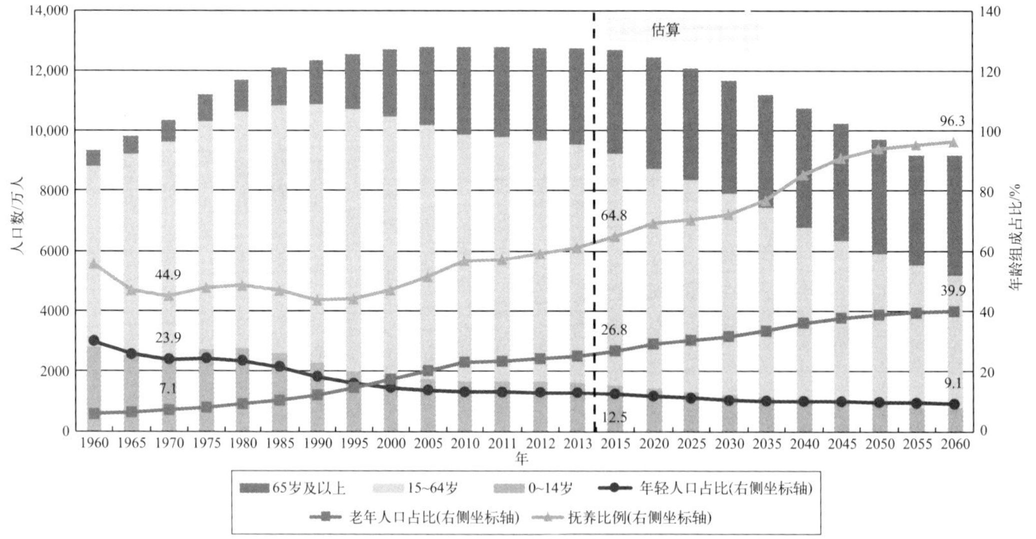

图4.7 人口的年龄组成随时间的变化
（扫封底或后勒口处二维码看彩图）

换句话说，随着未来几年人口的减少，未来的人口情境可能会与50年前相似人口数量的情境有所不同，因为这两个时期人口的年龄构成将完全不同：劳动年龄人口在未来50年必将减少。人口的减少，特别是劳动年龄人口的减少，将直接导致基础设施投资的来源——税收的减少，并使获取基础设施发展所需的劳动力变得更加困难。

4.2.4 经济衰退和国际竞争加剧

如前所述，日本的人口将在未来几年内减少，从而对经济和社会造成重大影响。一个特别令人担忧的问题是，随着人口减少，日本的经济规模将会变小。

根据日本国内生产总值（GDP）随时间的变化，发现近年来的 GDP 增长率低于 20 世纪 80 年代的增长率，如图 4.8 所示。与经济合作与发展组织（OECD）成员国的 GDP 增长率和名义 GDP 所占份额相比较发现，日本的增长率和份额正在下降（图 4.9）。

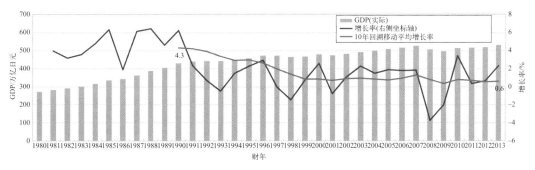

图 4.8　日本 GDP 随时间的变化

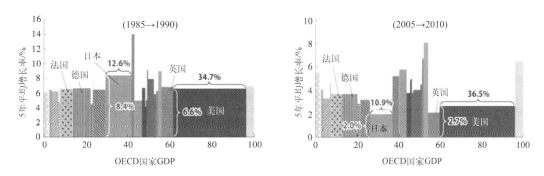

图 4.9　经济合作与发展组织（OECD）成员国的 GDP 增长率和 GDP 所占份额

资料来源：由国土交通省根据 OECD 的国民账户整理

（扫封底或后勒口处二维码看彩图）

4.2.5 日益严格的财政限制

对日本债务数据的研究表明，经济不景气导致税收减少，出生率下降和人口老龄化导致支出增加，日本的财政状况正在迅速恶化。截至 2013 年底，日本的长期债务为 812 万亿日元（图 4.10）。债务与国内生产总值之比是衡量国家债务规模相对于经济规模大小的指标，是反映公共财政稳健程度的重要指标。与其他主要发达国家相比，日本的债务与 GDP 之比是最高的，或者说这种情况是最差的。

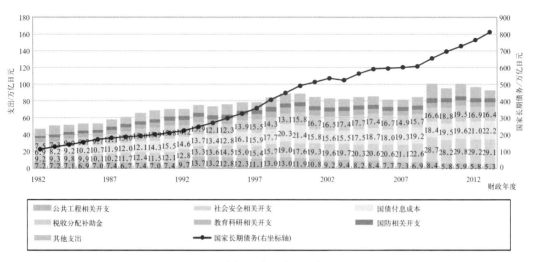

图 4.10　政府支出和长期债务随时间的变化

注：2012 年及以前的数据为计算得出的结果，2013 年的数据为估计数。
资料来源：日本国土交通省根据财政部发布的财政统计数据《金融基础数据》（2014 年 2 月）编制。
（扫封底或后勒口处二维码看彩图）

长期以来，日本的公共投资占 GDP 的比率高于其他发达国家。但是，其他发达国家正在增加公共投资时，日本的公共投资却正在减少。由于 21 世纪初公共投资的减少，日本的公共投资现在已与 OECD 成员国的投资水平相当（图 4.11）。

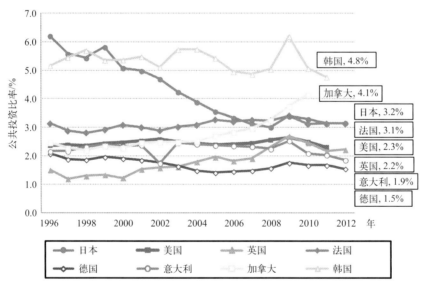

图 4.11　主要发达国家公共投资比率（Ig/GDP）随时间的变化
（扫封底或后勒口处二维码看彩图）

如上所述，由于人口减少、经济衰退、国际竞争加剧以及随之而来的财政状况紧缩，基础设施发展的社会环境（依赖于公共投资）与自然环境一样恶劣。

但是，为了确保可持续的经济增长，有必要增加基础设施的存量并提高全要素生产率。在严峻的自然和社会条件下，日本基础设施的作用仍然很重要，因此必须做出更大的努力来应对未来的许多挑战。

4.3 日本为增强基础设施弹性采取的最新措施

鉴于上述基础设施状况，日本颁布并实施了《国土强韧化基本法——为预防和减轻灾害、提升国民生活韧性做出贡献》（the Basic Act for National Resilience Contributing to Preventing and Mitigating Disasters for Developing Resilience in the Lives of the Citizenry，以下简称《国土强韧化基本法》或《基本法》，NRPO，2014年）。本节阐述了《国土强韧化基本法》和《国土强韧化基本计划》的原则；后者是为了实现法律目标而采取的基本政策。本部分还说明了东京都政府（TMG）制定的《东京国土强韧化计划》，作为基本政策的地方性规划。

4.3.1 《国土强韧化基本法》的原则

《基本法》的序言提到了2011年东日本大地震的发生，以及长期预测的南海海槽地震、都市内陆地震和火山爆发等大规模自然灾害的可能性，表述如下。

> 为了及时采取防灾减灾措施，以应对随时可能发生的大规模自然灾害，有必要对大规模自然灾害的脆弱性进行评估，确定优先事项，提前采取适当措施，以提高国家抵御大规模自然灾害的能力，同时增强当地居民自我保护的能力。

以国家优劣势或脆弱性评估结果为基础，内阁通过了《国土强韧化基本计划》，作为在面对变化和干扰时更具弹性的指导方针。《国土强韧化基本计划》中阐明的原则将在稍后概述。

由于自身地理、地形和气象特征，日本遭受了无数次的灾难，每次灾难，都会有许多人丧生，并造成巨大的经济、社会和文化损失。然而，因受灾社区的应对能力不同，使得灾害导致的破坏程度不同。重要的是，我们要正视大规模自然灾害的风险，并提前做好准备，以避免再次遭受同样严重的破坏，并减少灾后恢复和重建的时间。鉴于从东日本大地震中吸取的教训，有必要假设最坏的情况，在狭义的"防灾措施"框架之外，做好包括国家和产业政策在内的全面准备。换句话说，在组织和实施防灾措施时，必须提前计划100年甚至1000年。这些努力将使我们能够克服危机，而不是被危机压倒，并实现国家的可持续增长，使国家所依赖的年轻人能够对未来充满希望。

因此，《基本法》的主要目标是：第一，尽最大努力保障国民人身安全；第二，防止对国家和社会重要职能的干扰和重大破坏；第三，确保国民财产和公共设施相关损失的最小化；第四，实现迅速恢复。为了实现这些目标，采取了国土弹性增强措施，以建立一个既强大又有弹性的安全稳定的国家、社区以及经济和社会结构。《国家强韧化基本法》预期还将产生以下效果。

公共和私营部门齐心协力，使国家更具弹性，以建立能够抵御任何紧急情况的健全的社会和经济体系，这将有助于保障当地居民的生命和财产安全、工业竞争力和经济增长。还将增强灵活应对不断变化的形势的能力，并提高国家和地方政府以及私营部门的生产力和效率。此外，通过弹性增强的努力，创造新市场和增加投资对国家增长战略的综合影响将促进经济增长，增强国际竞争力，并赢得国际社会的信任。因此，多部门间将共同努力，并与地方政府和私营部门合作，提升国家韧性。

4.3.2 《国土强韧化基本法》的政策

4.3.2.1 政策内容

《国土强韧化基本计划》解释了增强国土弹性的基本指导政策，如下所述。

在国土强韧化原则的指导下，吸取包括东日本大地震在内的历次灾害的经验教训，采取措施使整个国家即使在大规模自然灾害中也具有弹性，以促进预防性维护、减轻损失、迅速恢复和重建以及提高国际竞争力，如下文所述。可能影响人们日常生活和国民经济的风险多种多样，不仅包括自然灾害，还包括大规模事故和恐怖袭击。一些地震（如众所周知的南海海槽地震和东京都内陆地震等）预计将在不久的将来发生，一旦发生大规模自然灾害，很可能对日本造成重大破坏，因此第一步要做的是，通过部门间的努力，以及部门与地方政府、私营部门的合作，实施针对大规模自然灾害的国家综合防灾措施。

（1）如何增强国土弹性

a. 通过全面研究，不断尝试找出日本弹性下降的根本原因。

b. 避免短视，应采取系统性长期性的方法，始终牢记时间管理的必要性。

c. 重建每个区域的多样性，加强区域间的合作，并采取措施使日本更具抗灾能力，以振兴非大都市区，扭转东京中心化的持续趋势，并创建一个以"自治、分权和合作"为原则的国家。

d. 增强日本各个层面经济和社会系统的潜力、抵抗力、弹性和适应性。

e. 保持宏观和系统的观点，全面考虑市场、治理和社会实力，并思考应建立什么样的系统和法规。

（2）适当的措施组合

a. 将结构性措施（如建设防灾设施、抗震加固设施和替代设施等）与非结构性措施（如提供培训和防灾教育等）有效结合，并尽快建立实施这些措施的制度。

b. 将自助、互助和公共帮助进行适当结合，以便公共部门（国家和地方政府）和私营部门（例如当地居民和私营企业）可以合作并各司其职。在重要性、紧迫性或危险程度很高的情况下，国家政府将发挥核心作用。

c. 推广不管是在紧急情况下还是在正常时期都可有效防灾减灾的弹性增强措施。

（3）有效措施

a. 考虑诸如人口减少和基础设施老化导致的公共需求变化等因素，确定优先采取的措施，以使得公共资金得到有效、可持续的利用。

b. 通过降低成本（例如有效利用现有基础设施）来有效地实施措施。

c. 探索通过公私伙伴关系/私人金融计划等吸引私营部门资金的方法，以充分利用有限的资金。

d. 高效、有效地维护设施。

e. 在促进土地合理利用的同时，从保护生命的角度使有关群众达成共识。

f. 推进科学知识研发与成果应用。

（4）适合区域特点的措施

a. 加强人际关系和社区功能，努力创造有利于弹性增强相关的工作者开展工作的环境。

b. 在实施措施时，应认真考虑妇女、老人、儿童、残障人士、外国籍人士等。

c. 根据区域特点，兼顾与大自然共生，与环境和谐相处和保护景观等目标。

4.3.2.2 政策实施的重要因素

为了实施上述政策，列出了八个重要的考虑因素，如下所述。

（1）从综合角度出发构建经济社会体系

经济社会体系的构建、修改和完善，不仅要保持正常时期运作的高效性，还应综合考虑各种风险的存在，确保系统在面对这些风险时仍能保持高效和稳定。

（2）促进私营部门投资

如果要真正有效地增强国土弹性，仅依靠国家和地方政府还不够，私营企业的作用也非常重要。公共和私营部门需要合作，并各自发挥作用。由于国家和地方政府的预算紧张，因此有必要将私营企业的资源，包括资金、人员、技术和专业知识等，应用到增强国土弹性的工作中。结构性和非结构性措施相结合的综合性国土强韧化措施将对各个领域产生不同的影响，从而刺激创新和吸引更多的私营部门投资。私营企业的防灾能力因此得到增强，使得他们更具竞争力，从而为日本的可持续经济增长作出贡献。

（3）地方政府为应对灾害做更充分的准备

为了使国土弹性增强措施有效，国家政府与地方政府之间以及地方政府之间应加强信息共享与合作。还应采取措施来帮助和鼓励地方政府加强组织制度建设，例如，提高控制和协调能力，培养有能力的工作人员，并制定和实施地方国土强韧化计划（以下简称为"地方计划"）。

（4）业务连续性计划和业务连续性管理

为了在发生大规模自然灾害或其他破坏性事件后能够快速恢复和重建，而不至于造成国家经济活动中断，必须确保国家、地方政府或相关企业的业务连续性地良好组织与运转。因此，应进一步制定业务连续性计划（business continuity plan，BCP）和业务连续性管理（business continuity management，BCM）。同时，涉及企业间和区域间合作的 BCP/BCM 应在每个企业的框架之外加以推动，同时考虑其他辅助措施，如改进援助措施和建立适当的评价体系。

（5）风险沟通与人力资源开发

只有人民群众才能使日本更具弹性。重要的是，人们不仅可以传播政府的信息，还可以通过公众和政府之间的双向沟通来思考如何使国家更具弹性。因此，应在全国范围内开展一些培养防灾减灾专家的活动，把从灾害中吸取的经验教训和知识进行传播和实践，同时考虑到男女平等参与。

（6）数据库和开放数据开发

增强国土弹性的工作涉及广泛的领域，包括风险沟通、基础设施维护以及不同领域的研究与开发。由于这些领域包括公共部门和私营部门，因此为了有效地开展数据支持相关工作，有必要整合来自国家、地方政府和私营部门等的信息，以便各主体都能获得这些信息。通过国家与地方政府之间以及公共部门和私营部门之间的合作和角色分配，由不同主体收集的各种信息，包括地形和地质数据等基本信息，应该建立和共享数据库，并建立一个标准化的信息共享和数据库平台，并将这些信息作为开放数据公开。

（7）为2020年东京奥运会和残奥会做准备并传播信息

国土弹性增强有助于吸引外国游客来日本。为使2020年东京奥运会和残奥会在国土弹性的支持下安全无虞地举行，应与东京都政府和其他有关地方政府密切合作，系统、综合地采取必要的国土韧性增强措施。应在国际上宣传开展的措施和效果，以使人们认识到日本是一个可以安全开展经济和社会活动的国家。

（8）国土弹性增强对国际所做的贡献

日本在世界供应链中发挥着至关重要的作用，增强经济社会弹性，将有助于世界经济的增长。在快速经济增长时期，许多密集建设的基础设施已经逐步老化，作为要移交给后世的资产，这些基础设施的组成部分应予以战略性地、有效地维护和更换。这些努力有助于实现国土强韧化目标和可持续经济增长，可为其他国家提供榜样。作为一个遭受许多自然灾害并因此积累了许多经验的国家，日本在开发新的防灾减灾技术以及向其他国家提供技术援助方面，也应发挥主导作用。因此，有关方面应通过与国土弹性有关领域的信息交流和人际沟通加深了解，增强日本的国土弹性，并为国际社会做出贡献。

4.3.3 东京采取的弹性增强措施

在2011年东日本大地震之后，TMG对防灾和减灾措施进行了许多重大更新，包括修订了《东京防灾计划》。明确了东京弹性增强工作的方向，即从增强弹性的角度重新考虑东京正在采取的所有措施，并将弹性增强理念体现在防灾措施中，这将有助于更有效地防灾减灾。东京作为日本的首都和核心地带，如果在发生自然灾害时无法正常运转，那么整个日本的抗灾弹性将难以增强。

基于这一认识，为了保护东京市民及其首都职能免受各种自然灾害的影响，TMG指出了东京在防灾方面的弱点，确保有足够的资金支持，并根据《基本法》第13条制定了《东京国土强韧化计划》，作为克服这些防灾弱点相关举措的指导方针。

4.3.3.1 东京弹性增强的意义

增强一个国家的弹性应该是一项国家事业。但是，由于东京的发展对整个日本具有关键作用，因此提高东京的城市弹性对日本尤为重要。

东京人口占日本总人口的10%，是世界上最大的城市之一，日本的许多工业、信息网络、交通系统、大学和研究机构都位于此。尽管功能的高度集中是东京的强大优势，但在大规模自然灾害的情况下，这也可能是一个致命的弱点。根据东京防灾委员会2012年4月的报告"东京内陆地震对东京造成的破坏评估",东京内陆地震可能造成约304300座建筑物破坏,9700人死亡,14.7万人受伤,并使约517万人滞留。其他可能在东京造成混乱的后果包括:道路损坏和交通拥堵导致受灾地区的运送中断,从而导致严重的物资短缺;火电厂停电导致电力供应不稳定;以及手机和座机的通话限制引起重大的信息收集和通信问题。

东京还聚集了国会等关键政治机构、内阁、内阁法制局、复兴厅、内阁府、政府各部委、委员会以及各机构中央组织等行政机构,中央银行及主要金融机构等经济组织,它们具有资本运作的功能。如果发生大规模自然灾害,导致这些机构功能受损,则应急措施可能会受阻,导致混乱状况进一步加剧和延长。此外,国民生活和国家经济活动也可能受到不利影响,使得灾后恢复工作困难重重,并对其他国家产生重大影响。

通过增强东京弹性来预防巨大的灾难和破坏,以保持社会和经济活动的正常运转,对日本是至关重要的。作为2020年奥运会和残奥会的东道主,东京还负有国际责任,要通过提高抵御自然灾害和其他不利事件的能力来保证奥运会的安全举办。

4.3.3.2 东京及周边地区的灾难

(1)地震和海啸

2011年3月发生的9.0级东日本大地震对日本东部整个太平洋海岸造成了广泛而巨大的破坏,影响范围从东北地区延伸到关东地区。随后的海啸对太平洋沿岸地区特别是东北地区造成了毁灭性的破坏,东京湾沿岸开垦的大规模土地遭受液化,从而对房屋和包括污水管道在内的地下设施造成了严重的破坏。据估计,仅在东京,就约有350万人被困。

在地震和海啸灾难之后,东京防灾委员会于2012年和2013年分别发布了两份关于东京内陆地震和南海海槽大地震的损失估算报告。随后市议会修改了防震措施,并修订了《东京防灾计划:在新的损害假设下的地震》。

随后,在2015年5月,小笠原群岛以西发生了地震,小笠原村的JMA地震烈度等级被评为"5强(5 upper)",其他地区被评为4级。同年9月,东京湾发生了地震,在东多摩地区的JMA地震烈度等级被评为"5弱(5 lower)"。

(2)暴风雨和洪水

TMG的河流和污水处理部门一直在采取防洪措施,以减少低洼地区主要河流造成的洪水灾害。但是,由于全球变暖,持续的城市化进程导致暴雨增加,近年来在小河沿岸的一些内陆地区,因局部暴雨而造成的洪水破坏频繁发生。东京大岛町(伊豆群岛)元町区发生的大规模泥石流和山坡崩塌造成39人死亡或失踪,385栋建筑物受损,约3000户家庭停水,并造成110处断电。鉴于这场灾难,东京防灾委员会修订了《东京防灾计划:暴风雨和洪水》,并实施了各种防暴雨措施和滑坡控制措施。

(3)火山灾害

东京诸岛经历了很多次火山喷发。1986年伊豆群岛火山爆发时,该岛上的所有居民都撤离了。当2000年三宅岛火山爆发时,该岛上的所有居民都必须撤离,并且大约四年半无法返回岛上。基于火山灾害的这些经验,TMG一直在采取各种措施,包括建立用于观测和监视火山活动的系统以及疏散系统。

4.3.3.3 东京的区域特征

为了以适当的方式增强东京的弹性，重要的是采取有效措施，同时考虑东京的地理和社会特征，以及东京应发挥的作用等因素。本节介绍了东京在确定增强韧性的政策时，需考虑的区域特征。

东京包括由 23 个区和多摩地区组成的陆地区域以及岛屿区域。狭长的陆地区域在西北方向长约 90km，宽约 25km。陆地的西半部分是关东山脉的一部分，而东半部分则位于关东平原。这些岛屿广泛分布在太平洋西部。

4.3.3.4 东京 23 区

位于东京东部的 23 个特别区是国会区和中央政府大楼所在地。该地区是各种企业总部的所在地，并拥有包括大学和研究机构在内的高度集中的艺术和文化资源。简而言之，该地区是日本的政治、经济和文化中心。该地区还拥有东京国际机场、东京港口和东京火车站等，是国内外运输和物流网络的枢纽。

东京东部的低洼地区容易遭受水灾，这不仅是因为这些地区的土质较软，而且还因为地下水的利用已经引起了土地沉降。总的来说，各区的洪水风险仍在上升，这主要是因为雨水径流比的增加和城市化导致的地下空间扩张。

23 区也面临着各种风险，例如，密集的木屋区发生大规模火灾，以及发生地震时大量通勤人员滞留。

4.3.3.5 多摩地区

多摩地区的总面积约为 1160km^2（约占东京土地总面积的 53%）。多摩地区拥有大小不一的河流和悬崖线以及丰富的自然风光等迷人的景观，是支持东京发展的重要地区，其为超过 400 万市民提供了居住地，并分布有各种产业、大学和研究机构。该地区地面相对坚固，具有武藏野高地等特色地貌，此外该地区还拥有包括大都会城际高速公路（Ken-O-do）和多摩南北道路在内的良好的道路网络，因此预计在东京内陆地震发生时，多摩地区有望成为重要的备用运输路线，将应急物资运输到大都市区的内部。

多摩地区特有的河流、山坡和山区面临着洪水、泥石流、山体滑坡等自然灾害高发的风险，这主要是因为近年来局部强降雨增加。在山区，由于山体滑坡或雪灾等造成的交通中断，也会造成社区被孤立的风险。

4.3.3.6 弹性增强政策

除自然灾害可能会给东京市民的生命和经济带来风险外，其他可能发生的事件也会引发风险，例如重大事故和恐怖袭击。据预测，近期将发生东京内陆地震和南海海槽地震等大规模的自然灾害，台风范围尺度趋于增加，短时强降雨事件也在增加。如果发生大规模自然灾害，那么破坏将是广泛和毁灭性的。由于这些原因，为了更好地应对大规模自然灾害，已经明确了八项目标，并采取了许多弹性增强措施。本节列出了这八个目标以及与排水管道设施相关的一些弹性增强措施，摘自《东京国土强韧化计划》第二章"弹性增强相关措施"第二卷。

(1) 更好地应对大规模自然灾害的措施目标

a. 尽最大努力保护生命。

b. 立即展开救援、救济和医疗活动。

c. 立即确保基本行政职能的可用性。

d. 立即确保信息和通信功能的可用性。

e. 防止经济活动（包括供应链）停滞。

f. 确保对生产和经济活动必不可少的服务的可用性，例如电力、天然气、供水、污水管道、燃料和运输网络服务，并尽快恢复这些服务。

g. 防止无法控制的次生灾害发生。

h. 建立或恢复当地社区和经济重建或恢复所需的条件。

(2) 与排水管道设施有关的弹性增强措施

a. 每小时降雨量超过 50mm 的局部暴雨事件正在增加，并且由于城市功能的完善，地下空间也在增加。由于这些变化使得城市更易受到洪水威胁，因此需要采取新的增强抗灾能力的措施，例如建造排水管道干管和其他排水管道设施以满足更高的标准要求，同时考虑降雨特征和淹没方式等因素，以增强防洪能力。

b. 采取措施改善河流-排水管道的协调性，例如逐步增加排水管道向河流的排放污水的速度，连接区域防洪水库和排水管道干线。

c. 为了确保发生灾难时厕所的可用性，在避难区、终点站和灾后恢复运行中心加强排水管道接收污水的能力，以增强其抗震能力。

d. 为了在发生大地震时，确保土壤液化高风险地区的道路正常运行，在连接避难区、终点站等有应急运输功能的道路上采取措施，以防止由于土壤液化引起的检查井抬升。

参考文献

JSWA, 2016. Sewer Systems in Japan. Japan Sewage Works Association, Tokyo (in Japanese).

MLITT, 2016. The History of Sewer. Websites of the Ministry of Land, Infrastructure, Transport and Tourism, Tokyo (in Japanese).

Morichi, S., Yai, T. (Eds.), 1999. The Future of Social Infrastructure. Social Infrastructure Study Group; Nikkei Publishing Inc, Tokyo (in Japanese).

NRPO, 2014. Basic Plan for National Resilience. National Resilience Promotion Office, Cabinet Secretariat, Tokyo (in Japanese).

TMG, 2016. Tokyo National Resilience Plan. Tokyo Metropolitan Government, Tokyo (in Japanese).

5 东京排水管道改造和弹性增强措施

5.1 东京排水管道系统概述

东京排水管道系统的建设始于明治时代（1868—1912）。到 1994 年底，经过一个多世纪的时间，东京 23 个区的排水管道覆盖率几乎达到 100%。今天，东京地下纵横交错的排水管道总长约 16000km，是东京到悉尼距离的两倍，有 20 个再生水中心❶和 86 个泵站。通过常年运作一个庞大的设施网络，东京排水管道系统每天排放 556 万立方米污水，足以填满 4.5 个东京巨蛋棒球场，用以支持东京的城市活动和 1360 万东京人的生活。本节概述了东京排水管道系统的历史——从起源到现状（BOS，2016a）。

5.1.1 排水管道项目的起源

东京现代排水管道项目源自修建于 1884 年的神田排水管道系统（照片 5.1），日本政府在 1877～1890 年持续间歇性霍乱大流行后发布了改善自来水厂和排水管道的命令。然而，

照片 5.1　神田排水管道系统（1884 年）被指定为东京历史名胜之一

---

❶ 译者注：为明确改善环境的理念，提升排水管道企业的形象，东京都排水管道局从 2004 年 4 月起将"污水处理厂"更名为"再生水中心"。

由于政府第三年未批准补贴，该项目在一条长约 4km 的砖砌排水管道建成后便终止了。随着现代工业的迅速发展和东京的人口集中，城市环境在随后几年恶化，促使了 1900 年《排水管道法》的颁布。基于东京城市改造委员会的调查，制定了排水管道总体规划，即《东京城市排水管道设计》，并在 1908 年 3 月由内阁会议通过，4 月第 21 号市政通知公布。

该排水管道规划要求建设 826km 的排水管道，以服务 300 万人口和 670ha 排水面积（即今天的芝浦、三河岛和砂町排水区）（BOS，2015）。该规划为东京当下的排水管道系统奠定了基础。

5.1.2　排水管道改造工程启动

根据《东京城市排水管道设计》制定的排水管道改善计划于 1911 年获得批准，东京市政厅随即设立了专门的排水管道改造办公室。1913 年排水管道改造的第一阶段工程正式启动，主要在下谷和浅草的大部分地区以及神田区❶的一部分地区进行。到 1923 年，共建造了 12km 的干管和 124km 的支管。同时泉町和田町泵站以及三河岛污水处理厂投入运行，该厂是日本首个全面运营的污水处理厂，服务 40 万人口，能够处理最多 67720m³ 的污水。排水管道改造工程的第二阶段本应在 1920 年之后的 8 年内覆盖芝、麻布、赤坂、麴町、四谷、牛达、小石川、本乡和日本桥以及神田区的大部分地区和涩谷区❷的一部分，但均因 1923 年的关东大地震暂停。之后，排水管道改善工作作为一项新的城市排水管道改造项目重新启动并继续进行。

5.1.3　灾后恢复和排水管道项目

关东大地震虽然破坏范围有限，但鉴于排水管道对公共卫生的重要性，排水管道的修复和改善工作被迅速提上日程。上文提到的第一阶段和第二阶段排水管道修复和改善工程中未完成的工作，自 1923 年，作为震后火灾损害地区的城市污水改善项目以及灾后恢复工作重新启动。

1913 年开始的排水管道改善工作主要在市中心进行。1925 年，排水管道改善作为城市规划快速工作的一部分，开始在容易发生暴雨洪水的郊区进行。这项工作同时作为失业救济项目的一部分。由于这些努力，排水管道总长度从关东大地震前的 150km 增加到 1932 年的 980km。同时污水处理方面也取得了进展，在三河岛污水处理厂之后，砂町和芝浦污水处理厂分别于 1930 年和 1931 年投入了运营。

5.1.4　东京及其排水管道系统的扩张

1932 年，5 个县和 82 个村被并入东京市，东京市的行政区数量从 15 个增加到 35 个，每个城镇或村庄正在进行的排水管道工程都由东京市接管。1930 年，在这次行政区合并之前，

---

❶　译者注：1947 年神田区与麴町区合并为千代田区。

❷　译者注：原文 Shitaya Ward 疑似笔误，应为 Shibuya Ward，即涩谷区。

东京府❶决定根据《东京市郊区排水管道设计计划》为排水管道项目中管网干线、泵站和污水处理厂等基础设施制定规划。但是，支线管网项目由每个市政当局❷决定。

东京市的排水管道规划包括覆盖老城区的《东京市排水管道设计》、覆盖新城区的《东京市郊区排水管道设计计划》和12个前市政当局的排水管道计划。原计划根据这些规划排水管道改造将进行至1950年，但为了满足战争期间的军费需求，1937年左右开始缩减排水管道项目，并最终在1944年终止。

5.1.5 战后恢复和排水管道项目的全面实施

5.1.5.1 战后恢复项目

遭受战争破坏的城市设施迫切需要东京都政府（TMG）来恢复。战争结束时，排水管道总长度为1948km，大约有50000个检查井，10个泵站和3个污水处理厂。战后排水管道恢复工作立即开始，主要的排水管道设施在1948年之前基本完成。1946年，战后土地恢复调整计划开始，该计划下的排水管道迁移工作（称为排水管道恢复项目）一直持续到1957年。1948年，通过了一项为期6年的排水管道修复计划，其中包括系统复原、管道迁移和扩展，为恢复战后排水工作，该计划立即生效。

5.1.5.2 大都市区建设和排水管道改造

1950年，东京都政府采纳并宣布了一项新的排水管道总体规划，即《东京特别城市规划之排水管道》（后更名为《东京城市规划之排水管道》），该规划整合了自1932年以来实施的三个排水管道计划。新的排水管道规划要求建设3座新的污水处理厂，小台、落合和森崎污水厂，这样，由这3座新建污水处理厂和3座现有污水处理厂支持的共计6个排水系统，将能够服务630万人口，服务面积达到36155ha。排水管道计划总长度为6469km，新的总体规划下的排水管道改善计划于1953年获得批准。

为了资助排水管道工程，1952年生效的《地方公有企业法》实施不受限制，同时东京都议会通过了《东京自来水厂和排水管道工程总体规划》。基于此确立了一条排水管道项目会计规则，规定基于排水管道的雨水控制和排水管道建设、改造所需的所有费用，包括债券本金和利息，都应由一般账户支付。1956年《首都地区改造法》颁布。为了响应首都地区改造委员会制定的总体计划——该计划提出到1975年将东京所有区域纳入排水系统的目标，TMG通过了《排水管道扩建10年计划》，并开始加快排水管道的改造速度。

1958年《排水管道法》进行了大幅修订。该法律将排水管道分为公共排水管道和城市排水管道，并确定了适用于公共排水管道结构细节、排水质量、污水处理设施维护等方面的技术标准。这部法律还要求公共排水管道应由专家设计和建造。《排水管道法》进一步提出了一项基本规则，排水管道系统必须由市政府（东京区部的TMG）负责建设和管理，规定了安装排水设施的义务，并授权市政府责令恶意排放者安装污水预处理设施，通过这些

---

❶ 译者注：1943年东京府（Tokyo Prefecture）与东京市（Tokyo City）合并，诞生了东京都（Tokyo）。

❷ 译者注：日本的地方自治制度由都道府县与区市政当局的双层结构构成，市政当局是与居民直接相关的基础地方行政机构。

条款明确了污水处理的责任。在项目资金方面，该法阐明了收费的理由和标准，还规定了污水排放大户的义务等其他细节。

为响应这些法律变更，TMG 在 1959 年颁布了新的排水管道条例，以建立项目实施的制度体系。1960 年，TMG 建立了指定承包商系统以改善住宅排水设施。

5.1.5.3 优先投资 1964 年东京奥运会

1959 年，为增加项目资金，修订了《排水管道扩建 10 年计划》。1961 年，《东京都排水管道计划》通过，对之前计划未覆盖地区（例如荒川以东地区）的排水管道系统进行了规划。在这段时期新的问题开始出现，例如排水流量开始增加，主要是由于市中心人口集中导致用水量增长以及土地高强度利用、建筑施工和硬化路面的快速增加导致雨水进入排水管网（城市化之前大部分水会渗入土壤）。为解决这些问题，TMG 实施了与已有排水管道改善项目相结合的排水管道扩建项目。

1962 年，为服务 751 万规划人口，排水管道总体规划进行了大幅修订。该规划要求制定具体目标，以应对人均每日最大污水流量的预期增长、地区差异以及设计雨量的增加（增至 50mm/h）。当年晚些时候通过了一项新的《东京都排水管道计划》，反映了总体规划中的上述变化。1962 年 4 月，TMG 成立了排水管道局（Bureau of Sewerage），排水管道项目的管理成为该局的职责。至此，在《地方公有企业法》推行近十年后，专职管理者的职位得以确立。

5.1.5.4 建立管理基础

TMG 的污水处理预算持续增长，这得益于对首都地区改善项目的优先预算分配和对奥运会的投资。然而，这些项目的资金主要依赖于债券的发行和一般账户的资金。为建立一个稳定的且符合公有企业财务独立性原则的制度来执行项目，有必要明确收费标准并建立合理的收费制度。

1964 年，根据东京都临时水费和污水处理费机制研究组的最终报告，东京都议会通过了对污水处理费的修订建议，新的污水处理费机制于 1965 年生效。排水管道项目被正式定义为半公共事业，被视为兼具补贴和收费的公共工程。这就确定了排水管道建设需要从一般账户中获得大量资金，但理想情况下运营费用应来自自筹资金。这一收费机制明确，排水管道费用的成本计算应仅包括主要的运营支出，而诸如利息支付等资本支出暂时应由公共资金支付。同时还明确应采用"统一最低费率和最低收费标准（flat and minimum rate with minimum charge）"机制，而不是当时在日本广泛使用的"按水费比例收费机制（water rate proportional system）"。

5.1.6 城市问题和排水管道服务的新趋势

5.1.6.1 城市环境与排水管道综合整治

20 世纪 60 年代后期，东京排水管道覆盖率为 35%～40%。虽然日本国有铁路（JNR；现今的 JR）山手线环线范围的大部分区域已铺设了排水管道，但周边地区（山手线外）的排水管道建设才刚刚开始。1963 年制定的《关键基础设施项目实施计划》旨在确保东京长期计划第二阶段的项目成功实施,将排水管道改善项目以及道路改造作为最优先的项目并分配最多的项目资金。

1968 年通过的《东京中期计划》规定了对现代城市的最低要求(在计划中称为"民用最低要求")。这三个最低要求如下:第一,为所有城区提供排水(包括生活污水)管道服务;第二,提供可以应对每小时不超过 50mm 降雨量的雨水排水能力;第三,污水处理的标准是将 BOD 降至 20mg/L 以下。为达到这些最低要求,制定了一个项目实施计划旨在从 1969 年起的 3 年内将排水管道的服务人口覆盖率提高到 57.1%,并在 1978 年提高到 100%。1969 年修订的《城市规划法》将排水管道系统规划以及道路、公园规划作为城市基础设施的一部分纳入强制性规划内容,将排水管道系统定位为城市设施的重要组成部分。

5.1.6.2 污染控制措施和污水处理

在 20 世纪 60 年代后期,东京的水污染愈发严重。随着新河岸川和隅田川被污染,多摩川的水质也变得非常糟糕,以至于 1970 年不得不停止从多摩川水厂取水。1970 年,第 64 次国会特别会议(也称为"污染国会会议")通过了包括《水污染控制法》在内的六项法案,并批准了对《环境污染控制基本法》和《排水管道法》等八项法律的修订。

该修订增加了一项"为公共水域的水质保护作出贡献"的新目标,并明确将排水管道定位为水质保护措施的一部分。《水污染控制法》的颁布明确了适当改造和维护处理设施的必要性,以使污水处理厂出水达到污水排放质量标准。

5.1.6.3 污水处理的新挑战

为使东京的城市环境更舒适、抗灾能力更强、便利性和安全性增强,改善东京的城市结构逐渐成为共识,因为它是各种问题的根本原因。1970 年,一个名为"拥有开放空间和蓝天的东京"的计划被提出。该计划要求排水管道覆盖率尽早达到 100%,并加大力度实施已开展的排水管道改善措施,以作为城市基础设施改善的一项重点工作。该计划提出了以下环境保护综合性措施:第一,在 20 世纪 80 年代末之前将 BOD 降至 10mg/L 或更低,以满足污水排放水质要求;第二,加强对处理污水的再利用;第三,最大限度地使用污泥作为土壤改良剂;第四,将污水处理设施设计为地下、半地下形式,并将地上部分设计为公园。

1972 年修订的《污水处理总体计划》设定了以下目标:到 1985 财年,排水管道服务的人口达到 103.58 亿❶、服务面积达 53,827ha、污水处理能力(日最大量)达 $979×10^4\,m^3$。通过一座新污水处理厂(中川污水厂)的投入使用,荒川以东的排水区被调整为 3 个片区,分别为葛西片区、小菅片区和中川片区。

7 号环路以北的地区,鉴于土地整理推进了城市化进程,采用了独立的排水管道系统,因为受益于土地调整,此地区的城市化进程正在成功推进。

从 1965 年到 1975 年的 10 年间,东京各区的排水管道覆盖率增加了 1.8 倍,污水处理能力增加了 2.3 倍。污泥处理能力从 1965 年的 12,200m³ 增加到 1975 年的 61,300m³、增加

---

❶ 译者注:原著数据,疑似笔误。

了 5 倍，污泥的产生量从 600t/d 增加到 2800t/d，增加至 4.7 倍。随着与污染有关的法律逐步完善，进一步要求对污泥采取适当的环保措施，因此在 20 世纪 70 年代后期，东京实施了与污泥处理处置有关的长期和短期措施。长期措施主要是建设一个新的污泥处理处置系统，重点开展污泥的回收利用；短期措施主要是在东京湾中央防波堤外的填海区进行污泥填埋处理。

污泥焚烧的方式也可以减少污泥量。1967 年，在小台污水处理厂引入了焚烧炉，在其他地方也建造了类似的焚烧设施。由于新的污泥焚烧设施地点难以确定，因此根据城市规划在 1979 年和 1981 年分别建设南部污泥处理厂和东部污泥处理厂。1983 年，南部污泥处理厂投入运营，这是日本第一座专门设计用于污泥处理的设施。

5.1.7　排水管道管理中的石油危机和财务困难

20 世纪 70 年代初期是东京排水管道系统急剧扩张的时期。然而排水管道的建设进度由于一系列问题经常受到阻碍，包括通货膨胀造成的劳动力、原材料、土地征用和其他成本的上升，公众误解排水管道为不必要的设施，同时由于交通拥堵、噪声和震动问题导致夜间施工受到限制以及排水管道与其他地下设施共享空间也增加了建设的复杂性等。1973 年的石油危机使 TMG 陷入财政危机，并导致了疯狂的价格上涨，这是导致排水管道工程推迟的决定性因素。因此，1978 年《东京中期计划》不得不使用"尽快"一词，而未指定排水管道覆盖率达到 100% 这一目标的时间；1976 年《东京都行政和金融三年计划》将排水管道覆盖率目标修订为到 1979 财年末达到 72%。

东京排水管道的预算困难在很大程度上不仅是由于财政的结构性恶化，也是由于排水管道服务费从 1965 年开始保持 10 年不变的事实。因此，1975 年东京对排水管道服务费进行了大幅修改，并采用了分阶梯计价制度。1977 年，污水处理金融研究委员会报告说，企业债券利息应计入服务费成本中。因此，1978 年修订了服务费标准。1980 年，根据 TMG 财务重组委员会在 1979 年提交的报告，东京公有企业财务重组委员会提交了一份新的报告，提出应采取三项基本行动，分别为鼓励企业发展、合理化用户收费以及明确一般账户预算所覆盖的范围。

5.1.8　实现 100% 覆盖率目标的排水管道改造

5.1.8.1　"我的东京城市计划"和排水管道改造

根据 1980 年 "我的东京城市计划" 圆桌会议提交的报告，1982 年制定了《东京长期计划》，将完善排水管道确定为东京优先级最高的项目之一。该计划设定了以下长期目标：第一，到 20 世纪 80 年代后期东京区部实现 100% 排水管道覆盖；第二，提升处理后的水质，以达到河流和东京湾的水质标准；第三，进一步减少并回收污泥。

1986 年，东京通过了第二个《东京长期计划》。该计划纳入了其他长期目标：通过一系列措施提高现有排水管道系统的性能，例如改进雨水排放措施，对污水进行深度处理并用于恢复清澈溪流，以及开发排水管道设施的多种用途等。根据该计划，在20世纪70年代后期以后，排水管道覆盖率将以每年2%的速度稳定增长，以实现覆盖率达100%的目标。

5.1.8.2 从污染控制到环境管理

20世纪70年代初，东京的污染问题开始出现改善的迹象，因此除了治理污染的需求以外，人们对舒适宜居环境的需求也开始增长。为了推动这种全面的环境管理，1981年一项环境影响评估条例开始生效，强制要求面积5ha及以上的新建污水处理设施在建设之前进行环境影响评估。

1980年，建设部长批准了包括多摩川和荒川在内的主要河流流域综合排水系统提升计划。该计划旨在改善流域综合水质，比1972年的排水管道总体计划级别更高。鉴于公众环境保护意识的增强，1993年《环境基本法》颁布，取代了《环境污染控制基本法》。1994年，TMG颁布了《东京环境基本条例》。这些法律都规定环境保护责任应由经营者承担。由此，排水管道在环境保护中的作用变得越来越重要。

5.1.8.3 效率提升

随着排水管道建设的不断推进，管道维护的工作量也逐年增加。人们为提高效率作出了很多努力，包括使用计算机系统、在污水处理设施中引入集中监控系统、通过远程控制实现泵站的无人操作以及引入降雨信息系统等。为了项目的实施，TMG和私营部门共同成立了东京都污水处理服务公司，通过有效调动私营部门来提供精细的服务。

5.1.8.4 第二代排水管道的建设

1990年，"21世纪排水管道圆桌会议"报告提出，在21世纪，东京要达到100%排水管道覆盖率，排水管道系统应作为与东京市民日常生活息息相关的城市设施的一部分，在创造舒适的水环境等方面发挥各种重要作用。在这一报告的基础上，1992年通过了《第二代排水管道系统总体规划》，并被作为东京市区第二代排水管道系统的总体规划和基本方案（BOS，1992）。如图5.1所示，该总体规划要求进一步增强第一代排水管道的作用，并系统开展多方面的改善措施，以明确未来几年的发展方向。

5.1.9 排水管道项目实施的多方面举措

5.1.9.1 覆盖率基本实现100%之后的排水管道工程

到1994财年末，东京区部的排水管道覆盖率已基本实现100%的目标，《第二代排水管道系统总体规划》中的项目已开始实施。自1994年起，为期4年的财政计划规定，应在排水管道空白区建设排水管道以尽早实现100%覆盖率，改造老化设施，应用防洪措施，开展污水深度处理，以及改造合流制排水管道系统等。同时，为助力"零废弃物"社会建设，该规划还包括了污水等资源循环利用项目，例如对处理后的水、污泥和污水余热进行回收利用，以及对污水处理设施进行适当且有效的维护以保证全天候运作来维持市民生活。

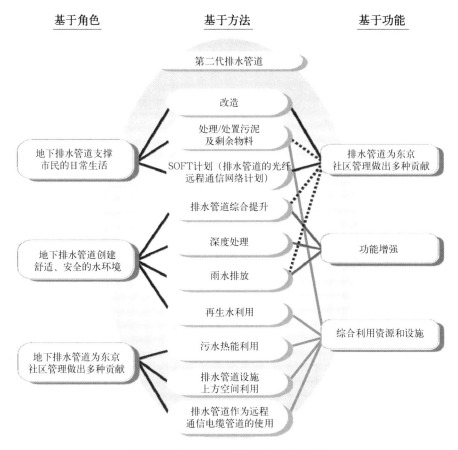

图 5.1 建设二代排水管道的系统性组织措施

5.1.9.2 《2001 年排水管道计划》

与排水管道有关的财务状况日益紧张：企业债券的偿还给排水管道预算带来了压力，大量老旧设施的维护成本很高，且排水管道服务费收入预计不会增加。为了在这些困难的情况下维持甚至提高排水管道服务水平，有必要识别遇到的问题，对项目进行优先排序，并提高效率。基于这些观点东京重新考虑了整个项目流程，并于 2001 年实施了《2001 年排水管道计划》，为未来 50 年的排水管道建设项目制定了政策（BOS，2001 年）。

5.1.9.3 困难的财务状况和管理计划

造成财务困难的原因有，一是经济萧条，二是在内阁通过的"三位一体改革"（一项涉及国家和地方政府的财政改革）下政府补贴减少，三是由于用水量呈下降趋势导致污水处理服务费收入逐渐减少。截至 2002 财年末，企业债券的总价值超过了 2.8 万亿日元，本金和利息的偿还仍给预算带来沉重压力。

另一方面，包括应对频繁的城市内涝，改善排水管道系统和改造老化设施等在内的众多工作仍有待开展，因此迫切需要更有效的项目管理。因此，为了解决这些问题，东京通过了《2004 年管理计划》，这项计划从 2004 年开始实施，为期 3 年，旨在计划期内将建设项目的成本分阶段限制并降低到每年 1200 亿日元，并将投资集中在某些区域（BOS，2004a）。

随后《2007 年管理计划》，从 2007 年起的 3 年期间，也将年度建设投资减少到了 1,250 亿日元，并促进项目高效实施（BOS，2007）。

5.1.9.4 三个"快速计划"

自从《2001 年排水管道计划》通过以来，财务状况仍然很困难，东京不仅在降低成本方面做出了努力，而且还采取了其他措施，例如推迟大型设施改善项目来应对这种情况。

这些努力包括三个"快速计划"（雨水管理、改造以及合流制排水系统的改造），如图 5.2 所示，除了正在进行的常规计划外，还有为解决紧急问题而实施的针对性短期计划（BOS，2004b～d）。三个"快速计划"中的项目在 1999～2008 年间执行。在"雨水管理快速计划"中，实施了有效的短期项目。例如，在修建其他排水管道之前，先在易发生内涝的地区修建排水管道干管和主要支管，以便将新建的排水管道用于防洪。该计划还包括有效的小型项目，例如建造环形管道和雨水排放措施，以应对地下商场每小时高达

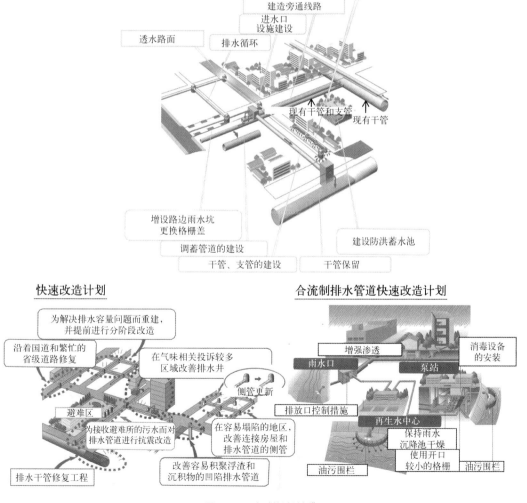

图 5.2 三个"快速计划"

70mm 的降雨。《2013 年管理计划》也反映了"快速计划"的概念，即"尽可能在任何地方做力所能及之事"（BOS，2013a）。

5.1.9.5 应对全球变暖的措施——地球计划

排水管道局的用电量约占东京全部用电量的 1%（每年约 10×10^8 kW·h）。因此，在防止全球变暖的重任下，排水管道局在《京都议定书》发布之前通过了《2004 年地球计划》，这是一项通过改造排水管道以应对全球变暖的计划。然而，后来发现，为减少 N_2O 而改用高温焚烧以及采用深度处理的附加设施将增加辅助燃料和电力的使用。为解决这些问题，《2010 年地球计划》通过，主要是对现行的措施进行强化（BOS，2010）。新计划设定在 2014 年前实现 18% 或更高的减排目标（温室气体排放量小于等于 81.3×10^4 t CO_2 当量）之后，到 2020 财年（基准年：2000 年）实现 25% 或更高的减排目标（温室气体排放量小于等于 74.3×10^4 t CO_2 当量）。

5.1.9.6 东日本大地震（2011 年 3 月 11 日）

2011 年的东日本大地震袭击了日本东部的大部分地区，东京的排水管道设施首次遭受地震破坏。东京有 23 个区，地震引起的土壤液化导致排水管道破裂和堵塞。在许多再生水中心和排水片区的其他区域，沉淀池的污泥刮板链从链轮上脱落，一些水处理设施停止运行。在排水管道维护合作组织和东京排水管道设施协会等组织的协助下，紧急修复工作迅速完成。

为了帮助受灾人群，TMG 与东京都污水处理服务公司以及仙台、浦安和香取市的污水维护合作组织合作。根据受灾地区的要求，TMG 派遣员工到岩手县、宫城县、福岛县以及仙台市、气仙沼市和浦安市开展长期工作，主要是协助恢复排水管道设施和处理因灾难产生的废弃物。

福岛第一核电站事故后，在污泥焚烧灰渣中发现了放射性物质，因此必须停止将灰渣用作水泥成分。出于安全考虑，TMG 与内外部其他组织就如何处理东京 23 个区和多摩地区（具有 3 个独立公共排水管道系统）产生的污泥焚烧灰进行了讨论，结果是将其埋入东京湾中央防波堤外的垃圾填埋场。

5.1.9.7 《2013 年管理计划》的采用

东日本大地震及海啸留下了重要的教训，即要为自然灾害做好准备，并确保紧急情况下电力的可用性，这促使了《2013 年管理计划》的通过。该计划宣布了三方面的管理政策，分别为支持客户安全舒适地生活、建设环境友好型城市以及提供高质量的服务，该计划要求在必要时进行有效的设施改进，例如改造老化的设施并采取防止全球变暖的措施。该计划还强调了正确开展日常维护活动的重要性。

该计划将排水管道改造面积的目标几乎翻了一番，从每年 400ha 增加到 700ha，并加快了老化设施的改造速度。该计划还要求东京奥运会必须完成抗震改造和防洪措施，以保护设施免受最大可能震级的地面震动和海啸的影响，以助力东京成为具有高度抗灾能力的城市。

5.1.9.8 《雨水排放系统改善应急预案》的采用

在加速改善区（高内涝风险区）和高优先级区（如排水管道埋深较浅地区），常规雨水系统的改善目标是安全排出相当于每小时 50mm 降雨量的洪水。在大型地下商场中，内涝损害可能比其他地区更严重已在进行的排水管道改造目标是应对每小时 75mm 降雨。然而，2013 年，东京区部共发生 4 次强降雨事件（包括局地强降雨），由于降雨超过 50mm/h，导致洪水淹没了 700 多间房屋。鉴于这些洪涝事件，排水管道局成立了一个应急响应委员会，该委员会在审议了多种提升雨水排水系统标准的方案之后，制定了《雨水排放系统改善应急预案》（BOS，2013b）。

在应急预案通过之前，东京对 2013 年因大雨造成淹没破坏的区域进行了调查，检查了诸如降雨强度、地形特征（例如洼地和坡脚地形）以及河道和排水系统状况等细节。然后根据调查结果，在应对常规 50mm/h 降雨的排水措施之外，该预案划定了 4 个 "75mm 降雨量排水区"和 6 个 "50mm 降雨量升级排水区"并明确了应采取的措施。该预案要求在 2019 财年之前达到预期效果。该预案还将损坏程度较轻但有特殊情况（例如可能得到当地合作支持或当地社区另有要求）的地区指定为"小规模紧急情况改善区"，这些地区的改善项目将在 2016 财年之前完成。

5.1.9.9 排水管道项目能源总体计划的通过：《2014 年智慧计划》

排水管道服务需消耗大量能源（超过东京每年总电力消耗的 1%）。未来几年，随着排水管道服务的加强，包括升级防洪措施、改造合流制排水系统和引入深度处理工艺等，能源消耗可能会进一步增加。《2014 年智慧计划》是第一个针对排水管道项目的能源总体计划，用以加强与排水管道相关的能源利用和管理工作（BOS，2014a）。

5.1.9.10 为 2020 年东京奥运会和残奥会做准备

2013 年 9 月，国际奥委会在布宜诺斯艾利斯宣布东京将主办 2020 年夏季奥运会和残奥会。为准备奥运会和残奥会，排水管道局将在 2019 财年之前完成一些项目。这些项目包括对区部及排水片区的再生水中心和泵站进行抗震改造，实施《雨水排放系统改善应急预案》，改善储存降雨初期污水的设施，并在所有合流制污水处理中心引入高效过滤技术（high-rate filtration technology）。

5.1.9.11 《2016 年管理计划》的实施

在《东京长期愿景》（OGPP，2014）的指导下，TMG 目前正在使用 2020 年东京奥运会和残奥会作为激励措施来应对各种挑战，以确保东京的可持续发展。由于排水管道系统将在服务城市社会活动和发展方面发挥主要作用，因此有必要克服各种挑战来提升排水管道服务。排水管道局于 2016 年 2 月草拟了《2016 年管理计划》，该计划考虑了"成功承办 2020 年东京奥运会和残奥会"和"此后东京应该是什么样子"，既是 2016 年至 2020 年这 5 年间的管理指南，也是对东京市民的承诺。

该管理计划列出了三项管理政策：第一，确保客户安全并支持其安全舒适地生活；第二，为创建优质水环境和环境友好型城市作出贡献；第三，以可靠的方式、最小的成本提供最佳服务。根据这些政策，排水管道局正在改造老化的设施并建设或改善防洪措施和抗震措施，改善合流制排水系统，开展污水深度处理以及实施应对全球变暖的措施，同时继续提升设施维护水平。

5.2 维护和修复措施

5.2.1 排水管道改造

5.2.1.1 现状与问题

东京 23 个区的排水管道总长度约为 16,000km。排水管道老化的问题日益严重，甚至造成了道路塌方事故。由于城市化进程和频繁的局地大雨导致雨水径流增加，使得现有排水管道的排水能力不能满足需求，不足以防止内涝。此外，一些较为老旧的排水管道不能满足抗震要求。

因此，自 1995 财年起，即排水管道全覆盖的目标基本实现以来，提升排水能力和增强抗震能力的改造项目与维护、修复工作共同实施。闭路电视摄像机（CCTV）等设备已被用于管道检测，以识别排水管道的结构合理性并推进改进工作高效开展。从 2006 年开始的三年中，东京对排水干管进行了深入排查。到目前为止，已对覆盖约 6600ha（占四个市中心排水片区总面积的 40%）的排水管道进行了改造。但是，目前仍有总长度约 1800km 的排水管道超过法定使用寿命，该类型的排水管道长度将在未来 20 年内增加到 8900km。

除排水管道外，城市地区的地下空间已被公用设施管线挤满，例如电缆和天然气管道。因此，需要开挖道路的施工工作难以进行。如果要尽量减少对道路交通和当地居民的影响，则有必要与道路管理部门、公用事业管理者和当地社区进行认真协商，尽管这可能会延长施工时间。基于招标的承包项目经常由于社会状况的最新变化而失败，这是影响改造进度的另一个因素（众所周知，东日本大地震后的救灾建设项目和与奥运相关的项目给建筑公司带来了沉重压力，因为在过去几十年中这些公司根据政府削减公共工程的长期政策已经进行了重组）。

为顺利举办 2020 年东京奥运会和残奥会，还必须采取措施保证与奥运会相关地区的排水管道系统保持运转，并防止道路塌陷。此外，由于污水水流不能中断，因此在高流量干管改造时需要在干管旁边修建旁路管道。

5.2.1.2 今后的任务

为确保未来几年雨污水排放的稳定性，东京将根据以下政策改造排水管道。

- 除维护和修复措施外，系统地采取改造措施以增加暴雨的排水能力并有效提高抗震能力。
- 如图 5.3 所示，将有效使用资产管理技术，将使用寿命从法定的 50 年延长到经济使用寿命的 80 年，延长大约 30 年，以有效完成改造工作。
- 如图 5.4 所示，23 个区的支管将根据其管龄分三个阶段进行改造，以消除中长期项目工作量的高峰。四个市中心排水分区（第一阶段改造区）的老旧支管将会优先改造，预计2029年完成。

- 在干管的改造中，优先考虑的是1964年之前建成的47条老化干管以及通过检测确定的需要改造的干管。
- 对于由于高水位等原因而难以改造的干管，可通过诸如干管旁路等方式提前分流污水。

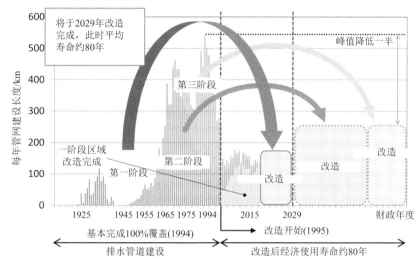

图5.3 排水管道资产管理的概念

（扫封底或后勒口处二维码看彩图）

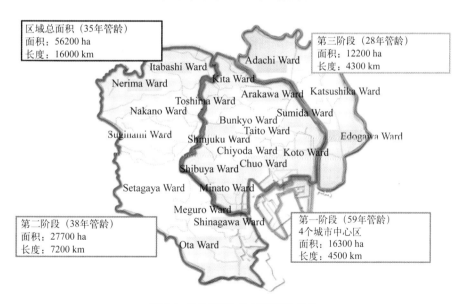

图5.4 改造面积和排水管道平均管龄

注：括号中的数字表示截至2015财年末的排水管道平均管龄。第一阶段改造区平均管龄59年，是指改造前地区排水管道的平均管龄

5.2.1.3 《管理计划》中的主要工作

（1）排水管道改造

为在2029年之前完成四个市中心地区的支管改造，从2016年开始，东京将在5年内

对覆盖 3500km² 的排水管道支管进行改造。与此同时，还将改造 35km 的干管。在这些项目中，将使用非开挖的管道改造方法对现有排水管道进行修复，如图 5.5 和照片 5.2 所示。

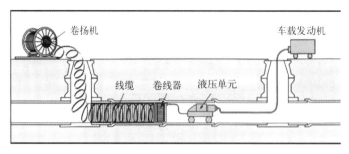

图 5.5　SPR 方法

照片 5.2　SPR 方法：排水管道改造之前、过程中和改造之后

排水管道局将继续努力解决招标建设项目的有关问题。同时，还将在与 2020 年东京奥运会和残奥会有关的区域中有效开展局部检测和维修工作，作为改造工作的补充。

（2）主干管旁路

干管旁路建设将有条不紊地开展，以转移高流量干管的污水流量，并增加雨水排水能力。

（3）排水管道维护

为保持排水管道设施的功能性和健全性，相关人员定期对排水管道管线中的水流状况、沉积物积聚和管道损坏情况进行巡逻和检查。管道内调查不仅包括外观检查，还包括 CCTV 检查，以便可以及早发现损坏，并可以及时系统地进行维修和改善工作（照片 5.3 和照片 5.4）。为防止对排水管道设施造成任何不利影响，也需要对其他企业在附近的施工作业进行检查。

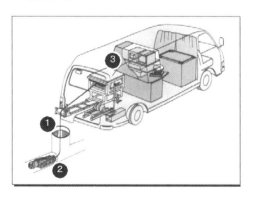

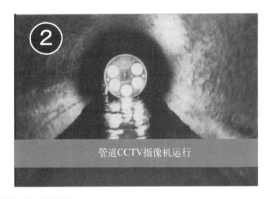

照片 5.3　排水管道检测的监控摄像法

照片 5.4　CCTV 摄像机用于大管径管道检测

小管径管道主要通过使用处理过的污水和车载高压洗涤系统清理。大管径管道采用人工方法清洗，工人进入排水管道内清除积存的沉积物。通过巡逻、检查、管道内检测或内部清洁发现的管道损坏将立即得到系统修复，以免造成事故或其他问题。但是，由于在某些情况下（如排水管道堵塞或设施损坏）需要紧急维修，因此将部分任务（例如处理客户投诉和故障排除）外包给私营企业。表 5.1 汇总了与排水管道有关的维护任务和施工工作的数据。

表 5.1　排水管道维修任务和施工工作

（2015 财年）

类别		任务 / 工作	
管道内检测（CCTV 检测，目视检测）		排水管道长度调查	743,620m
内部清理		清理排水管道的长度	210,249m
		泥沙量	8695t
修复工作	紧急修复工作[①]	排水管道的长度（干管，侧管）	7853m
		修复次数（检查井，集水坑）	2797
	非紧急修复工作	修复排水管道的长度（干管，侧管）	51,147m
		修复次数（检查井，集水坑）	16,922

续表

类别		任务 / 工作	
修复工作	与道路相关的修复工作	修复排水管道的长度（干管，侧管）	7611m
		修复次数（检查井，集水坑）	7653
	故障排除②	处理故障次数	1581

① 紧急修复工作：急需进行的管道修复工作，通常涉及对主干管、检查井、集水坑或侧管的改造或更换。
② 故障排除：与管道故障有关的需立即采取措施的各类任务，例如清洁主干管、检查井或集水坑。

5.2.1.4 以往项目的影响

在排水管道覆盖率基本达到100%之后，管道改造阶段于1995财年开始。到2015财年，覆盖了四个市中心区总面积40%的合流制排水管道系统改造完成。从结果看，同一地区的道路塌方数量减少了约70%，如图5.6所示。

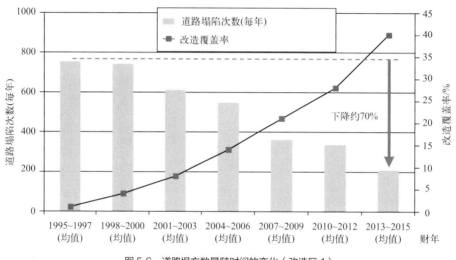

图5.6 道路塌方数量随时间的变化（改造区1）

注：2015年底是预测数据

5.2.2 再生水中心和泵站的改造

5.2.2.1 现状与挑战

在东京的23个区，目前有13个再生水中心和84个泵站正在运营。为确保污水处理功能的正常运行，有关人员对高腐蚀性环境中的混凝土设施进行了检查，并定期采取了腐蚀控制措施。为增强其功能，目前正在对再生水中心和泵站的设施进行改造。新的泵站也正在建设中，以确保雨水的有效排出。而其他泵站正在改造中，以增强雨水排出能力。

然而，由于设施改造涉及大规模施工作业并且需要大量资金，因此有必要对现有设施进行充分利用。此外，还必须对现有设施进行功能性改善，例如提高处理后污水的水质并增加雨水的排出能力。对于不满足污水处理能力要求的再生水中心，需要为其配备补充设施。

需要注意的是，由于流向再生水中心或泵站的污水无法中断，因此在高流量区域进行检查和腐蚀控制并不容易。

为对总计约 4000 台主要设备（例如泵和脱水器）进行资产管理，《设备改造总体计划》（BOS，2014b）获得通过，以便根据经济使用寿命对系统进行有效改造，并同步开展节能改造工作。尽管人们正在努力减少用电量，但由于燃料成本调整和可再生能源补贴的增加，污水处理系统的电费仍在增加。

内涝控制措施和排水管道服务提质增效工作，例如合流制排水管道的改造，导致设备数量增加，从而增加了维修和其他的维护成本。因此，有必要提高《设备改造总体计划》提出的总体时间表的准确性（总体时间表会显示维护计划以及包括维修在内的全生命周期的成本明细，全生命周期是从设备建造到经济使用寿命结束）。此外还需要系统地更换光纤电缆，因为很久以前敷设的电缆有老化的风险。

5.2.2.2 今后的任务

为确保污水处理和雨水排水功能可以长期发挥作用，东京将根据以下政策改造再生水中心和泵站：

除实施维护和更新措施外，还将系统地进行改造以增加雨水排水能力，增强抗震性，提高能源利用效率并减少温室气体排放。

根据定期检查和调查结果进行维修和腐蚀控制，并优先考虑对需要提升性能的设施进行改造，尽可能延长设施的使用寿命。

通过运用资产管理技术并进行有计划的维修工作，设备的使用寿命将比法定使用寿命增加一倍，此外还将根据经济使用寿命对设备进行改造。

5.2.2.3 《管理计划》中的主要工作

（1）设施改造

通过定期开展腐蚀控制，现有设施的使用寿命将尽可能延长，并获得充分利用。芝浦再生水中心和 Azuma 泵站等地的设施将得到改造以提升其性能。改造项目将包括增加中野再生水中心的处理能力，将目前流入落合再生水中心的污水分流到该中心，并继续进行芝浦再生水中心和森崎再生水中心之间双向输送管道的建设。

排水管道局将作为土地所有者参加东京站日本桥出口前常盘桥地区的改造项目，以改造老化的 Zenigamecho 泵站。确保排水管道在未来多年继续稳定运行，将有助于支持安全可靠的城市活动（例如在大手町等地区促进新的城市社区发展），并有助于区域性的城市规划。

包括砂町再生水中心在内的两处设施正在进行多条进水和输送管道的建设，从而提升设施的功能冗余性。

（2）设备改造

东京将开展系统的修复工作以延长设备使用寿命，并在经济使用寿命结束时改造设备，包括节能改造以及其他功能改造。将对相关维护信息（例如作为大修的一部分进行的详细的管网老化调查结果）进行分析以重新评估修复所需时间，从而提高主时间表的有效性。

5.3 内涝防治措施

5.3.1 现状与挑战

保护城市免受内涝威胁、提供舒适的城市生活条件、支持社会经济活动是排水管道系统的重要作用之一。东京 23 个区的排水管道设施设计和建造的标准是能处理每小时 50mm 的降雨。从 1999 财年到 2008 财年左右东京实施了"雨水管理快速计划",旨在以有限预算"尽一切可能"防止或减轻内涝破坏。基于此,在建设了调蓄池和其他控制设施的区域,内涝破坏得以有效缓解。

为提高城市防洪安全,大规模建设基础设施(如排水管道干管和泵站),既耗时又耗费资金。近年来,由于全球变暖和其他因素,降雨量超过 50mm/h 的暴雨在当地频繁发生。内涝仍在造成破坏和痛苦,如照片 5.5、图 5.7 和图 5.8 所示。

照片 5.5 大田区上池台内涝(2013 年 7 月 23 日)

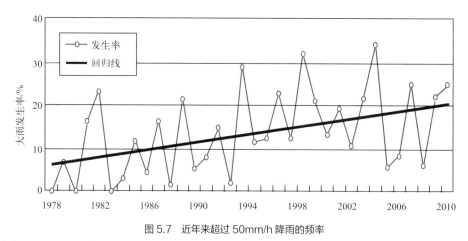

图 5.7 近年来超过 50mm/h 降雨的频率

数据来自:BOUD,BOC 和 BOS(2014),《暴雨防备措施基本政策(修订版)》,城市发展局、建设局、排水管道局、东京都政府(日文)。注意:东京近年来超过 50mm/h 的大雨有所增加。在 1975 ~ 1984 年间,有很多年没有发生超过 50mm/h 的大雨,但是这种大雨的发生频率一直在增加

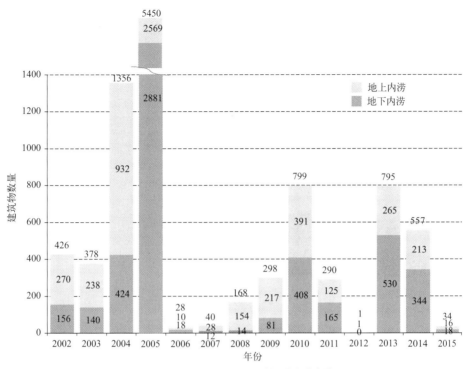

图 5.8 近年来发生的地上和地下的内涝事件

东京的人口和财产高度集中,因此一旦发生内涝,损失往往会很大。在东京,特别是在市中心,大量地下空间以各种形式被利用,例如地下商场、地铁站、建筑物中的半地下房间和停车位等,因此这些地区的淹没风险很高。现已发现地形和地面高度是影响内涝的主要因素。为防止内涝破坏,有必要对这些区域开展径流分析模拟,反映排水管道设施和地形的状态,从而采取有效的结构性措施以及完善非结构性措施,例如提供与这些区域有关的干管水位与降雨信息。

5.3.2 今后的任务

为维持正常的城市功能并使东京成为人们可以安心生活的地方,将根据以下政策实施内涝防治措施。

- 根据 TMG《暴雨防备措施基本政策(修订版)》(BOUD,BOC 和 BOS,2014),将建造能应对最大降雨量 50mm/h 的排水管道设施,以缓解 30 年一遇降雨带来的内涝破坏。
- 在大型地下商场和以往遭受过严重洪涝破坏的地区,将建造更高标准的排水管道设施。
- 为确保安全,还将考虑超过设计基准降雨量的暴雨情况,并且将设计和实施结构性和非结构性措施。

5.3.3 《管理计划》中的主要工作

(1)建设能够应对最大降雨量 50mm/h 的设施(图 5.9)

东京将在 10 个加速改善区(内涝风险高或被反复被淹的地区)建造可处理最大 50mm/h

降雨量的设施，这类设施将在其中 8 个地区开展建设。在 10 个高优先级地区（主要是干渠较浅的河道区域），将改造或新建排水干管类设施。

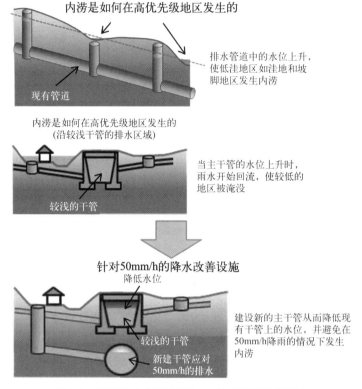

图 5.9　可处理每小时不高于 50mm 降雨量的设施概念图

（2）建设可应对超过 50mm/h 降雨量的设施（图 5.10）

在降雨量超过 50mm/h 的 6 个区域，将加速设施的改造进度并利用现有的调节水库等应对超过 50mm/h 的降雨。

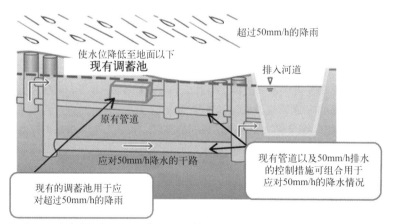

图 5.10　应对超过 50mm/h 降雨的设施改造示例

（3）建设能够应对不高于 75mm/h 降雨量的设施（图 5.11）

在地下商场的排水管道改造区域，应对高达 75mm/h 降雨的设施改造正在进行或已经完成，以防止雨水流入地下商场。在该类别 9 个地区中已有 4 个地区完成了设施的改造工作，其余 5 个地区的改造项目正在进行。在四个城市区域改造区，也将实施设施改造项目以应对 75mm/h 的降雨。

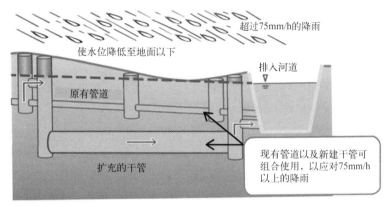

图 5.11 可应对最多 75mm/h 降雨的设施改造示例（市区内的改造区）

（4）非结构性措施

在东京 Amesh（降雨信息系统）改造的同时，高性能雷达的部署和系统更新已于 2015 财年末完成，该系统用于泵站的操作和其他与排水管道有关的活动。2016 年 4 月，东京 Amesh 网站开始发布使用新系统获取的高精度降雨信息。

5.4 抗震措施

5.4.1 现状与挑战

2011 年 3 月的东日本大地震对东北地区及其周边的排水管道设施造成了前所未有的破坏。尽管东京的排水管道服务没有中断，但许多地区的排水管道设施已停止运行。由于需要对排水管道系统的使用进行长期限制，对当地居民造成极大的影响，这也再次凸显了排水管道系统作为生命线设施的重要性。为了对预测已久的东京大地震做好更充分的准备，需要采取各种地震应对措施。

为使排水管道系统具有抗震性，到 2013 财年末，东京对一部分排水管道与检查井之间的连接进行了抗震加固，这些排水管道接收来自避难所和灾难管理基地医院共约 2500 个厕所的污水（图 5.12 和图 5.13）。目前除交通枢纽站和灾难恢复运营中心外，还在新指定的避难所和其他应对灾害的关键设施开展抗震加固，以确保高风险液化地区约 500km 紧急运输道路的正常通行，2010 财年末完成了检查井的防隆起工作。目前，连接避难所和关键安全设施通道的抗震加固工作正在进行。

图 5.12 排水管道抗震加固的概念

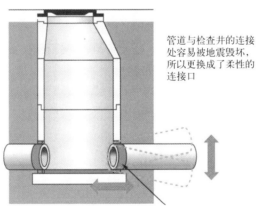

图 5.13 排水管道检查井连接的抗震加固

东京对现有的再生水中心和泵站进行了抗震加固，使之可以承受相当于 1923 年关东大地震水平的地震动。如今，用作避难所或疏散设施的大多数建筑物及其上的构筑物已进行了抗震改造。新的设计确保设施能够承受可能发生的最强烈的地震动。对于机电设备，努力确保在停电的情况下使用应急电源，以及在不需要水的情况下可以运行泵站。

2011 年东日本大地震震感强烈，远超常规预期，由此产生的海啸淹没了电气设备，摧毁了排水管道设施。2011 年 6 月，TMG 成立了由专家和学者组成的地震及海啸引发的洪水防护技术验证委员会，该委员会评估了常规的地震和海啸防护措施，并讨论了未来几年应采取的措施。

2012年8月TMG通过了《地震和海啸引发的洪水防护措施基本方针》。根据这一政策，排水管道局于同年12月通过了《排水管道设施地震和海啸防护措施计划》（BOS，2012）。根据该计划，该局一直在采取措施来增强排水管道设施的抗震性和防水性，以确保即使发生地震动或由强烈地震（例如长期预测的首都圈近场地震）引发地震动或海啸的情况下，这些设施也能继续发挥作用或可以迅速恢复运行。

一些排水管道设施兼作河堤或海堤，例如污水排放管道和排污口。如果地震造成这些设施破坏，可能导致海啸并引发洪水，因此有必要对这些设施进行抗震加固。类似于排水管道设施，东京对河流设施采用了《东部低地河流设施改造计划》，并采取了措施来提高抗震性和防水性。

5.4.2 今后的任务

为了即使在地震直接袭击东京或者发生海啸的情况下也能保持排水管道设施和紧急运输道路的正常运行，依据2016年2月通过的《2016年管理计划》，将根据以下政策采取防震措施。

（1）排水管道等设施的抗震加固

除交通枢纽站和灾难恢复运营中心外，新指定的避难所和关键安全设施等也被纳入需进行抗震加固的设施列表，包括约2000处设施。连接这些设施和紧急运输道路上的检查井也进行了修复，以防止由于液化引起的检查井抬升（防止隆起的机制请参见图5.14）。

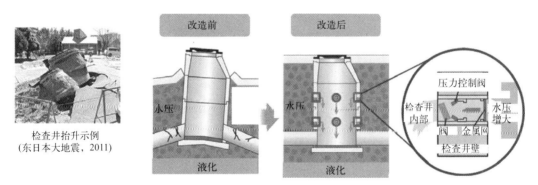

图5.14　修复检查井以防止由于检查井液化引起的水压过大，从而防止抬升

（2）再生水中心、泵站等的抗震加固

为在可能发生的最大地震后仍保证泵站运行、一级处理和消毒等基本功能，以满足设施最低性能要求为目标的抗震加固工作将于2019财年完成（图5.15）。为应对TMG防灾理事会发布的最大海啸高度（东京湾平均海平面+2.61m），将在2016财年末之前基本完成电气和其他设备的防水改造。增强抗震性和防水性的提升措施将根据设施的优先级推进，这些优先级是根据地面高程（例如，东部低地地区具有较高的优先级）等因素确定的。为了确保在诸如停电等紧急情况下电力的正常供应，不仅要采取措施确保应急发电机可用，还要确保操作所需的燃料可以稳定供应。

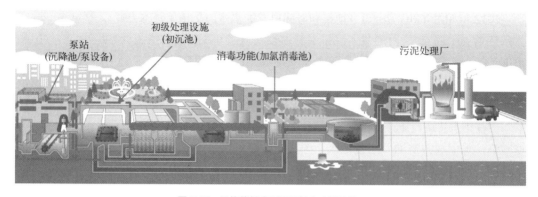

图 5.15 设施能够实现震后基本功能示例
注意：虚线框中显示的是要进行抗震加固的设施

（3）防洪堤等兼作河流设施的抗震加固

对于污水排放管道、污水排放口和其他兼作关键安全设施，如河堤和海堤等的设施进行抗震加固，因为地震对它们的破坏可能导致海啸，进而引发洪水等灾害（照片 5.6）。

（4）再生水中心之间连接管道的建设

再生水中心之间需相互连接，形成一个网络，以便在发生地震时实现水的输送。

照片 5.6 污水排放管道和排污口需要进行抗震加固

5.4.3 《管理计划》中的主要工作

（1）排水管道的抗震加固

计划作为灾难恢复运营中心的大型交通枢纽站以及国家、东京都和各区的政府办公场所、一些滞留通勤者支援站，合计约有 2000 处排水管道区段，都将得到抗震加固。根据当前计划，将会对 1000 处排水管道区段进行抗震加固。防止检查井抬升的措施不仅要在避难所、交通枢纽站和灾难恢复运营中心实施，还要在新指定的避难所和关键安全设施上实施。同时，连接这些设施和紧急运输道路的约 190km 长的道路也将开展防止检查井抬升的工程。

在指定的 2500hm² 居住区（防火区）内，需完成排水管道的抗震加固和检查井的防抬升工作。居住区是指已采取防火措施的总面积约 10000hm² 的指定区域，在这里即使发生火灾也不太可能广泛蔓延，因此不需要整个区域疏散。

（2）提高再生水中心和泵站的抗震性和防水性

为维持再生水中心和泵站的震后基本功能，需在 2019 财年内完成抗震加固以确保其最低运行能力，并继续对其余设施进行抗震加固。东京还将采取防水措施，以保护再生水中心和泵站的电气设备及其他组件免受特定最大高度海啸的影响（图 5.16）。

图 5.16 增强防水性的概念图

（3）再生水中心的管道网络

再生水中心管道网络如图 5.17 所示。其中线路（1）展示了三河岛再生水中心和东部污泥厂之间即将建设的多条污泥运输路线。线路（2）展示了宫城和小菅再生水中心之间即将开始建设的双向污泥运输设施。此类设施将沿三条路线建造，分别是（2）、（3）、（4），其中（4）即将完成。需要进一步改造的是包括落合和宫城再生水中心之间路线在内的三条路线的污泥运输管道，分别是（5）、（6）、（7）。

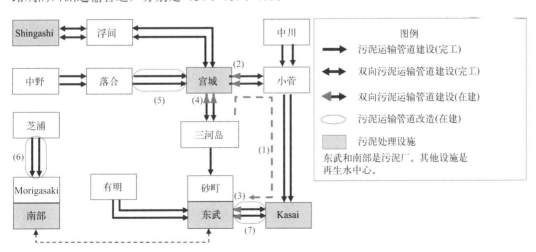

图 5.17 再生水中心网络概念图
（扫封底或后勒口处二维码看彩图）

（4）增加独立电源，为停电或电力短缺做准备

东京计划在 13 个再生水中心安装应急发电机。如图 5.18 所示，为再生水中心引入能够使用煤油和城市燃气的发电机，以便使用多种类型的燃料。东京还将在包括再生水中心在内的 11 个设施中额外安装总容量为 18,000kW 的钠硫（NaS）电池。

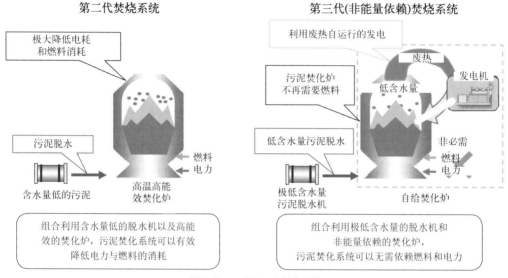

图 5.18　二代和三代焚烧系统

（5）抗震光纤通信网络的使用

东京将升级排水管道局的光纤通信网络，用于远程控制风暴潮隔离闸门的运行（图 5.19～图 5.21）。

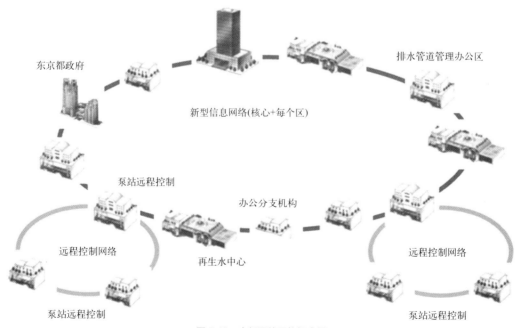

图 5.19　光纤通信网络概念图

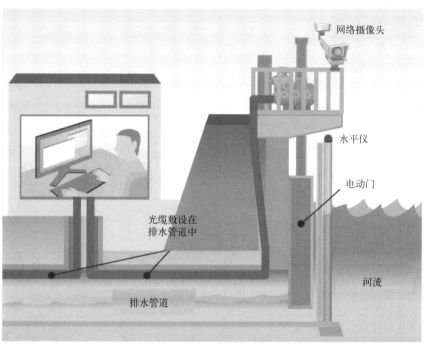

图 5.20 远程控制风暴潮隔离门实现自动化的概念图

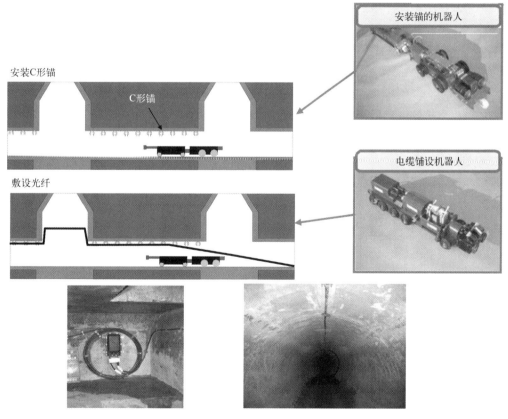

图 5.21 光纤电缆的安装

5.5 水环境改善

5.5.1 现状与挑战

东京区部的排水管道建设正式开始于 19 世纪末。卫生环境改善（例如改用抽水马桶）以及预防内涝等必要性提升是应对社会问题的重要内容，东京建设了能覆盖约 80% 区域面积的合流制排水管道系统。合流制排水管道系统不仅改善了卫生环境，而且能够排放雨水。但是由于污水和雨水是由同一条排水管道输送的，因此当暴雨时，一部分被雨水稀释的污水以及固体废弃物（污染负荷）会进入河流和海洋。

因此，排水管道系统中用于储存污染浓度较高的初期雨水和污水的设施（蓄水设施）以及新的截污干管正在建设，在雨天这些干管将大量污水输送到再生水中心。到 2014 财年已完成约 155km 的截污干管和总容量约 114 万立方米的调蓄设施的建设。大约在 2000 财年到 2008 财年，一项快速见效的短期计划"合流制排水系统快速改善计划"实施。东京根据该计划采用系统性措施，防止油球（oil ball）（家庭和饭店使用的动植物油在排水管道表面沉积形成的固体废弃物）和其他固体废弃物的外流，同时对排水管道进行清理。

《排水管道法实施条例》要求到 2023 财年之前，每个片区雨天排放的污水 BOD 浓度（生化需氧量）应降至 40mg/L 或更低。这意味着必须不断加快推进计划的实施。与雨水排放口的蓄水设施建设有关的许多问题仍待解决，例如获取建设土地等。

5.5.2 今后的任务

为减少从合流制排水系统向河流和海洋中排放的污染负荷，需要根据以下政策在再生水中心、雨水排放口和其他相关设施中采取改善措施。

- 采取有效措施，以达到《排水管道法实施条例》规定的雨天处理水质标准，该标准将在 2024 财年得到提升。
- 继续在受潮汐影响和水流停滞河段的 14 个水体建设蓄水设施。
- 建设总容量为 $1.5 \times 10^6 m^3$ 的蓄水设施及其附属设施，加快合流制排水系统改造，为 2020 年东京奥运会和残奥会做好准备。
- 未来，从合流制系统排放出的污水污染负荷需降低至与分流制污水系统排水同等的水平。

5.5.3 《管理计划》中的主要工作

为满足《排水管道法实施条例》的要求，需要建造设施储存污染浓度高的初期雨水，总容量约为 260,000m³。需要加强与有关各区的密切合作推进这些蓄水设施的建设。并采取措施将污水排放到河流和海洋等大型的水体中，这些水体具有较好的自净化能力。

在 11 个合流制再生水中心中，有 6 个再生水中心（如 Sunamachi 再生水中心）将通过改造现有沉淀池建设可高效运行的高速过滤设施（如图 5.22 所示）。另有 5 个再生水中心将通过对现有设施的小幅度改造建设可有效利用的存储设施。通过存储设施与高速过滤设施的结合，加速推进排水管道系统的升级。预计至 2019 财年末，将达到 150 万立方米的存储容量，相当于达到《排水管道法实施条例》要求总存储容量的 90%。

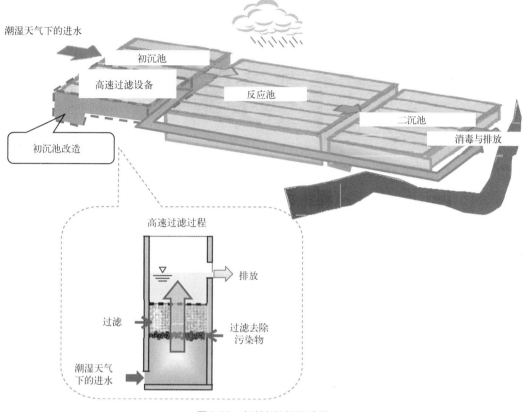

图 5.22　高速过滤过程概念图

5.5.4　迄今为止取得的成效

储存初期雨水的设施已建造完成，其中包括水面控制设备（图 5.23）。结果显示，在雨天条件下向受纳河流排放雨水的频率降低了约 70%（如图 5.24 所示）。另外，控制油球流出的措施也已基本完成。

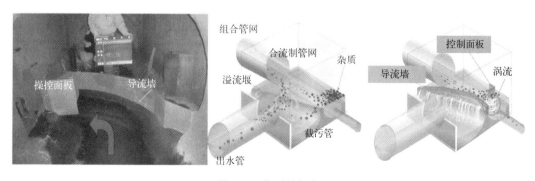

图 5.23　水面控制设备

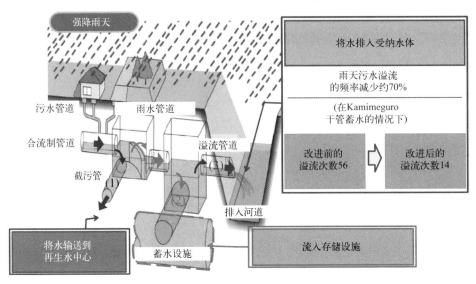

图 5.24 初期雨水调蓄设施示意图

5.6 减少环境负荷

5.6.1 污水深度处理

5.6.1.1 现状与挑战

为应对东京湾富营养化问题，自 1996 年以来一直在进行氮、磷减排的相关工作，例如在有明等再生水中心分阶段引入深度处理工艺。为响应《确保东京市民健康与安全的环境条例》(《东京都环境保护条例》)对出水水质的严格要求，2008 财年，深度处理设施作为水处理设施的一部分在两个再生水中心（砂町和森崎）投入运营。

人们正在努力通过减少氮、磷排放来改善水质。自 2010 财年以来东京还引入了半深度处理工艺，该工艺通过对原工艺简单的修整就能改善水质。但尽管付出了这些努力，东京湾赤潮事件的频率和持续时间并未减少，因此有必要进一步减少氮和磷的排放。

为处理等量的污水，深度处理需要更大的处理设施，对现有设施进行改造以满足深度处理要求会非常耗时且成本高昂。尽管深度处理在改善水质方面非常有效，但比传统处理过程耗电更多，并因此增加了温室气体的排放。这些都是引入深度处理方法所面临的挑战。为解决这些问题，排水管道局开发了一种新的深度处理技术，可以改善水质并节约能源。这种新工艺在 2014 财年开始引入，可以在许多现有设施中应用，将有助于以较低的成本迅速改善水质（表 5.2 和图 5.25）。

5.6.1.2 今后的任务

为进一步提高排放到东京湾、墨田区和其他河流的处理水质并帮助营造商品品质的水环境，东京将根据以下政策持续改善水质。

表 5.2 深度处理工艺比较

处理工艺比较（假设传统工艺 =100）			
方法	项目		
	处理后水质	电力消耗	处理能力
1. 传统工艺（标准工艺）	氮：100 磷：100	100	100
2. 半深度处理	氮：85 磷：50	100	100
3. 深度处理	氮：65 磷：40	130	63
4. 新型深度处理	氮：65 磷：40	100 或更少	63～75①

① 技术研发时的测算结果。

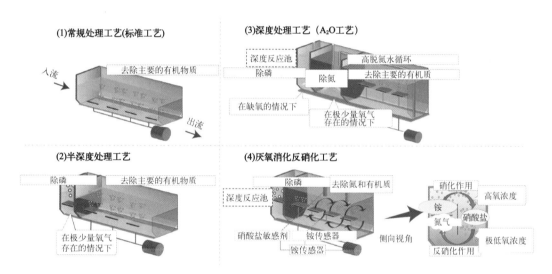

图 5.25 处理工艺比较

- 引入一套半深度处理工艺。与传统处理工艺相比，该处理方法可以对现有设备进行改造后使用，并且可以在不增加电耗的情况下在一定程度上改善水质。
- 如果半深度处理工艺不足以实现水质改善目标，将引入可实现水质改善和节能目标的新型深度处理工艺。
- 对于无法引入新型深度处理工艺的设施，将开发引入新的技术。

5.6.1.3 《管理计划》中的主要工作

（1）运用半深度处理工艺

在更换设备时，将优先改造现有设备从而使用半深度处理工艺，以便在不增加电力消耗的情况下尽快实现水质改善目标（涉及包括新河岸在内的六个再生水中心）。

（2）引入新的深度处理工艺

如果半深度处理工艺不足以实现水质改善目标，将在更换设备时，在既有设备中引入既可改善水质又可节能的厌氧硝化-反硝化工艺，在实现深度处理的同时将成本降至最低（涉及包括葛西❶在内的三个再生水中心）。

（3）开发新技术并改善运营流程

对于无法采用厌氧硝化-反硝化的设施（例如浅反应池），将努力开发和引入新的技术，并设计更好的操作和管理方法来提高处理水质。

5.6.2 污泥处理

5.6.2.1 现状与挑战

在东京区部，13个再生水中心产生的污泥被送往5个地点，这些污泥主要通过浓缩、脱水和焚烧等方式处理。市政污泥焚烧灰可作为水泥材料或分级灰渣等资源进行回收利用，以帮助创建一个资源回收利用导向的社会，并延长垃圾填埋场的寿命。

2011年3月的东日本大地震导致一部分沿海的污泥处理设施暂时停运，因此只能将一些污泥转移到其他再生水中心。这次事件凸显了更可靠、更有效地处理污泥的重要性。对于污泥输送管道，有些区段尚未建设多余的管道，而其他区段则出现由于管道老化而性能降低的迹象，这些都是需要解决的问题。由于污泥处理设施消耗大量能源，因此有必要通过优化再生水中心之间污泥的分配来减少能源消耗。

由于福岛第一核电站核事故造成放射性物质释放，焚烧灰渣的可回收率大大降低，必须进行填埋处理。目前放射性水平已经下降，回收利用已经恢复，但是回收率尚未恢复到地震前的水平。

5.6.2.2 今后的任务

为适当处理处置污泥以确保未来几年的污水处理能力，助力环境友好型城市建设，将根据以下政策提高污水处理的可靠性和效率。

- 采取措施提高地震或故障发生时污泥处理的可靠性，例如在再生水中心之间建设双向污泥运输设施。
- 继续改造老化的污泥运输管道。
- 建设污泥处理关键站点使污泥在再生水中心之间合理分配，从而使污泥得到有效处理并提供备用功能。
- 在确保安全的情况下回收污泥，以延长垃圾填埋场的寿命。

5.6.2.3 《管理计划》中的主要工作

（1）加强污泥处理的风险管理

东京将通过在现有污泥管线上切换输送方向的方法，使三河岛污泥厂和东武污泥厂之间的污泥运输路线拥有多线功能。还将在包括宫城和浮间再生水中心连接线在内的四条路线上建设双向污泥运输设施，其中一条路线的设施即将完工。

包括落合和宫城再生水中心连接路线在内的三条路线上的污泥输送管道将进行改造。

---

❶ Kasai 葛西再生水中心，原文 Sakai 疑似笔误。

为提高可靠性和可维护性，污泥输送管道将被改造为"管中管"的结构，如图5.26所示。

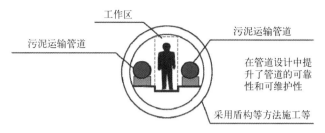

图5.26　污泥输送管道改造示意图

（2）建设污泥处理关键站点以提高污泥处理效率

宫城再生水中心将建设一个污泥处理关键站点，以在再生水中心之间适当分配污泥，进而提高污泥焚烧炉的运行效率并确保污泥处理的有效性。

5.6.2.4　迄今为止取得的成效

（1）处理量

截至2016年4月，东京区部的污水由13个再生水中心进行处理，2015财年的污水处理量约为$16.8×10^8m^3$，相当于每天约$4.58×10^6m^3$，足以填充3.7个东京巨蛋棒球场（表5.3）。污泥被运往5个再生水中心（宫城、葛西、新河岸、砂町和森崎，其中仅在砂町和森崎进行污泥浓缩）以及2个污泥厂。产生的泥饼会进行焚烧。每天处理的污泥量约为$16×10^4m^3$，平均每天产生的脱水污泥量约为2540t。

（2）再生水中心的水质控制

下文列出的标准规定了排放到河流或海洋中的污水出水水质。为达到这些标准，再生水中心会监测进水水质并控制出水水质。

a.《排水管道法》（技术标准）

第8条规定，根据《排水管道法实施条例》第6条制定标准值。

b.《水污染控制法》（监管标准）

根据《水污染控制法》第3条第1款规定，由环境省制定污水排放质量标准值；根据同一法律第3条第3款规定，由东京都条例规定标准值（下文将使用）。

c.《确保东京市民健康与安全的环境条例》（监管标准）

由上述条例第68条规定标准值。

污水排放质量也受到其他法律的约束，例如《二噁英特别措施法》。《水污染控制法》还规定了按COD、氮和磷污染负荷总量计算的污水排放质量要求。

（3）处理后的水的利用

东京的多摩川等当地水源已被完全开发，因此东京不得不依赖利根川等其他水源。由于河流流量降低，东京的取水有时会受到其他都道府县取水的限制，因此较难确保东京有稳定的水源。

污水经过处理后的水量大且水质稳定，因此被广泛用于再生水中心和泵站的洗涤及冷却。利用处理后的水的历史可以追溯到1955年，当时从三河岛再生水中心向附近的一家造纸厂

表 5.3 再生水中心（区部）污水/污泥处理结果（2015 财年）

再生水中心	处理量							
	污水处理 /m³		污泥处理 /m³		脱水污泥 /t			焚烧污泥 /t	
	年度	日均	年度	日均	年度	日均		年度	日均
芝浦	237488650	648880			泵送至南部污泥厂（通过森崎）				
三河岛	154428820	421940			泵送至砂町				
中川	66214370	180910			泵送至葛西（通过小管）				
宫城	68599380	187430	1595540	4360	20721	57		20721	57
砂町	141436830	386440	697090	1900			在东部污泥厂脱水焚烧		
东部污泥厂			15028945	41060	253401	692		224485	613
有明	5555560	15180			泵送至砂町				
小菅	83531110	228230			泵送至葛西				
葛西	113990190	311450	11899670	32510	158305	433		158305	433
落合	127473500	348290			泵送至砂町（经过宫城和三河岛）				
中野	9488450	25920			泵送至（经过落合、宫城和三河岛）				
浮间	51883020	141760			泵送至新河岸				
新河岸	194807340	532260	5052080	13800	120760	330		120760	330
森崎	420622630	1149240	8400100	22950			在南部污泥厂脱水焚烧		
南部污泥厂			17014170	46490	377636	1032		377636	1032
合计	1675519850	4577930	59687595	163070	930823	2544		901907	2465

注：在南部污泥厂的碳化设施中，每年产生的脱水污泥中有 28916t 被碳化。

尝试供应了处理后的水。如今,处理后的水已有多种用途(例如,在废弃物处理设施中用作冷却水)。

使用深度处理方法进一步处理后,再生水作为一种新型的城市水资源被高度重视,已广泛用于冲厕、洗车和其他用途。自 1984 财年起,处理后的水就开始用作西新宿地区供水项目。截至 2015 财年末,已向 7 个地区的 188 座设施提供经过处理的水(表 5.4 和照片 5.7)。

表 5.4 处理后的水 / 再生水的使用者及用途(排水管道局以外)

(2015 财年)

再生水中心	类型	主要使用者	主要用途	供应量 /m³
森崎	处理后的水	废弃物处理设施(品川、大田),国土交通省等	冷却、冲洗、洒水降尘等	72943
全部再生水中心		公共组织等	工厂运行、清洗、洒水降尘等	1132212
总计				1205155
芝浦	净化水	品川站东出口、大崎、汐留、永田町,以及霞关、八潮、东品川地区的再生水利用事业	当地建筑物的厕所冲水等	1714043
		御成桥	园林绿化	60825
落合		西新宿和中野坂上地区再生水利用项目	当地建筑物的冲厕设施等	1226394
		环境局(城南地区的三条河流)	河流恢复	30114250
有明		东京临海副中心地区再生水利用项目	当地建筑物的厕所冲水等	779768
总计				33895280

新宿副中心

用再生水清洗列车

照片 5.7 处理后的水 / 再生水的主要利用方式

5.7 危机管理

为确保即使在发生灾难或严重事故时排水管道系统仍能继续运作，应启动并加强应急准备，以便在紧急情况下能够迅速采取恢复措施。同时，应与地方市政当局合作，加强排水管道备灾措施相关工作。此外，为了保护生命和财产免受地震、洪水和其他灾害的影响，应努力加强关于风险的宣教，提升用户的应对能力。

5.7.1 建立或加强紧急恢复准备工作，以确保排水管道系统正常运行

（1）促进东京都从地震等灾难中恢复的准备

排水管道局已草拟一份《防震及应对手册》。一旦发生地震，该局将在 TMG 应急总部（或灾害警报总部）下设立自己的应急总部。还将定期进行实战演练，系统培训能够迅速、妥善应对突发事件的人员。

排水管道局正在加强与东京都污水处理服务公司及合作伙伴组织的三方合作。东京都污水处理服务公司主要参与监督和管理排水管道局的有关活动。合作伙伴组织是由排水管道维护和相关承包商组成的私营组织，已与排水管道局就紧急恢复工作签订了协议。该合作有助于迅速开展排水管道的紧急修复工作。

该局也一直致力于加强与地方政府的沟通及合作，并根据指定城市之间的协议和国家排水管道服务应急援助规则做好应急准备。通过应急演练等工作，该局将继续加强沟通合作网络的建设。

（2）加强危机管理，做好应对流感等传染病新毒株暴发的准备

2010 年 12 月，《排水管道局业务连续性计划：新流感毒株》通过，以确保即使在新流感毒株或其他传染病暴发的情况下，也能组织监管机构和承包商开展支持、协调和合作。

5.7.2 与市政当局合作加强防灾措施

（1）针对大城市近场地震等灾害应对措施

为确保紧急情况下厕所的可用性，并做好避难区内没有足够多厕所的准备，排水管道局在避难所附近指定了检查井，可在此处设置不需要收集或运输生活污水的临时厕所。经与有关单位协商，检查井的选择需要确保已完成抗震加固，并且污水流量较大，能够防止生活污水积聚，从而不干扰交通或紧急活动地区。

截至 2014 财年末，东京 23 个区已指定约 6200 个可设置临时厕所的检查井，并与其他有关组织合作，增加此类检查井的数量。根据东京的区域防灾计划，避难所的生活污水将由有关市政当局收集和运输，并在排水管道局的再生水中心处理。

在东京各区，生活污水将在大管径污水干管的检查井处被接收，因为这些干管不太可能遭受严重的地震破坏，且污水流量高到足以防止生活污水的积聚，并且不会干扰交通。在 23 个区内，共指定了 71 个这样的检查井。为确保在紧急情况下也能进行有效的生活污水接收与运输，该局还进行了多次应急演习（照片 5.8 和照片 5.9）。

照片5.8 与有关市政当局合作进行的生活污水运输演习　　照片5.9 紧急情况下使用的生活污水接收点

（2）信息共享等防洪措施

将有盖板的河流和水渠用作排水管道干管，往往会导致雨水聚集从而引发内涝。因此，可以将水传感器安装在污水干管内，并通过排水管道局的光纤通信网络来向有关各区办公室发送水位信息，以协助防洪活动。这种信息共享始于2002年6月，当时将排水管道水位信息首次提供给品川区。截至2015财年末，此类信息已提供给6个区。中野区和练马区利用从排水管道局收到的关于桃园川和Tegara川干线的水位信息帮助用户了解日常生活中的灾害风险，主要方式是在实时信息公告板上发布相关信息或在有线电视上广播。

为提前告知用户洪水风险，帮助防汛部门编制洪水灾害地图，排水管道局与河流管理人员合作，编制并发布了显示陆地侧和河流侧洪水风险的淹没风险图。2001年8月，TMG发布了神田川流域淹没风险图。截至2006财年末，TMG已公布东京区部所有流域的淹没风险图。根据这些淹没风险图，到2015财年末，东京所有特别区的洪水灾害地图已经公布。

5.7.3　加强风险沟通，以更好应对灾害

（1）告知用户

日本的雨季是从6月开始的。在宣布6月为"防汛宣传月"后，排水管道局发布了如何应对雨季的信息。该局的工作人员还走访了洪水多发地区的半地下房屋，并要求居民自愿采取安全措施，以便为暴雨的来临做好准备。该局同时努力传播相关信息，例如在发布有关新排水管道设施资料的同时开展宣传活动。

为了帮助用户采取安全措施更好应对洪水风险，该局提供了来自东京Amesh（降雨信息系统）的降雨信息，许多用户都使用该系统。到2015财年末，多参数雷达系统已经投入使用，该系统可从水平和垂直方向对降雨进行高分辨率三维观测。2016年4月该雷达系统投入运行，精细网络（500～150m）几乎覆盖整个东京地区。降雨强度标度从8级细化到10级，通过显示早期降雨事件（常规观测方法无法检测到），可以检测到突发性降雨的前兆，逐步提高了降雨信息的准确性。

（2）传播有关灾害或事故的准确信息

迅速收集与灾害有关的信息以及排水管道局的回应，辅助用户进行判断。规范排水管道系统使用程序的工作也在进行中，如果排水管道设施遭到严重破坏，用户和有关组织也

应当开展合作，共同支持排水管道修复。排水管道局也正在致力于建立一个咨询系统，以便用户在住户排水系统受损时进行咨询。

5.8 以远见卓识、科学管理、迅速行动来增强弹性

东京排水管道系统的历史可以追溯到一个多世纪前。随着东京城市化进程的推进，社会对排水管道系统的需求从改善生活环境、防止洪水泛滥、保护公共水域水质等基本功能演变到满足灾后恢复、污水资源深度处理和循环利用、节能减排等更加多样、完善的需求方面。

作为负责管理世界范围内最复杂的现代排水管道系统之一的地方政府机构，排水管道局正在努力提高其组织能力，以加强其预测和应对新挑战的能力。这些能力是可持续发展的强烈愿景，是进行排水工程科学管理的必要支撑。通过回顾先前提及的许多管理方案（例如1970年的"东京开阔的空间和蓝天"计划、1992年的"第二代排水管道系统总体规划"，以及2010年关于全球变暖预防措施的"地球计划"）可以发现，可持续发展显然一直是东京发展排水管道系统的核心原则。这种发展理念使东京的排水管道系统能更好地应对变化和干扰。

科学管理作为一种组织能力，保证了排水管道工程高效有序的运行。本章讨论了利用资产管理技术改造老化的排水管道、在经济使用寿命内更换老化的排水设施设备、防震措施实施、防洪模拟研究等实例以及加强防灾措施的各种信息共享技术。

最后，组织执行力是解决问题的关键。如果不采取行动，任何愿景或管理方案都是无用的。为确保整个工程能够迅速投入运行，东京的排水管道改造和其他防损措施始终优先考虑老化问题严重、淹没或液化风险高的地区。此外，管理计划也会定期修订，以解决新出现的问题。一个典型例子是，1999~2008年在困难的财政形势下实施了三项快速计划，以解决紧急问题（洪水、排水管道老化、环境污染），"尽可能做到一切"的概念简洁明确地显示了其宗旨。

通过预测未来几年的发展方向，并迅速对新出现的挑战做出应对，东京将建设能够支持日本首都日常生活和商业活动的稳健而有弹性的排水管道系统，保护首都功能免受大地震、台风和洪水等的自然灾害的威胁，并在经济和社会损失变得严重之前迅速自我恢复。

参考文献

BOS, 1992. Second Generation Sewerage Master Plan. Bureau of Sewerage, Tokyo Metropolitan Government, Tokyo (in Japanese).

BOS, 2001. Sewerage Scheme 2001. Bureau of Sewerage, Tokyo Metropolitan Government, Tokyo (in Japanese).

BOS, 2004a. 2004 Management Plan for Sewer Projects in Tokyo. Bureau of Sewerage, Tokyo Metropolitan Government, Tokyo (in Japanese).

BOS, 2004b. New Stormwater Management Quick Plan. Bureau of Sewerage, Tokyo Metropolitan Government, Tokyo (in Japanese).

BOS, 2004c. New Reconstruction Quick Plan. Bureau of Sewerage, Tokyo Metropolitan Government, Tokyo (in Japanese).

BOS, 2004d. New Combined Sewer Improvement Quick Plan. Bureau of Sewerage, Tokyo Metropolitan Government, Tokyo (in Japanese).

BOS, 2007. 2007 Management Plan for Sewer Projects in Tokyo. Bureau of Sewerage, Tokyo Metropolitan Government, Tokyo (in Japanese).

BOS, 2010. Earth Plan 2010: A Plan for Global Warming Prevention Through Sewer Improvement. Bureau of Sewerage, Tokyo Metropolitan Government, Tokyo (in Japanese).

BOS, 2012. Improvement Plan for Sewer Facilities for Protection From Earthquakes and Tsunami. Bureau of Sewerage, Tokyo Metropolitan Government, Tokyo (in Japanese).

BOS, 2013a. 2013 Management Plan for Sewer Projects in Tokyo. Bureau of Sewerage, Tokyo Metropolitan Government, Tokyo (in Japanese).

BOS, 2013b. Emergency Plan for Storm Sewer Improvement. Bureau of Sewerage, Tokyo Metropolitan Government, Tokyo (in Japanese).

BOS, 2014a. Smart Plant 2014: Energy Master Plan for Sewer Projects. Bureau of Sewerage, Tokyo Metropolitan Government, Tokyo (in Japanese).

BOS, 2014b. Equipment Reconstruction Master Plan. Bureau of Sewerage, Tokyo Metropolitan Government, Tokyo (in Japanese).

BOS, 2015. 2014 Annual Report. Bureau of Sewerage, Tokyo Metropolitan Government, Tokyo (in Japanese).

BOS, 2016a. 2016 Management Plan for Sewer Projects in Tokyo. Bureau of Sewerage, Tokyo Metropolitan Government, Tokyo (in Japanese).

BOS, 2016b. Summary of Business 2016. Bureau of Sewerage, Tokyo Metropolitan Government, Tokyo (in Japanese).

BOUD, BOC and BOS, 2014. Basic Policy for Heavy Rain Preparedness Measures (Revised). Bureau of Urban Development, Bureau of Construction, and Bureau of Sewerage, Tokyo Metropolitan Government, Tokyo (in Japanese).

OGPP, 2014. Tokyo Long-Term Vision. Office of the Governor for Policy Planning, Tokyo Metropolitan Government, Tokyo (in Japanese).

6 通过技术创新提高排水管道改造的结构弹性

6.1 排水管道老化问题及弹性增强措施概述

6.1.1 排水管道老化问题

与排水管道有关的主要问题可以大致分为三类：管道老化、强降雨影响和地震影响。本节阐述了东京排水管道在面临管道老化、强降雨和地震时可能会遇到的一些问题与挑战。

1994 年，东京 23 个区的排水管道覆盖率达到近 100%。在总长约 16000km 的排水管道中，有近 11%（约 1800km）的管道使用寿命超过法律规定的 50 年，并且未来几年这个比例将迅速上升。排水管道老化可能引起的问题包括道路塌陷和排水能力下降。照片 6.1 展示了排水管道的顶板，其加固钢筋在表面覆盖的混凝土脱落后已大量暴露。照片 6.2 展示了一段损坏且发生位移的侧管。

照片 6.1 排水管道损坏（大型矩形管道）
（BOS，2004）

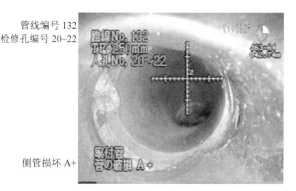
照片 6.2 排水管道损坏（小直径圆形管道）
（BOS，2004）

如果这种已经劣化或损坏的排水管道得不到及时修复，则其受损程度会因上方持续作用的交通荷载而不断加剧，从而导致管道更严重的损坏，例如结构失效、泥沙流入或道路塌陷。排水管道的目的在于输运污水同时防止污水泄漏和地下水入侵。管道一旦损坏，可能会使大量排水泄漏,然后渗入周围土壤并造成环境污染;或者使地下水入侵,导致污水流量增加,这可能导致污水流量超出处理设施的处理能力。

图 6.1 说明了排水管道的破损是如何导致道路塌陷的。一旦发生管道损坏、接头错位或主侧管连接不良的情况,管道周围的回填物会与地下水一起流入管道中,导致排水管道上的回填物变松。假如这种松动持续发生,则管道上方地面会形成空洞,并且当交通负荷超过道路路面的承载能力时,管道上的道路就会塌陷。自 1995 年排水管道改造项目实施以来,东京 23 区有关排水管道引发的道路塌方事故数量逐年减少。即便如此,每年仍然有约 530 次道路塌方事件发生。因此,东京迫切需要维护和修复老化的排水管道,以防止塌方事故的发生。

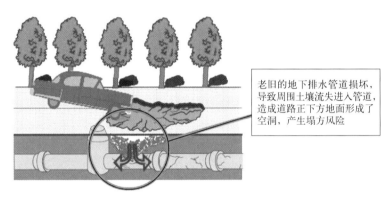

图 6.1　道路塌陷是如何发生的(BOS,2004)

让我们来看一个地震引起的排水管道破损的例子。2011 年的东日本大地震导致浦安市和千叶市(靠近东京 23 区)发生土壤液化。图 6.2 表明了这种土壤液化造成的排水管道损坏类型。如图 6.2 所示,损坏不仅包括管道破裂,还包括接头位移和下垂。由于检查井的抬升、位移,以及土壤通过受损的主干管/支管接头流入,加剧了管道的损坏,导致现有的排水管道无法正常使用。考虑到损坏程度,浦安市最终通过挖掘和拆除原有的污水管道,并安装新的污水管道来恢复其排水管道系统。

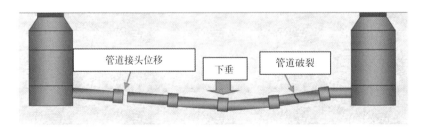

图 6.2　地震引起的排水管道损坏类型(Fukatani,2012)

据预测,未来 30 年在东京发生二级地震(即日本气象厅的地震烈度等级为 6 级或更高的地震)的可能性为 70%。考虑到这一点以及东京排水管道的老化情况,东京迫切需要采取地震防备措施。

同时,洪水风险不断增加,一方面原因是用于铺设排水管道的大规模土地开发增加了径流系数,另一方面原因是近年来由于全球变暖导致极端降雨事件频发。如图 5.7 所示,从

1978 年到 2010 年期间，降雨量超过 50mm/h 的大雨发生频率明显增加。因此，除了解决老化的排水管道问题和地震风险外，增加排水管道排水能力也很重要。

6.1.2 排水管道弹性措施的概念

第 6.1.1 节描述了排水管道治理面临的挑战，其中包括了老化管道的维护和修复，防止地震引起的损坏和移位以及提高排水能力以应对暴雨。本节简要介绍了为解决这些问题应采取措施的基本概念（Horoiwa 等，2009）。

当维护或修复老化的排水管道时，仅靠改善或修复老旧部分是不够的，重要的是设法改善整个管道系统的功能，并建立一个易于维护的健全系统。该系统应能满足新建排水管道的设计需求和不断变化的社会需求，并经得住各种自然灾害带来的考验。为了有效利用有限的财政资源和工程师来增强排水管道系统的弹性，保障排水管道改造项目的高效推进是十分有必要的。基于这些考虑，东京都政府（TMG）在规划排水管道的修复时，会评估设施的老化程度和功能，并评估项目的优先级，以最大程度地降低总体成本。

TMG 的基本政策是评估现有设施的物理情况、管道性能和经济性，并充分利用仍可使用的管道。通过适当地进行日常检查和维护活动，最大程度地延长老化设施的使用寿命并降低成本。为此，TMG 一直致力于开发用于勘测、监测、分析和诊断的管道技术，以及用于功能扩展和老化设施更新的各种修复和改造技术。

由于土壤液化引起的检查井抬升和管道-检查井接头损坏是地震导致的排水管道损坏的主要类型。为了有效预防这些类型的管道损坏，TMG 开发了图 6.3 中所示的防止检查井抬升方法（无浮点法，Floatless Method）和图 6.4 中所示的柔性结构法（Garigari-kun），并且一直在努力推广这些方法。

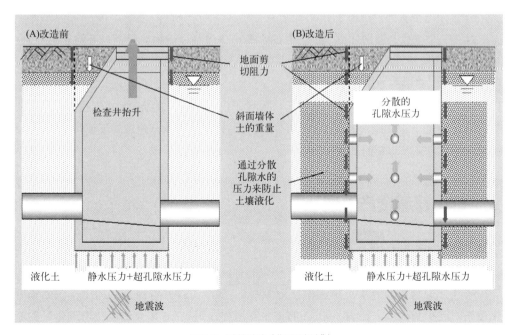

图 6.3　防抬升法（"无浮点法"）

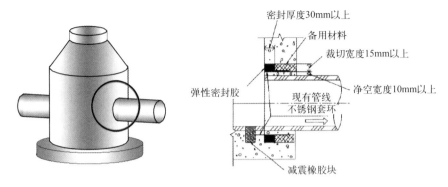

图 6.4　柔性结构法（"Garigari-kun"）

现有排水管道的设计建造并未考虑地震的影响。在发生地震时，地面移位会导致管道在横向和纵向上的形变，因此迫切需要采取纠正措施以防止地震时出现隐患。照片 6.3 给出了一个由地震引起的管道水平位移导致的混凝土管被剪切破坏的例子。照片 6.4 展示了由地震引起的管道水平位移造成球墨铸铁管接头错位的示例。

照片 6.3　混凝土管的剪切破坏

照片 6.4　球墨铸铁管接头错位

应对第三个挑战（即增加排水能力）的主要措施包括建造增容管道、旁路管道和水库，TMG 正在系统地建设此类设施。对管道本身进行改造（例如更改管道坡度和减少内部表面粗糙度）也可以提高排水能力。

因此，为了改造老化的排水管道系统，TMG 不仅系统地实施维护和更新措施，而且还采取一系 1R 列方法来提高管道抗震能力和排水能力，旨在构建具有弹性的现代排水管道系统，以应对各种社会需求与新的挑战。

6.2　排水管道资产管理

6.2.1　资产管理办法

1994 年东京区的排水管道覆盖率接近 100%，如今与排水管道有关的工作主要集中在老化设施的维护和改造。在 16,000km 的排水管道中，超过 50 年（法定使用寿命）的老化管道的总长度约为 1800km（11%），这是造成每年约 530 起道路塌方事件的主要原因。

为了可持续地维持或提高排水管道服务水平，有必要进行适当的维护工作并系统地实施管道修复和改造等项目。为了提高投资效率，TMG 正在采用资产管理技术（体现在如何平衡项目的工作量，避免高峰期过度集中；如何在控制成本的前提下推进项目；以及如何在制定计划时充分考虑实际执行者能力和资金的可获得性），来制定中长期改造计划，如图 6.5 所示。

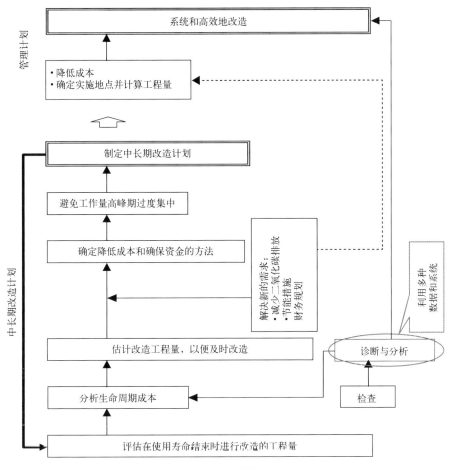

图 6.5　资产管理流程

1982 年，TMG 开始使用摄像头对小口径管道进行内部检查，这些管道太小而无法由检查员进行目视检查，其所获得的检查结果已用于管道状况的诊断和分析。随着老化排水管道的总长度逐年增加，寻找提高检查效率和准确性的方法也成为一项重大挑战。因此，1996 年，TMG 开始基于现有的登记系统，开发一种更实用的系统，对所获得的管道图像和损坏数据进行综合管理。该系统当前被用作有效资产管理的工具。

6.2.2　与资产管理相关的登记系统概述

TMG 目前正在使用污水处理地图和信息系统（SEMIS）作为维护管道设施的核心系统。SEMIS 于 1985 年被开发，是日本首个污水处理信息系统。SEMIS 作为一种综合信息系统，能够支持与污水处理相关的各种服务，包括规划、设计和维护，这些年 SEMIS 各方面的性能都得到了持续的改进。

　　SEMIS 具有许多基本功能，包括用于从地址或其他信息中检索工程图数据的工程图搜索功能；用于污水流向的下游／上游跟踪功能；以及用于自动计算流量和其他详细信息的流量计算功能；同时，SEMIS 还具有与 TMG 开发的管道诊断系统等相互关联耦合的功能。

　　管道诊断系统的运作流程是：首先将基于摄像机检查获得的破损、裂纹和其他损坏数据导入 SEMIS，并根据损坏程度分配权重，并计算损坏分数。然后，系统会进行成本比较，同时考虑损坏分数、管道材料和管道使用年限，以便将每个损坏区域划分为需要部分维修的区段"待修复"）和需要修复或更换的路段（"待改进"，优先级 1-3）。在后一种情况下，区段是指从上游到下游的相邻检查井之间的管道的跨度。

　　根据结果，管道诊断系统执行一系列功能后，将会生成和显示"待改进／待修复"截面图，该图显示了以颜色编码来显示排水管道的跨度，如图 6.6 所示。通过积极利用前面提到的检查数据以及排水管道信息和诊断系统，可以使超出设计使用寿命的排水管道保持良好运行状况。相反，此举也可能会提示，未达到其使用寿命的排水管道需要提早维修，以延长其使用寿命。应用这种方法可以降低改造工作量的峰值。

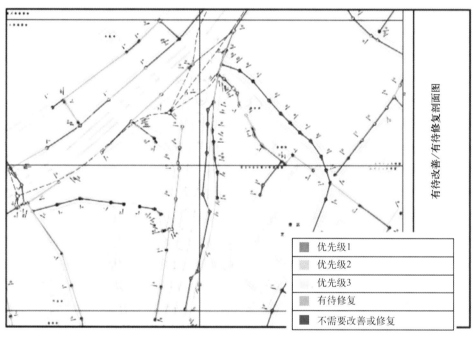

图 6.6　待改进／待修复截面图（管道诊断系统）
（扫封底或后勒口处二维码看彩图）

　　在进行分支排水管道改造时，TMG 使用一种考虑全生命周期成本的资产管理技术。根据过去建筑成本和维护成本与使用的年数之间的关系，计算出作为全生命周期成本一部分的年平均成本，并将计算出的最小化成本的年限指定为经济使用寿命。该概念如图 6.7 所示，其中假定通过适当维护可以将 50 年的法定使用寿命延长大约 30 年，通过合理规划在排水管道 80 年的经济使用寿命内进行改造，可以将作为全生命周期成本一部分的年平均成本降到最低。TMG 根据这一概念制定的改造计划如图 6.5 所示。

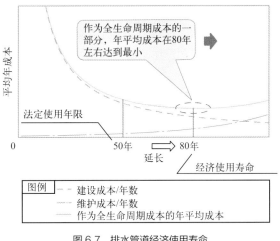

图 6.7　排水管道经济使用寿命
（扫封底或后勒口处二维码看彩图）

6.3　存量排水管道的健全性评估方法

在 1982 年采用基于摄像机的检查方法之后，TMG 以模拟摄像机录制的录像带形式对收集的数据进行了管理。但是，由于收集到的数据量极大，检查排水管道状况花费了很长时间，以致数据无法有效地用于规划和设计改造工作。因此，TMG 开发了三种用于评估管道结构健全性的新技术：①镜面式闭路电视（CCTV）摄像系统，可提高管道内检查的效率和准确性；②管道内表面测绘系统，该系统提高了检查结果的应用效果；③管道检查和诊断支持系统，减少了评估管道内表面损伤所需的时间，并提高了评估准确性。下面描述了该系统的细节情况及其开发背景。

6.3.1　技术开发背景

为了有效地执行资产管理，必须解决妨碍常规管道内检查的许多问题。

（1）提高检查设备（CCTV 摄像机）的准确性，并改进诊断分析技术

a. 对于使用常规镜头进行系统模拟的 CCTV 摄像机，必须对角拍摄管道内表面，这会使检查员难以检测到裂纹等损坏点。因此，损坏评估在很大程度上取决于检查员的经验和技能，且不同检查员得到的检查结果差异很大。

b. 发现异常时，必须停止摄像系统并沿管周详细观察内表面（侧向观察），这会浪费现场检查的时间。

（2）改善检查数据的存储并使其更加便捷

a. 常规 CCTV 摄像机进行的检查会产生大量的视频录像带，这些录像带难以存储并且易于老化。

b. 仅通过观看录像带比较记录图像，很难客观地比较相同类型管道的老化程度和不同类型管道的损坏程度。

（3）开发与 SEMIS 关联的技术

在常规检查中，图像信息（录像带）和文本信息（检查报告）是分开管理的，这使得我们很难获得检查结果的全貌，并难以通过排水管道登记表进行检查。

6.3.2 新开发的系统

为了解决与管道内部检查有关的各种问题，包括检查准确性和易用性等，许多系统与 SEMIS 一起被开发了出来，以实现综合管理。

（1）镜面式 CCTV 摄像机系统

为了提高检查数据的存储和图像质量，人们致力于开发数字 CCTV 摄像机系统并改进镜头。最初开发了鱼眼镜头系统，并且成功提高了图像质量。但是，由于从鱼眼镜头获得的图像的周边失真会随着管道直径的增加而显著增加，因此最终决定使用不易失真的反射镜（镜式）。由于使用了高亮度 LED 代替常规的氙气灯或卤素灯来照明，因此该系统可用于检查直径最大为 700mm 的管道。镜面式 CCTV 摄像机（照片 6.5）能够以恒定的速度（约 5m/min）在管道中前进，从而获得管道内表面的 360°圆周视图数字图像。图 6.8 显示了典型的常规镜头系统和镜面式 CCTV 摄像机在拍摄范围上的差异。传统的镜头系统只能覆盖前部区域，而配备有 360°全景图像传感器系统的镜式摄像机也可以同时覆盖侧壁。

照片 6.5 镜面式 CCTV 摄像机

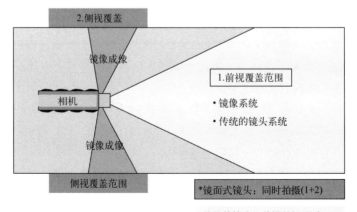

图 6.8 镜面式 CCTV 摄像机的覆盖范围

镜面式 CCTV 摄像机是在摄像机头上装有特殊的反射镜系统，因此摄像机系统只需在管道中前进即可获取侧壁图像（图 6.9）。首先用主镜拍摄侧视图图像，然后将这些图像通过副镜输入到电荷耦合器件（CCD）成像仪，并以数字方式显示在监视器屏幕上。副镜上有一个孔，因此可以捕获自动操作所需的前视图像。这样获得的前视图像通过该孔输入到 CCD 成像仪，并显示在侧视图图像的中央（照片 6.6）。镜面式 CCTV 摄像机系统只需线性推进即可完成拍摄，无需花费时间进行侧面观察或拍摄，因此与传统 CCTV 摄像机相比，其检查时间缩短了一半。

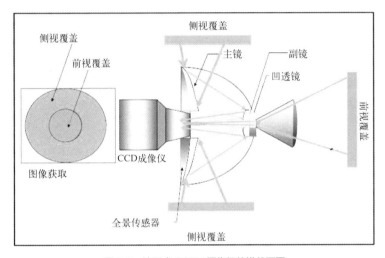

图 6.9 镜面式 CCTV 摄像机的横截面图

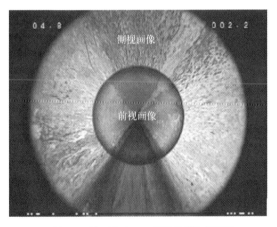

照片 6.6 镜面式 CCTV 摄像机获取的图像

（2）管道内表面测绘系统

管道内表面测绘系统能够将使用镜面式 CCTV 摄像机获得的图像数据转换为数字 2D 图像数据。这样就可以在计算机屏幕上轻松查看管道的内表面并比较不同的损坏数据。

生成的展开视图如下。将被检查的排水管道视为一个圆柱体，对以 1mm 的间隔获得的内表面轮廓坐标进行转换，并根据与摄像机的距离进行校正。这样就获得了在管道顶部切割的带状无变形展开图（图 6.10）。

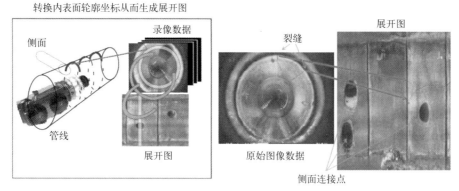

图6.10 管道内表面测绘系统

长度为 20m 的展开视图数据以及显示管道信息的表格和与该表相对应的许多照片，均可以在 A3 尺寸的纸上打印，形成排水管道内表面的展开视图数据表（图6.11）。由此产生的数据表可以输入到 SEMIS 中，这样所需信息就能以放大的照片或展示逐段图像数据的视频片段的形式来查看。

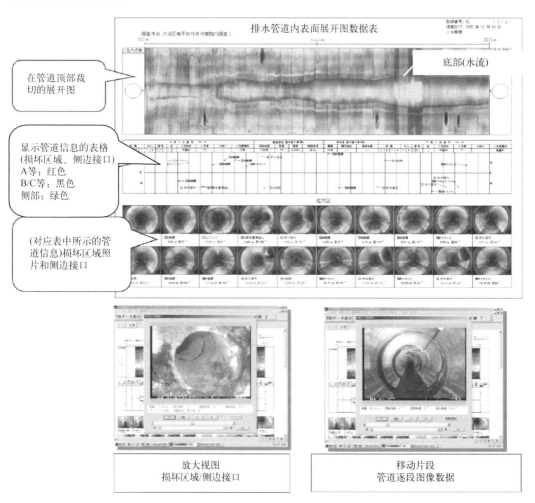

图6.11 管道内表面测绘系统可视化数据案例
（扫封底或后勒口处二维码看彩图）

(3) 管道检查和诊断支持系统

管道检查和诊断支持系统是一种软件系统，它通过使用镜面式 CCTV 摄像机获取的数字图像和数字视频系统获取的前视图像，半自动地检测管道损坏程度（例如裂缝）。该系统旨在提高检查的准确性，这种准确性在传统 CCTV 摄像机检查中主要依赖于操作员的经验和技能。

该系统可以通过集成的算法识别管道损坏区域，并根据预定标准（例如裂缝宽度）自动评估损坏程度。当用于检查钢筋混凝土管道时，系统可以将裂缝宽度分为三类：5mm 或更大（等级 A）、2mm 或更大（等级 B）和小于 2mm（等级 C）。表 6.1 列出了 CCTV 摄像机和目视检查健全性评估标准。

表 6.1 CCTV 摄像机和目视检查的健全性评估标准（TMG）（TGS，2014a）

项目		排名		
		A	B	C
管道破裂	钢筋混凝土管	缺失 纵向裂缝，宽度≥5mm	纵向裂缝，宽度≥2mm	纵向裂缝，宽度＞2mm
	陶土管	缺失 纵向裂缝，长度≥管道长度的1/2	纵向裂缝，长度＜管道长度的1/2	—
管道裂纹	钢筋混凝土管	环形裂纹，宽度≥5mm	环形裂纹，宽度≥2mm	环形裂纹，宽度＞2mm
	陶土管	环形裂纹，长度≥周长的2/3	环形裂纹，长度＜周长的2/3	—
管道接头位移		分离	陶土管：≥50mm 钢筋混凝土管：≥70mm	陶土管：＜50mm 钢筋混凝土管：＜70mm
管道腐蚀		钢筋暴露	骨料暴露	表面粗糙
管道凹陷/弯曲		≥内径	≥内径的1/2	＜内径的1/2
砂浆沉积		≥内径的30%	≥内径的30%	＜内径的30%
水侵入		涌入	流入	渗入
横向凸出		≥横向内径的1/2	≥横向内径的1/10	≥横向内径的1/10
油脂沉积、树根侵入		堵塞内径≥内径的1/2	堵塞内径＜内径的1/2	—

如图 6.12 所示，系统的自动诊断功能会输出损坏区域和损坏程度评估结果，作为排水管道内表面展开视图数据表中检查结果的一部分。这样获得的评估结果与前面提到的管道诊断系统进行关联，最终反映在"待改进 / 待修复"截面图上，从而有效地用于管道资产管理。

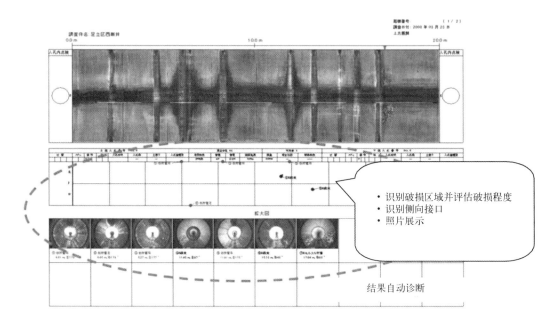

图 6.12　自动诊断示例

6.4　存量排水管道的可用性评估

在通过第 6.2.2 节所述的管道诊断系统如何确定每条排水管道维护和修复措施的必要性和优先级别后，现场工程师需要同时考虑现有排水管道的排水能力，现有管道是否仍处于可使用状态，应采取何种改进或维修措施等问题。图 6.13 显示了 TMG 用于评估小直径（人工无法进入）排水管道可用性的决策流程图。如图 6.13 所示，如果原有管道没有损坏并且排放能力满足设计条件，TMG 的政策是无论其使用年限如何，都继续使用原有管道（RA）。即使原有管道损坏需要改造，在满足修复要求的前提下，会使用修复的方法代替新建。在这种情况下，如果排水能力满足设计条件，则采用管道翻新法（RB），如果通过管道翻新无法达到设计的排水能力要求，则采用翻转法或折叠成型法（RB）。在其他情况下（即不满足修复条件），则通过明挖法对管道进行改造。管道翻新相较于明挖法，具有经济、工期短和环境负荷小等优势，如第 6.5 节所述。类似地，管道翻新相较于翻转法和折叠成型法，在经济性和施工可靠性方面也具有优势。

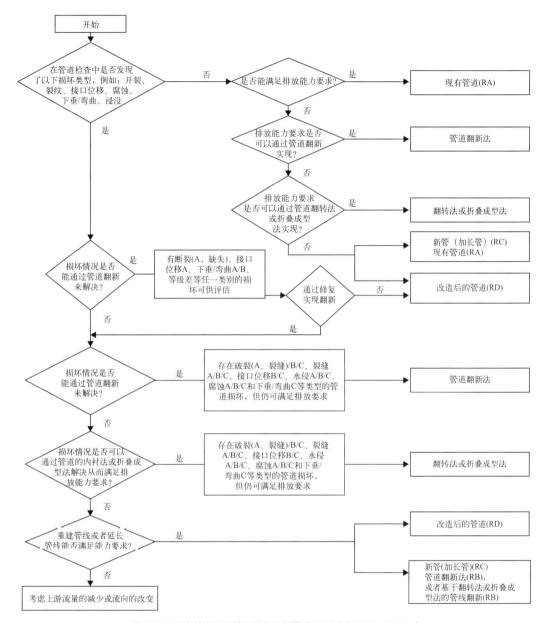

图 6.13 原有管道可用性评估的流程图（TMG）（TGS，2014a）

6.5 排水管道修复

6.5.1 排水管道修复的必要性

在东京这样的市区，排水管道新建所需的地下空间很可能已经被埋设的水管、煤气管和电力等公用设施挤占了，地下并没有足够的空间放置新的排水管道。如果采用明挖法更换新的排水管道，可能会对当地居民的日常生活和道路交通产生巨大影响。因此，环境治理的困境，以及降低建设成本和污染负荷的需求日益增长，都使得明挖施工成为一种不切实际的选择，管道修复变得十分必要。

污水管道修复的优点可以总结如下。

- 临时工程量小，工期短。
- 有效利用现有基础设施，建设成本低。
- 环境影响（噪声、振动、交通干扰）小。
- 建设过程中资源消耗量、废弃物产生量、二氧化碳排放量小，污染负荷小。

假设管道直径为1000mm，管道长度为100m，覆盖层厚度为4m，关于采用明挖法更换污水管和采用污水管道修复（Sewage Pipe Renewal）方法（下文描述的管道翻新法）修复污水管的施工期和建设成本的比较如图6.14和图6.15所示。可以看出，使用修复方法可以将工期和建设成本减半。

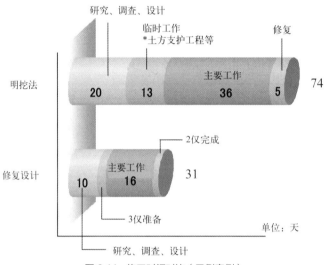

图 6.14 施工时间对比（示例案例）

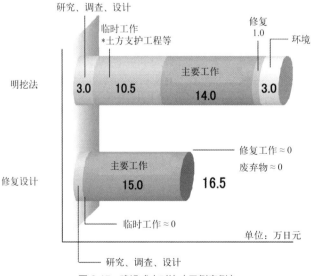

图 6.15 建设成本对比（示例案例）

6.5.2 排水管道修复方法分类

根据日本《排水管道修复设计和施工指南》（以下简称《指南》JSWA，2011）对排水管道修复方法进行了分类（如图 6.16 所示）。该《指南》采用两种分类方法：按结构类型分类和按施工方法分类。前者对应于设计方法，而后者对应于管道翻新方法。《指南》中提及的修复方法描述如下。

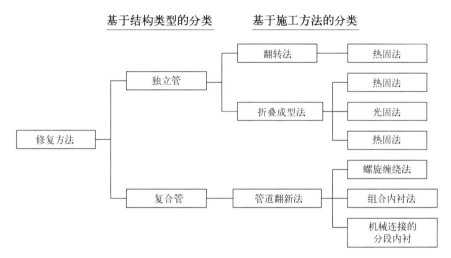

图 6.16 排水管道修复方法分类（JSWA，2011）

6.5.2.1 翻转法

为了形成衬管，将浸透有热固性树脂的纤维（例如玻璃纤维和有机纤维）管进行翻转，并插入现有的排水管道中，并使用热水或蒸汽使树脂管固化，同时该纤维管在气压或水压影响下与原有管道的内表面紧密贴合。

6.5.2.2 折叠成型法

折叠衬管是一种浸透有热固性树脂或光固性树脂的纤维（例如玻璃纤维和有机纤维）管，将其拉入原有管道中使其膨胀，并通过施加气压或水压使其与原有管道紧密贴合，形成一个圆形衬管。浸透管的硬化主要通过以下三种方法进行：热固法，即使用热水或蒸汽使热固性树脂硬化；光固法，即通过照射紫外线使光固性树脂硬化；热成型法，即热塑性树脂管被蒸汽软化，拉入现有的排水管道，通过空气压力膨胀并冷固，形成衬管。

6.5.2.3 管道翻新法

硬质聚乙烯或聚乙烯树脂带或其他内衬材料在现有排水管道中，通过水泥等灌浆材料填充两管之间的环形空间，使原有管道和内衬管连接成复合管。管道重塑方法包括螺旋缠绕法、面板内衬法和分段内衬法。管道翻新法与翻转法和折叠成型法有着根本区别，管道翻新法将管道与衬管之间的环形空间用砂浆加压填充，以实现结构完整性。

管道翻新法在设计上最显著的特点是，独立管道可以在不依赖原有管道的情况下自行抵抗外力，而复合管道是由现有管和内衬构成的整体结构，两者都被视为结构构件。独立管的设计方法适用于翻转法和折叠成型法，复合管的设计方法适用于管道翻新法。如果现有管道损坏严重，通常将衬管设计为独立管道，并采用翻转法或折叠成型法。另一方面，如果原有管道没有严重损坏，则将内衬设计为复合管的一部分，并采用管道翻新的方法。在欧洲和美国，衬管被设计为独立管道，而将修复管视为复合管的设计方法是日本独有的。正如将在第 7 章"排水管道改造的结构分析理论和试验研究"和第 8 章"基于性能的老旧排水管道改造设计"中解释的那样，在 SPR 方法的设计理论中，复合管被视为半复合结构或半复合管，其中应用了无张力界面概念以确保设计安全。

6.5.3 修复方法类型

图 6.17 显示了 TMG 授权的所有排水管道修复方法。目前，已批准了采用翻转法或折叠成型法建造的七种独立管道和采用管道翻新法建造的三种复合管道（TGS，2016）。术语"A 类材料"是指由玻璃纤维织物和热固性树脂制成的衬里材料，"B 类材料"是指热塑性树脂材料。翻转法和折叠成型法适用于直径小于等于 700mm 的小管径管道。管道翻新法适用于较大直径的人工可以进入的排水管道，但该类别中的某些方法（例如 SPR 方法）也适用于小直径管道。

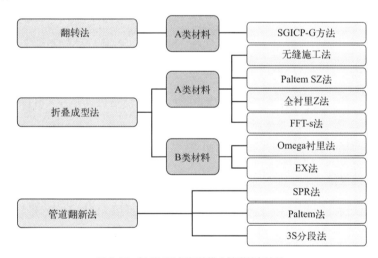

图 6.17 经 TMG 授权的排水管道修复方法

前文列出的 10 种污水管道修复方法、适用管径和每日施工长度简要说明如下。

6.5.3.1　SGICP-G 方法（图 6.18）

（1）原理

一种由聚酯毡或玻璃纤维毡构造的管段，外覆塑料薄膜，浸渍热固性树脂后，通过空气或水压以翻转形式插入现有排水管道，并通过热水使其硬化，在原有管道中形成衬管。

（2）管径范围

原有管道内径：250～700mm。

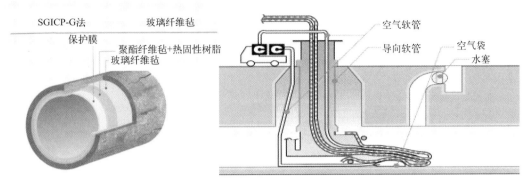

图6.18 SGICP-G方法

（3）每日施工长度

40~70m（典型道路宽度）。

6.5.3.2 无缝施工法（图6.19）

（1）原理

将浸渍有光固性树脂的耐酸玻璃纤维织物管用钢丝拉入现有的排水管道，用空气压缩进行充气，使该管与原有管道的内表面紧密贴合，然后通过紫外线照射硬化，在原有的排水管道中形成衬管。

（2）管径范围

原有管道内径：250~600mm。

（3）每日施工长度

57~84m（典型道路宽度）。

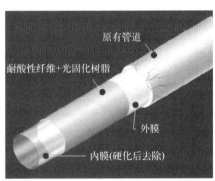

图6.19 无缝施工法

6.5.3.3 Paltem SZ法（图6.20）

（1）原理

由浸渍热固性树脂的玻璃纤维织物和保护布覆盖组成管状衬里，用钢丝拉入现有的排水管道中，通过施加气压使其膨胀从而与管道内表面紧密贴合，然后通过蒸汽热固，在原有管道中形成衬管。

（2）管径范围

原有管道内径：250～700mm。

（3）每日施工长度

41～78m（典型道路宽度）。

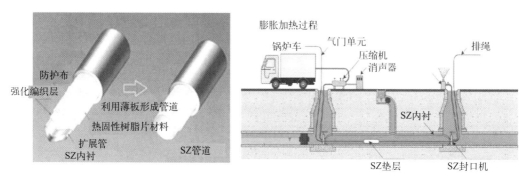

图6.20　Paltem SZ法

6.5.3.4　全衬里Z法（图6.21）

（1）原理

聚酯毡或玻璃纤维毡管在用热固性树脂浸渍后，用钢丝拉入现有的排水管道，在水压下与管道内表面紧密贴合，然后通过循环热水或蒸汽硬化，在原有管道中形成衬管。

（2）管径范围

原有管道内径：250～700mm。

（3）每日施工长度

20～80m（典型道路宽度）。

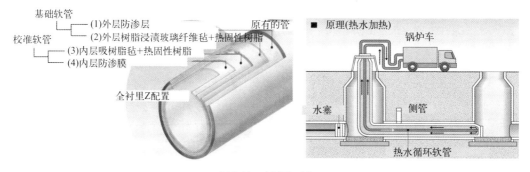

图6.21　全衬里Z法

6.5.3.5　FFTs法（图6.22）

（1）原理

将浸渍有热固性树脂的耐酸玻璃纤维布管用钢丝拉入现有的排水管道中，在空气压力下与管道内表面紧密贴合，然后在原有管道中热固化形成衬管。

（2）管径范围

原有管道：250～700mm。

(3)每日施工长度

15～70m(典型道路宽度)。

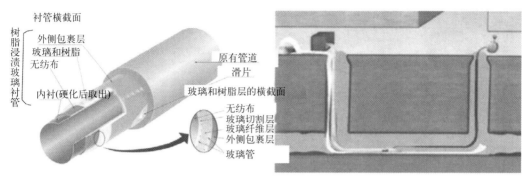

图 6.22　FFTs 法

6.5.3.6　Omega 衬里法(图 6.23)

(1)原理

将硬质聚氯乙烯(PVC)管折叠成字母"Ω"的形状,用钢丝拉入现有的排水管道中,通过蒸汽加热使其恢复圆形,并在低压压缩空气下使其与管道紧密贴合,冷却后在原有管道中形成衬管。

(2)管径范围

原有管道内径:250～400mm。

(3)每日施工长度

48～59m(典型道路宽度)。

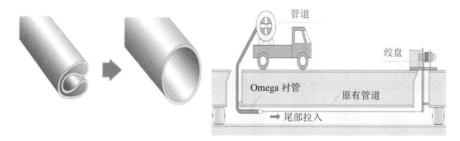

图 6.23　Omega 衬里法

6.5.3.7　EX 法(图 6.24)

(1)原理

用钢丝将折叠的硬质 PVC 管拉入现有的排水管道中,并通过施加蒸汽和热空气将其恢复成圆形,从而使衬里在压力下逐渐变大,并与管道紧密贴合,冷却后在原有管道中形成内衬管。

(2)管径范围

原有管道内径:250～300mm。

(3)每日施工长度

50m(典型道路宽度)。

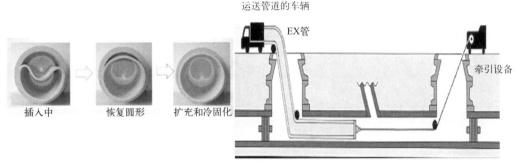

图 6.24　EX 法

6.5.3.8　SPR 方法(图 6.25)

(1)原理

将具有互锁边缘的 PVC 型材条螺旋缠绕在现有排水管道内形成衬管,在现有管道与衬管之间的环形空间灌浆,形成一个一体化结构的复合管。内径小于 1500mm 的衬管采用顶进法施工,900～5000mm 的衬管采用自走式缠绕机施工。

(2)管径范围

圆形管道:250～5000mm。非圆形管道:短边可达 900mm,长边可达 6000mm。

(3)连续施工长度

18～460m(最大允许水深 30cm)。

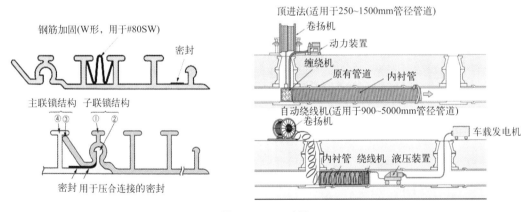

图 6.25　SPR 方法

6.5.3.9　Paltem 法(图 6.26)

(1)原理

通过检查井引入的钢环段用螺栓组装,然后将机械接头构件和表面构件安装到钢环上,并用高强度砂浆填充原有管道和表面构件之间的环形空间,形成复合管。

6 通过技术创新提高排水管道改造的结构弹性

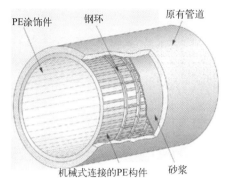
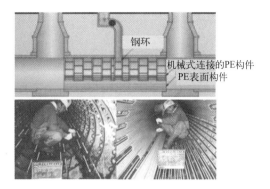

图 6.26 Paltem 法

（2）管径范围

原有管道内径：800～3000mm（也适用于非圆形排水管道）。

（3）施工长度

3 个月 700m（东京：假设管道中没有来水）。

6.5.3.10　3S 分段法（图 6.27）

（1）原理

透明塑料内衬管段被手动装入现有的排水管道中，并用螺母和螺栓组装。然后，将 3S 灌浆注入原有管道与分段衬管之间的环形空间，形成一体化结构的复合管。

（2）管径范围

800～2600mm（也适用于非圆形排水管道）。

（3）每日施工长度

约 5m/天（东京：假设管道中没有来水）。

图 6.27　3S 分段法

6.6　排水管道修复（SPR）方法的发展

本书原作者直接参与了 SPR 方法的研发。本节简要介绍了该方法的发展和所用材料以及对老化排水管道中混凝土强度的实验研究,证明排水管道修复中采用复合管道方法的合理性。

6.6.1 什么是"SPR方法"

SPR方法是指一种管道修复方法,如照片6.7所示,将一条具有互锁边缘的硬质PVC型材螺旋缠绕在旧管道内部,以形成衬管,并在压力下用特殊灌浆填充旧管道和衬管之间的环形空间,从而构建结构一体化的强力复合管(图6.28)。

照片6.7 SPR内衬

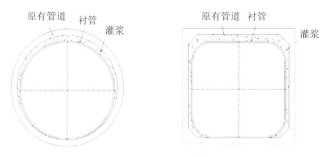

图6.28 SPR修复

实际上有两种施工方法可用。一种是顶进法,即将通过螺旋缠绕型材形成衬管的缠绕机安装在检查井中,并将形成的衬管推入现有的排水管道中。另一种是采用自走式缠绕机方法,即在现有排水管道中放入自走式缠绕机,缠绕机在原有管道中前进时形成衬管(图6.29)。顶进法用于直径小于800mm的非人工进入管道,自走式缠绕机用于直径大于等

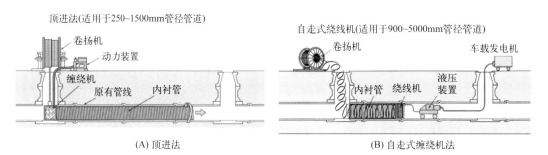

图6.29 SPR方法的概念

于 800mm 的管道。SPR 方法中使用的型材是宽约 80mm 的硬质 PVC 带。如图 6.30(A) 所示,型材具有双重（主副）互锁机制,以实现高水平的水密性。对于大直径圆形衬管和矩形或马蹄形衬管,使用如图 6.30（B）和照片 6.8 所示的增强型钢型材,以保持其最初形成的形状,并获得更高的复合管强度。型材有 16 种类型,可满足不同需求,具体取决于现有管道的直径、钢筋要求和管道走向（直线或曲线）,如照片 6.9 所示。

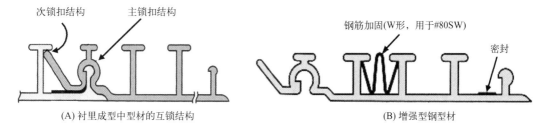

图 6.30　SPR 方法中使用的硬质 PVC 型材

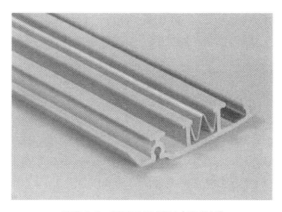

照片 6.8　硬质 PVC 型材（79SW）

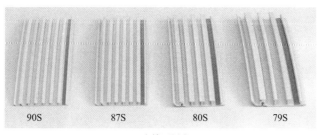

照片 6.9

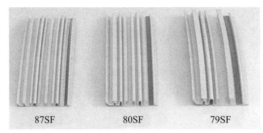

(C) 弯管用型材条

(D) 弯管用增强型型钢型材条

照片 6.9 型材种类

SPR 方法的特点如下。

（1）满足尺寸和形状要求的灵活性

顶进法可用于直径为 210～1360mm 的衬管。根据原有管道的形状，自走式缠绕机方法可用于形成直径 800mm 或更大的各种形状的衬管，包括圆形、矩形、马蹄形、梯形和椭圆形等。

（2）即使管径减小（如果原有管道直径为 450mm 或更大），依旧可达到同等或更大的排水能力

衬管的粗糙度系数为 0.01，与 PVC 管相当。因此，即使衬管的直径小于原有管道的直径，也可以增加排水能力。

（3）形成结构坚固的复合管

衬管独特的肋状结构保证了与灌浆的强力连锁，使衬管、灌浆和原有管道形成坚固的、结构一体化的复合管。

（4）优良的水密性

衬管型材具有独特的肋状结构和双重锁定机制，以确保良好的水密性。

（5）高度耐腐蚀性

所用材料与硬质 PVC 管基本相同。它具有高度的耐腐蚀性，能够承受硫化氢等腐蚀剂，有助于延长使用寿命。

（6）较强的抗震能力

修复后的管道具有足够的柔韧性，能够在地震中不断裂并保持正常服务能力。

（7）无须停水施工

排水管道衬砌工作可以在不中断排水管道服务的情况下进行。

（8）小直径孔也可使用缠绕机

顶进法衬里制造设备可以拆卸。自走式缠绕机可以拆卸成一个环和一个细长的组件链。

因此，无论检查井配置如何，都可以将制管设备放入检查井或现有的排水管道中，并在管道内重新组装。

（9）灵活应对不平整、弯曲等工况

施工过程中可以克服一定数量的障碍和不规则情况，如弯曲、沉降和抬升。

（10）长距离衬管

该方法较易形成长距离衬管。在自走式缠绕机方法中，缠绕机自动前进并在现有污水管道中形成衬管，并且不受摩擦的影响。

（11）对日常活动的影响最小

由于管道内衬工程不涉及开挖，容易获得当地居民的同意，对交通限制等日常活动的影响很小。

（12）经济性

与传统的明挖法相比，这种施工方法耗时少，而且具有较高的经济性。

（13）环境友好性

与明挖法相比，产生的工业废物要少。

6.6.2 排水管道修复型材研发

6.6.2.1 材料技术的发展

SPR 方法中使用的型材由硬质 PVC 树脂制成，专门应用于排水管道衬里，能承受恶劣的环境和负载条件。型材用于衬管结构时会发生显著变形（尤其是通过螺旋缠绕形成衬管），并且还可能受到来自缠绕机的相当大的冲击载荷。根据内衬配置，弯曲变形可能会超过弹性范围，并达到塑性变形阶段。此外，衬管施工通常在室外进行，工作条件和温度随季节变化很大。众所周知，硬质 PVC 树脂是世界上使用最多的塑料之一。为了增强这种材料抗冲击性或柔韧性，通常的做法是将其与橡胶基添加剂混合，但这不可避免地会降低型材强度。事实上，在 SPR 方法的早期发展阶段，使用的 PVC 树脂就是通过这种方法生产的，但是在寒冷条件下施工时，衬里缠绕过程容易发生开裂，如照片 6.10 所示。一旦开裂必须重新进行施工或延长工期，会给项目业主和其他相关方带来诸多麻烦。

照片 6.10　PVC 型材开裂（在 SPR 方法开发的早期阶段）

鉴于经验教训，有必要改进树脂材料，最终发明了一种在聚合过程中将橡胶组分精细均匀分散的复杂技术。在 PVC 聚合过程中，通过化学方法将 PVC 分子和橡胶分子结合，实现了将高度均匀的橡胶分子分散的目的。如此生产的 PVC 树脂通常具有相互矛盾的强度和柔韧性。如图 6.31 所示，目前用作 SPR 型材的树脂比与橡胶成分混合的传统 PVC 树脂具有更高的强度和抗冲击能力。因此，新开发的树脂不仅满足污水管道衬里材料对强度和柔韧性的要求，而且还满足耐化学性、耐磨性和耐久性等要求。

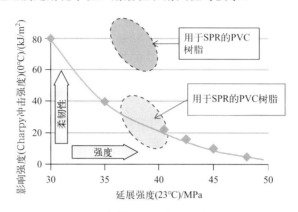

图 6.31　SPR 方法的 PVC 树脂的强度和冲击性能

6.6.2.2　型材横截面设计

型材横截面的设计需要经过反复试验。由于衬管是在现有污水管道内形成，如果壁厚较大，衬管内径会大幅减小，也会影响改造后污水管道的排水能力。出于这个原因，为了在保持衬管所需刚性强度的同时尽量减少壁厚，型材被设计为肋条状连接的工字梁，以提高其横截面性能。

此外，还需要专门设计型材横截面，以确保在将其螺旋缠绕成衬管后具有出色的水密性。为满足这一要求，型材条的两侧均设有螺旋缠绕的双连锁结构。如图 6.32 所示，先将公母主锁扣连接在一起，然后将公母次锁扣锁定在一起，从而将密封胶压焊到型材上，以达到所需的水密性。

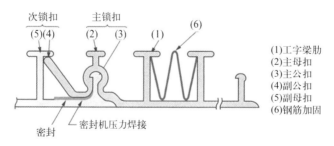

图 6.32　硬质 PVC 型材的双锁扣结构机制

密封机的设计也是经过反复试验的。最初的想法是在螺旋缠绕过程中将热熔黏合剂涂在密封区，以便将型材的相邻边缘黏合在一起。然而，当有污水流动时，黏合是无法完成的，未硬化的黏合剂此时将变成润滑剂而不是黏合剂，反而导致型材的互锁边缘滑动，衬管的内径发生变化。

因此，经过反复试验，决定在挤压型材时通过共挤成型的方法将型材和弹性体（未硫化橡胶弹性体）条熔合在一起。即使污水流入污水管道，也能确保型材互锁结构的稳定性。这样形成的衬管具有所需的水密性，并且由于互锁结构可以有效地防止滑动，从而保持所需的管道直径。

针对大口径排水管道修复，还开发了专用型材，通过用钢筋（例如镀锌钢板）加固型材底座，确保衬管具有足够的刚度和形状保持能力。加强型钢材可防止由于环形灌浆压力引起的衬管变形。当衬砌非圆形横截面时，钢筋还有助于保持衬管的形状，使衬管能够根据需要进行塑性变形（照片6.11）。

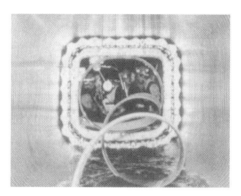

照片6.11　非圆形衬管的螺旋缠绕

6.6.2.3　成型和混合技术的发展

为了在现场用衬管机连续稳定地形成衬管，必须保证衬管截面尺寸和形状具有相当高的精度。此外，还需要在可能长达数百米的整体型材保持这种精度。由于型材是通过挤压成型生产，因此型材的不对称结构使其难以保持高尺寸精度。需要注意的是，该型材在纵向和横向上都是不对称的，在采用曲线衬砌的情况下，横截面不同部位的壁厚差异很大，如图6.33所示。因此，由于在生产过程中很难控制树脂在模具中的流量和数量，因此较难确保和保持横截面尺寸的精度保持一致。

(A) 标准型材横截面示例　　　　　　　　(B) 曲线衬砌

图6.33　直线衬砌和曲线衬砌横截面比较

鉴于这些困难，开发型材的制造商专注于开发型材成型方法。重点专注于模具技术、混合技术和成型条件的研究和开发，直到实现精确稳定的生产。混合技术的发展主要包括选择和优化用于控制模具中树脂的滑度和黏度的润滑剂试验等。这使得型材在挤出成型后，满足树脂性能和尺寸稳定性要求成为可能。通过将广泛使用的基于计算机辅助工程（CAE）的三维树脂流动分析与累积的工程技术知识相结合，优化了用于挤出成型模具中的流道结构，最终确保了型材横截面的高精度。

制造过程中的质量控制也很重要。引入激光测量连续监控挤压成型过程和型材复杂横截面的在线尺寸测量等技术，以实现产品的稳定尺寸和精度。外观、机械性能、互锁条件、化学性能等无量纲属性也需要通过抽样定期检查，以剔除缺陷产品。

6.6.3 排水管道修复方法的发展历史

1986 年，TMG 首次采用 SPR 方法进行污水管道修复。在此之前，无论是使用翻转法还是折叠成型法，都是为了在不考虑原有管道的情况下，单独使用新形成的衬管来抵抗外力而设计的。然而，对污水管道修复场地的观察发现，许多旧的排水管道在结构上仍然完好，即使是破裂的管道，其性能通常也可以修复到与新管道相当。因此，SPR 方法开发的初衷是以更低的成本修复老化的排水管道，同时通过裂缝灌浆对原有管道进行加固，并将加固管道与新安装的衬管进行结构整合，以获得比传统方法（即翻转法和折叠成型法）更高的刚度。

SPR 方法是东京都污水处理服务公司（TGS）、Sekisui 化工有限公司和 Adachi 建筑工业有限公司在 TMG 的指导下合作开发的一种排水管道修复方法。1984 年，Adachi 正在开发一种通过螺旋缠绕钢带构造衬管的方法。另一方面，Sekisui 与澳大利亚公司 Rib Loc 就硬质 PVC 型材的使用签订了独家许可协议。Sekisui 改进了型材的质量和形状，以便它们可以适用于原位排水管道内衬构造，并首次将改进后的型材用于横滨市的排水管道改造。

1985 年，TGS 加入开发团队，三家开发机构开展联合研究。1986 年，排水管道修复方法研究组成立，并将新开发的方法正式命名为"排水管道修复方法"。同年，该方法在东京排水管道局的人员的见证下进行了现场测试。1987 年，SPR 方法开始被应用于管径 250～800mm 的排水管道修复，1988 年和 1989 年分别对管径 900～1200mm 和 1200～1350mm 的排水管道进行实践应用。结果表明，该方法进行的排水管道修复均取得了成功，1990 年 TMG 采用 SPR 方法作为标准施工方法。

1993 年，该方法获得了日本政府建筑技术审查和认证计划的认证。最初，它是作为衬管形成的顶进方法而开发的。如照片 6.12 和照片 6.13 所示，在检查井中设置顶进式缠绕机，从地面水平位置的型材滚筒送出的型材螺旋缠绕成衬里，并向前推入到现有的污水管道中。

照片 6.12　顶进式缠绕机

照片 6.13　用于顶进操作的型材滚筒（外部缠绕）

后来，随着较小直径圆管的管道内衬现场工程数量的增加，对适用于较大直径圆管的管道内衬技术的需求也逐渐增加。通过对更大直径管道技术的进一步研究，研究人员于1994年开发了一种新技术，称为"超级 SPR 方法"，适用于 1650～2200mm 直径范围的管道。超级 SPR 方法通过用钢加固型材来增加圆形管道的刚度。1995 年阪神大地震后，超级 SPR 方法被批准作为一种大口径污水管道修复方法，可用于政府补贴的灾后恢复项目，在随后几年使用超级 SPR 方法的项目迅速增加。

在顶进法中，需要将螺旋缠绕的型材顶入到原有管道中，这也是该方法对管道长度和管道直径有限制的原因。因此，进一步研究开发了一种新型管道内衬方法，通过让移动式缠绕机在原有管道中自行前进，同时将型材条缠绕到衬管中的方法实现构造衬管的目标。1996 年自走式缠绕机方法首次在实际项目中使用（照片 6.14 和照片 6.15）。

照片 6.14　自走式缠绕机（用于圆管）　　照片 6.15　用于自走式缠绕机操作的型材滚筒（内部缠绕）

老化的排水干管具有多种结构，不仅包括圆形，还包括矩形、马蹄形和有盖结构。研究人员还努力开发了适用于这些类型排水管道的修复方法。

1998 年，自由截面 SPR 方法（照片 6.16）开发完成，并开始用于东京的污水管道改造项目。如今，自由截面 SPR 方法可用于铺设宽达 6m、高达 3m 的矩形污水管道（照片 6.17）。在该方法中，边缘接合装置的运动路径由适合原有管道内部空间的形状轮廓决定，并且缠绕衬里的形状通过内置于管道中的钢筋的塑性变形来保持。

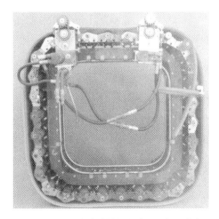 

照片 6.16　自走式缠绕机（用于矩形管）　　照片 6.17　大型矩形管道（宽 5.61m，高 3.26m）修复

随着上述内衬设备和原位内衬型材的发展，注入原有管道与内衬之间环形空间的特殊灌浆方法也应运而生。灌浆不仅需要具备高强度，还应具备流动性、抗离析性、抗收缩性以及对旧混凝土的良好附着力。通过多次混合设计测试、实验室元素测试、实验室全尺寸模型测试和现场测试对其进行持续改进。目前，可使用四种类型的灌浆方式来满足与原有排水管道的尺寸和退化程度相关的不同修复要求。

为了满足与弯曲管段内衬相关的要求，开发出了能够在管道纵向膨胀和收缩的型材。如照片 6.18 所示，现在可以对曲率半径高达 5 倍管道直径（$R=5D$）的弯曲排水管道构造衬里。

照片 6.18　弯曲的管道衬里示例（$R=5D$）

6.6.4　排水管道修复方法施工程序

本节介绍 SPR 方法（JSPRMA，2016）的实施过程。图 6.34 显示了一个标准的实施过程，它包含七个步骤，每个步骤描述如下。

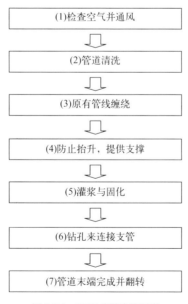

图 6.34　SPR 方法实施程序

(1)(2)对现有管道进行通风和清洗

通过测量氧气和有毒气体的浓度来检查现有排水管道中的空气,并进行通风。然后,对原有管道内部进行清洗,以确保灌浆和原有管道紧密结合。如果管径较小,则将安装在高压软管末端的喷水喷嘴放入排水管道中并逐渐推进,从而搅拌排水管道中的污泥,如图6.35(A)所示。之后如图6.35(B)所示,通过拉动软管将喷水喷嘴缓慢向后移动,以去除近侧收集的污泥。如果管径较大,则需要人工进入排水管道,用喷水枪和刷子等工具清洗排水管道内表面,如图6.36所示。

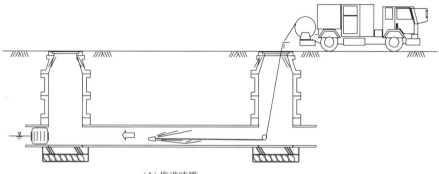

(A) 推进喷嘴

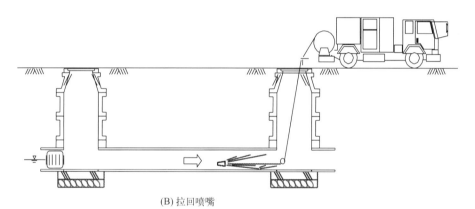

(B) 拉回喷嘴

图6.35 清洗小直径管道

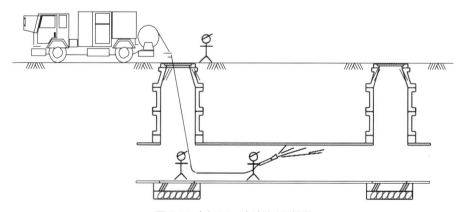

图6.36 (人工入口)清洗大型管道

（3）内衬形成

图6.37说明了用于对小直径管道进行内衬构造的顶进法和用于对较大直径管道进行内衬构造的自走式缠绕机法。在这两种方法中，缠绕设备都被拆分成更小的部件，然后在进入起始检查井或管道后重新组装。缠绕在卷扬机内或周围的型材被带入施工现场，并放置在地面上，以便将型材送入排水管道。顶进法中使用的型材缠绕在卷扬机上（从卷扬机外部退出），而移动式缠绕机法中使用的型材缠绕在卷扬机内（从卷扬机内部退出）。

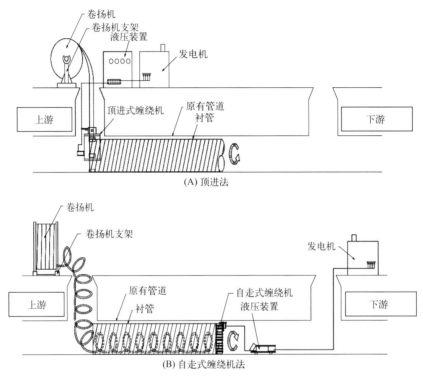

图6.37 内衬构造系统

顶进法是在起始检查井使用缠绕机将型材缠绕成衬管，并将由此形成的衬管向前推动，直至其前端到达目的检查井。自走式缠绕机法是在管内设置液压装置驱动衬辊系统，缠绕机自行前进，由螺旋缠绕的型材形成衬管，直至到达检查井。

（4）防止抬升，提供支撑

在环形灌浆之前，建造一个防抬升、提供支撑的结构，防止在注浆过程中衬管被抬升是十分必要的。图6.38所示是原位内衬时需要设置的防止小口径排水管道上升的装置。通过在衬管内放置金属链等重物，并在管内注水，达到防止上浮的目的。对于较大直径的管道，提供结构支撑，防止灌浆压力引起的抬升和衬管屈曲。图6.39显示了圆管支架的示例，图6.40显示了矩形管支架的示例。为防止衬管抬升，需要在衬管顶部钻孔，利用支撑结构将原有管道固定牢固。原有管道的顶部区域通常比底部区域更容易损坏，这就是为什么衬管通常直接放置在排水管道底部，以便在顶部形成更厚的修复层，如图6.39和图6.40所示。然而，如果底部区域损坏严重，需要加强防护，则需要调整支撑细节，以便获得所需的管壁厚度。因此，在SPR方法中，可以根据需要定位的衬管，进行梯度调整。

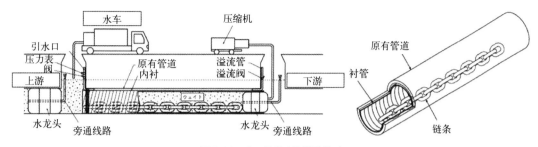

图 6.38　小口径排水管道防抬升

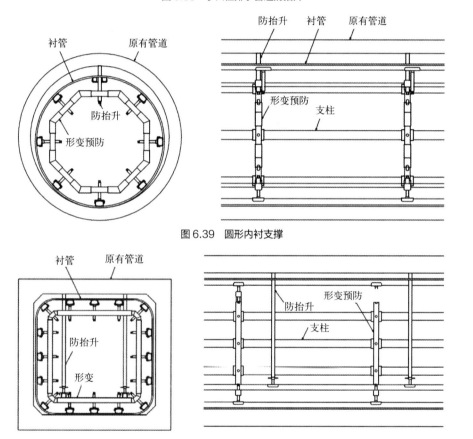

图 6.39　圆形内衬支撑

图 6.40　矩形内衬支撑

（5）环形灌浆与固化

对于小口径管道，在每根支管的下游端放置一个气塞，以防止灌浆侵入，如图 6.41 所示。下一步是用 50mm 厚的黏土水泥环密封原有管道与上游和下游端衬管之间的环形间隙。密封圈上设有灌浆口和排气孔。砂浆从上游端浇注，当砂浆开始从下游端的排气/溢流阀流出时，阀门关闭。在施加 0.02MPa 的超压后，关闭灌浆入口进行超压固化（图 6.42）。

对于典型跨度约为 30m 的小口径管道，通常进行一次性环形灌浆。对于大口径管道，可能无法一次性注浆，在这种情况下，如图 6.43 所示，在衬管内设置注浆管（钢管）和注浆入口，分两个或更多阶段进行注浆。

（6）钻孔来连接支管

环形灌浆完成后，钻一个孔与每个支管连接。如果管径较小，首先将导钻工具从集水

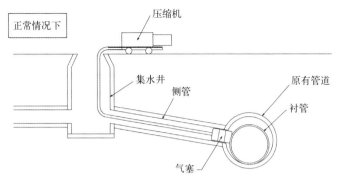

图 6.41　支管气塞

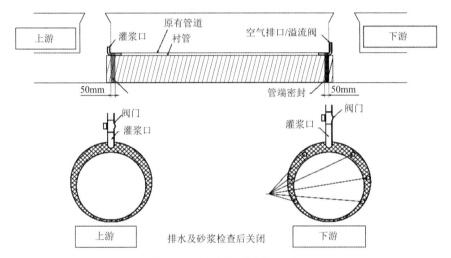

图 6.42　管端密封和灌浆入口细节

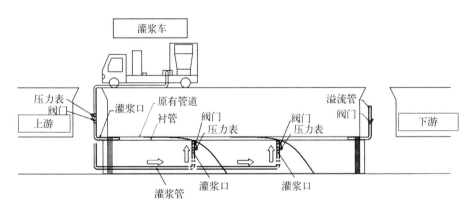

图 6.43　多阶段环形灌浆

井放入支管中,并钻一个导向孔以确定孔位(图 6.44)。通过 CCTV 摄像机监控钻孔操作,用机器人钻孔机从衬管内部扩大孔径(图 6.45)。

(7) 完成管端和内底

将检查井内修复层的凸出部分切除,并对管端进行打磨。为了进一步减少水流阻力,检查井表面和邻近管道的内底需要用砂浆抹平。

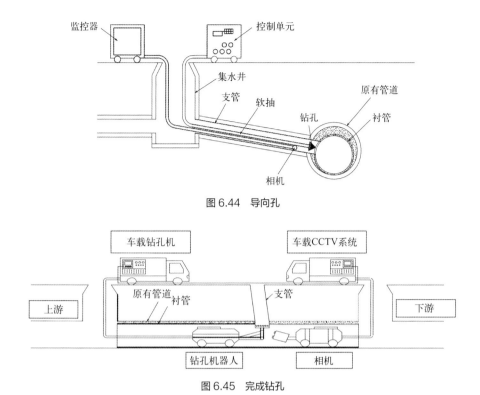

图 6.44 导向孔

图 6.45 完成钻孔

6.6.5 老化排水管道的材料强度调查

据介绍，日本实行的排水管道翻新法是基于复合管的概念。这种方法是研发了 SPR 方法的本书原作者开创的。目前欧美采用的排水管道修复方法，基本确定了衬管规格，使衬管本身具有抵抗外力的能力，但对管道老化的现象考虑不足。复合管设计方法旨在通过在结构上整合原有管道和衬管来共同抵抗外力。由于这种设计方法考虑了原有管道的强度，因此与不考虑原有管道的传统设计方法相比更经济。由于复合管法将原有管道视为结构构件，因此需要提前对既有管道进行检查，以确保其构件可以作为永久结构构件。为了使原有管道成为复合结构的一部分，其混凝土和钢筋必须在修复工作完成后至少保持 50 年的强度。为了评估老化混凝土管的材料强度，TMG 在 1999 年、2000 年的两年时间里进行多次实地调查（TGS，2014b）。在涉及 26 条排水管道改造的现场，共挖出 131 根老化管道，并进行了多项试验，包括集中管线加载的外压试验、单轴压缩试验和对取回的样品进行碳化深度试验。

图 6.46 显示了从外压试验中得到的每根管道在施工时超过规定值的开裂载荷和断裂载荷比率与管道使用年限（以年为单位）之间的关系。60 年或更旧的管道的比率是从第二次世界大战前铺设的手工浇筑钢筋混凝土管道中获得的。60 年以内管道的比率数值是从二次世界大战后埋设的离心浇筑钢筋混凝土管道（Humes 管）中获得的。如图 6.46 所示，管道使用年限与强度比之间没有明显的相关性，这表明即使在使用 70 年后，排水管道仍能保持其强度，即便随着时间的推移管道发生老化，也能满足规范规定的强度要求。

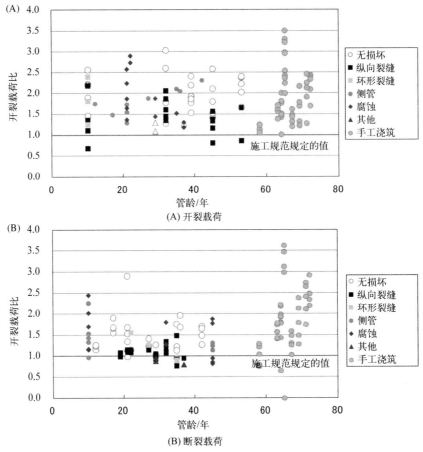

图 6.46　管道抗外压强度与管龄的关系
（扫封底或后勒口处二维码看彩图）

图 6.47 显示了从 Humes 管中取出的混凝土样品单轴压缩试验结果与不同类型损坏的管龄之间的关系。可以看出，混凝土材料的强度在大约 40 年的时间里没有下降。损坏管道和完好管道的比较中没有明确显示其平均强度有任何显著差异，这一事实表明管道损坏不是由材料劣化引起的。

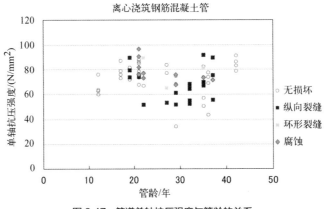

图 6.47　管道单轴抗压强度与管龄的关系
（扫封底或后勒口处二维码看彩图）

众所周知，在北海道的小樽港，混凝土的强度已经进行了 100 多年的研究。根据该研究报告（BOS，2004），1992 年～1999 年进行的混凝土强度试验表明，90 年以上的混凝土样品的抗压强度超过了设计强度。此外，自 1896 年以来，定期对砂浆砖块试样进行的拉伸试验结果表明，在近 100 年的时间里，强度也几乎没有变化。该报告还指出，如果达到所需的质量水平，混凝土可以在一个世纪左右的时间内维持良好的使用状态，即使在相当恶劣的环境条件下也是如此。这些长期、持久的强度研究表明，混凝土是一种高度稳定的材料。因此可以合理地假设，即使在现有混凝土管发生化学降解的情况下，其材料强度仍与其初始强度相当。由此可以得出结论，复合管设计理念是有效的。

6.6.6 排水管道修复所需的原有管道调查

照片 6.19 显示用 SPR 方法修复的两个老化排水管道例子。在排水管道改造的结构设计阶段，需要收集原有管道的各种设计参数，如混凝土和钢筋的材料强度等结构细节。本节简要介绍管道内调查中的结构调查内容，该调查用于评估原有管道承载能力。

(A) 钢筋外露的矩形排水管道　　　　　　　(B) 有沉积物的砖石衬砌排水管道

照片 6.19　SPR 方法修复的两条老化排水管道

6.6.6.1 中型或大型排水管道

（1）内部空间测量

测量原有管道的内部空间有两个原因。首先，衬管横截面是根据待修复的原有管道的最小横截面确定的，因此需要确定和测量原有管道的最小尺寸。其次，必须在最临界的结构条件下进行结构分析和改造设计，以确保设计的安全性，因此需要确定和测量原有管道的最大尺寸。照片 6.20 显示了如何测量内部空间。

（2）混凝土强度调查

从原有管道中取出芯样，并进行抗压强度测试。在取芯样的同时，进行外观检查和钢筋检测，以定位钢筋并评估损坏程度。采样位置的选择应尽量减少对排水安全的不利影响，同时考虑达到所需精度水平的样本数量。用于抗压强度测试的样品取自非碳酸化区域。出于对现有排水管道的排水安全考虑，可以采集的岩芯样本数量有限，因此会根据需要进行施密特锤回弹测试。照片 6.21 展示了如何采集岩芯样品，照片 6.22 展示了岩芯样品。

(A)测量矩形管道

(B)测量马蹄形管道

照片 6.20 内部尺寸测量

照片 6.21 在老化的排水管道中钻孔

照片 6.22 取自老化排水管道的岩芯样品

（3）混凝土碳化试验

通过碳化测试评估现有混凝土的碳化水平。碳化测试方法包括凿除和岩芯取样。凿除法是将指定面积（200m×200m）的表层混凝土凿除，直至露出钢筋，并在露出部位喷洒1%的酚酞溶液。测量混凝土与酚酞溶液接触时不会变成紫红色的最小深度是碳化深度。照片6.23和照片6.24显示了如何测量碳化深度。如果碳化已经到达钢筋，就有生锈的风险。在这种情况下，钢筋被认为是无效的，在承载能力评估中会被忽略。

照片 6.23 为测量碳化深度而进行混凝土凿除

照片 6.24 测量碳化深度

(4) 钢筋检测

老化排水管道的竣工图在多数情况下都是缺失的，因此需要重新检查钢筋的间距和钢筋材料的牢固性。通过结合使用电磁波方法和电磁感应方法来研究钢筋细节（钢筋间距和混凝土保护层）。照片 6.25 和照片 6.26 显示了使用这些方法确定钢筋细节的测量过程。在钢筋暴露和腐蚀的地方，采集钢筋样品并进行腐蚀损失测量和抗拉强度测试。

照片 6.25　用于确定钢筋细节的电磁波方法

照片 6.26　用于确定钢筋细节的电磁感应方法

(5) 结构厚度测量

如果没有竣工图，则采用超声波法估算混凝土构件的厚度。由于超声波（频率为 20kHz 或更高的声波）是弹性波，它们比电磁波更容易在固体物质中传播，并在边界处被反射。通过利用这些属性，结构厚度计算方法如下：

$$L = \frac{V}{2f} \tag{6.1}$$

式中：L 为混凝土的厚度，mm；V 为传播速度（声速，当通过完好的混凝土传播时约为 4000m/s）；f 为频率，kHz。照片 6.27 为测量场景。

照片 6.27　用超声波法测量结构厚度

6.6.6.2　小直径管道

直径小于 800mm 的老化管道不能通过人工方法检查。因此，《排水管道修复设计和施工指南》描述了一种验证特定修复方法有效性的实验方法，主要是对一个类似于老化管道状况的管道测试样品进行修复并进行外压测试，以确认修复后的管道强度高于新管道。具体实验过程如下。首先，使用如图 6.48 所示的加载装置对新的管道测试样品施加集中线载荷，直到超过破坏载荷。然后，采用管道翻新法对断裂的管道进行修复，并养护 4 周。接下来，使用相同的加载设备对修复后的管道测试样品再次加载，直到测试样品失效。如果由此获得的破坏载荷大于新管道的破坏载荷，则判断该修复方法有效。

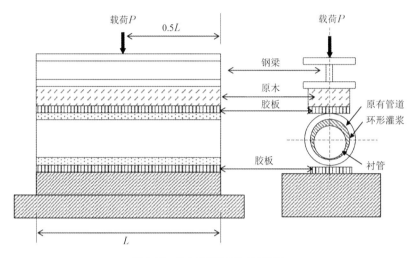

图 6.48　集中线载荷下的压力测试

图 6.49 展示了根据前面描述的测试程序，在通过 SPR 方法修复直径 250～3000mm 的 Humes 管试样上获得的断裂强度结果。如图 6.49 所示，对于所有尺寸，修复管道测试样品的破坏载荷大于新管道的规范指定值和新管道的实际破坏载荷。这些结果表明，SPR 方法满足《排水管道修复设计和施工指南》的承载能力要求。

6.6.6.3　基于冲击弹性波检测法的管道检测与诊断

（1）冲击弹性波检测法的检查程序

冲击弹性波检测法是一种检测技术，重点是从内部轻微撞击管道，检测产生的纵向和圆周振动以及传播波的衰减，通过分析管道的频率分布来定量评估管道的状态。具体来说，根据接收波的频率分布计算高频分量比例，并根据高频分量比例与管道强度之间的关系，计算管道的剩余强度（承载能力）。因腐蚀、破损或其他原因而劣化的排水管道高频分量比例会低于完好管道。检查程序如下。

① 清洗管道内部。

② 通过检查井将检测机器人放入目标管道中，并启动移动机器人。注意，机器人的电来自配备有 CCTV 摄像机系统的车辆等的电源。

③ 用机器人的锤子撞击每根管子（例如钢筋混凝土管），并通过与同一管道内表面接触的接收器接收弹性波。

④ 使用专用分析软件对接收波进行分析，并将数据转换为频率分布数据。

⑤ 通过频率分布分析和定量评估管道的劣化程度。

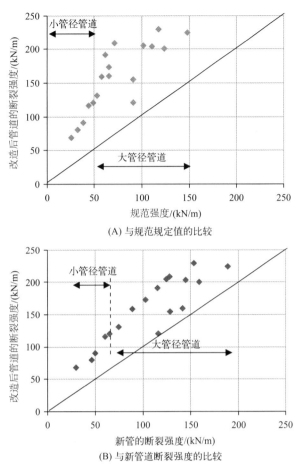

图 6.49 采用 SPR 方法恢复的断裂强度

（2）冲击弹性波检测法的特点

图 6.50 说明了冲击弹性波检测方法，并显示了使用的主要设备。图 6.51 说明了分析和评估的基本概念。采用该方法进行管道检测诊断的一般特点如下。

① 可定量评估管道劣化程度。

② 可检查到通过目视检查（CCTV 摄像头检测）难以检测到的细小裂纹和外表面裂纹。

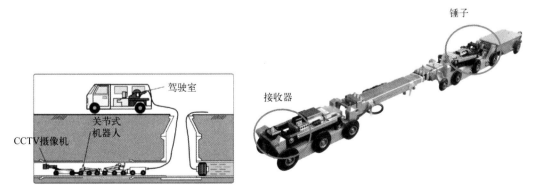

图 6.50 冲击弹性波检测及使用的主要设备

③ 获得的定量数据相对不受主观判断和个体差异的影响。
④ 无损检测不会造成管道损坏。

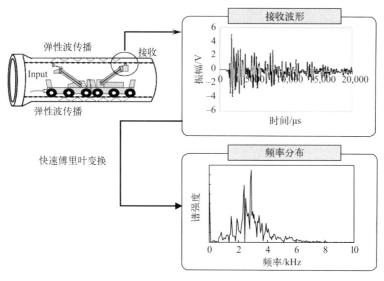

图 6.51　使用冲击弹性波的诊断方法

6.7　通过技术创新提高排水管道系统的结构弹性

　　如前所述，为了将老化的排水管道系统升级为具有弹性的现代系统，以应对各种社会需求和挑战，例如地震、洪水和其他突发事件，我们在开发用于调查、监测、分析和诊断的技术以及用于功能扩展和修复老化污水设施的改造和施工技术等方面做出了巨大努力。通过前面的讨论和介绍，在东京排水管道改造项目每个主要目标实现的过程中，遇到了许多前所未有的问题和挑战。这是预料之中的，因为重建和升级一个复杂系统，意味着要解决旧系统在多变环境中存在的各种问题。

　　SPR 法的发展涉及至少三大类工作，推进这些工作技术与理论上的进步，才能实现构造一个弹性排水管道系统的目标，即施工技术、材料技术以及用于改造设计的结构分析理论。据介绍，技术创新和科学研究推进了高效施工方法（顶进法和自走式缠绕机法）、高性能修复材料（如高强度、高延展性、高弹性的 SPR 型材和可以在水下使用的 SPR 砂浆）以及创新的半复合管道理论（将在第 7 章 "排水管道改造的结构分析理论与试验研究"中讨论）的发展。这些技术和理论的进步共同推动了 SPR 方法的诞生和发展。同时，众多其他同样得益于技术创新而实现的改造施工方法，也为日本排水管道建设作出了巨大贡献。

　　在人类设计的复杂动力系统中，学习和技术创新已被证明是增强弹性的重要原则。根据 McDonald（2006）的说法，航空业在过去 50 年中飞行每英里的重大事故率显著降低，这在很大程度上归功于飞机系统技术可靠性的进步。此外，鉴于从福岛第一核电站事故中吸取的重要教训，Omoto（2013 年）强调需要提高组织能力，以在不断变化的条件下进行响应、监测、预测和学习，尤其是为意外情况做好准备。显然，建设弹性排水管道系统的学习和技术创新需求不仅不会随着当前改造项目的完成而结束，还应为增强下一代排水管道系统弹性而持续努力。图 6.52 显示了 SPR 方法的三位开发人员及其合作者自 1985 年以来定期举行的月度技术会议中，两份跨度为 15 年的原始会议议程。

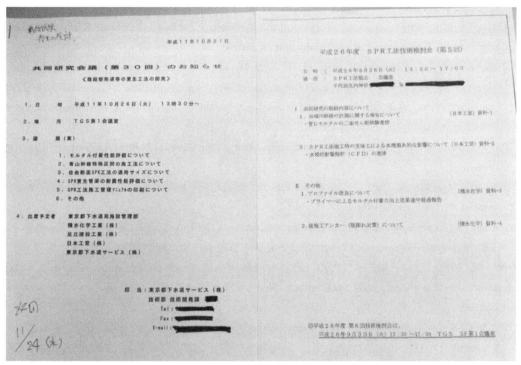

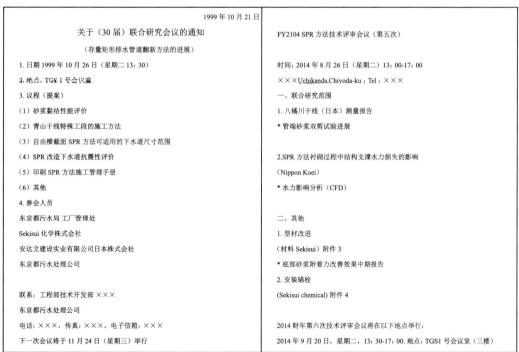

图 6.52 从 SPR 方法的开发者自 1985 年以来举行的月度技术会议中两份原始会议议程样本

参考文献

BOS, 2004. Quick Plan for Sewer Reconstruction: Speedy Improvement of Ageing Facilities. Bureau of Sewerage, Tokyo Metropolitan Government, Tokyo (in Japanese).

Fukatani, W., 2012. Effectiveness of Seismic Retrofit Technology for Sewer Pipelines. Ministry of Land, Infrastructure, Transport and Tourism, Tokyo (in Japanese).

Horoiwa, S., Kifuji, T., Kitamura, T., Miguchi, H., 2009. Development and practical application of diagnosis system to support sewer pipeline asset management. Proceedings of the 21st Annual Technology Conference of the Urban Infrastructure and Technology Promotion Council. The Urban Infrastructure and Technology Council, Tokyo (in Japanese).

JSPRMA, 2016. SPR Method Technical Report. Japan Sewage Pipe Renewal Method Association, Tokyo (in Japanese).

JSWA, 2011. Design and Construction Guidelines for Sewer Pipe Rehabilitation. Japan Sewage Works Association, Tokyo (in Japanese).

McDonald, N., 2006. Organisational resilience and industrial risk. In: Hollnagel, E., Woods, D.D., Leveson, N. (Eds.), Resilience Engineering: Concepts and Precepts. Ashgate, Aldershot, UK, pp. 155-180.

Omoto, A., 2013. The accident at TEPCO's Fukushima-Daiichi nuclear power station: what went wrong and what lessons are universal? Nucl. Instrum. Methods Phys. Res. A. 731, 3-7, http://www.elsevier.com/locate/nima..

TGS, 2014a. Sewer Reconstruction Design Guide. Tokyo Metropolitan Sewerage Service Corporation, Tokyo (in Japanese).

TGS, 2014b. Introduction to Design of SPR Method: Theory and Design Examples. Tokyo Metropolitan Sewerage Service Corporation, Tokyo (in Japanese).

TGS, 2016. Design and Construction of Sewer Rehabilitation Works. Tokyo Metropolitan Sewerage Service Corporation, Tokyo (in Japanese).

7 排水管道改造的结构分析理论与试验研究

7.1 引言

在排水管道改造中构建结构弹性，首先必须对要改造的排水管道的结构有足够的了解。这是因为，排水管道改造通常需要在现有结构上应用新材料进行重大修复或改动，以延长其设计使用寿命。所以，改造后的排水管道结构与原始结构相比，在极端载荷条件下经常表现出不同的结构性能和不同的失效模式。我们必须充分理解这些差异，并利用修复后的新结构特征来增强排水管道的结构弹性。排水管道修复重点考虑的问题包括：建筑规范要求是什么？有哪些可能的失效模式？结构分析和修复设计应采用哪种结构模型？

建筑法规在排水管道修复中起着重要作用。在《建筑物的结构修复》（Newman，2001）中，Newman 研究了各种结构修复规范，并提出了一些有趣的发现。

> 当地的建筑法规在建筑修复方面可能提供很多参考，并且可以回答许多问题。即使其设计标准与现行标准不同，也可以使现有结构保持可用状态吗？……正如已故的 Hardy Cross 教授所说，这些规范提供了"标准化方法来排查傻瓜和流氓"。确实，只要傻瓜和流氓在我们身边，我们就需要一套最低标准，以防止重大的判决错误损害公众利益。但是这些标准在不断变化，二三十年前的普遍常识可能不再适用。在过去的几十年中，对抗风、雪、地震载荷的建筑规范要求都进行了大幅度的修订，并且即使是现在，这些规范仍在持续完善。

关于规范演变的观点反映了所涉及问题的复杂性，但是以开放的心态来对待基本规范要求的变化确实很重要。

下文研究了日本用复合管法进行排水管道修复的规范要求，并与复合结构构件的规范要求进行了比较。讨论了修复后管道的试验研究，重点在于修复效果以及砂浆和混凝土的黏结强度。在这些系统研究的基础上，基于断裂力学的材料模型，提出了一种用于老化排水管道的结构分析和修复设计的半复合管道结构。这些结构分析理论有助于研究修复管道试件的断裂试验。由于老化检查井的修复也是排水管道改造的一部分，因此还讨论了修复的检查井试样的断裂试验和数值研究。

在修复的排水管道结构中，可能出现的各种失效模式，包括顶板、底板、侧壁的弯曲和剪切失效，这些失效通常伴随着（在现有管道和修复层之间的）界面剥离；地下水压力下底拱衬管的局部屈曲也是一种潜在的失效模式。本章对这一问题进行了研究，重点介绍了局部屈曲理论和用于验证底拱衬管的屈曲强度设计程序。在阐明排水管道结构性能的重要问题之后，本章介绍了基于强度冗余的建筑结构弹性原理。

7.2 规范要求解析

本节对日本排水管道修复的复合管方法的规范要求和复合结构构件的基本规范要求进行了研究，以揭示建立半复合管结构作为复合管方法并进行结构分析模型的必要性。

7.2.1 采用复合管法改造排水管道的指南纲要

日本排水管道改造的一般做法即从排水管道勘测、结构设计到改造，均受日本污水处理协会《排水管道修复设计和施工指南》（以下简称《JSWA 指南》或《指南》）的约束（JSWA，2011）。根据《指南》，改造后的排水管道承载能力、材料、结构耐久性，以及水力能力方面，必须比新建的排水管道更优化。

在下文中，将该要求简称为结构可比性要求。为避免 JSWA 指南中定义的复合管法与结构分析中实际使用的半复合管法之间可能的混淆，以下部分概述了该《指南》的相关主题。

7.2.1.1 复合管法

《JSWA 指南》的适用范围包括两种类型的修复方法，即独立管法和复合管法。独立管是在现有管道内部构造管道，旨在独立抵抗所有设计载荷，而且经过修复的管道必须满足上述结构可比性要求。复合管是在现有管道上刚性粘贴改造层而形成的复合结构。通过结合两种结构的抵抗力来设计满足结构可比性要求的修复管，以承受外部载荷。图 7.1 显示了两种改造方法的示意图。

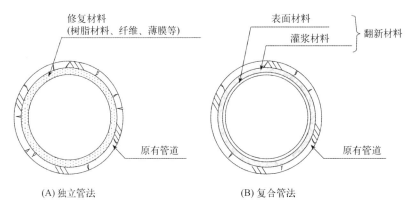

图 7.1 指南定义了两种类型的排水管道改造方法

基于日本排水管道修复工程的大量经验，《JSWA 指南》指出，两种修复方法都应用于刚性管道，其中大多数为钢筋混凝土结构，其余为砖石和玻璃化黏土管。

《指南》将应用管道改造方法修建的修复管道定义为复合管道，如第 6 章第 6.5 节所述。在这种修复方法中，通过将聚氯乙烯或聚乙烯树脂材料制成的表面材料条与现有管道互锁，在现有排水管道内部构造衬管，在压力下用胶结灌浆填充衬管后面的环形空间，从而形成一个高度集成的结构，如图 7.2 所示。

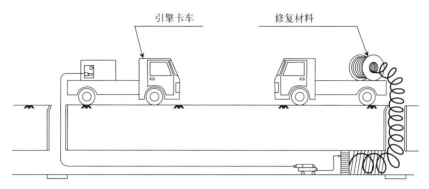

图 7.2 管道改造方法的示意图

在管道改造方法中，有几种常用的衬管制造技术，包括螺旋缠绕内衬法、组装面板内衬法和组装管段内衬法。根据现场条件，其中一些技术可以做到在施工期间无需停止排水管道中的污水流动。

该《指南》还定义了第三种修复方法，即双层管法，用现有管道和由树脂材料制成的衬管来共同承受设计载荷。与复合管道法不同，两个管道之间没有黏合强度。由于这种类型结构缺乏普遍认可的结构分析理论和设计理论，因此该《指南》未涵盖双层管道方法的应用。

7.2.1.2 结构构件的强度和完整性要求

排水管道的基本性能要求可以概括为：能够承受各种载荷的足够强度、抵抗污水泄漏的足够水密性和满足所需排水能力的足够横截面积。通常，基于对排水管道的这些基本要求，《JSWA 指南》提出了复合管方法的特定性能要求。其中，对承载能力和结构完整性的要求解释如下，它们影响了复合管的结构建模和相应结构分析理论的发展。

（1）强度要求

该《指南》指定了两种强度验证方法，它们可以独立使用。

a. 分析方法

复合管结构的强度要求可以用极限状态设计理论来评估。管道的极限承载能力，应在对现有管道及其结构和材料损坏进行适当建模的基础上运用分析或数值方法进行评估。

b. 试验方法

应根据 JSWA 标准《钢筋混凝土排水管道》(JSWAS A-1, JSWA, 2003) 对复合管进行外部压力测试，且获得的破坏载荷必须超过规范中规定的（或根据相关建筑规范建造的）新管道的破坏载荷的标称值。复合管的制备，应首先将新管加载至破坏载荷，然后按照标准的修复程序对破裂的管道进行修复。

用于填充衬里后面的环形空间的灌浆材料必须具有良好的流动性,以确保充分填充,并且与现有管道的黏结强度必须很高,且硬化收缩率很小。灌浆材料的目标抗压强度应通过《预包装混凝土的抗压强度测试》(标准号 JSCE-G521)进行验证。

(2)结构构件的完整性

该准则要求修复层与现有管道完全结合在一起,并且根据 JIS A 1171 对由基础混凝土和砂浆制成的试样进行直接拉力试验来确认。测试应该表明,试样破坏不是由混凝土-砂浆界面处的界面剥离引起的,而是由基础混凝土的断裂引起的。直接拉力测试将在 7.3.2 节中介绍。

7.2.1.3 现有管道的结构完整性评估

在现场调查和对老化的排水管道进行详细调查的基础上,应对管道进行结构评估,重点关注现有管道的排水能力和结构性能。对于复合管方法尤其如此,因为通常老化管道的残余强度对复合管的结构强度有很大的支撑。因此,对现有排水管道的结构评估会极大地影响复合管的设计和修复后的排水管道的结构强度。如果现有管道发生局部损坏或断裂,则《指南》要求在复合管的结构分析和设计中对断裂的管道结构进行充分建模。

7.2.2 复合结构构件的基本规范要求

在复合结构设计中,目前的操作规范采用极限状态设计理论作为基本设计方法。在现代桥梁、建筑物和各种实用结构中使用的大多数复合结构构件都是钢-混凝土构件,它们是有成本效益的结构系统。如图 7.3 所示,这些结构构件包括复合柱、复合梁和复合板,它们是通过将一个钢构件与另一个钢构件封装在一起,或通过刚性机械连接器将钢构件连接到混凝土构件上而形成的。钢和混凝土分别是承受拉力和压力的最有效的工程材料,这些复合构件充分利用了钢和混凝土的材料性能。

显然,复合构件(即各个组件作为结构构件共同作用,来抵抗设计行为)发挥作用的关键在于钢与混凝土的有效连接。正是这种连接使得力能够传递,并构成了复合构件的特征。如图 7.3(A)所示,复合柱的常见类型包括混凝土封闭的复合柱,以及矩形和圆形的钢管混凝土柱。因为具有高结构性能,复合柱越来越多地被用于各种现代结构中。型钢与混凝土之间的接触面积较大,因此可以在两个构件之间形成较大的黏结强度,这在许多情况下足以确保复合作用。如有必要,也可以将机械剪切接头焊接到型钢上,以增加力的传递。为了达到复合柱的要求,每个结构构件的材料强度、型钢的最小横截面积以及其他结构细节都有详细的规范要求。

如图 7.3(B)所示,复合梁可以是完全封装的梁,也可以通过使用机械剪力连接器将混凝土板连接到钢梁的顶部法兰上而形成。在装有复合梁的简单支撑桥梁中,混凝土板受到压缩力,并且该板通常由钢制的工字型截面构件支撑;钢材在应力下的高强度补充了混凝土在压缩时的相对高强度。钢材和混凝土之间的连接是通过机械剪力连接器实现的,这允许混凝土中的剪切力传递到钢材,反之亦然,并且还可以防止混凝土和钢组件的垂直分

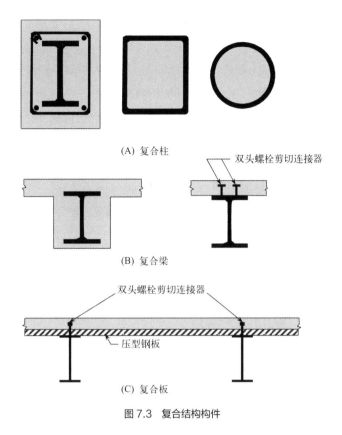

图 7.3 复合结构构件

离。如图 7.3（C）所示，在有压型钢板的复合板中也能找到类似的复合结构类型。机械剪力连接器的类型如图 7.4 所示。其中，图 7.4（A）和（B）的螺柱剪力连接器经常使用，它们有一个头部，通过焊接或螺栓连接到钢部件的平直柄。通常，必须根据建筑规范设计机械剪力连接器，以满足强度、适用性和构造标准。

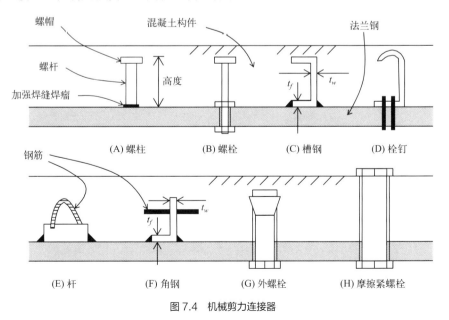

图 7.4 机械剪力连接器

总之，在复合结构构件中有两种主要的剪力连接方法：一种是在全包裹圆柱和梁中钢-混凝土界面处进行黏结或黏附；另一种是在无外裹的复合梁和楼板中，采用机械剪力连接器。钢-混凝土复合结构中的黏结应力已被广泛研究，以下评论摘自《钢筋混凝土的复合材料结构》（Composite Structures of Steel and Concrete，Johnson，2004）。

① 在设计中，必须将黏结应力限制在一个较低的值，以便为混凝土收缩、钢表面下侧的不良黏合以及由于温度变化而产生的应力等不可估量的影响留余地。

② 对封闭梁的极限强度的研究表明，在高载荷下，由于断裂和局部黏结失效的发展，计算的黏结应力意义不大。

③ 实践规范不允许极限强度设计方法用于无剪力连接器的复合梁。

④ 对无外裹复合梁的测试表明，在低载荷下，大部分纵向剪切力是通过界面处的黏结传递，黏结在较高的载荷下会断裂。一旦断裂，就无法恢复。

⑤ 对于无外裹梁，最实用的剪力连接形式是将销钉焊接到钢构件的顶部翼缘中，然后在楼板或甲板浇筑时用现浇混凝土包裹。

7.3 排水管道修复的试验研究

在开发和改进 SPR 方法时，为了研究修复后的管道的承载能力，我们对许多原尺寸试样进行了外部压力测试，如照片 7.1 所示。修复过的管道试样反映了不同状态下排水管道的损坏或劣化状态，管道在修复后的初始应力状态以及在强烈地震中承受的地震载荷状态。

(A) 原始RC管道

(B) 修复RC管道

照片 7.1　外部压力测试

（扫封底或后勒口处二维码看彩图）

为了获得基本数据，我们还进行了各种结构元件和材料性能测试。表 7.1 总结了进行的测试及其目的。本节讨论了对修复后的管道试样进行的外部压力测试以及研究砂浆与混凝土之间黏结强度的几个重要的结构元素测试。

表 7.1 测试清单和测试目的

测试类型	测试目的	
	测试	效果 / 性能确认
承载能力	外部压力测试	修复效果
	预载测试	修复效果
	抗震验证试验	修复效果、抗震性能
元素测试	自发收缩测试	SPR 砂浆的收缩性能
	梁试件的弯曲试验	混凝土和衬里材料的整体性
	直接拉力测试	SPR 砂浆的黏结强度
	压缩剪切试验	SPR 砂浆的黏结强度
	双剪切试验	SPR 砂浆的抗剪强度
	型材拉拔试验	修复管道的抗震性能（纵向）
	附加钢筋有效性的验证测试	附加钢筋的有效性
基本性能测试	抗压强度测试	抗压强度、弹性模量、泊松比、单位重量
	劈裂抗拉强度试验	抗拉强度
	断裂能测试	断裂能
	单剪试验	抗剪强度

7.3.1 承载能力的断裂试验

在原尺寸管道试样上进行断裂试验，包含各种程度的人为损坏和用 SPR 方法进行的修复。
（1）测试案例

表 7.2 列出了七个矩形管的测试案例，表 7.3 列出了五个圆形管的测试案例。这些表指明了原始管的条件和修复管的类型，稍后将对此进行说明。

表 7.2 1500mm×1500mm 矩形管的测试案例

测试案例	原始管道状态	试样类型	数量
1	标准双筋截面	原始管	3
2	标准双筋截面	标准修复管	3
3	标准双筋截面	双层结构的修复管	3
4	无内部混凝土覆盖的横截面	原始管	3
5	无内部混凝土覆盖的横截面	标准修复管	3
6	无内部混凝土覆盖和抗拉钢筋的横截面	原始管	3
7	无内部混凝土覆盖和抗拉钢筋的横截面	标准修复管	3

表 7.3　φ1000mm 圆形管的测试案例

测试案例	原始管道状态	试样类型	数量
1	标准双筋截面	原始管	3
2	标准双筋截面	型材中有钢加固的修复管	3
3	标准双筋截面	型材中有钢加固的双层结构的修复管	3
4	标准双筋截面	型材中无钢加固的修复管	3
5	标准双筋截面	（与底板接触的）无钢加固的修复管	3

（2）试样的材料特性

表 7.4 和表 7.5 分别显示了矩形管和圆形管试样的材料性能。

表 7.4　1500mm×1500mm 矩形管试样的材料性能

材料性能	材料种类			
	混凝土	砂浆	钢筋	型钢（79SW）
抗压强度 /（N/mm^2）	56.25	42.04		
拉伸强度 /（N/mm^2）	3.75	4.17		
泊松比	0.20	0.21		
单位重量 /（kN/m^3）	23.0	23.0		
弹性模量 /（kN/mm^2）	31.85	20.09	210	170
屈服强度 /（N/mm^2）			295	210

表 7.5　φ1000mm 直径圆管的材料性能

材料性能	材料种类			
	混凝土	砂浆	钢筋	型钢（79SW）
抗压强度 /（N/mm^2）	57.62	14.11		
拉伸强度 /（N/mm^2）	4.41	1.23		
泊松比	0.19	0.17		
单位重量 /（kN/m^3）	23.0	12.0		
弹性模量 /（kN/mm^2）	31.95	6.17	210	170
屈服强度 /（N/mm^2）			593	210

（3）试件的尺寸和钢筋布置

图 7.5 和图 7.6 分别显示了矩形管和圆形管试样的尺寸和钢筋布置。

使用以下类型的 1500mm×1500mm 矩形试样：试样一，具有与新管相同的标准双筋截面的原始管和用此管得到的修复管；试样二，通过拆除内部混凝土覆盖以模拟老化管道得到的壁厚减少的原始管和用此管得到的修复管；试样三，去除原始管道内层混凝土覆盖层和顶板中抗拉钢筋的老化、严重退化的管道和用此管道修复后的修复管。由于原始管道和衬管之间没有黏结强度，为了比较标准修复管道和双层管道的承载能力，要在修复之前在原始管道（有标准双筋截面）的内表面上放置一层薄膜来制备双层管道。

7 排水管道改造的结构分析理论与试验研究

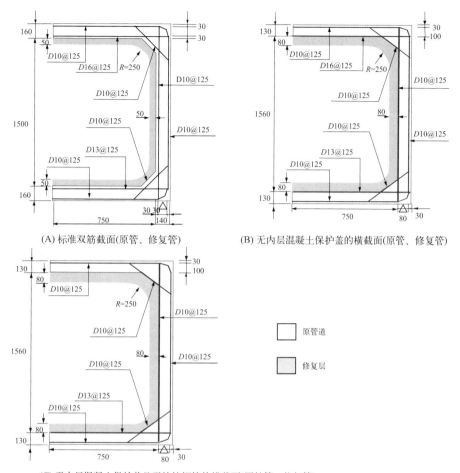

图 7.5 1500mm×1500mm 矩形管的结构尺寸和钢筋布置

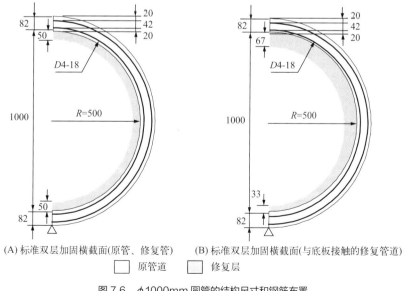

(A) 标准双层加固横截面(原管、修复管) (B) 标准双层加固横截面(与底板接触的修复管道)

图 7.6 ϕ1000mm 圆管的结构尺寸和钢筋布置

使用以下类型的 ϕ1000mm 圆形试样：试样一，与新管具有相同标准双筋截面的原始管和用该管得到的修复管（有或无侧面加强钢筋）；试样二，由标准双筋截面、衬管侧面与底板接触的原始管得到的修复管。为了比较标准修复管道和双层管道的承载能力，修复之前在原始管道（有标准双筋截面）的内表面上放置一层薄膜来制备双层管道。

（4）测试方法

外部压力测试根据 JIS A5363（2010）和 JIS A5372（2010）进行。安装位移计测量垂直和水平方向的变形。图 7.7 说明了测试方法。

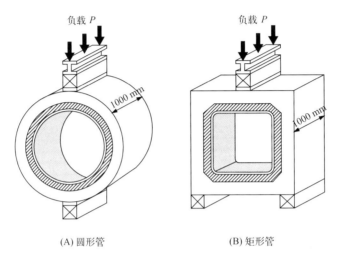

(A) 圆形管　　　(B) 矩形管

图 7.7　SPR 修复管的外部压力测试

（5）外部压力测试结果

表 7.6 和表 7.7 显示了断裂试验的结果。图 7.8 和图 7.9 给出了每种类型试样的载荷-位移关系。经验证，在不同程度的模拟损坏或结构性能退化的情况下，1500mm×1500mm 标

表 7.6　1500mm×1500mm 矩形管的外压测试结果

测试案例	试样类型	最大载荷/（kN/m）	
		测试结果	平均数
1	原始管	366.3 362.5 364.0	364.3
2	标准修复管	673.7 622.1 634.4	643.4
3	双层结构的修复管	487.1 473.1 472.4	477.5
4	无内部混凝土覆盖的原始管	246.9 262.3 244.5	251.2

续表

测试案例	试样类型	最大载荷/(kN/m)	
		测试结果	平均数
5	无内部混凝土覆盖的标准修复管	625.2 455.8 554.4	545.1
6	无内部混凝土覆盖和抗拉钢筋的原始管	106.6 110.6 96.3	104.5
7	无内部混凝土覆盖和抗拉钢筋的标准修复管	（249.3） 372.0 346.8	359.4

注：括号中的值不包括在平均值计算中。

表 7.7　ϕ1000mm 圆管的外压试验结果

测试案例	试样类型	最大载荷/(kN/m)	
		测试结果	平均数
1	原始管	88.7 94.8 94.2	92.6
2	型材中有钢加固的修复管	145.9 145.0 （112.2）	145.5
3	型材中有钢加固的双层结构的修复管	99.4 99.1 100.9	99.8
4	型材中无钢加固的修复管	105.1 117.2 131.9	118.1
5	（与底板接触的）无钢加固的修复管	120.1 114.0 121.6	118.6

注：括号中的值不包括在平均值计算中。

准修复矩形管的承载能力是原始管的 1.8～3.4 倍。此外，ϕ1000mm 标准修复圆管的承载能力在有型材加固和无加固的情况下分别是原始管的 1.6 倍和 1.3 倍。

图 7.10～图 7.12 比较了表 7.6 中 7 个案例的矩形管试样的最大载荷。如图 7.10 所示，与原来的管道相比，仅内部混凝土覆盖层的损失使得承载能力下降了约 30%，内部混凝土覆盖层和抗拉钢筋的损失导致承载能力下降 70%。如图 7.11 所示，在标准的修复案例中，修复后的管道至少要与原始管道一样坚固，管道在失去内部混凝土覆盖以及失去抗拉钢筋的情况下，也应具备该能力。

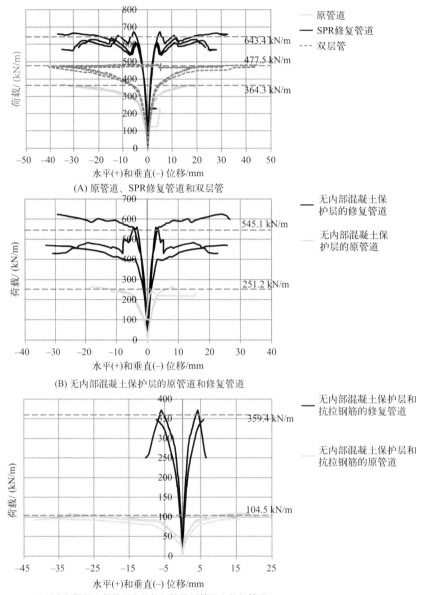

(A) 原管道、SPR修复管道和双层管

(B) 无内部混凝土保护层的原管道和修复管道

(C) 无内部混凝土保护层和抗拉钢筋的原管道和修复管道

图 7.8　1500mm×1500mm 矩形试样的载荷-位移关系

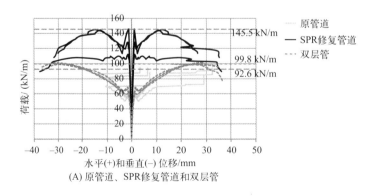

(A) 原管道、SPR修复管道和双层管

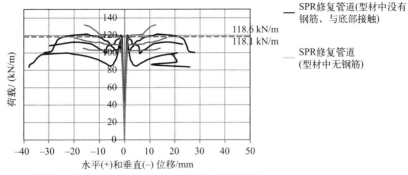

(B) 型材中无钢加固的和(与底板接触的)无钢加固的修复管

图 7.9　φ1000mm 圆形试样的载荷-位移关系

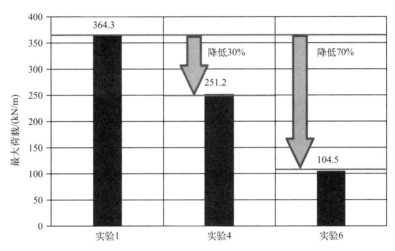

图 7.10　损伤程度对最大承载能力（1500mm×1500mm）的影响

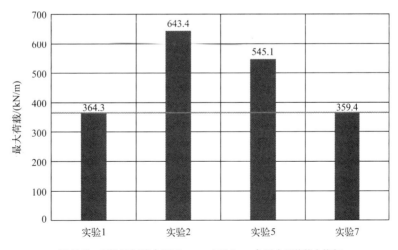

图 7.11　标准修复管（1500mm×1500mm）最大承载能力恢复

　　图 7.12 比较了矩形和圆形试样的双层管与标准修复管的最大载荷。如图 7.12 所示，尽管双层管的承载能力至少与新管相当，但仍比标准修复管低约 30%。

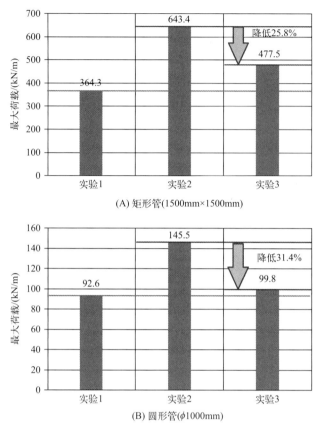

图 7.12 标准修复管和双层管的最大承载能力比较

（6）标准修复管和双层管界面附近的载荷-应变关系

为了研究原始管和修复层之间界面应变的连续性，在试样的两个自由表面上，沿原始管道混凝土顶板与修复层砂浆之间的界面上安装了应变仪。图 7.13 显示了矩形和圆形试样在垂直和水平方向上的载荷-位移关系的试验结果，表 7.8 比较了两种修复类型的最大载荷。如表 7.8 所示，在双层结构的案例中，矩形和圆形管道试样都表现出较小的初始刚度，其承载能力约为标准修复管道试件的 70%。

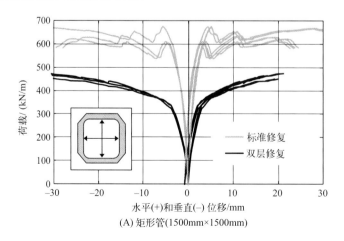

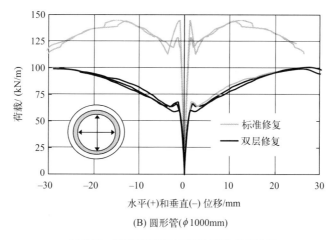

(B) 圆形管(ϕ1000mm)

图 7.13　标准修复管和双层管的载荷-位移关系

表 7.8　外部压力测试结果

管道类型	试样类型	平均最大载荷/(kN/m)	最大载荷比 [(b)/(a)]
矩形管 1500mm×1500mm	标准修复管（a）	643.4	0.74
	双层管（b）	477.5	
圆形管 ϕ1000mm	标准修复管（a）	145.5	0.69
	双层管（b）	99.8	

对于矩形试样，在界面附近测得的应变表现如图 7.14 所示。对于标准修复管，砂浆表面 C 点处的应变大于原始管道混凝土表面 B 点处的应变。这表明应变流在原始管道和修复层之间具有连续性。在双层管中，从载荷开始，原始管的混凝土表面的应变大于砂浆表面的应变，这表明跨界面的应变流不连续。

7.3.2　结构元素测试

7.3.2.1　SPR 衬里材料的特性

SPR 方法中使用的衬里材料包括 SPR 填充砂浆和 SPR 型材。这些材料已开发出一系列产品应用于老化排水管道的修复设计，这些产品在强度、管道直径、管道曲率等方面都有明确的规格。

SPR 填充砂浆是专门为排水管改造而研发的填充材料，是一种树脂基聚合物砂浆，由普通硅酸盐水泥、轻质骨料和丙烯酸乳化剂等混合物组成（照片 7.2，表 7.9）。SPR 填充砂浆具有以下特征：

① 优异的硬化后耐久性和稳定的强度；

② 注入后，砂浆体积膨胀 1.5% ~ 2.5%，并黏附到现有排水管道的内表面，在结构上与之形成一体；

③ 对原管的附着力强，硬化后水密性极佳；

④ 当水下注入时，砂浆能将水推开并完全填充原始管道和衬管之间的空间。

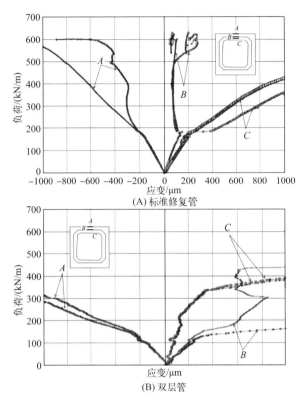

图 7.14 矩形试样测量的载荷-应变关系

(A) 传统砂浆　　(B) SPR 砂浆

照片 7.2　水下注入常规砂浆和 SPR 砂浆的材料特性比较

表 7.9　SPR 砂浆的材料性能

项目	砂浆类型		
	砂浆 #2	砂浆 #3	砂浆 #4
单位重量 /(t/m³)	≥ 1.30	≥ 2.10	≥ 2.0
抗压强度 /(N/mm²)	σ_7=12.0 σ_{28}=21.0	σ_7=21.0 σ_{28}=35.0	σ_7=30.0 σ_{28}=55.0
流动性（稠度）/mm	290～370	250～380	280～370
骨料	无机轻骨料	硅砂	硅砂

SPR 型材主要由广泛用作排水管道材料的硬质聚氯乙烯树脂组成，其设计具有适当的柔韧性、强度、耐化学性、耐磨性和耐用性，以满足排水管道改造修复的要求（照片 7.3，

表7.10)。作为带有肋条的衬里材料条，SPR型材与两侧双重互锁，压缩相合，因此可以通过螺旋缠绕和互锁接头来形成衬管。螺旋缠绕衬管通过主锁扣和副锁扣接头之间的互锁以及密封剂连接来实现水密性，防止互锁接头打滑，并有助于维持管道直径。

(A) 直线衬砌用无筋型材

(B) 大直径或非圆形管道衬砌用钢筋型材

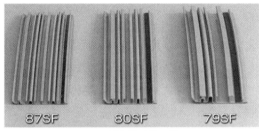

(C) 环形衬砌的无筋型材

(D) 曲线衬砌用钢筋型材

照片7.3　各种类型的PVC型材

表7.10　PVC型材的材料数据

序列号	材料数据							
	硬质聚氯乙烯					型钢		
	宽度/mm	厚度/mm	截面面积/mm^2	抗拉强度/(N/mm^2)	弹性模量/(N/mm^2)	截面面积/mm^2	屈服强度/(N/mm^2)	弹性模量/(kN/mm^2)
#90S	90.0	9.0	291.28	37.2	2350			
#90SW	90.0	9.0	291.28	37.2	2350	38.2	205	165
#95S	95.0	8.0	263.56	37.2	2350			

续表

序列号	材料数据							
	硬质聚氯乙烯					型钢		
	宽度/mm	厚度/mm	截面面积/mm^2	抗拉强度/(N/mm^2)	弹性模量/(N/mm^2)	截面面积/mm^2	屈服强度/(N/mm^2)	弹性模量/(kN/mm^2)
#87S	87.0	11.9	367.29	37.2	2350			
#87SW	87.0	11.9	367.29	37.2	2350	41	205	165
#80S	80.0	16.3	509.91	37.2	2350			
#80SW	80.0	16.3	509.91	37.2	2350	50	205	165
#79S	79.0	21.5	671.51	37.2	2350			
#79SW	79.0	21.5	671.51	37.2	2350	72.7	205	165
#792S	79.2	31.7	1033.66	37.2	2350			
#792SU	79.2	31.7	1033.66	37.2	2350	124.6	205	165

7.3.2.2 结构元素测试的内容和目的

（1）确定 SPR 砂浆的性能

通常，随着水泥水化，混凝土在胶凝材料凝固期间和之后会发生体积减小。如果自收缩量大，则可能会发生破裂，不仅会影响强度，还会影响耐久性。

将 SPR 砂浆注入原始管道和型材之间的空间，使得 SPR 砂浆与现有管道结合在一起，形成一个整体结构。自收缩引起的体积减小可能会产生空隙，阻止结构整合。因此，进行自收缩试验，以确保 SPR 砂浆收缩不会对复合管性能产生不利影响。

（2）SPR 砂浆强度的测定

修复的 SPR 管道由原始管和衬管形成的整体结构来抵抗外力。尽管混凝土表面没有进行粗糙处理以增加与原始管道的附着力，但可通过在砂浆中混合乳化剂，来增加附着力。在砂浆注入过程中，还采取了加压等措施来促进结构整合。因此，如前所述，SPR 修复管的承载机制与双层管不同。为了检查原始管道和衬管之间界面的黏结强度，进行了三个测试。

a. 直接拉伸测试：

检查原始管道和衬管之间界面的拉伸强度，即 SPR 砂浆的黏结强度。

b. 压缩剪切试验（附着力试验）：

检查原始管道和衬管之间界面的剪切阻力。

c. 双剪切试验：

评估混凝土与砂浆之间以及型材与砂浆之间界面的抗剪强度。

7.3.2.3 直接拉伸测试

（1）测试方法

在直接拉伸试验中，测量基础混凝土砂浆界面的拉伸强度。测试方法如下。

a. 将基础混凝土混合物倒入高 200mm、直径 100mm 的模具中。第二天,将模板取出,将混凝土放入乙烯基袋中,并进行密封养护,直到材龄达到 28 天。

b. 在大约 21 天时,在中等高度处将试样切成两等份(上下两半)。

c. 在 28 天时,将试样的下半部分再次放入模具中。然后,用丙酮清洁切割面,并用砂纸(150-grit 抛光砂纸)打磨,然后倒入砂浆。注意,用于直接拉伸测试的试样是在 20℃和 60%RH 的恒温室中制备的。

d. 砂浆放置完成后,其上表面覆盖有一块加重的玻璃板,并在 20℃下固化。

e. 在浇注砂浆 28 天后(浇注混凝土后的 56 天),用环氧树脂基黏合剂将夹具固定在试样的两端,如图 7.15 所示,用 Instron Model 1125 测试仪进行拉伸试验来确定最大载荷。

f. 根据最大载荷,可得到基础混凝土与砂浆之间的界面的直接抗拉强度,如下所示

$$f_\mathrm{t} = \frac{P_\mathrm{max}}{A} \tag{7.1}$$

式中,f_t 为直接抗拉强度;P_max 为最大载荷;A 为断裂试样的横截面积。

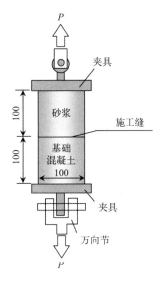

图 7.15 确定基础混凝土和砂浆之间界面直接抗拉强度的试验(单位: mm)

(2)测试结果

直接拉伸试验结果如表 7.11 所列。

表 7.11 直接拉伸试验结果

材料属性	砂浆类型						
	样本编号	基础混凝土/砂浆 #2		基础混凝土/砂浆 #3		基础混凝土/砂浆 #4	
		测试结果	平均	测试结果	平均	测试结果	平均
直接抗拉强度/(N/mm²)	1	0.74	0.72	1.77	1.70	1.17	1.05
	2	0.78		1.77		0.97	
	3	0.65		1.58		1.00	

7.3.2.4 压缩剪切试验（附着力试验）

（1）测试方法

单轴压缩试验用来研究基础混凝土和注入砂浆之间的黏结缝的抗剪强度。测试方法如下。

a. 将基础混凝土混合物倒入高 200mm、直径 100mm 的模具中。在第二天，将模板取出，将混凝土放入乙烯基袋中，并进行密封养护，直到达到 28 天材龄。

b. 在大约 21 天时，将试样以 45°角在中部处切成两半（图 7.16）。

c. 在 28 天时，将试样的下半部分再次放入模具中。然后，用丙酮清洁切割面，并用砂纸（150-grit 抛光砂纸）打磨，然后倒入砂浆。请注意，用于压缩剪切试验的试样是在 20℃ 和 60%RH 的恒温室中制备的。

d. 砂浆放置完成后，其上表面覆盖一块加重的玻璃板，并在 20℃ 下固化。

e. 在浇筑砂浆 28 天后（浇筑混凝土后 56 天），将两个应变仪分别安装到砂浆层和基础混凝土层的中等高度水平（图 7.17）。

f. 最大压缩载荷由单轴压缩试验确定（照片 7.4）。

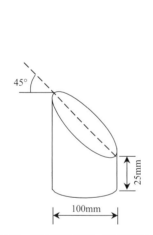

图 7.16　压缩剪切试验的 45°切割的试样形状

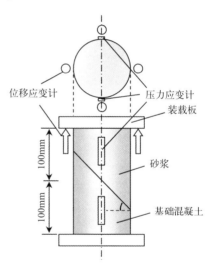

图 7.17　压缩剪切试验的设置

照片 7.4　压缩剪切试验

g. 用最大压缩载荷计算施工缝的抗剪强度（黏结强度）。

$$f_s = \frac{P_{max}\sin\theta}{\dfrac{A}{\cos\theta}} \quad (7.2)$$

式中，f_s 为抗剪强度；P_{max} 为最大压缩载荷，A 为试样的横截面积；θ 为基础混凝土与砂浆界面的角度（45°）。

h. 测量加载设备的垂直位移，并计算施工缝处的剪切位移为

$$\Delta_s = (\Delta_1 - \Delta_2)\sin\theta \quad (7.3)$$

式中，Δ_s 为施工缝的剪切位移；Δ_1 为加载设备的垂直位移；Δ_2 为试样的变形；θ 为基础混凝土与砂浆界面的角度（45°）。

（2）测试结果

表 7.12 列出了压缩剪切试验的结果。

表 7.12 压缩剪切试验结果

材料属性	样本编号	样本类型					
		基础混凝土/砂浆 #2		基础混凝土/砂浆 #3		基础混凝土/砂浆 #4	
		测试结果	平均	测试结果	平均	测试结果	平均
抗剪强度/(N/mm^2)	1	13.1	11.9	19.6	20.5	32.0	30.9
	2	9.9		19.8		29.8	
	3	12.7		20.5		30.5	
	4					31.2	
施工缝剪切位移/mm	1	0.12	0.09			0.131	0.158
	2	0.06				0.204	
	3	0.09				0.140	

7.3.2.5 双剪切试验

（1）测试方法

根据《钢纤维增强混凝土的抗剪强度试验方法》（JSCE，2002），对混凝土和砂浆界面以及砂浆和型材界面的抗剪强度进行测试。图 7.18 显示了测试设置，照片 7.5 显示了使用的测试夹具。沿图 7.18 所示的虚线引起剪切破坏，从而计算出混凝土-砂浆界面和砂浆-型材界面的抗剪强度。

（2）测试案例和测试试样

对混凝土和砂浆进行的强度测试有 3 个试验（2 号~4 号砂浆），对砂浆和型材进行的强度测试有 9 个试验（对 80SW、79SW 和 792SU 型材使用 2 号~4 号砂浆）。表 7.13 列出了这 12 个试验的详细试样，图 7.19 显示了两种类型试样的设计和几何尺寸。

（3）测试场景

照片 7.6 显示了载荷下的测试试样。

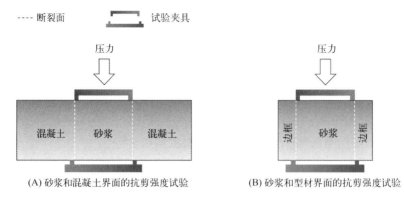

图 7.18 双剪切试验的测试装置

(A) 砂浆和混凝土界面的抗剪强度试验
(B) 砂浆和型材界面的抗剪强度试验

照片 7.5 用于双剪切试验的测试夹具（载荷板的边缘宽度为 10mm）

表 7.13 双剪切试验的试样

试验编号	SPR 砂浆	边框	边框厚度[①]/mm	砂浆厚度/mm	混凝土厚度[①]/mm	样本长度/mm	数量/片
1	Mortar #2		0	100	100	300	3
2	Mortar #3		0	100	100	300	3
3	Mortar #4		0	100	100	300	3
4	Mortar #2	80SW	16.3	100		132.6	3
5		79SW	21.5	100		143	3
6		792SU	31.7	100		163.4	3
7	Mortar #3	80SW	16.3	100		132.6	3
8		79SW	21.5	100		143	3
9		792SU	31.7	100		163.4	3
10	Mortar #4	80SW	16.3	100		132.6	3
11		79SW	21.5	100		143	3
12		792SU	31.7	100		163.4	3

① 表示每个试样的左右两片。

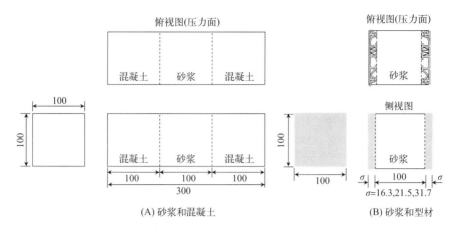

(A) 砂浆和混凝土　　　　　　　　　(B) 砂浆和型材

图 7.19　双剪切试验的试样（单位：mm）

(A) 载荷下的混凝土砂浆试样

(B) 载荷下的砂浆型材试样

照片 7.6　正在进行的双剪切测试

（4）双剪切试验结果

表 7.14 和表 7.15 分别显示了砂浆和混凝土之间、砂浆和型材之间的抗剪强度。为了进行比较，三种砂浆抗拉强度（通过劈裂抗拉强度试验得到）、砂浆和混凝土的黏结强度见表 7.16。

如表 7.14 所示，砂浆 #2～#4 与混凝土之间的抗剪强度分别为 2.35N/mm²、3.98N/mm² 和 3.97N/mm²。与表 7.16 中砂浆的抗拉强度和砂浆 #2 与混凝土之间的黏结强度相比，抗剪

表 7.14　砂浆和混凝土的抗剪强度

材料属性	样本编号	样本类型					
		基础混凝土/砂浆#2		基础混凝土/砂浆#3		基础混凝土/砂浆#4	
		测试结果	平均	测试结果	平均	测试结果	平均
抗剪强度/(N/mm^2)	1	2.62	2.35	3.90	3.98	3.67	3.97
	2	2.14		4.41		3.89	
	3	2.29		3.64		4.35	

表 7.15　砂浆和型材的抗剪强度

材料属性	型材 Profile	样本编号	样本类型					
			砂浆#2/型材		砂浆#3/型材		砂浆#4/型材	
			测试结果	平均	测试结果	平均	测试结果	平均
抗剪强度/(N/mm^2)	#80SW	1	2.19	2.00	3.63	3.34	4.59	4.96
		2	1.71		2.93		4.60	
		3	2.09		3.47		5.70	
	#79SW	1	2.17	1.95	2.78	3.32	5.14	4.19
		2	1.87		2.75		3.77	
		3	1.80		4.42		3.65	
	#792SU	1	1.46	1.36	2.28	2.63	1.84	2.92
		2	1.71		3.25		3.77	
		3	0.91		2.36		3.14	

表 7.16　砂浆的抗拉强度、砂浆与混凝土的黏结强度

材料属性	砂浆类型		
	砂浆#2	砂浆#3	砂浆#4
砂浆抗拉强度/(N/mm^2)	1.83	2.92	5.46
砂浆与混凝土的黏结强度/(N/mm^2)	0.72	1.70	1.05

强度与拉伸强度、黏结强度的比率分别为 1.3、3.3。类似地，对于砂浆 #3 和 #4，其强度比分别为 1.4 和 2.3 以及 0.7 和 3.8。很明显，砂浆和混凝土的抗剪强度与砂浆的抗拉强度相当，远大于砂浆和混凝土的黏结强度。

关于砂浆和型材的抗剪强度，表 7.15 显示，三种型材 80SW、79SW 和 792SU 的抗剪强度依次降低，这是由于这些型材的几何细节不同所致的。砂浆 #3 和 #4 的抗剪强度远大于砂浆 #2 的抗剪强度，砂浆 #4 的抗剪强度最大。

7.4 半复合管模型和基于断裂力学的材料建模

7.4.1 无张力界面模型

尽管《JSWA 指南》要求对混凝土砂浆试样进行直接拉伸试验，以确保试验试样遭到最终破坏时不发生界面剥离，但在各种管道修复的断裂试验中，界面剥离的情况依然存在。照片 7.7 展示了两个典型实例，即用不同的管道改造方法修复的圆形和矩形管道。每个实例中在高载荷下原始管道和修复层之间都会发生界面局部剥离。这种修复后的管道试样的界面剥离表明，复合管法并不总是能满足完全整合的要求。

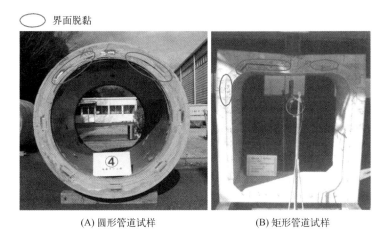

(A) 圆形管道试样　　　(B) 矩形管道试样

照片 7.7　在破坏载荷下，经过修复的管道试样界面剥离

接下来是基于对两个修复后管件[箱形管（1500mm×1500mm）和圆形管（ϕ1000mm）]的断裂试验的数值研究，如表 7.2 中的试验 2 和表 7.3 中的试验 4 所示。结构尺寸和修复细节如图 7.5（A）和图 7.6（A）所示，测试条件如图 7.7 所示。表 7.4 和表 7.5 分别总结了每种情况下原始管道和修复层的材料特性。

图 7.20 展示了在外部压力测试过程中结构变形的示意图。如图 7.20 所示，在压缩载荷

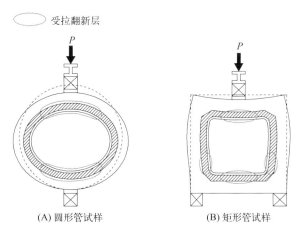

(A) 圆形管试样　　　(B) 矩形管试样

图 7.20　外部压力试验时复合管试样的结构变形示意图

下，修复层中会形成多个拉伸区域，该区域通常比原始管道的板壁，在结构上与拉力构件产生同样的作用。在这些拉伸区域中，垂直于拉伸构件轴线的拉伸应力可能会出现在界面上，其出现可能归因于泊松效应、界面剪切力的传递、填充砂浆的硬化收缩及其自重。由于未使用机械连接器来整合原始管道和修复层，所以指南要求的结构构件的完全结合仅取决于砂浆和混凝土的黏结强度。

图 7.21 显示了在两个修复管道界面处的相邻元件在各自最大载荷下的最大拉伸应力，这里假设在界面处存在刚性黏结。如图 7.21 所示，箱形涵管在最大载荷下，界面处的最大拉伸应力达到 3.74MPa，圆形管中的最大拉伸应力达到 2.73MPa。与表 7.11 中各种类型的 SPR 填充砂浆对混凝土的直接拉伸强度（最大值为 1.7MPa）比较，在高载荷下复合管界面的剥离似乎是不可避免的。

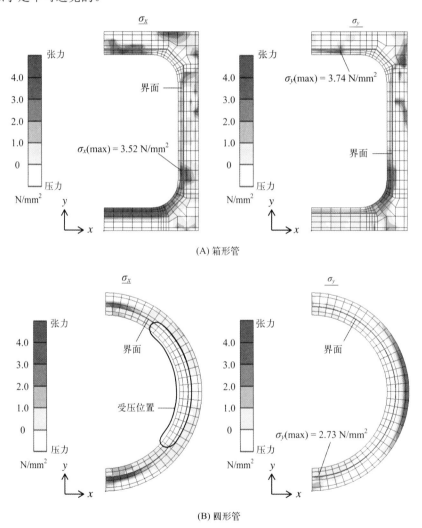

(A) 箱形管

(B) 圆形管

图 7.21 在压缩载荷下通过刚性黏结的修复管试样界面最大拉伸应力的数值结果
（扫封底或后勒口处二维码看彩图）

为了充分挖掘复合管道方法在排水管道修复中的优势，同时满足安全设计要求，基于以下假设，针对这种改造方法提出一种半复合管道结构。

① 施工后的完全黏结：修复结构完成后，原始管材与修复层完全结合。

② 无拉力界面：当外力作用下界面处产生拉伸应力时，为终止应力传递，完全黏结被自由表面模型或无拉力界面模型所取代。

③ 压缩下的完全黏结：在修复层的压缩区域中，假定界面完全黏结，原始管道和修复层之间连续传递剪切力和压缩应力。

由此产生的结构可被视为一种复合结构，其机械连接器设置在压缩区内，沿封闭修复层被无拉力界面区拦截，因此被称为半复合管结构。半复合管结构的无拉力界面区和完全黏结界面区会随着载荷条件的变化而变化。当出现拉伸应力时，完全黏结区域可以变成无拉力区域。但是，无拉力区域是不可逆的，尽管在受压时它仍可以传递压缩应力，但不传递剪切力。

图 7.22 显示了当前两种情况下的半复合管结构。原始管道和修复层在受压区域中的完全黏结使改造后的管道强度最大化，无拉力区域中结构构件的自由界面变形降低了这些区域中复合结构的整合效果。正是在修复层的受拉区域中界面的潜在剥离，使得在原本完全黏结的复合管中产生了独特的半复合管结构。数值分析中的无拉力界面建模如图 7.23 所示，其中界面通过使用虚拟单元和具有相同坐标的双节点进行建模。对于刚性黏结条件，假定连接双节点的弹簧系数无限大。当产生拉伸应力时，垂直和水平方向上的弹簧连接被移除，以允许界面自由变形。

应该指出的是，作为复合管方法的结构分析模型，半复合管结构代表了一种安全的设计方法。这是因为通过此模型得到的最大承载能力，代表了使用复合管法构造的修复排水管道的最大强度的下限。如果灌浆的黏结强度可以确保在高载荷下实现现有排水管道和修复层之间实现完全黏结，则修复后管道的实际最大强度将大于半复合管道模型预测的下限，该强度储备有助于在修复设计中获得更大的安全余量。另一方面，如果由于各种不可预测的因素（例如施工不良）而使水泥浆的实际黏结强度无法达到其目标值，并且在高载荷下发生剥离，那么显然，半复合管模型仍然可以确保修复的排水管道是安全的，因为在其设计模型中，完全忽略了水泥浆的拉伸强度。

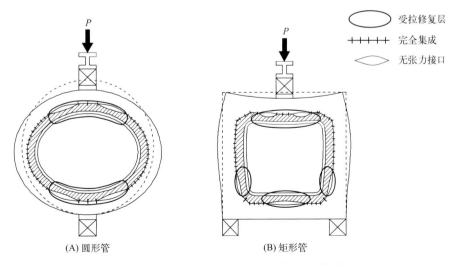

图 7.22　外部压力测试期间复合管试样的半复合管结构的概念图

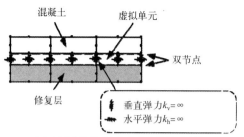

(A) 采用虚拟单元和双节点进行界面建模

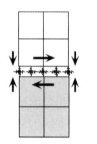
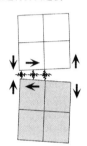

(B) 受压状态下的完全黏结　　(C) 受拉状态下的无拉力界面

图 7.23　数值分析中的无拉力界面建模

7.4.2　材料建模

（1）概述

为了通过数值分析预测一个修复的半复合管道结构在达到破坏载荷下的结构性能，必须对结构构件进行精确的材料建模。涉及的材料是现有管道中的混凝土和钢筋、水泥浆以及修复层中的表面材料（形成衬里表面）。在大多数管道改造方法中，修复层通常通过压型钢板或钢框架加固。下文解释了这些材料的应力-应变关系，它们构成有限元分析的基础。

（2）混凝土压缩

由于排水管道的结构构件（即顶板、底板和侧壁）主要用于抵抗交通载荷和周围土压力下的弯矩和轴向力，因此，采用以下标准推荐的应力-应变关系（JSCE，2009）：

当 $\varepsilon'_c \leqslant 0.002$ 时

$$\sigma'_c = k_1 f'_{cd} \frac{\varepsilon'_c}{0.002}\left(2 - \frac{\varepsilon'_c}{0.002}\right) \quad (7.4a)$$

当 $\varepsilon'_c > 0.002$ 时

$$\sigma'_c = k_1 f'_{cd} \quad (7.4b)$$

式中，

$$k_1 = 1 - 0.003 f'_{ck} \leqslant 0.85$$

$$\varepsilon'_{cu} = \frac{155 - f'_{ck}}{0.002}\left(2 - \frac{\varepsilon'_c}{0.002}\right); \quad 0.0025 \leqslant \varepsilon'_{cu} \leqslant 0.0035$$

式中，σ'_c 为混凝土的压缩应力；ε'_c 为混凝土的压缩应变；f'_{ck} 为混凝土的抗压强度的特性值，N/mm²；f'_{cd} 为混凝土的设计抗压强度，N/mm²。

相应的应力-应变曲线如图 7.24 所示。

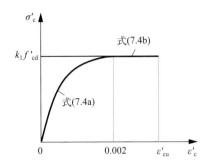

图 7.24 混凝土受压时的应力-应变关系（JSCE，2009）

（3）混凝土受拉：基于混凝土断裂力学的裂纹分析

当混凝土处于受拉状态时，假定其应力-应变关系在达到混凝土最大抗拉强度之前为线性弹性。之后，根据混凝土的拉伸软化定律（图 7.B.2）进行混凝土的裂纹分析，该定律控制了开裂混凝土中断裂能的耗散。有关混凝土断裂力学在排水管道工程中的应用，请参见 Shi 等（2016）的研究。

由于钢筋混凝土的裂纹通常沿着结构受拉区域中的拉筋分布，因此，采用弥散裂纹建模方法来对这种类型的断裂行为进行建模最为合适。断裂的混凝土的应力-应变关系可以通过使用裂纹带模型、非正交裂纹模型或局部弥散模型来定义。本书采用局部弥散裂纹模型进行裂纹分析，该模型使用正割弹性模量来描述应变软化相应的应力-应变关系见附录 7.A。

在一般的混凝土结构中，例如某些类型的检查井和一些老化的排水管道，由于腐蚀而留下的钢筋很少，裂纹往往会出现在受拉区域。这种类型的断裂行为应使用离散裂纹建模方法进行模拟。离散裂纹建模通常要求裂纹在分析之前处于确定位置（尽管这可以通过在潜在裂纹区域中预设多个裂纹路径来避免）。

与基于连续假设来定义裂纹元素的应力-应变关系的弥散裂纹法不同，在离散裂纹建模方法中，只有通过裂纹方程求解局部断裂行为以获取关于裂纹的精确信息（裂纹的长度和方向、作用在裂纹表面上的内聚力以及裂纹的开口宽度）后，才能获得这种关系。通过将新的裂纹表面作为边界的一部分，并求解其边界值得到裂纹单元的应力-应变关系。附录 7.B 给出了针对 I 型断裂的扩展虚拟裂纹模型（EFCM）的公式，从中可以得出单个裂纹或多个裂纹问题的裂纹方程（Shi，2009）。

（4）钢筋

假定混凝土和钢筋之间的黏结是刚性的。如图 7.25 所示，假定钢筋在拉伸和受压状态下的应力-应变曲线为理想弹塑性，f_{yd} 为钢材的设计屈服强度，E_s 为钢材的弹性系数。

（5）修复层

a. 压型钢板或钢框架

假定用于加固修复层的压型钢板或钢框架为理想弹塑性的，其应力-应变曲线如图 7.25 所示。

b. 水泥浆

ⅰ. 受压时水泥浆的应力-应变关系近似于混凝土受压时的应力-应变关系，如图 7.24 所示。

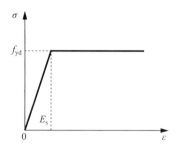

图 7.25 钢筋的应力-应变关系

ⅱ. 受拉时，水泥浆会像混凝土一样产生裂纹，并且先前关于混凝土裂纹的讨论对于水泥浆同样可用。

c. PVC 型材

在数值分析中评估修复排水管道的承载能力时，未考虑用作修复层表面材料的 PVC 型材的强度。但是，在地下水压力下底拱衬里的屈曲分析中，在评估复合衬管的等效弹性系数时，会考虑其材料特性。本议题将在 7.7 节中阐述。

7.5 基于弥散裂纹法的修复后排水管道开裂的数值分析

7.5.1 案例选择

从第 7.3.1 节中讨论的承载能力测试中选择研究案例，如表 7.2 和表 7.3 所示。图 7.26 显示了从表 7.2 的七个案例中选择的四个 1500mm×1500mm 矩形管。案例 1 是有标准双筋截面的原始管，案例 2 是案例 1 的标准修复。案例 3 是在抗拉钢筋上无内部混凝土覆盖的原始管，案例 4 是案例 3 的标准修复。案例 1～案例 4 分别对应于表 7.2 的案例 1、案例 2、案例 4 和案例 5。

几何尺寸和加固细节如图 7.5 所示，材料特性如表 7.4 所示。

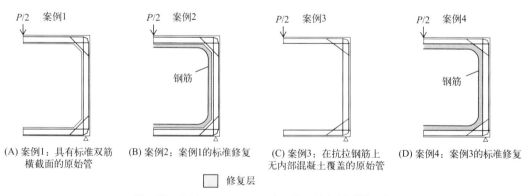

图 7.26 1500mm×1500mm 矩形管开裂试验的数值研究

图 7.27 显示了从表 7.3 的五个案例中选择的四个 φ1000mm 圆形管。案例 5 是有标准双筋截面的原始管，案例 6 是案例 5 的标准修复。案例 7 和 8 是用非加固 PVC 型材的案例 5 的

标准修复。案例 7 中，衬里厚度与案例 6 相同，案例 8 中，衬里的厚度从上到下变薄：在管道的底部，修复层减小到 PVC 型材的厚度。案例 5 ～案例 8 分别对应于表 7.3 的案例 1、案例 2、案例 4 和案例 5。几何尺寸和加固细节如图 7.6 所示，材料特性如表 7.5 所示。试验的载荷条件如图 7.7 所示。请注意，选择这些案例是因为它们代表了现有排水管道的常见类型和修复条件。

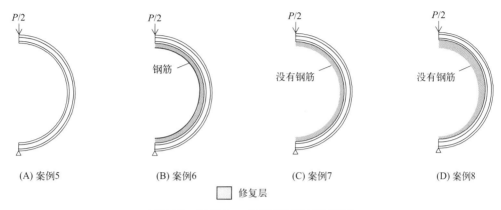

图 7.27　ϕ1000mm 圆管开裂试验的数值研究

图 7.28 和 7.29 分别显示了案例 1 ～案例 4 和案例 5 ～案例 8 的有限元模型，通过使用虚拟单元对修复后管道的界面进行建模。

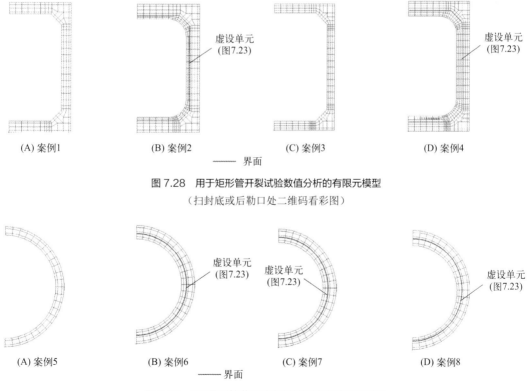

图 7.28　用于矩形管开裂试验数值分析的有限元模型
（扫封底或后勒口处二维码看彩图）

图 7.29　用于圆形管道开裂试验数值分析的有限元模型
（扫封底或后勒口处二维码看彩图）

请注意，这些 FE 模型由 SPRana 设计软件自动生成，这将在第 8 章"基于性能的老旧排水管道改造设计"中进行介绍。

7.5.2 矩形管的数值结果

图 7.30～图 7.33 总结了案例 1～案例 4 的数值结果，包括两个载荷阶段的位移关系、断裂行为、应力分布和剥离面积。为了进行比较，还列出了载荷-位移关系测试的结果。

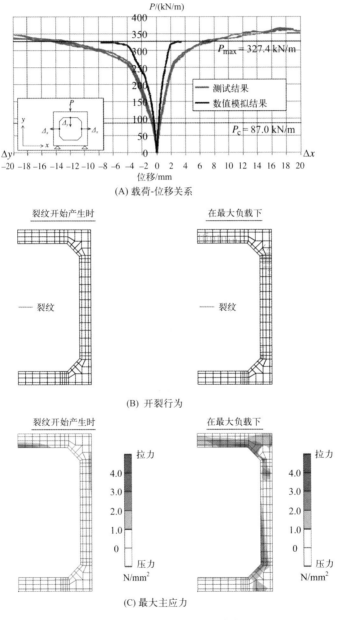

图 7.30 排水管道案例 1 的数值结果
（扫封底或后勒口处二维码看彩图）

7 排水管道改造的结构分析理论与试验研究

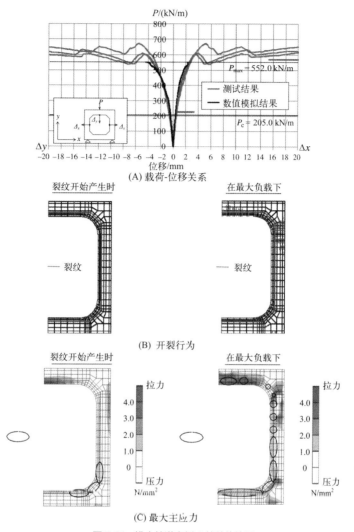

图 7.31 排水管道案例 2 的数值结果
（扫封底或后勒口处二维码看彩图）

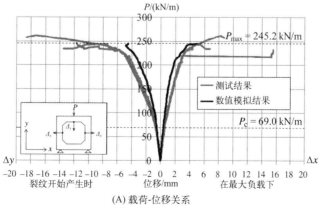

图 7.32

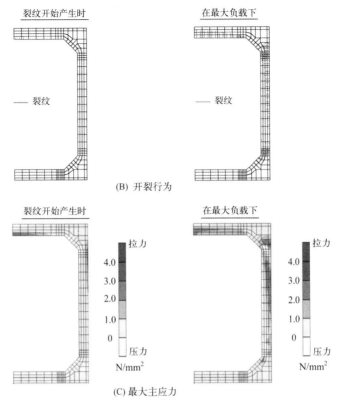

图 7.32　排水管道案例 3 的数值结果

（扫封底或后勒口处二维码看彩图）

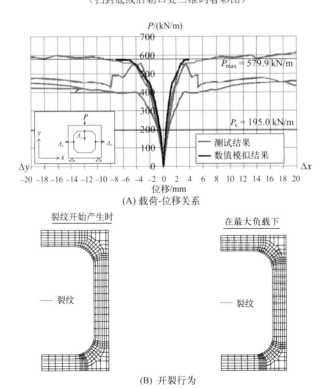

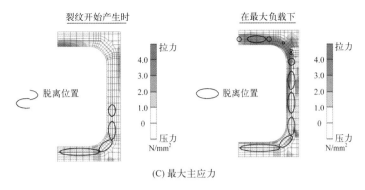

图 7.33 排水管道案例 4 的数值结果

（扫封底或后勒口处二维码看彩图）

案例 1 中，在 87.0kN/m 的载荷水平下，顶板开始发生裂纹，最大载荷为 327.4kN/m，这与平均测试结果 364.3kN/m 较为一致，差异率为 10%。在最大载荷下，裂纹主要发生在顶板和外侧拱腋区附近的壁上。内侧下拱腋区附近的壁上也有一些裂纹。案例 2 中，修复后的裂纹起始载荷增加到 205.0kN/m，最大载荷达到 552.0kN/m。与平均测试结果 643.4kN/m 相比，差异率 14%。在最大载荷下，裂纹主要集中在顶板和外侧上壁，在靠近界面的下壁中也出现了一些裂纹。

图 7.31 中的应力轮廓展示了界面的剥离。如图所示，在裂纹开始时，在下部拱腋区周围发生了剥离，剥离率占整个界面长度的 26%。在最大载荷下，剥离面积显著扩大，剥离率为 73%。请注意，这些数字并不一定反映修复后试样的实际剥离率。在无拉力界面模型中，当界面中出现拉力时，水泥浆的黏结强度被完全忽略，而在试样中，仅当界面拉伸应力达到黏结强度时，才发生剥离。因此，试样中的实际剥离率应较低。

案例 3 中，裂纹开始于 69.0kN/m，最大载荷为 245.2kN/m，与测试平均值 251.2kN/m 基本吻合。拆除拉力钢筋上的混凝土保护层，最大载荷比案例 1 降低了 25%。在最大载荷下，裂纹扩展到整个顶板和外壁，上下拱腋区严重开裂。案例 4 中，修复后的裂纹起始载荷增加到 195.0kN/m，最大载荷达到 579.9kN/m，也与测试平均值 545.1kN/m 较为一致。在最大载荷下，裂纹不仅发生在外部的顶板和上壁，而且还发生在中部内壁。如图 7.33 所示，在裂纹开始发生时，底板和下壁发生剥离，剥离率为 44%。在最大载荷下，剥离区域扩散到顶板和上壁，剥离率为 77%。上拱腋区中的界面受到与界面垂直的方向的压力，因此其黏结条件基本上保持刚性。

7.5.3 圆形管的数值结果

图 7.34～图 7.37 分别显示了案例 5～案例 8 的数值结果。案例 5 中，裂纹起始载荷为 33.0kN/m，最大载荷为 92.4kN/m，与测试平均值 92.6kN/m 较好地吻合。案例 6 中，修复后的裂纹起始载荷为 55.5kN/m，最大载荷增加到 143.4kN/m，也与测试平均值 145.5kN/m 相当。裂纹开始时，顶部和底部区域界面以及从管道的水平中心线测量的 45°线附近的某些区域，都发生了界面剥离。在达到最大载荷之前，剥离区保持不变，剥离率为 50%。

案例 7 中，在 36.0kN/m 的载荷水平下开始出现裂纹，最大载荷达到 132.4kN/m，略大于试验平均值 118.1kN/m，差异率为 12%。在裂纹开始时，管道顶部和底部以及其他两个位置发生剥离，剥离率为 43%。在最大载荷下，剥离率增加到 61%。案例 8 中，裂纹的起始载荷为 39.0kN/m，最大载荷为 125.0kN/m，与测试平均值 118.6kN/m 较好吻合。剥离行为与案例 7 相似，在裂纹起始时的剥离率为 47%，在最大载荷时为 54%。四个圆形管道的开裂行为基本相似：裂纹开始于管道的顶部和底部，在最大载荷下，管道外部的受拉侧严重开裂。

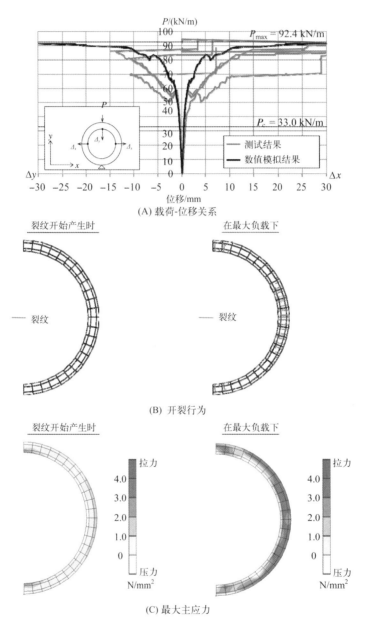

图 7.34 排水管道案例 5 的数值结果

（扫封底或后勒口处二维码看彩图）

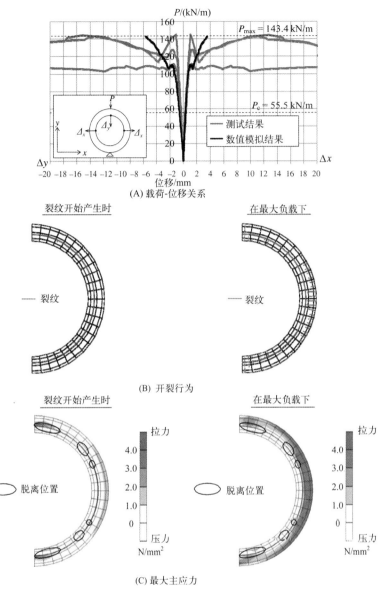

图 7.35 排水管道案例 6 的数值结果
（扫封底或后勒口处二维码看彩图）

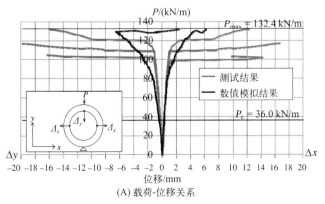

图 7.36

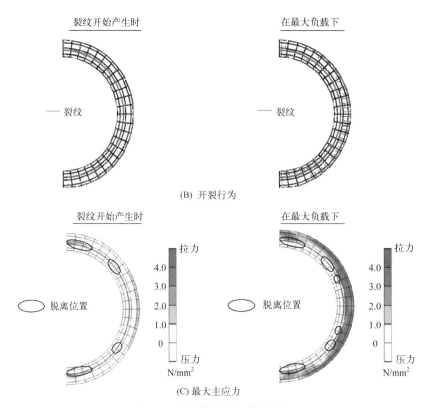

(B) 开裂行为

(C) 最大主应力

图 7.36 排水管道案例 7 的数值结果
（扫封底或后勒口处二维码看彩图）

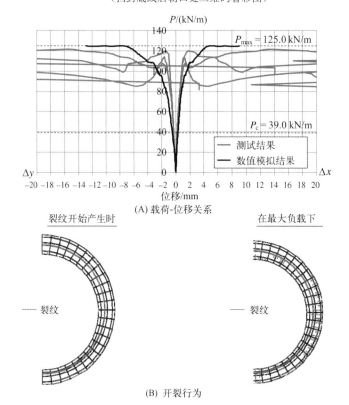

(A) 载荷-位移关系

(B) 开裂行为

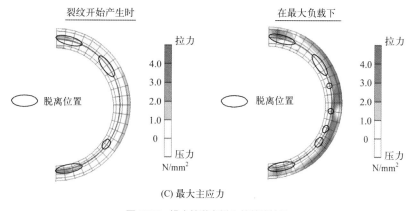

(C) 最大主应力

图 7.37 排水管道案例 8 的数值结果

（扫封底或后勒口处二维码看彩图）

7.5.4 小结

根据数值研究的结果，可以得出结论：将无张力界面模型和半复合管结构与基于断裂力学的建模理论相结合，可以很好地预测复合排水管道的最大载荷。如上所述，数值结果与试验结果之间的差异率小于 15%，这在预测钢筋混凝土结构的承载能力方面是非常准确的。

无张力界面模型是一种基于安全设计考虑，用于评估复合管黏结强度的保守建模方法。尽管它可能无法反映出修复管在载荷下的实际剥离过程，但基于上述准确性评估，结合数值分析，在剥离和开裂条件下的半复合管结构应与最大载荷下试样的实际结构状态较为一致。

7.6 基于离散裂纹法的修复后检查井的开裂行为的数值分析

7.6.1 案例设置

日本开发了一种新型的防腐蚀涂料，以处理过的污水污泥焚化灰烬作为基础化合物的改性环氧树脂，并首次应用于修复腐蚀的检查井。对表面被刮擦并涂有这种新材料的普通混凝土检查井试样进行开裂试验，结果显示该树脂极大地增强了修复试样的强度，表明该树脂在日本作为一种新材料用于老化污水处理设施修复有很大的潜力（Kurozumi 等人，2016）。

表 7.17 显示了用于检查井开裂测试的混凝土和表面涂层材料（SCM）的性能。与普通混凝土相比，SCM 的弹性模量要低得多，但其抗压强度和抗拉强度要高得多，其断裂能量估计为普通混凝土的 10 倍。而且，它与混凝土的黏结强度较高。

表 7.17 检查井试样的材料性能

材料	压力/(N/mm²)	张力/(N/mm²)	弹力/(kN/mm²)	泊松比 ν	断裂能 G_F/(N/m)	结合强度
混凝土	24.0	2.40	25.7	0.2	85.5	
表面涂层材料（SCM）	50.0	9.5	6.5	0.3	951.87	2.70

图 7.38 是一个普通混凝土检查井试样的开裂试验的示意图,该试样放置在侧面,从上方施加载荷。图 7.39 显示了三种类型相同外径(1300mm)的原尺寸检查井试样。案例 1 是壁厚为 200mm 的原始检查井管。案例 2 是首先刮去原始管道内表面 10mm 厚度,从而模拟老化井的表面腐蚀(主要由污水中的硫化物引起),然后用 10mm 的 SCM(喷射混凝土砂浆)进行修复,因此案例 2 的壁厚与案例 1 相同。案例 3 是刮掉 20mm 的原始管道内表面,并用 10mm 的 SCM 进行修复,从而使案例 3 的壁厚减小了 10mm,以研究经济高效的涂层厚度。照片 7.8 显示了试样的制备过程,照片 7.9 显示了正在进行的开裂测试。照片 7.10 展示了三个载荷阶段:裂纹起始时、最大载荷时和破坏时从顶部和内侧底部以及外部水平中心线两端处产生的四条裂纹。照片 7.11 显示了测试后试样的四个开裂碎片。

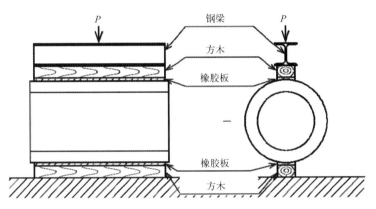

图 7.38 检查井试样的开裂试验

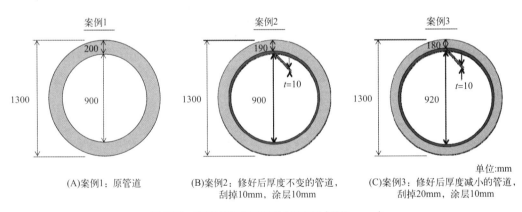

(A)案例1:原管道　　(B)案例2:修好后厚度不变的管道,　(C)案例3:修好后厚度减小的管道,
　　　　　　　　　　　　刮掉10mm,涂层10mm　　　　　刮掉20mm,涂层10mm

图 7.39 检查井试样开裂测试中的案例(单位:mm)

照片 7.8　准备检查井试样

照片 7.9　检查井试样断裂试验

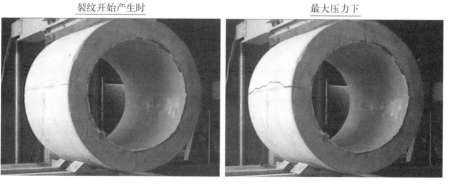

照片 7.10

损坏

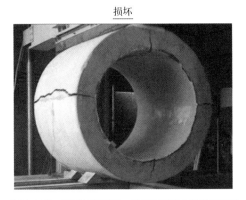

照片 7.10 断裂试验期间，检查井试样中的裂纹扩展

照片 7.11 四片破坏的检查井

图 7.40 显示了案例 1～案例 3 中使用离散裂纹建模方法进行裂纹分析的有限元模型。由于具有对称性，仅使用了一半的检查井试样，每种案例都模拟了三个离散裂纹，即两个垂直裂纹 A 和 C，以及一个水平裂纹 B。如图 7.40 所示，裂纹路径基于虚拟单元进行建模。

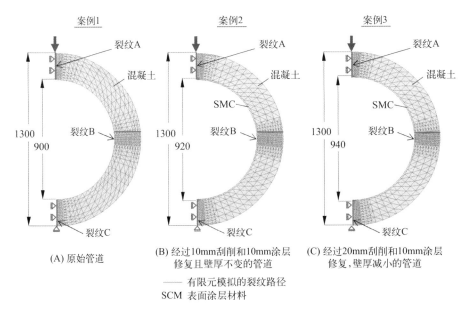

(A) 原始管道

(B) 经过10mm刮削和10mm涂层修复且壁厚不变的管道

(C) 经过20mm刮削和10mm涂层修复，壁厚减小的管道

—— 有限元模拟的裂纹路径
SCM 表面涂层材料

图 7.40 检查井试样开裂试验的数值分析有限元模型

在数值分析中，采用了本章附录 7.B 中图 7.B.2（B）所示的混凝土的双线性拉伸软化关系，并假定了表 7.17 中的材料特性。

7.6.2 检查井试样的数值结果

表 7.18 显示了由开裂试验和数值分析获得的最大载荷以及载荷率的比较。每个案例进行了三个测试，并将获得的最大载荷平均值与数值结果进行比较。根据测试结果，案例 2 和案例 3 的最大载荷分别比案例 1 增加了 74% 和 54%。图 7.41～图 7.43 总结了裂纹分析的数值结果，包括载荷点处的载荷-位移关系、最大载荷下的应力分布以及沿壁厚在特定管道变形点的裂纹扩展宽度（COW）。

表 7.18 开裂试验和数值分析的最大载荷

试验	测试值 P_{max}/(N/mm)	平均值	试验 1	数值模拟分析		
				P_{max}/(N/mm)	P_{max}/平均值	模拟值/案例 1
1	110	108.7	—	124.1	1.14	—
	100					
	116					
2	192	189.3	1.74	180.8	0.96	1.46
	193					
	183					
3	174	167.0	1.54	163.8	0.98	1.32
	171					
	156					

案例 1 中，当载荷水平为 85.2N/mm 时，从内部开始出现垂直裂纹。最大载荷水平达到 124.1N/mm，这比测试结果高 14%。当载荷水平为 108.6N/mm 外部开始出现水平裂纹。选择管道变形的两个目标点来表示应力分布和裂纹扩展的结果：最大载荷下的 $\varDelta$=0.22mm 和最终破坏前的 $\varDelta$=0.48mm。也显示了在 $\varDelta$=0.22mm 处的最小和最大主应力。对于裂纹扩展，裂纹 A 和裂纹 C 在最大载荷下增长到 60mm，约达到壁厚的 1/3，壁面的裂纹扩展宽度（COW）约为 0.02mm。在 $\varDelta$=0.48mm 处，垂直裂纹几乎穿透了管道壁，水平裂纹从外部延伸到壁厚的 1/5。壁表面垂直裂纹和水平裂纹的裂纹扩展宽度（COW）分别为 0.17mm 和 0.006mm。

案例 2 中，当载荷水平为 102.1N/mm，混凝土区域出现垂直裂纹，直到载荷达到 130.9N/mm 的水平时，才在断裂的混凝土旁边的 SCM 中产生了裂纹。这与 SCM 的高可塑性、高拉伸强度和高黏结强度的共同作用密切相关。与案例 1 不同，水平裂纹开始于峰值前区域，载荷水平为 144.5N/mm。最大载荷达到 180.8N/mm，与测试结果 189.3N/mm 相当。请注意，在达到最大载荷之前，检查井试样的刚度降低，管道变形增加。与案例 1 的数值结果相比，最大载荷增加了 46%。最大载荷下的目标点是在 $\varDelta$=0.39mm 处。图中显示了在 $\varDelta$=0.39mm 处的最小和最大主应力。

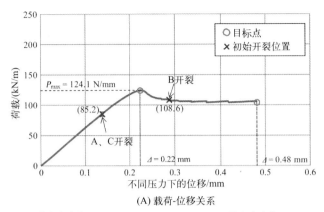

(A) 载荷-位移关系

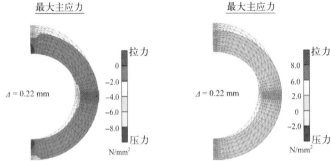

(B) Δ=0.22mm时的主应力

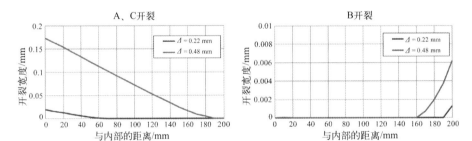

(C) 沿壁方向的开裂宽度

图 7.41　检查井案例 1 的数值结果

（扫封底或后勒口处二维码看彩图）

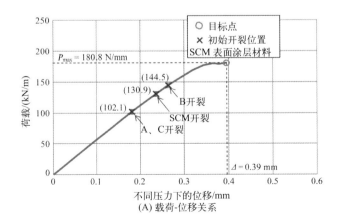

(A) 载荷-位移关系

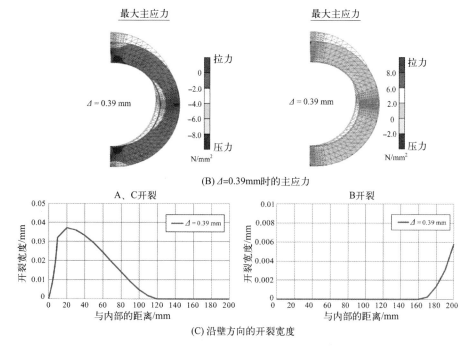

(B) Δ=0.39mm时的主应力

(C) 沿壁方向的开裂宽度

图 7.42 检查井案例 2 的数值结果

（扫封底或后勒口处二维码看彩图）

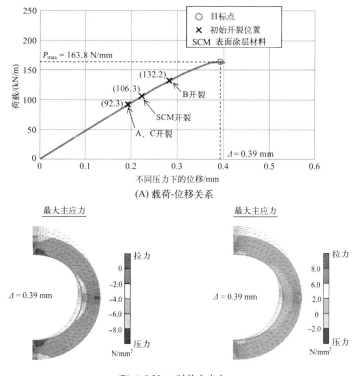

(A) 载荷-位移关系

(B) Δ=0.39mm时的主应力

图 7.43

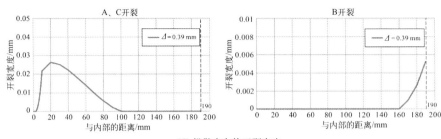

(C) 沿壁方向的开裂宽度

图 7.43 检查井案例 3 的数值结果

（扫封底或后勒口处二维码看彩图）

对于裂纹扩展，在 180.8N/mm 的最大载荷下，裂纹 A 和裂纹 C 扩展到 120mm，裂纹 B 增长约 40mm。壁表面的小裂纹扩展也反映 SCM 对其主体材料的裂纹抑制作用（以及其强度增强效果），该裂纹扩展宽度只有 0.03mm，与案例 1 在非常小载荷下的表现类似。

案例 3 中，当载荷水平为 92.3N/mm 时，混凝土区域出现垂直裂纹。在达到 106.3N/mm 的载荷之后不久，SCM 出现了裂纹。像案例 2 一样，水平裂纹出现在 132.2N/mm 载荷水平下。计算出的最大载荷为 163.8N/mm，也与测试结果 167.0N/mm 相当。与案例 1 的数值结果相比，即使案例 3 的壁厚比原始管道薄了 10mm，最大载荷也增加了 32%。这表明可以用 SCM 薄涂层来修复严重腐蚀的检查井，以将检查井强度恢复到原始水平。在最大载荷下，目标点 $\varDelta$=0.39mm。图中显示了在 $\varDelta$=0.39mm 处的最小和最大主应力。

对于裂纹扩展，在最大载荷下，裂纹 A 和裂纹 C 延伸到 100mm，而裂纹 B 从外部延伸约 30mm。壁表面垂直裂纹和水平裂纹的裂纹扩展宽度分别约为 0.02mm 和 0.005mm。在给定的载荷条件下，预测检查井试样中的两个垂直裂纹比两个水平裂纹活跃得多，因为在载荷点和反应点的弯矩比在两个水平点的弯矩大得多，比率约为 1.75。

7.6.3 小结

数值研究结果表明，离散裂纹建模方法是研究基于 SCM 修复的普通混凝土检查井的开裂行为和承载能力的有效工具，其中结构的开裂行为以局部裂纹为主。如上所述，关于最大载荷的数值预测的准确性显示出一些变化，从案例 1 的良好到案例 2 和案例 3 的非常好。通常，这些结果对于预测普通混凝土结构的承载能力是足够准确的。与钢筋混凝土结构相比，普通混凝土结构的开裂行为更易发生，并且对结构的承载能力影响更大，因此需要可靠的模型和准确的材料数据，因为两者都会极大地影响裂纹分析的结果。

为了确定经济高效的涂层厚度，可以对原始检查井结构强度、去除腐蚀表面后的结构以及具有不同涂层厚度的修复结构进行数值研究。同时适当考虑安全因素，对老化的检查井进行安全、经济的修复。

通常，当排水管道结构中的开裂行为以一些局部裂纹为主，应使用离散裂纹模型研究该问题。例如排水管道的底板或侧壁破裂、顶板和侧壁之间的剪切断裂以及由于钢筋的严重腐蚀而在轻微加固的排水管道中出现一些局部大裂纹等。这些问题应单独处理，使用适当的数值模型和裂纹分析的结果来仔细研究。如有必要，应进行开裂试验以验证数值建模的准确性。

7.7 地下水压力下底拱衬里的屈曲理论

7.7.1 地下水压力下底拱衬里的屈曲

在排水管道修复中，修复层的厚度沿现有管道的圆周方向变化，并且在底板处通常减小到其可能的最小值，即 SPR 方法中 PVC 型材的厚度（图 7.44）。此外，底拱衬里通常构造成圆弧形以满足液压要求，进一步降低了其屈曲强度。因此，在承受外部地下水压力的情况下，例如在底板上有贯穿厚度的裂纹的情况下，在修复设计中应考虑衬板局部弯曲的可能性。在实践中，有报道表明在用复合管法修复的排水管道中底拱衬里发生局部屈曲，其中底拱衬里呈单瓣形向内弯曲。

人们对各种横截面形状的衬里的屈曲现象已经有了较深入的研究（Amstutz，1970；Jacobsen，1974；Glock，1977；Thepot，2001），并且基于衬里的整体横截面的各种环模型推导了理论方程。但是，这些方程式不能直接应用于求解底拱衬里的局部屈曲，只有 Wang（2016）最近通过试验验证才解决了这些问题。有关解决方案，请参见附录 7.C。

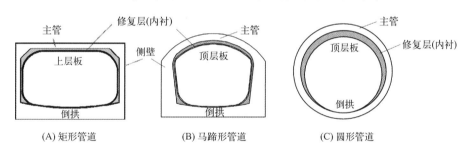

图 7.44 修复后排水管道的厚度变化

7.7.2 验证研究

式（7.C.22）中的局部屈曲方程使用有限元软件包 MSC Marc（2009）对两个修复管底拱屈曲的数值进行了检验，图 7.45 显示了两个非圆形排水管道，即一个矩形管和一个马蹄形管以及它们各自的几何尺寸。如图 7.45（C）所示，在底板上修复层缩小为复合衬里。为了考虑几何非线性、接触行为和非保守压力的影响，需要进行非线性分析。为了进行接触分析，假定衬里和主管之间的接触面处于自由滑动和无张力的状态。

在平面应变条件下，将地下水压力下复合衬里的屈曲问题作为二维问题进行研究。图 7.46 显示了矩形管和马蹄形管在两种载荷条件下的有限元模型和边界条件：沿管道横截面的全载荷和底板的部分载荷。由于具有对称性，仅对横截面的一半进行了建模。在数值分析中，假定主管是刚性的，并且修复层使用线性弹性单元进行建模。为了跟踪屈曲行为并获得屈曲载荷，将完整的牛顿-拉夫森数值方法与基于弧长的自动增量方法结合使用。表 7.19 显示了研究中采用的尺寸和材料特性。

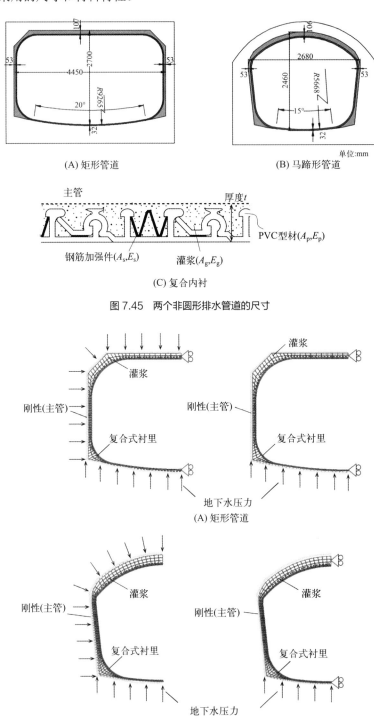

(A) 矩形管道　　(B) 马蹄形管道

(C) 复合内衬

图 7.45　两个非圆形排水管道的尺寸

(A) 矩形管道

(B) 马蹄形管道

图 7.46　有限元模型和边界条件

表 7.19 底拱尺寸和材料性能

项目	方形管	马蹄形管	备注
R/mm	5668	9265	
t/mm	31.7	31.7	
R/t	179	292	
ϕ_0/(°)	7.5	10.0	
L/mm	1483.9	3234.1	
I/mm^4	2654.6	2654.6	
A/mm^2	31.7	31.7	
E/MPa	6300	6300	等效弹性系数
E_g/MPa	22000	22000	灌浆液的弹性系数
v	0.35	0.35	

表 7.20 显示了通过式（7.C.22）和数值计算获得的屈曲载荷。矩形管的理论屈曲载荷为 0.0187MPa，仅比 0.0196MPa 的数值小 5%，而马蹄管的理论屈曲载荷 0.0620MPa，比 0.0561MPa 的数值小 10%。在任何一种情况下，这种差异都可以被认为是相当小的，因此可以证明式（7.C.22）是合理的。请注意，在马蹄形管的案例中，通过式（7.C.19）获得的临界对角 ϕ_{cr} 略大于底拱周界的中心角 ϕ_0。为了在推导屈曲方程时考虑各种假设的不确定性，可以认为实际屈曲长度比底拱的长度更长。在此，将底拱的一个半周长作为潜在的屈曲长度的极限，即，当临界角 $\phi_{cr}<1.5\phi_0$ 时，可能会发生屈曲，否则忽略底拱屈曲。

表 7.20 由式（7.C.22）得到的屈曲载荷比较和数值计算

项目	方形管	马蹄形管	备注
理论结果			
ϕ_{cr}/rad	5.57	8.37	式（7.C.19）
ϕ_{cr}/ϕ_0	0.6	1.1	
p_{cr}/MPa	0.0187	0.0620	式（7.C.22）
数值模拟结果			
p_{cr}/MPa	0.0196	0.0561	满负荷
p_{cr}/MPa	0.0196	0.0561	部分负荷

注意：如果 $\phi_{cr}>1.5\phi_0$，则忽略屈曲；否则对于 $\phi_{cr}>\phi_0$，计算屈曲长度 $L=R\phi_0$，对于 $\phi_{cr}<\phi_0$，$L=R\phi_{cr}$。

图 7.47 显示了在两个管道屈曲载荷下的排水管道变形的数值结果。如图 7.47 所示，底拱衬里弯曲成单瓣形状，在底板的中心变形最大，证明推导式（7.C.22）时使用的假定屈曲是合理的。数值结果显示在全部和部分载荷条件下获得的屈曲载荷之间没有任何差异，得出结论：修复后的排水管道中的底拱衬里的局部屈曲不受侧壁的影响，再次证明了式（7.C.22）用于底拱屈曲研究的合理性。

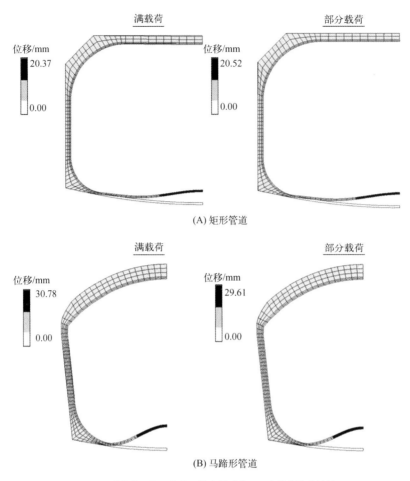

图 7.47 满载荷和部分载荷下排水管道变形最大载荷的数值结果

7.7.3 屈曲设计

根据轴向刚度的等效原理,对表 7.19 中复合衬里的等效弹性系数 E 进行评估,如下

$$E = \frac{E_p A_p + E_g A_g + E_s A_s}{t} \tag{7.5}$$

式中,E_p、A_p,E_g、A_g,E_s、A_s 分别是 PVC 型材、灌浆、压型钢板的弹性系数和单位管道长度的横截面积。

图 7.48 显示了通过复合管法验证修复设计中底拱衬里屈曲强度的流程图。验证过程包括以下步骤。

① 确定排水管道条件,包括复合衬里的厚度 t,半径 R,底拱长度 L,底拱衬里的中心角 ϕ_0,截面积(A_p、A_g、A_s)和 PVC 型材、灌浆、加强钢筋的弹性系数(E_p、E_g、E_s)。

② 用式(7.5)计算复合衬里的当量弹性系数。

③ 用式(7.C.19)计算屈曲凸角 ϕ_{cr} 的临界中心角,并将其与 ϕ_0 比较:如果 $\phi_{cr} > 1.5\phi_0$,忽略屈曲;当 $\phi_{cr} \geqslant \phi_0$ 时,计算屈曲长度 $L < R\phi_0$;对于 $\phi_{cr} < \phi_0$,则计算屈曲长度 $L = R\phi_{cr}$。

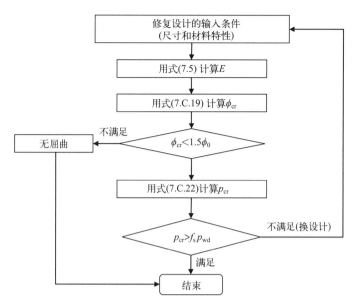

图 7.48　验证非圆形排水管道底拱衬里抗局部屈曲的屈曲强度的流程图

④ 通过式（7.C.22）计算屈曲载荷 p_{cr}。

⑤ 将屈曲强度 p_{cr} 与设计地下水压力 p_{wd} 进行比较：f_s 是安全系数，如果 $p_{cr} > f_s p_{wd}$，底拱衬里被认为是安全的。否则，可能会发生局部屈曲，应通过重新检查修复设计来采取对策。

修复的排水管道的底拱屈曲的验证研究主要针对非圆形管，而圆形管通常具有更高的抗弯强度，对于 SPR 方法，其最小值为 0.5MPa。换句话说，圆形管道中不会发生屈曲，除非将其埋在地下水位线以下超过 50m。

请注意，当底板是平坦的，例如在带有较低拱腋区的矩形管中，不应将此问题视为屈曲问题，而应该是薄底板衬里在地下水压力下的弯曲问题。在这种情况下，应努力密封底板上现有的裂纹，以防止地下水进入排水管道，或者应使用机械连接器将衬板与底板牢固连接。这些措施有助于防止在地下水压力下底部衬里的局部弯曲或大变形。因此，如果采取这些措施之一，可以对省略底拱屈曲的验证研究。

7.8　建立具备强度冗余的结构弹性

一个系统的结构弹性是指在遇到不利事件时，对于其系统环境影响最小的状态。因此，首要任务应该是通过合理的结构设计将其结构破坏最小化，对于结构修复尤其如此。如前所述，依据过去的建筑规范设计，修复一个老化的结构是一个复杂的问题，涉及许多困难的判断，并且修复过程很可能会由于新建筑材料和现代建筑技术的使用，大幅改变其原始结构。因此，从日本的《排水管道修复设计和施工指南》（JSWA 指南）可以看出，大多数建筑法规都概述了修复设计的原则，但对于结构和材料建模的细节，通常留给设计者足够的空间。

因此，在结构和材料建模上做出正确决策的责任在于设计者。如前所述，针对复合管方法提出的半复合管结构可充分模拟修复管的结构行为，并实现有合理强度冗余的安全设计，从而帮助在发生不利事件（强烈地震）时将结构损坏最小化。这揭示了建立结构弹性的重要原理，即通过合理的结构和材料建模形成强度冗余（即承载能力的冗余）。

请注意，由适当的结构建模而产生的这种强度冗余，不同于因使用安全系数（主要考虑设计中的各种不确定性）而产生的潜在强度增加。与后者相比，前者更加确定地引入了经过改造的排水管道系统。但是，如果采用复合管模型完全集成的假设，则强度冗余将受到严重影响。因为在这种情况下，预测的最大承载能力仅代表修复的排水管道结构强度的可能上限。当黏结强度低时，本模型的修复设计将不太安全，在受到变化和干扰时，增加了结构严重损坏的可能性，最终降低了修复的排水管道系统的结构弹性。

附录

附录 7.A　使用正割弹性模量进行应变软化的局部弥散裂纹模型

在裂纹带模型和非正交裂纹模型中，使用峰后应力-应变关系的切线软化模量 E_t 来表示裂纹单元的应力-应变关系。尽管从理论上讲是合理的，但已知这种类型的方程在其数值解中存在潜在的不收敛问题，尤其是当裂纹问题随着裂纹的广泛扩展而变得高度非线性时。为了克服这个问题，Bhattacharjee 和 Léger（1994）建议使用峰后区域的正割弹性模量 E_n 来表达裂纹单元的应力-应变关系，如图 7.A.1 所示，其中 σ_n^{cr} 和 ε_n^{cr} 代表断裂混凝土的应力和应变。通过不断减小 E_n 并消除加载过程中的过大应力，可以严格地施加应变软化的条件，从而使得在收敛点附近，沿 E_t 软化斜率的应力波动的可能性较小。参见图 7.A.1（B）。

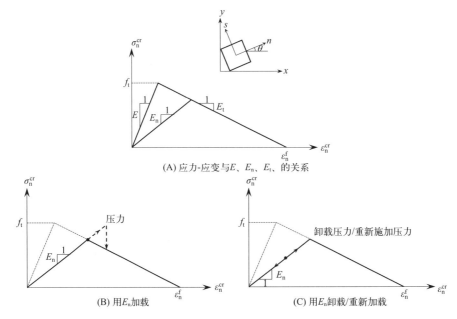

图 7.A.1　使用正割弹性模量 E_n 进行应变软化的局部坐标中的应力-应变关系

对于二维平面应力条件，将与局部应力和应变相关的本构矩阵定义为

$$D_{\mathrm{ns}} = \frac{E}{1-\eta v^2} \begin{bmatrix} \eta & \eta v & 0 \\ \eta v & 1 & 0 \\ 0 & 0 & \mu \dfrac{1-\eta v^2}{2(1+v)} \end{bmatrix} \quad (7.\mathrm{A}.1)$$

其中

$$\eta = \frac{E_{\mathrm{n}}}{E}; \quad \mu = \frac{1+v}{1-\eta v^2}\left(\frac{\eta \varepsilon_{\mathrm{n}} - \varepsilon_{\mathrm{s}}}{\varepsilon_{\mathrm{n}} - \varepsilon_{\mathrm{s}}} - \eta v\right); \quad (0 \leqslant \mu \leqslant 1) \quad (7.\mathrm{A}.2\mathrm{a},\mathrm{b})$$

其中 ε_{n} 和 ε_{s} 分别为垂直于和平行于裂纹平面的局部轴上的正向应变分量。注意，当 $\eta=1$ 和 $\mu=0$ 时，式（7.A.1）保持软化前各向同性弹性应力-应变关系。可以将局部本构关系矩阵 D_{ns} 转换为全局坐标

$$[D]_{xy} = [T]^{\mathrm{T}}[D]_{\mathrm{ns}}[T] \quad (7.\mathrm{A}.3)$$

其中

$$[T] = \begin{bmatrix} \cos^2\theta & \sin^2\theta & \sin\theta\cos\theta \\ \sin^2\theta & \cos^2\theta & -\sin\theta\cos\theta \\ -2\sin\theta\cos\theta & 2\sin\theta\cos\theta & \cos^2\theta - \sin^2\theta \end{bmatrix} \quad (7.\mathrm{A}.4)$$

随着应变软化的增加，损坏的弹性模量 E_{n} 以及参数 η 和 μ 逐渐减小，并可能在完全断裂后（$\varepsilon_{\mathrm{n}} > \varepsilon_{\mathrm{n}}^{\mathrm{f}}$）最终达到零。式（7.A.1）中的本构矩阵随着参数 η 和 μ 值的变化而更新。如图 7.A.1（C）所示，在加载和卸载过程中，正割模量 E_{n} 保持不变。但是，在此过程中，参数 μ 可能会随实际应变值而变化。

附录 7.B 用于 I 型开裂的 EFCM 公式

在裂纹扩展的离散模型中，单裂纹和多裂纹问题之间的根本区别在于，下一步的开裂行为是否是唯一确定的。单裂纹问题的数学公式是基于裂纹扩展模式，这是在拉力下单裂纹唯一有效的反应模式。但是，当涉及多裂纹时，下一步的裂纹行为是不确定的或不是唯一的，因为每个裂纹都具有对外部载荷的三种潜在的反应模式，即裂纹扩展、裂纹阻止和裂纹闭合。这些模式在多个裂纹之间的组合通常会导致多个裂纹模式，在提出多裂纹问题时必须考虑这些模式。以下公式基于单裂纹模式，即假设仅一个裂纹处于活动状态，而其余裂纹保持不活动状态。

图 7.B.1 展示了两个 I 型的裂纹，即裂纹 A 和裂纹 B，其中裂纹扩展设置为垂直于每个虚拟裂纹尖端处的拉力的方向。在建立裂纹方程时，下标 a 和 b 分别代表裂纹 A 和裂纹 B，l 代表节点力的极限值（混凝土的抗拉强度乘以分配到节点的表面积）。上标 i、j 和 k 表示指定裂纹处的相应节点。为了表达清楚，不活动裂纹的内聚力和断裂位移（CODs）用星号标记。首先，假定裂纹 A 是唯一的扩展裂纹。因此，其尖端的拉力必须达到节点力极限 Q_{la}，由式（7.B.1）确定：

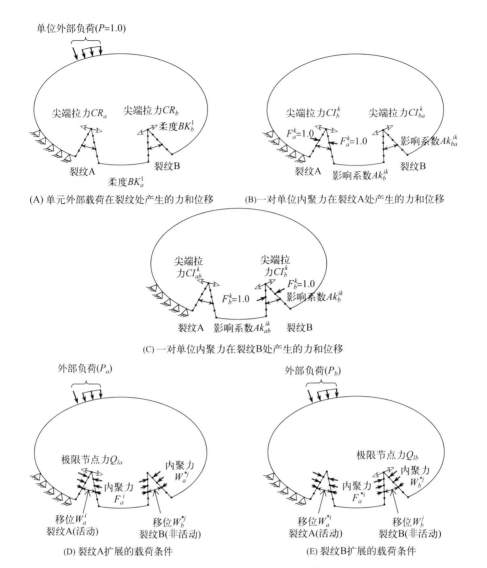

图 7.B.1 多个裂纹的裂纹尖端控制模型

$$Q_{la} = CR_a \cdot P_a + \sum_{i=1}^{N} CI_{aa}^{i} F_a^{i} + \sum_{j=1}^{M} CI_{ab}^{j} F_b^{*j} \tag{7.B.1}$$

其中，N 和 M 分别是每个虚拟裂纹内的节点数。请注意，在裂纹 A 尖端的拉力 $CR_a \backslash CI_{aa}^{i}$ 和 CI_{ab}^{j} 分别由单位外部载荷、裂纹 A 的第 i 个节点处的一对单位内聚力、裂纹 B 的第 j 个节点处的一对单位内聚力引起。外部载荷 P_a 是扩展裂纹 A 所需的载荷，而裂纹 B 保持不活动状态。应该注意的是，在式（7.B.1）中，由裂纹 B 的内聚力引起的尖端力分量表示裂纹相互作用。

沿两个虚拟裂纹的 CODs 可用以下公式计算

$$W_a^i = BK_a^i \cdot P_a + \sum_{k=1}^{N} AK_{aa}^{ik} F_a^k + \sum_{j=1}^{M} AK_{ab}^{ij} F_b^{*j} \tag{7.B.2}$$

$$W_a^{*j} = BK_a^j \cdot P_a + \sum_{i=1}^{N} AK_{ba}^{ji} F_a^i + \sum_{k=1}^{M} AK_{bb}^{jk} F_b^{*k} \quad (7.B.3)$$

式中，$i=1, \cdots, N$ 和 $j=1, \cdots, M$。这里，裂纹 A 的柔度 BK_a^i 和裂纹 B 的柔度 BK_b^j 是由于外部载荷引起的。影响系数 AK_{aa}^{ik} 和 AK_{ab}^{ij} 是裂纹 A 的第 i 个节点处的开裂位移（CODs），分别由裂纹 A 的第 k 个节点处的一对单位内聚力和裂纹 B 的第 j 个节点处的一对单位内聚力引起。类似地，影响系数 AK_{ba}^{ji} 和 AK_{bb}^{kj} 表示裂纹 B 第 j 个节点处的开裂位移（CODs），分别由裂纹 A 第 i 个节点处的一对单位内聚力和裂纹 B 第 k 个节点处的一对单位内聚力引起。根据互易定理，$AK_{aa}^{ik}=AK_{aa}^{ki}$，$AK_{bb}^{jk}=AK_{bb}^{kj}$，$AK_{ab}^{ij}=AK_{ba}^{ji}$。

最后，对每个虚拟裂纹采用混凝土的拉伸-软化定律（图 7.B.2），得到：

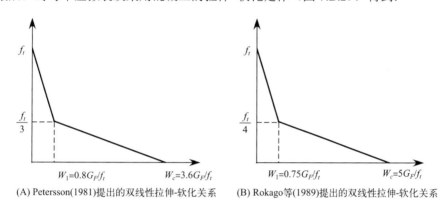

(A) Petersson(1981)提出的双线性拉伸-软化关系　　(B) Rokago 等(1989)提出的双线性拉伸-软化关系

图 7.B.2　Petersson（1981）和 Rokugo 等（1989）提出的位伸-软化关系

$$F_a^i = f(W_a^i) \quad (7.B.4)$$

$$F_a^{*j} = f(W_b^{*j}) \quad (7.B.5)$$

其中 $i=1, \cdots, N$ 和 $j=1, \cdots, M$。式（7.B.1）～式（7.B.5）形成了所谓的裂纹方程，规定了裂纹 A 的扩展条件。注意，这些方程中采用的各种系数可以通过基于图 7.B.1（A）～（C）所示的有限元模型的线性弹性有限元计算获得。在方程数目（$2N+2M+1$）与未知数数目（$2N+2M+1$）相匹配的情况下，由于这些方程式是线性独立的，该问题可以得到唯一的解。

当假定裂纹 B 是唯一的扩展裂纹时，通过互换下标 a 和 b，上标 i 和 j 以及节点 N 和 M 的数目，并通过将星号重新分配给内聚力和裂纹 A 的 COD，可以从式（7.B.1）～式（7.B.5）轻松获得裂纹方程。在求解两组裂纹方程后，基于最小载荷准则确定了真实的裂纹模式，该模式预测了在最小载荷下裂纹扩展的开始，即

$$P = \min(P_a, P_b) \quad (7.B.6)$$

设置好下一步裂纹扩展的真实裂纹路径后，在获得的载荷和内聚力的条件下计算应力场和位移场，如图 7.B.1（D）和（E）所示。可以重复此过程，直到出现结构破坏。显然，前面的解决方法可以很容易地扩展到任意数量的裂纹问题。计算过程如图 7.B.3 所示。

可以看出，当假定的裂纹模式与该问题无关时，要仔细检查数值结果以消除无效解决方案。在这种情况下，应释放或关闭尖端节点来重新调整裂纹尖端，并重新计算该问题。重新定位非活动裂纹的尖端位置可能在几何上的应力区域出现其他的裂纹模式，其中包括多个裂纹的同时扩展，以及伴随裂纹闭合的裂纹扩展。

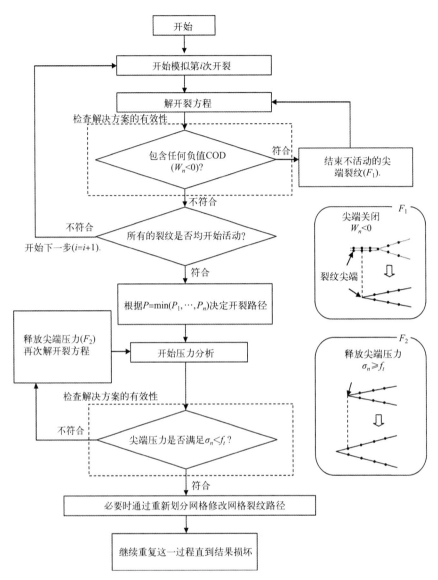

图 7.B.3 基于单活动裂纹模式的多个裂纹的裂纹尖端控制建模的求解过程

对于单个裂纹问题，可以轻松地从上述方程推导出裂纹方程，如下所示：

$$Q_l = CR \cdot P + \sum_{i=1}^{N} CI^i F^i \tag{7.B.7}$$

$$W^i = BK^i \cdot P + \sum_{k=1}^{N} AK^{ik} F^k \tag{7.B.8}$$

$$F^i = F(W^i) \tag{7.B.9}$$

其中 $i=1, \cdots, N$。通过求解这些方程以获得外部载荷 P 和裂纹的内聚力 F。有关如何扩展这些裂纹方程以解决混合模式断裂问题的更多详细信息，请参见 Shi（2009）的研究。

附录 7.C 底拱衬里的屈曲方程推导 ❶

7.C.1 基本假设

图 7.C.1 显示了非圆形排水管道的几何形状、载荷条件以及底拱衬里的局部屈曲的建模概念。如图 7.C.1 所示，底拱衬里底部角落被厚水泥浆固定住，简化为固定端。因此，可以将局部屈曲问题视为在压力下的内置弧。假定主管和衬管之间无张力和自由滑动。使用二次余弦方程来模拟屈曲波，该二次余弦方程满足两端的边界条件。径向位移（w）和中心角的一半（ϕ_0）作为变量用于定义屈曲波，其试验表达式为

$$w = w_0 \cos^2 \frac{\pi\phi}{2\phi_0} \qquad (-\phi_0 \leqslant \phi \leqslant \phi_0) \qquad (7.C.1)$$

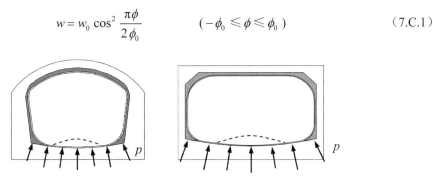

(A) 几何形状和载荷条件

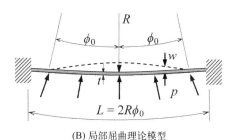

(B) 局部屈曲理论模型

图 7.C.1 非圆形修复排水管道中衬里局部屈曲示意图

请注意，与复合管方法中一样，环形缝隙由于填充了水泥浆，可以被忽略。
根据 Flugge 的圆柱壳理论（Flugge，1960），一般的应变-位移关系表示为

$$\varepsilon = \frac{w}{R} - \frac{\mathrm{d}u}{\mathrm{d}s} - \frac{1}{2}\left(\frac{\partial w}{\partial s}\right)^2 \qquad (7.C.2)$$

$$\chi = \frac{w}{R^2} + \frac{\mathrm{d}^2 w}{\mathrm{d}s^2} \qquad (7.C.3)$$

其中 $s=R\phi$。参见图 7.C.2，有关壳体中部表面某个点的局部轴，表示在该点处由 u、v 和 w 组成的位移分量。注意，压缩被定义为正向。环向力和弯矩由下式计算

$$N = EA\varepsilon \qquad (7.C.4)$$

---

❶ 原著题目为：Derivation of buckling equation for invert lining (Wang, 2016)。

$$M = EI\chi \tag{7.C.5}$$

式中，E 为弹性模量；A 为横截面积；I 为截面惯性矩；ε 为环向应变；χ 为曲率变化。

把 $\beta = \pi/2\phi_0$ 和式（7.C.1）代入式（7.C.2）和式（7.C.3），并结合屈曲衬里一半长度的环向应力，从下式估算屈曲衬里的平均环向推力

其中

$$\frac{L}{2} \cdot \frac{\bar{N}}{EA} = \int_0^{L/2} \varepsilon \, ds = R \int_0^{\phi_0} \left(\frac{w_0 \cos^2 \beta\phi}{R} - \frac{w_0^2 \beta^2}{2R^2} \sin^2 2\beta\phi \right) d\phi \tag{7.C.6}$$

$$\bar{N} = \frac{EA}{L} \left(w_0 \phi_0 - \frac{w_0 \beta^2}{2R} \phi_0 \right)$$

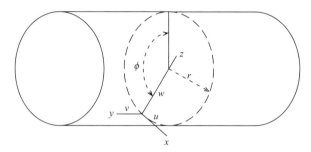

图 7.C.2　壳体中间表面中点的局部轴

类似地，弯矩为

$$M = EI\chi = \frac{EI}{2R^2\phi_0^2} \left[w_0 \phi_0^2 + w_0 (\phi_0^2 - \pi^2) \cos 2\beta\phi \right] \tag{7.C.7}$$

7.C.2　屈曲方程

对于弹性屈曲问题，可以通过能量方法推导屈曲方程。总势能（Π）由环向力的应变能（U_ε）、弯曲的应变能（U_χ）和外部功（W）表示为：

$$\Pi = U_\varepsilon + U_\chi - W \tag{7.C.8}$$

其中

$$U_\varepsilon = \frac{1}{2} \int_0^L \frac{N^2}{EA} ds = \frac{\bar{N}^2 L}{2EA} \tag{7.C.9}$$

$$U_\chi = \frac{1}{2} \int_0^L \frac{M^2}{EI} ds = \frac{EI}{4R^3\phi_0^3} \cdot \pi^4 \left[w_0^2 \left(\frac{\phi_0}{\pi} \right)^4 + \frac{w_0^2 \left(\frac{\phi_0^2}{\pi^2} - 1 \right)^2}{2} \right] = \frac{EI\pi^4}{8R^3\phi_0^3} w_0^2 \tag{7.C.10}$$

$$W = \int_0^L wp \, ds = pRw_0\phi_0 \tag{7.C.11}$$

在推导式 (7.C.10) 时，项 $(\phi_0/\pi)^4$ 被忽略了，最终得到变形的衬里的总势能为

$$\Pi = \frac{1}{2} \frac{\bar{N}^2}{EA} L + \frac{EI\pi^4}{8R^3\phi_0^3} w_0^2 - pRw_0\phi_0 \tag{7.C.12}$$

通过应用最小总势能 $\partial \Pi=0$ 的原理，可以得到关于 ϕ_0 和 w_0 的偏微分方程为

$$w_0\left(\bar{N}\frac{\pi^2}{8R\phi_0^2}-\frac{3EI\pi^4}{8R^3\phi_0^4}\right)=pR-\bar{N}$$

$$w_0\left(-\bar{N}\frac{\pi^2}{4R\phi_0^2}+\frac{EI\pi^4}{4R^3\phi_0^4}\right)=pR-\bar{N}$$

（7.C.13）

通过求解上述联立方程，可以得出平均环向力为

$$\bar{N}=\frac{5EI\pi^2}{3R^2\phi_0^2}$$

（7.C.14）

比较式（7.C.14）与式（7.C.6）得到

$$\frac{EA}{L}\left(w_0\phi_0-\frac{w_0^2\pi^2}{8R\phi_0}\right)=\frac{5EI\pi^2}{3R^2\phi_0^2}$$

（7.C.15）

通过求解上述方程，最大位移（w_0）为

$$w_0=\frac{R}{\beta^2}\left[1-\sqrt{1-\frac{80IL}{3R^2\pi A}\beta^5}\right]$$

（7.C.16）

最大位移（w_0）也可以通过把式（7.C.14）代入式（7.C.13）得到

$$w_0=\frac{5R}{2\beta^2}-\frac{3R^4}{8EI\beta^4}p$$

（7.C.17）

比较式（7.C.16）与式（7.C.17），得到载荷 p 与角度变量 β 的关系为

$$\frac{3R^3p}{8EI}=\beta^2\left(\frac{3}{2}+\sqrt{1-\frac{80IL}{3R^3\pi A}\beta^5}\right)$$

（7.C.18）

将 p 与 β 进行微分，替换 $\beta=\pi/2\phi_0$，可以得出临界对角为

$$\phi_{\mathrm{cr}}=\pi\left(\frac{15}{4(1+\sqrt{6})}\times\frac{IL}{R^3A\pi}\right)^{1/5}$$

（7.C.19）

最后，通过把式（7.C.19）代入式（7.C.18），屈曲的临界压力载荷推导为

$$\frac{p_{\mathrm{cr}}}{E}=\frac{8}{3}\left(\frac{1+\sqrt{6}}{120}\right)^{2/5}\left(\frac{9+2\sqrt{7-2\sqrt{6}}}{6}\right)\left(\frac{1}{R^3}\right)^{3/5}\left(\frac{\pi A}{L}\right)^{2/5}$$

（7.C.20）

或

$$p_{\mathrm{cr}}=1.28E\left(\frac{I}{R^3}\right)^{3/5}\left(\frac{\pi A}{L}\right)^{2/5}$$

（7.C.21）

考虑到排水管道的纵向长度，受平面应变情况下的泊松比（ν）影响，修正并重写为

$$p_{\mathrm{cr}}=\frac{1.28E}{1-\nu^2}\left(\frac{I}{R^3}\right)^{3/5}\left(\frac{\pi A}{L}\right)^{2/5}$$

（7.C.22）

通过将参数 $L=2\pi R$，$A=t$ 和 $I=t^3/12$ 代入式（7.C.22），得到一个封闭的圆形管的屈曲方程为

$$p_{cr} = \frac{E}{1-v^2}\left(\frac{t}{2R}\right)^{2.2} \qquad (7.C.23)$$

这正是紧密贴合的圆形管的屈曲方程（Glock,1977）。

参考文献

Amstutz, E., 1970. Buckling of pressure-shaft and tunnel linings. Water Power. 12, 391-400.

Bhattacharjee, S.S., Léger, P., 1994. Application of NLFM models to predict cracking in concrete gravity dams. Struct. Eng. 120 (4), 1255-1271.

Flúgge, W., 1960. Stresses in Shells. Springer-Verlag, Berlin, Germany.

Glock, D., 1977. Uberkritisches verhalten eines starr ummantelten kreisrohres bei wasser- druck von aussen und temperaturerhohung (English translation: Post-critical behaviour of a rigidly encased circular pipe subject to external water pressure and temperature rise). Der Stahlbau. 46 (7), 212-217 (in German).

Jacobsen, S., 1974. Buckling of circular rings and cylindrical tubes under external pressure. Water Power. 26, 400-407.

Johnson, R.P., 2004. Methods of shear connection, Composite Structures of Steel and Concrete. 3rd ed. Blackwell Publishing, Oxford, pp. 26-29.

JSCE, 2002. Test method for shear strength of steel fibre reinforced concrete. Standard Specifications for Concrete Structures: Test Methods and Specifications. Japan Society of Civil Engineers, Tokyo.

JSCE, 2009. Standard Specifications for Hybrid Structures—2009. Japan Society of Civil Engineers, Tokyo.

JSWA, 2003. JSWAS A-1, Reinforced Concrete Sewerage Pipes. Japan Sewage Works Association, Tokyo.

JSWA, 2011. Design and Construction Guidelines for Sewer Pipe Rehabilitation. Japan Sewage Works Association, Tokyo.

Kurozumi, M., Iwasa, Y., Hosaka, Y., Ito, M., Uji, K., 2016. Structural coating of sewers and manholes benefiting sludge recycle. In: Structural Faults & Repair 2016, 17-19 May, Edinburgh, Scotland.

MSC Marc, 2009. User's Manual Release, 09.17. MSC. Software Co, USA.

Newman, A., 2001. The challenge of renovation. Structural Renovation of Buildings:Methods, Details, and Design Examples. McGraw-Hill, New York, pp. 139.

Petersson, P.E. (1981). Crack Growth and Development of Fracture Zones in Plain Concrete and Similar Materials. Report TVBM-1006. Division of Building Materials, Lund Institute of Technology, Sweden.

Rokugo, K., Iwasa, M., Suzuki, T., et al., 1989. Testing methods to determine tensile strain softening curve and fracture energy of concrete. In: Mihashi, H., Takahashi, H., Wittmann, F.H. (Eds.), Fracture Toughness and Fracture Energy-Test Methods for Concrete and Rock. Balkema Publishers, Rotterdam, pp. 153-163.

Shi, Z., 2009. Crack Analysis in Structural Concrete: Theory and Applications. Elsevier, Amsterdam.

Shi, Z., Nakano, M., Takahashi, Y., 2016. Structural Analysis and Renovation Design of Ageing Sewers: Design Theories and Case Studies. De Gruyter Open, Berlin.

Theopot, O., 2001. Structural design of oval-shaped sewer linings. Thin-Walled Structures. 39 (6), 499-518.

Wang, J., 2016. Derivation of buckling equation for invert lining. Structural Analysis and Renovation Design of Ageing Sewers: Design Theories and Case Studies. De Gruyter Open, Berlin, pp. 203-207.

8 基于性能的老旧排水管道改造设计

8.1 基于性能设计提高结构弹性

由于混凝土开裂、钢筋腐蚀和因长期使用而引起的其他问题,老旧排水管道往往处于结构不稳定的状态。尽管这些钢筋混凝土结构采用了曾经主流的设计理论——容许应力设计法［Allowable Stress Design, ASD,于 1926 年由日本内政部在"道路结构详细规范草案(Detailed Regulation Draft for Road Structures)"中首次提出］,但现有排水管道中的裂缝和其他损坏引起的临界应力很可能已经超过了容许应力。因此,在使用复合管施工方法修复老旧排水管道时,由于原有污水管道仍将作为重要的结构构件,侧重于临界应力的 ASD 方法在理论上可能不适合结构设计。

对比来看,日本土木工程师学会(Japan Society of Civil Engineers,JSCE)规定的基于性能的混凝土结构极限状态设计方法(JSCE,2012),更关注结构在设计寿命期间可能会产生的损伤和面临的失效极限状态。而安全设计的标准是确保在所有可能的负载条件下,不达到这种极限状态。根据 Wight 和 MacGregor(2009)的研究,钢筋混凝土结构的极限状态可划分成以下几种。

- 承载能力极限状态:整个结构或其构件在设计载荷下倒塌/塌陷。
- 正常使用的极限状态:结构因过度变形、开裂或振动而不能正常工作。
- 特殊极限状态:因异常条件或异常载荷(如强震)、腐蚀或退化的结构效应引起损坏或失效。特殊极限状态与结构设计呈现相关性。

在基于性能的极限状态设计方法中,结构设计准则是以实现一系列系统性能目标来表征的。在设计过程中,通常采用有关载荷、材料、结构分析、结构构件和结构重要性等作为分项安全系数,这些系数对极限状态所需性能的影响可分别进行评估。因此,为了清楚地识别出重要的设计考虑因素,应该对多性能要求进行综合评估。表 8.1 列举了典型的性能需求、极限状态和对应检查项。在排水管道改造项目中,可通过评估改造结构在设计载荷下发生横截面破损的可能性来验证结构安全性,并通过评估其功能可持续性和通行能力来检查其可用性。抗震安全性能可以通过在一级和二级地震载荷下开展结构动力分析来验证。

表 8.1 性能要求、极限状态和对应检查项示例

性能需求	极限状态	检查项目
安全性	横截面破坏	横截面外力
	疲劳破坏	压力、横截面力
	结构稳定性破坏	形变、地基结构变形
适用性	功能损坏	外力、形变等
	防水功能退化	结构渗透性、裂缝宽度
	通行能力等	位移、形变
	噪声、振动	噪声、振动程度
	外形	裂缝宽度、压力
可恢复性	可修复性	外力、形变等

应该指出的是，基于性能的设计方法有三个重要特点，应充分探讨以提高结构弹性。第一，主要从结构系统层面出发，根据倒塌风险、死亡、功能损失、维修成本等来设定性能要求。因此，在设计中实现预期的性能目标，相当于直接在系统层面上建立结构弹性。第二，在设计过程中可以考虑不同载荷作用下的多种性能要求。如图 3.1 所示，通过解决设计中从结构安全性到可用性的所有重点问题，使得当结构系统面临极端事件时，可以最大限度地减少功能损失，从而使弹性三角形最小。第三，在设计中采用分项安全系数。由于结构系统有其独特的系统功能和结构特点，通过引入分项安全系数，可以将特殊的设计考虑因素引入到结构体系中来提高结构的整体性能，从而提高结构的弹性。本质上来说，为了通过极限状态设计来实现预期的性能目标，必须建造一个能够承受灾害，同时不会造成性能显著退化或损失的坚固结构。

8.2 排水管道改造的性能要求

8.2.1 性能验证的基本概念

采用极限状态设计法对改造后的排水管道进行性能验证，需要考虑正常载荷和地震载荷两种载荷情况。其中，正常载荷是指主要的设计载荷，如恒载、活载和土压力。本节概述了极限状态设计的基本概念，并以修复排水管道的截面力（力矩、剪力、轴向力）作为设计指标。

通过比较设计载荷下的响应值和破坏载荷下的承载力值，来检查在极限状态下的结构性能。具体而言，基本标准是设计载荷下的截面力乘以结构系数，必须小于或等于最终由结构失效分析确定的截面承载力，可表示为

$$\gamma_i \frac{S_d}{R_d} \leqslant 1.0 \qquad (8.1)$$

式中，γ_i 为衡量结构重要性的结构系数；S_d 为设计截面力；R_d 为设计截面承载力。

设计截面力 S_d 可被表示为

$$S_d = \gamma_{ap} S(\gamma_{fp} F_p) + \gamma_a S(\gamma_f F_{kt}) = S(F_p) + \gamma_a \gamma_f S(F_{kt}) \tag{8.2}$$

式中，$S(\ )$ 为括号内载荷作用下结构分析得到的截面力；F_p 为持续载荷的特征值；F_{kt} 为主要可变载荷的特征值；γ_a 为主要可变载荷的结构分析系数；γ_f 为主要可变载荷的载荷系数；γ_{ap} 为持续载荷的结构分析系数（=1.0）；γ_{fp} 为持续载荷的载荷系数（=1.0）。一般来说，设计截面力是通过线性结构分析获得的，因此可以在结构分析后施加载荷系数 γ_f，如式（8.2）所示。

设计截面承载力 R_d 可被表示为

$$R_d = R(f_k / \gamma_m) / \gamma_b \cong R(f_k) / (\gamma_m \gamma_b) \tag{8.3}$$

式中，$R(\ )$ 为在破坏载荷下通过结构分析获得的截面承载力，f_k 为材料强度的特征值，γ_m 为材料系数，γ_b 为构件系数。设计截面承载力或极限强度通常通过非线性结构分析获得。当非线性较弱时，结构分析后应用材料系数 γ_m 通常需要近似等号，如式（8.3）所示。

老旧排水管道改造修复设计性能验证流程见图8.1。验证过程分为正常载荷分析和地震载荷分析两部分。在每次分析中，都规定了正常使用极限状态和承载能力极限状态，并且改造横截面必须在每个极限状态下通过特定设计标准的验证检查。

8.2.2 排水管道改造修复的性能要求

8.2.2.1 正常载荷

（1）正常使用的极限状态

排水管道必须在正常载荷下保持水密性，排水管道的改造修复不得加速现有管道的老化。因此，必须防止改造后的排水管道出现新的裂缝。

（2）承载能力极限状态

即使遇到罕见的载荷状况，排水管道也必须保持正常排水功能。因此，修复后的排水管道必须具备足够的结构承载能力，以确保在超过设计载荷的条件下不发生破裂。用SPR方法修复后的载荷能力需要超过主要设计载荷的2.5倍。

（3）疲劳极限状态

由于排水管道是地下结构，活载荷不会直接作用其上，循环载荷引起的疲劳破坏几乎不可能危及排水管道。因此，疲劳破坏强度不作为排水管道改造修复设计的性能要求。

8.2.2.2 地震载荷

日本排水处理厂协会（JSWA）的《污水设施抗震设计和改造指南》（以下简称《JSWA抗震指南》，JSWA，2014）对现有及修复排水管网的抗震要求进行了规范。如表8.2所示，地震载荷下排水管道的性能要求可根据地震地面运动水平大致分类。

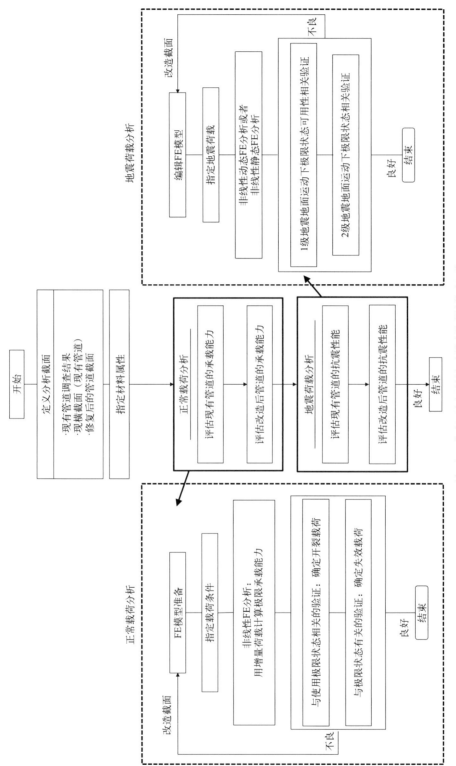

图 8.1 基于极限状态设计方法的复合排水管道性能验证流程

表 8.2　排水管道抗震设计概念（JSWA，2014）

管道		设计地面运动		要求抗震性能	
		一级	二级	一级	二级
存量	重要干管等	R	R	设计排水能力	排水功能
	其他管道	R	NR	设计排水能力	—
新建	重要干管等	R	R	设计排水能力	排水功能
	其他管道	R	NR	设计排水能力	—

注：R 为需要满足，NR 为不需要满足。

一级地震动是指在结构（如：建筑物）的使用寿命内可能发生的多次地震动。二级地震动是指结构在使用寿命内发生概率很小的极强地震动。

（1）一级地震动下正常使用极限状态：保证设计过流能力

排水管道需要保持其横截面内表面无损坏，并且即使在管道使用寿命内遭遇多次地震动（一级地震动）后，仍能保持其设计过流能力。因此，性能验证应确保修复后的排水管道在这种地震条件下不会发生较大的结构变形。

（2）二级地震动下承载能力极限状态：保证过流功能

在遭遇概率极低的二级地震动时，排水管道仍需要保持过流功能。此情景下排水管道断面变形较大，已不能保证设计过流功能正常运行。但在完成结构修复或管道更换前，它们需要在面临完全断裂或连接失效导致土壤和沙子侵入排水管道等情况下，仍然保持过流功能。因此，性能验证应确保在此类地震条件下，修复后的排水管道不会发生结构损坏。

8.3　正常载荷下的性能验证

本节详细介绍了在正常载荷下对改造修复后的排水管道安全性进行验证的方法。本节采用第 7 章"排水管道改造的结构分析理论与试验研究"中所讨论的改造修复后的排水管道的半复合模型，对其在正常使用极限状态和承载能力极限状态下的结构性能进行了非线性结构分析。

正常载荷下定义的极限状态及其验证标准如下（JSWA，2011）。

① 对于正常使用的极限状态：在设计载荷下，改造修复后的排水结构中不得出现新的裂缝。

② 对于承载能力极限状态：改造修复后的排水结构在设计载荷作用下的临界截面力不得超过结构的截面承载力或极限强度。

8.3.1　正常使用极限状态验证

对于修复后排水管道的正常使用极限状态，在持续载荷和交通载荷作用下的设计截面力矩不得超过截面开裂力矩。具体而言，修复结构中出现的最大拉伸应力不得超过材料的抗拉强度。

8.3.2 承载能力极限状态验证

与修复后排水管道极限状态相关的截面力为弯矩和剪力。因此，式（8.2）中的设计截面力 S_d 和式（8.3）中的设计截面承载力 R_d 可改写为

$$S_d : \begin{cases} M_d = \gamma_a \gamma_f M \\ V_d = \gamma_a \gamma_f V \end{cases} ; \quad R_d : \begin{cases} M_{rd} = (M_u / \gamma_m) / \gamma_b \\ V_{rd} = (V_u / \gamma_m) / \gamma_b \end{cases} \tag{8.4}$$

式中，M，M_d 分别为设计载荷下的弯矩、设计弯矩；V，V_d 分别为设计载荷下的剪力、设计剪力；M_u，M_{rd} 分别为破损时的最大弯矩、设计弯矩承载能力；V_u，V_{rd} 分别为最大剪应力、设计抗剪能力。

8.3.3 安全系数

表 8.3 显示了《JSCE 混凝土结构标准规范：设计》（JSCE，2012，以下简称 JSCE 标准规范）中所示安全系数的典型值。

表 8.3 标准安全系数（JSCE，2012）

安全系数	材料系数 γ_m		构件系数 γ_b	结构分析因子 γ_a	载荷系数 γ_f	结构因子 γ_i
	混凝土 γ_c	钢铁 γ_s				
正常使用极限状态（可用性）	1.0	1.0	1.0	1.0	1.0	1.0
承载能力极限状态（横截面破坏）	1.3	1.0 或 1.05	1.1～1.3	1.0	1.0～1.2	1.0～1.2

（1）材料系数 γ_m

材料系数的确定应考虑以下因素：如材料强度特征值在非期望方向上的变化、试样和结构材料之间性能的差异、材料性质对极限状态的影响以及材料性质随时间的变化。需要对每种修复方法中使用的材料进行以上评估。

（2）构件系数 γ_b

构件系数的确定应考虑构件强度计算的不确定性、构件尺寸变化的影响和构件的重要程度等因素，即当相关构件达到极限状态时对整个结构的影响。

（3）结构分析系数 γ_a

结构分析系数的确定应考虑通过非线性分析计算设计截面力和设计截面承载力的不确定性。评估需要考虑分析结果相对于过去测试结果的准确性。

（4）载荷系数 γ_f

载荷系数的确定应考虑载荷（作用）特征值在非期望方向上的变化、载荷计算的不确定性、设计使用寿命期间载荷的变化以及载荷特性对极限状态的影响等因素。与新建工程不同，作用在修复后的排水管道上的主要载荷是通过压实到一定程度的土壤施加的载荷。因此，评估需要考虑到事实调查的不确定性和所获得数据的可变性。

（5）结构系数 γ_i

通过考虑结构的重要程度、达到极限状态时预期的社会经济影响以及包括重建或维修

成本在内的经济因素来确定结构系数。由于没有建立未来排水管道改造的方法,因此评估还应考虑到提高修复污水管道可靠性的需求。

8.3.4 设计载荷

表 8.4 列出了设计阶段需要考虑的载荷。这些载荷可分为两类,一类是必须要考虑的载荷,另一类是在特定条件下(比如对设计有显著影响)才需要考虑的载荷。

表 8.4 设计复合排水管道时应考虑的载荷

载荷类型		是否需考虑
恒载荷	构件重量	R
	管道中水的重量	CR
活载荷	上方活载荷	R
	冲击载荷	R
土压力	垂直土压	R
	水平土压	R
	活载荷造成的土压	R
地下水压力		CR
浮力		CR

注:R(required)表示必须考虑,CR(conditionally required)表示在特定条件下(如对设计有显著影响)才需要考虑。

8.3.5 非线性结构分析

老化排水管道的改造设计是通过非线性结构分析计算半复合管模型的极限状态来获得其承载能力。图 8.2 显示了适用于典型钢筋混凝土结构和复合排水管的截面或结构失效的安全验证方法的差异。可见,两者的根本区别在于承载能力计算方法。在钢筋混凝土结构设计中,构件承载力可通过理想结构力学模型导出的理论方程来确定,这些方程用于构件失效的分析。而在老旧污水管的改造设计中,构件承载力是通过数值分析得到的。

8.3.5.1 主要荷载分类

根据覆盖层厚度,作用在结构上的主要载荷分类如下。

(1)覆盖层厚度小于 4m

假设主要载荷为活载荷(交通载荷),通过增加活载荷的载荷权重系数来增加主要载荷,直至结构破损。在下文中,载荷加权系数称为载荷系数。破损时获得的载荷系数为破损载荷与设计载荷的比值。

① 第一步:施加静载荷,包括土压力、地下水压力和自重。

② 第二步:逐渐施加活载荷,直到达到设计载荷。

③ 第三步:在静载荷不变的情况下,通过逐渐增加载荷系数施加活载,直至结构破损。

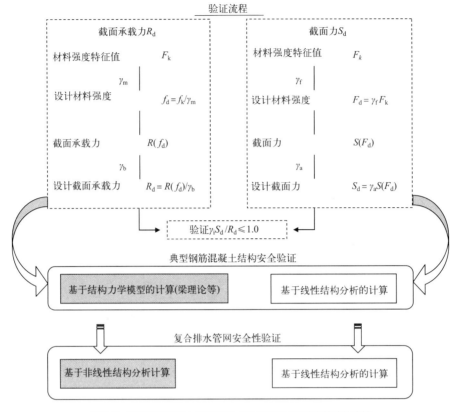

图 8.2 典型钢筋混凝土结构和复合排水管道极限状态算法的比较

（2）覆盖层厚度大于等于 4m

假定主要载荷为土压力、地下水压力和活载荷，通过增大载荷系数增加主要载荷，直至结构破损。破损时获得的载荷系数为破坏载荷与设计载荷的比值。

① 第一步：施加自重。

② 第二步：逐步施加主要载荷，直至达到设计载荷。

③ 第三步：在保持管道自重不变的情况下，通过逐渐增加载荷系数施加主要载荷，直至结构破损。

8.3.5.2 设计截面承载力和设计截面力的计算

在正常使用极限状态的验证中，将按照上述步骤检查在设计载荷下是否发生开裂。在验证极限状态时，设计截面承载力和设计截面力计算如下。

① 计算每个构件（如顶板、底板、侧壁）在结构破损时的最大截面承载力（5 倍设计截面承载力），并记录其在该构件中的位置。

② 计算上述位置在设计载荷作用下的截面力（5 倍设计截面承载力）。

图 8.3 展示了通过载荷增量评估极限载荷承载力的分析流程。应指出的是，按上述方法获得的最大截面承载力不一定是该构件的实际承载力，因为在指定的主要载荷下，该构件可能不会出现临界破损。

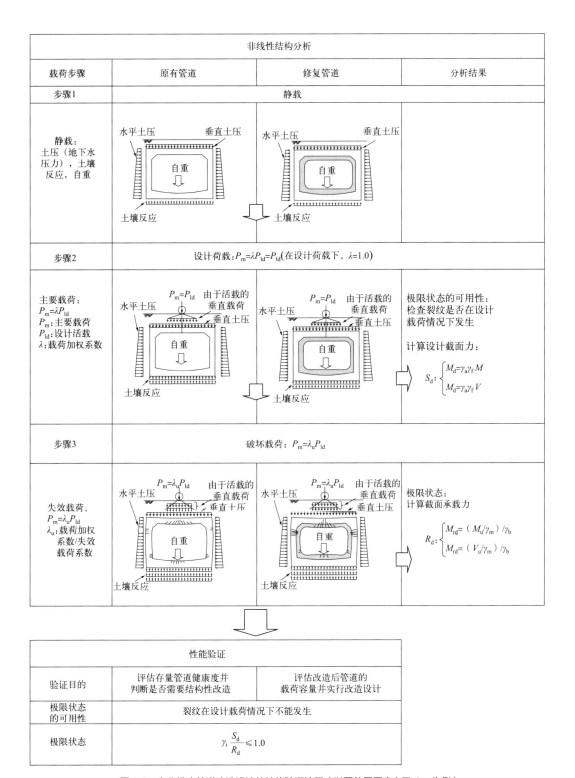

图 8.3 老化排水管道改造设计的性能验证流程（以覆盖层厚度小于 4m 为例）

8.3.6 载荷系数性能评估

8.3.6.1 基本概念

在设计用于排水管道的钢筋混凝土管道时,传统的做法是根据管道类型来确定设计载荷作用下管道中发生的最大弯矩,并选择一个管道类型,使弯矩保持范围内(JSWA,2003)。管道的弯矩承载力可通过将管道自重产生的弯矩与根据规范值确定的开裂载荷下产生的最大弯矩相加来计算。因此,设计方法使用开裂载荷相对于设计载荷的安全余量作为安全系数,与上述载荷系数相当。由此,基于设计载荷的安全余量的性能评估适用于评估排水管道结构安全性。

在复合排水管道的设计中,可以通过载荷系数增加设计载荷,通过非线性结构分析评估结构强度。因此,可以直接评估设计载荷相对于开裂载荷和破损载荷的安全余量。除了基于截面承载力的验证方法外,基于载荷系数的验证方法也被用于改造设计。

《JSWA 排水管道修复设计和施工指南》(JSWA,2011,以下简称《JSWA 指南》)展示了在采用极限状态设计方法设计复合排水管道时,使用载荷系数作为安全系数进行承载能力评估的示例。

为了说明这一载荷系数设计概念,考虑采用极限状态设计法设计承受轴向力的构件,极限状态通过以下公式表示

$$\gamma_i \frac{\gamma_a (\gamma_f F_k)}{(A f_k / \gamma_m)/\gamma_b} \leq 1.0 \quad (8.5)$$

由此可得出

$$\frac{A f_k}{F_k} \geq \gamma_i \gamma_a \gamma_b \gamma_m \gamma_f \text{ 或者 } \frac{F_u}{F_k} \geq \gamma_i \gamma_a \gamma_b \gamma_m \gamma_f \quad (8.6)$$

式中,F_k 为载荷特征值;f_k 为材料强度特征值;A 为构件的有效横截面积;F_u 为极限截面承载力或破损载荷。

显然,式(8.5)和式(8.6)是等效的,因此可以通过检查破损载荷与载荷特征值的比值来验证极限状态。由此可得出,对于线性的弹性材料,这一表述也适用于弯曲和剪切载荷下的构件设计。如果应力-应变关系中的非线性较弱,则其近似为真。

图 8.4 展示了基于截面力的验证方法和基于载荷系数的验证方法之间的简单关系。利用载荷系数,可以将老化排水管道改造设计的性能要求表示为

对于正常使用极限状态:$\lambda_c > 1.0$。

对于极限状态:$\lambda_u \geq 2.5$。

请注意 λ_c 为开裂载荷系数,λ_u 为结构破损时的极限载荷系数。

8.3.6.2 通过荷载系数进行性能评估时使用的安全系数

表 8.5 展示了根据老化排水管道改造设计的载荷系数进行性能评估时使用的安全系数建议值。在确定这些极限状态的安全系数时,重点是确保设计的安全性。图 8.5 展示了使用载荷系数评估极限承载力的分析过程。

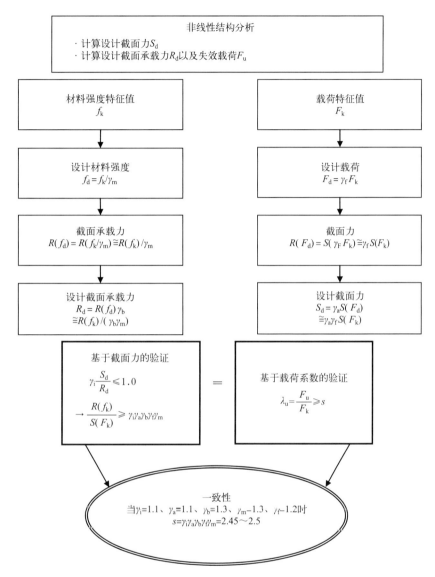

图 8.4 基于载荷系数的验证方法与基于截面力的验证方法在老化排水管道改造设计中的关系

表 8.5 老化排水管道改造设计安全系数取值和标准安全系数

安全系数	材料系数 γ_m		构件系数 γ_b	结构分析系数 γ_a	载荷系数 γ_f	结构系数 γ_i
	混凝土 γ_c	钢铁 γ_s				
极限状态可用性	1.0	1.0	1.0	1.0	1.0	1.0
对于复合排水管道	1.0	1.0	1.0	1.0	1.0	1.0
极限状态（失效截面）	1.3	1.0 或 1.05	1.1～1.3	1.0	1.0～1.2	1.0～1.2
对于复合排水管道	1.3		1.3	1.1	1.2	1.1

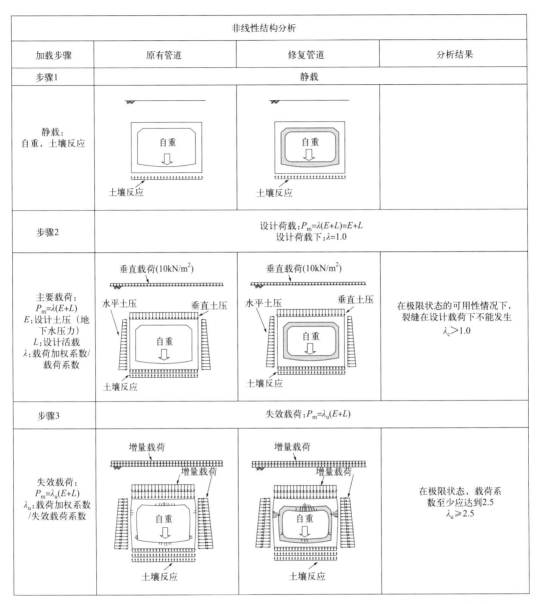

图 8.5 基于载荷系数的老化排水管道改造设计的性能验证流程（以覆盖层厚度大于等于 4m 为例）

8.4 地震载荷下的性能验证

8.4.1 抗震性能要求验证标准

在改造设计中，JSCE 标准规范诠释了《JSWA 抗震指南》规定的抗震性能要求的验证标准。如表 8.6 所示，在复合排水管道的抗震性能验证中，以管道界面上方钢筋屈服的表现作为正常使用极限状态的指标，以极限位移和抗剪承载力作为极限状态的指标。通过数值分析验证抗震性能的流程如图 8.6 所示。

表 8.6 地震载荷下性能要求指南的比较

设计地震地面运动	抗震性能需求	
	《抗震设计及排水管道设施更新 JSWA 导则》（2014）	《混凝土结构 JSCE 标准规范》（2012）
一级	维持设计排水能力	一级抗震性能
	维持流量计算表上设计排水能力	在地震中也能保持健康和可用的状态
		震后残余位移足够小
		钢筋加固不弯折
二级	维持排水功能	二级抗震性能
	设计排水能力较难维持，但在修复和改造之前，管道仍然可以向下游输送污水	地震后，功能能够快速恢复，不需要进行结构修复
		发生地震后的载荷容量不会降低
		响应位移在极限位移之内
		不存在剪切破坏

注：作为二级地震动下的三级抗震性能要求，JSCE 规范规定了结构承受地震而不倒塌的能力。从维持排水能力来看，这可以看作是一种类似要求。然而，为了安全起见，人们认为应检查上述二级抗震性能。

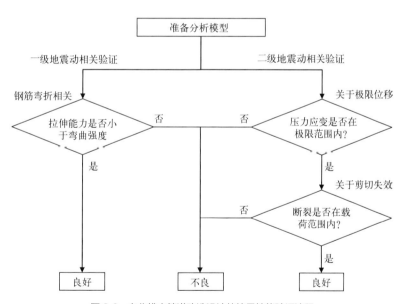

图 8.6 老化排水管道改造设计的抗震性能验证流程

在管道纵向方向上，基本规则是确保管道中的衬里构件（推入式接头）以防水的方式连接在一起。通常是在下述条件下进行试验，以检查抗震性能。

- 在验证推入式接头性能时，应通过试验确认推入式接头在因恒定压力达到 1.5% 而变形时保持良好的连接和防水状态（根据兵库县南部地震获得的数据设定）。
- 在土壤液化引起地面沉降的情况下验证推入式接头性能时，应通过试验确认，在平均跨度为 30m、沉降为 30cm 的变形情况下，推入式接头保持良好的连接和防水状态。

8.4.2 正常使用极限状态验证

正常使用极限状态下的性能要求,对应于一级地震动的验证标准,是指在发生地震时,修复后的排水管道在不需要维修的情况下保持完全功能的能力。因此,本文通过数值分析,计算了改造后的排水管道在一级地震动作用下的响应,以验证结构的残余位移是否足够小。如上所述,验证标准是模型中任何地方都不会发生钢筋屈服。

8.4.3 承载能力极限状态验证

承载能力极限状态下的性能要求,对应于二级地震动的验证标准,是指修复后的排水管道在地震后短时间内恢复功能而无须维修的能力。因此,应通过数值分析或试验确定结构的承载力不会降低,响应位移不超过极限位移,不会发生剪切破坏。

具体来说,响应位移不超过极限位移的标准可以通过检验平面内主压应变是否超过抗压强度对应应变的两倍来验证(JSCE,2012),即

$$\gamma_i \gamma_a \gamma_f \varepsilon_c < 2\varepsilon_{peak} / \gamma_b / \gamma_m \tag{8.7}$$

式中,ε_c 为平面内主压应变;ε_{peak} 为对应于抗压强度的应变(通常为 0.002);γ_i 为结构因子;γ_a 为结构分析因子;γ_f 为载荷系数;γ_b 为构件因子;γ_m 为材料因子。

通过检查平面内剪力不超过构件设计剪力,可以验证不发生剪切破坏,即

$$\gamma_i \gamma_a \gamma_f V < V_d \tag{8.8}$$

式中,V 为平面内剪力,V_d 为设计抗剪承载力。

8.4.4 安全系数

本研究中使用的安全系数如表 8.7 所示,它们基本上符合 JSCE 标准规范,并且是在假设使用了完全经过验证的非线性分析方法的基础上制定的。在验证中,在计算响应位移和验证未发生剪切破坏的情况时,最好使用不同的材料系数和构件系数进行响应分析。然而,在实践中,这两个任务通常在一个响应分析中执行,所有安全系数都设置为1.0。

表 8.7 抗震性能验证所应用的安全系数(JSCE,2012)

抗震性能		安全系数					
		材料系数 γ_m		构件系数 γ_b	结构分析 γ_a	载荷系数 γ_f	结构因子 γ_i
		混凝土 γ_c	钢铁 γ_s				
一等抗震性能	响应值和极限值	1.0	1.0	1.0	1.0	1.0	1.0
二等抗震性能	响应值和极限值	1.0 1.3	1.0 1.0	1.0① 1.3 或 1.56② (1.1~1.3)	1.0 1.0	1.0 1.0~1.2	1.0 1.0~1.2

① 用于位移限值。
② 用于剪力计算验证中的极限值。

二级地震动要求的二级抗震性能的安全系数由下述概念确定。

① **材料系数** γ_m：材料系数是通过考虑材料强度特征值在非期望方向上的变化、测试样本和结构材料之间材料性能的差异、材料性质对极限状态的影响以及材料性质随时间的变化等因素确定的。响应值和极限值分别为 1.0 和 1.3。

② **构件因子** γ_b：众所周知，在大的变形范围内，结构构件在反复载荷作用下的抗剪承载力将降低，但这种降低的定量速率尚未确定。《JSCE 标准规范》要求混凝土抵抗的剪力在抗剪承载力计算公式中增加 1.2 倍左右（即 $1.3 \times 1.2 = 1.56$）。因此，在发生弯曲屈服的情况下，极限值为 1.56，在不发生弯曲屈服的情况下，极限值为 1.3。

③ **结构分析因子** γ_a：结构分析因子为 1.0。

④ **载荷系数** γ_f：载荷系数为 1.0。

⑤ **结构因子** γ_i：结构因子为 1.0。

8.4.5 验证所用的分析方法

地震期间地下管道、沉管式隧道和其他地下结构的观测记录和模型振动试验结果表明，地下结构的地震诱发振动具有以下特征（Tachibana 和 Watanabe，2001）。

- 地下构筑物的表观密度小于或近似于周围地面。因此，在地震期间，地下结构往往与周围地面的振动同步。
- 地震引起的结构行为不受地震惯性力的影响，而受周围地面的相对位移（地面应变）的影响。

因此，在上述振动特性的基础上提出了地下结构抗震性计算方法。这些方法大致可分为静态分析法和动态分析法。

静态分析法包括反应位移法和反应地震系数法。在这些方法中，将地震引起的动态外力替换为静力，并通过对研究的结构施加这些力，来计算地震载荷下的结构行为（例如，响应位移、地震引起的应力）。

在动态分析中，使用具有动态响应特性的动态力学模型对分析对象进行建模，并且通过直接输入地面震动的时程波形来计算结构的时程响应。地下结构的响应特性可以通过求解由其质量、刚度和阻尼特性组成的运动方程来确定。

《JSWA 抗震指南》描述了评估现有排水管道和修复排水管道抗震性的多种方法。在这些方法中，东京都政府采用了基于非线性动态响应分析的验证方法，旨在准确反映地下管道的状况。此验证方法将在下一节中讨论。

8.4.6 基于非线性动力分析的抗震验证

8.4.6.1 非线性动力分析法概述

结构在地震动作用下的动力响应随质量、刚度和阻尼的变化而变化。本节简要介绍时程响应分析方法，我们将此方法作为一种分析振动系统对地震动等动态扰动响应的技术。

单自由度弹塑性系统的运动方程如下：

$$m\ddot{x} + c\dot{x} + Q(x) = -m\ddot{z} \qquad (8.9)$$

式中，m 为质量；c 为阻尼系数；x 为相对位移；$\ddot{z}$ 为地面运动的加速度。恢复力特性 $Q(x)$ 是变形历史的函数。如果给定输入的时间历史，该运动方程可用直接积分求解。在较小的结构变形范围内，结构行为可大致被认为是弹性的。然而，随着变形的增加，由开裂、塑化等引起的损伤会局部累积，使恢复力-变形曲线形成滞回曲线。当试图通过非线性动力分析确定结构的响应特性时，适当地设置这种弹塑性恢复力特性或滞回特性是很重要的。

针对不同材料和结构条件下的非线性动力分析，已提出了多种非线性滞回模型。图 8.7 展示了三种基本恢复力模型。类型（A），双线性模型，被广泛用作高度可变形（即弹性）结构特征的模型。这类模型通常用于模拟钢结构，其特点是由于滞后效应，能耗相对较大。类型（B）是刚度减小型模型，不遵循相同的循环，在发生塑性变形后，刚度逐渐减小。这类模型通常用于模拟钢筋混凝土结构。类型（C）为滑移型模型，在较小的恢复力范围内表现出较低的卸载刚度，并且由于滞后效应，能耗相对较小。因此，在选择合适的非线性滞回模型时，必须了解骨架曲线和滞回规律。由于要修复的老化排水管道是钢筋混凝土结构，因此复合排水管道的非线性滞回模型采用（B）型模型。

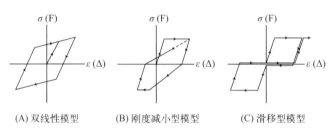

图 8.7 恢复力模型示例

8.4.6.2 结构分析模型

抗震性验证是基于非线性时程结构分析的响应值进行的，并且考虑了材料的非线性。同时，利用已建立的材料和构件的非线性滞回模型进行结构-土壤耦合分析。采用弥散裂纹模型对混凝土开裂进行建模。对于动态建模，混凝土和钢筋均采用路径相关的滞回模型。对于静态建模，考虑了大震时地面的非线性。例如商业程序 UC win/WCOMD 可以满足上述要求，并用于动态响应分析（Okamura and Maekawa，1991；FORUM 8，2013）。

在对土壤-结构系统进行耦合分析时，为了不限制结构振动和系统中地面不规则产生的散射波的能量，有必要使用地面覆盖范围足够大的有限元模型。同时，可以使用人工引入的假想边界来吸收波能。常用的假想边界包括黏性边界、能量传递边界和叠加边界。UC-win/WCOMD 中使用的叠加边界简要说明如下。

当散射波到达人工边界时，如果边界是不受限制的，则波在同一相位上反射。如果边界是固定的，波在相反的相位反射。然后将两个波相加，即可消除反射波。但是，如果在两个或多个边界处重复反射，则这种方法就无法消除反射波。叠加边界法的另一个缺点是需要分析整个区域。针对这些问题，Cundall 等（1978）提出了一种将恒定速度和恒定应变边界条件获得的解叠加的方法，以代替固定边界和自由边界。在该方法中，可以消除近边界区域的波动。由于两层有限元仅在图 8.8 所示的近边界区域定义，因此可以准确且高效地消除反射波。

二级地震动验证中使用的限值如下。在验证极限位移时，根据式（8.7），使用 0.004 作为极限值（典型混凝土抗压强度 0.002 的两倍）和相关安全系数进行验证。在剪力相关验证中，设计抗剪承载力（V_d）根据线性构件的设计抗剪承载力公式计算（JSCE，2012）

$$V_d = V_{cd} + V_{sd} \tag{8.10}$$

式中，V_{sd} 为抗剪钢筋的设计抗剪承载力；V_{cd} 为无抗剪钢筋的线性构件的设计抗剪承载力，计算如下

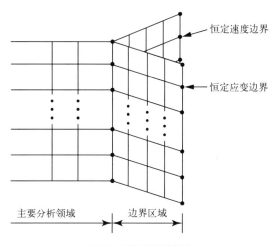

图 8.8 叠加边界的概念

$$V_{cd} = \beta_d \cdot \beta_p \cdot \beta_n \cdot f_{vcd} \cdot b_w \cdot d / \gamma_b \tag{8.11}$$

$f_{vcd} = 0.20 \sqrt[3]{f'_{cd}}$ (N/mm^2)，$f_{vcd} \leqslant 0.72$ (N/mm^2)

$\beta_d = \sqrt[4]{1/d}$ (d: m)，如果 $\beta_d > 1.5$，该值为 1.5

$\beta_p = \sqrt[3]{100 p_v}$，如果 $\beta_p > 1.5$，该值为 1.5 $\quad$ (8.12)

$\beta_n = 1 + 2M_0/M_{ud}$（若 $N'_d \geqslant 0$），如果 $\beta_n > 2$，该值为 2

$\quad = 1 + 4M_0/M_{ud}$（若 $N'_d < 0$）且 $\beta_n > 0$

式中，N'_d 为设计轴向压力；M_{ud} 为纯抗弯承载力；M_0 为对应设计弯矩 M_d 的消除极端张力纤维处轴向力产生的应力所需的弯矩；b_w 为中部宽度；d 为有效高度，m，$p_v = A_s/(b_w \cdot d)$，A_s 为受拉区钢材的横截面积；f'_{cd} 为混凝土的设计抗压强度，N/mm^2；γ_b 通常为 1.3（如果发生弯曲屈服，则为 1.56）。

上述公式不能直接应用于复合构件。因此，有必要根据相关试验结果评估每种修复施工方法的抗剪承载力。例如，对于污水管修复施工方法，表 8.8 所示衬砌构件的抗剪强度

根据 SPR 复合构件的单剪试验结果获得（图 8.9），抗剪承载力由方程式（8.13）和式（8.14）计算而得

$$V_{spr} = \sigma_{spr} H \tag{8.13}$$

式中，V_{spr} 为 SPR 衬里构件的抗剪承载力；σ_{spr} 为 SPR 衬里构件的抗剪强度；H 为 SPR 衬里构件的厚度。由上可知，SPR 复合管的设计抗剪承载力可通过以下公式计算

$$V_d = V_{cd} + V_{spr} / \gamma_m / \gamma_b \tag{8.14}$$

式中，V_d 为 SPR 复合材料截面的设计抗剪承载力；V_{cd} 为无抗剪钢筋的线性构件的设计抗剪承载力。

表 8.8　SPR 组合构件单剪试验结果

材料类型	型材	材料特性		
		剪切强度 /(N/mm²)		
		砂浆 #2	砂浆 #3	砂浆 #4
砂浆 + 型材	#80SW	4.53	5.31	4.80
	#79SW			
	#792SU			
仅型材	#80SW	1.13	1.29	2.31
	#79SW	1.71	1.90	2.73
	#792SU	2.84	3.15	

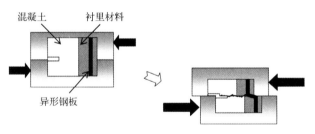

图 8.9　SPR 复合构件单剪试验示意图

8.4.6.3　确定地面运动

用于验证修复排水管道抗震性的地震动为一级和二级地震动。为了进行理论推导，必须考虑以下因素：施工现场及其附近的地震活动水平、震源特性以及地震动从震源到施工现场的传播特性。为了简化问题，《JSCE 标准规范》和《公路桥梁规范》（JRA，2012）等指南允许使用模拟地震动，一级地震动的样本波形如图 8.10 所示。对于二级地震动，这些规范要求在地震安全分析中考虑内陆近场和海洋 / 板块间的地面运动。

在进行地震验证时，东京都政府使用《JSCE 标准规范》中所示的模拟地震动时程波形。《JSCE 标准规范》定义了加速度反应谱（如图 8.11 所示）以设定地震载荷，并提供了四个二级地震动样波作为时程波形（如图 8.12 所示）。这四种波形是基于以下数据得出的。

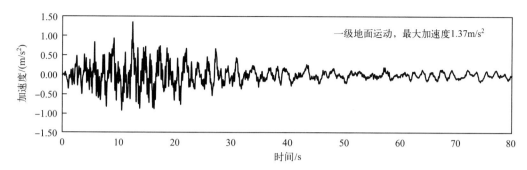

图 8.10 一级地震地面运动的时程加速度波形示例（JSCE，2012）

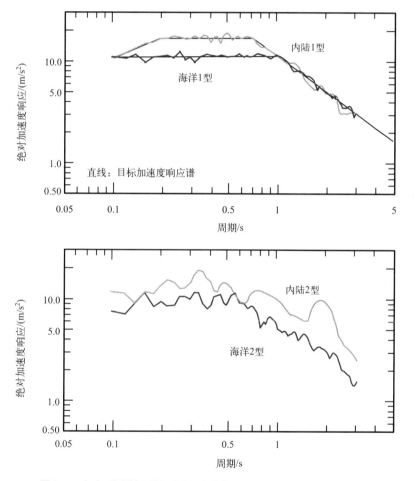

图 8.11 内陆和海洋地震的加速度反应谱（阻尼系数 5%）（JSCE，2012）

① "内陆 1 型"地震动波形由历史内陆强震记录确定。
② "内陆 2 型"地震动波形取自 1995 年兵库县南部地震神户港岛强震记录。
③ 通过对观测记录进行修正，得到了"板块间（海洋）1 型"地震动波形。
④ "板块间（海洋）2 型"地震动波形是由日本中央灾害管理委员会提出的东海地震情景的断层模型计算得出。

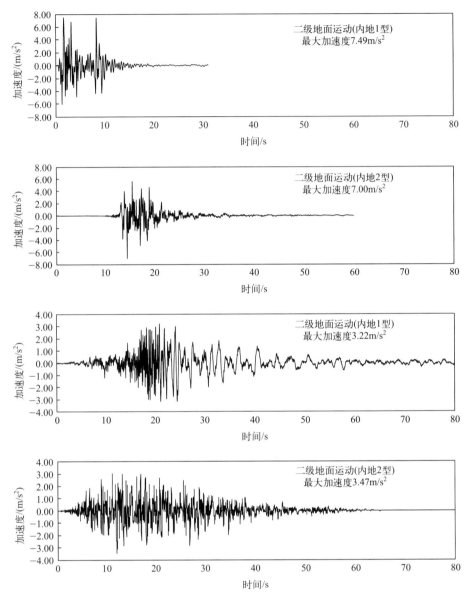

图 8.12 二级地震地面运动时程加速度波形示例（JSCE，2012）

8.4.6.4 确定地面条件

地面条件可从待修复排水管道代表性横截面附近进行的钻孔测量记录中提取。假设基岩面（即地震动输入的位置）必须在与项目现场一样大且坚固的地层上表面，且与地面相比具有足够高的剪切波速。选择基岩面时，不仅要收集项目现场获得的地质调查数据，还要收集周围区域的信息，并对获得的信息进行综合评估。

可选择基岩表面作为连续层的上表面，该连续层的 N 值（标准贯入试验锤击数）为 50 或以上，剪切波速 V_s 不低于约 300m/s。如果有详细的岩土工程勘察结果，可适当确定基岩表面。在这种情况下，需要考虑现场特定的地面条件。

8.5 排水管道修复后抗震性能的试验验证

8.5.1 抗震验证试验

《JSWA 抗震指南》要求修复的排水管道在承受二级强震造成的主要结构破坏后仍能保持过流功能。因此，在全尺寸的修复管道试件上进行水平反复载荷试验（horizontal reversed loading tests），以检验是否可以通过防止型材接头断开来保留排放功能，以及损坏后的管道承载能力是否仍与新管道相当。

（1）测试案例

表 8.9 展示了三个测试案例：一个内部混凝土覆盖被移除的原始管、一个新管、一个基于原始管的 SPR 方法修复的新管。为验证修复管在地震期间和地震后的排流能力和承载能力，在这三个试样上进行反复载荷试验。测试方法说明详见下文。

表 8.9 抗震性能验证测试示例

测试案例	原始管道状态	试样类型	数量
1	内部混凝土覆盖被移除的横截面	原始管道	1
2	双重加固的横截面	新管道	1
3	内部混凝土覆盖被移除的横截面	改造管道	1

（2）试验试样的材料性能

表 8.10 展示了试验试样的材料性能。这些性能值是在准备抗震载荷试验的试样时，通过制备强度试验的标准试样得到的。

表 8.10 用于验证抗震性能的测试样本的材料特性

材料性能	材料类型			
	混凝土	砂浆	钢筋	型材钢筋（79SW）
抗压强度 /(N/mm^2)	47.4	26.1		
拉伸强度 /(N/mm^2)	4.39	1.45		
泊松比	0.214	0.25[①]		
单位重量 /(kN/mm^2)	23.0	13.0[①]		
弹性模量 /(kN/mm^2)	31.8	8.9	200	165
屈服强度 /(N/mm^2)			295	205

① 采用设计值。

（3）测试样本的结构细节

图 8.13 展示了试验试样的尺寸，图 8.14 展示了试样的加固设计。照片 8.1 展示了修复管道底板上的芯样，显示管道混凝土和修复层之间具有良好的黏结。注意，混凝土芯的长度包括基础混凝土，如图 8.13 所示。

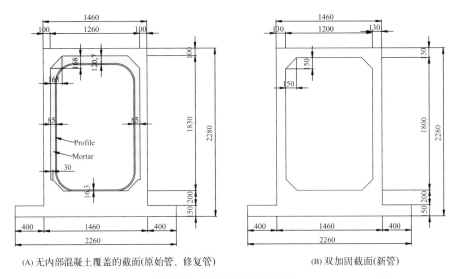

(A) 无内部混凝土覆盖的截面(原始管、修复管)　　(B) 双加固截面(新管)

图 8.13　抗震性能试验的试样尺寸

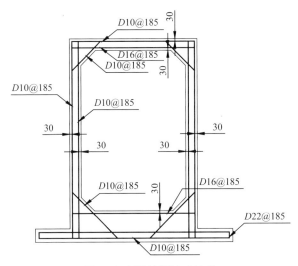

图 8.14　试验试样的加固安排

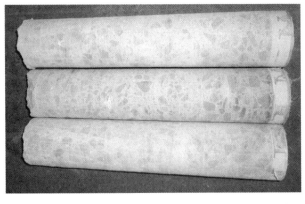

照片 8.1　抗震载荷验证试验时，从修复管道底板中取出的芯样展现了修复管道混凝土与修复层之间良好的黏结

（4）试验方法

进行两阶段加载试验，以评估修复试样的抗震性能。图 8.15 显示了试验流程。

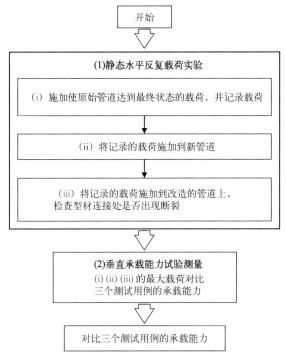

图 8.15　修复后的管道试件抗震性能验证试验流程

① 水平反复载荷试验

假设案例中排水管道因二级强地震引起的大地震动而遭受严重结构损坏，进行水平反复循环载荷试验。照片 8.2 显示了在试验设备上设置的试验样本。将约 5.0t 的重物放置在试样顶部，以模拟 2m 厚的负重。

照片 8.2　反复循环载荷试验

在本节中，二级地震动相应的载荷被定义为"使原始管道达到最终破坏状态的载荷"。表 8.11 中所示的载荷首先应用于原始管，然后分别应用于 SPR 修复管和新管。最后，对三种情况进行了比较。

表8.11　静态水平反复循环载荷试验中施加的载荷

循环	加载载荷
第一次	原始管道左右两侧的初始裂纹载荷
第二次	原始管道左右两侧的钢筋屈服载荷
第三次	原始管道左右两侧的峰值载荷
第四次	原始管道左右两侧的峰值载荷
第五次①	原始管道左右两侧的峰值载荷

① 第 5 次循环完成后，水平位移归零，以进行承载能力试验。

② 承载能力试验

如照片 8.3 所示，承载能力试验是通过对试样施加垂直载荷来进行的，该试样因水平反复载荷试验模拟的强地震运动而发生严重剪切变形。在承载能力试验（capacity test）中，测量了原始管、新管和 SPR 修复管承受的最大载荷，以评估结构强度下降的程度。

照片 8.3　反复循环载荷试验后的承载能力测试

（5）反复载荷试验结果

图 8.16 显示了反复载荷试验的结果。总结如下。

① 在原始管道峰值载荷的第三个循环完成后的卸载过程中，确认了左右壁的钢筋屈曲。因此，第三个循环成为载荷的最后一个循环。

② 在第三次～第五次循环中，将原始管的峰值载荷（约 50kN）施加到新管和修复管的试样上，但两个管道的钢筋没有发生屈曲。新管的钢筋最大应变为 1800μm，SPR 修复管为 188μm。

③ 从试验结果可以得出结论，型材条的互锁连接没有发生故障，即使受到可能导致原始管道濒临故障状态的地震力，管道也保持了较好的水密性和排水功能。

④ 如图 8.16 所示，在承受原始管的峰值载荷时，SPR 修复管的最大形变与原始管开裂载荷引起的形变一样小，仅为原始管形变的 1/6 左右。残余位移也很小。因此，这证实了排水管道修复对于减少因强震引起的排水管道重大结构变形是有效的。

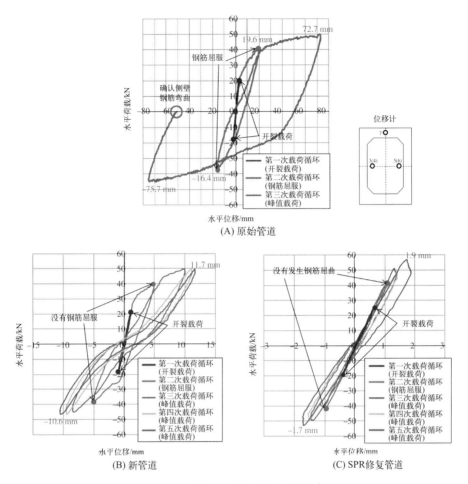

图 8.16　载荷-位移关系（7 号位移计）

（扫封底或后勒口处二维码看彩图）

（6）承载能力试验结果

表 8.12 展示了承载能力试验结果。经过反复载荷试验的原始管承载能力为 183.8kN，而新管承载能力为 271.1kN，比前者高 1.47 倍。SPR 方法修复后的管道承载能力为 298.5kN，比原管道高 1.62 倍。修复管的最大载荷甚至比新管还要高，所以可以说，在二级强震下，修复良好的管道在强度上完全可以与新管相媲美。

表 8.12　反复载荷试验后承载力试验结果

测试案例	管道类型	最大载荷 /kN	最大载荷比例	
			与原始管的比例	与新管的比例
1	原始管道	183.8		0.68
2	新管道	271.1	1.47	
3	改造管道	298.5	1.62	1.10

8.5.2 型材拉拔试验

为验证修复管道的抗震性,可以进行型材纵向拉拔试验。

(1) 测试案例

表 8.13 显示了四种未加固型材的测试案例:#87S、#80S、#79S 和 #90S 见照片 7.3(A)。注意,除 #79S 型材外,每个型材的原始管的两个内径代表适用于使用指定型材修复的最小和最大直径。对于 #79S 型材,使用了最小直径 1000mm。

在正常的修复过程之后,每个试样都是通过在原始管内构造一个螺旋缠绕衬里,然后用灌浆填充现有管道和型材衬里之间的缝隙来生产的。

表 8.13 拉拔试验的案例

测试案例	原始管内径 /mm	改造管内径 /mm	型材类型	对应永久地表应变 1.5% 的拉出位移 /mm	试验件数
1	450	410	#87S	36.5	1
2	600	550	#87S	36.5	1
3	700	640	#80S	36.5	1
4	900	820	#80S	36.5	1
5	1000	910	#79S	36.5	1
6	250	210	#90S	30.0	1
7	400	360	#90S	36.5	1

(2) 测试方法

在模拟由二级地震引起的 1.5% 永久地面应变时,开展了拉拔试验,对修复管施加轴向位移,以观察型材衬里的形变,如图 8.17 所示。使用了两个液压千斤顶,以便在管道接头的左右两侧产生大约等量的位移。用位移计(4 个点/横截面 × 13 个横截面)测量强制位移,如照片 8.4 所示。

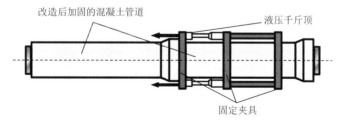

图 8.17 拉拔试验的测试试样和装置

(3) 测试结果

表 8.14 显示了拉拔试验的结果,结论如下。

① 在所有测试案例中,从四个位置测量的拉拔位移平均值达到了永久地面应变的 1.5%(直径为 400mm 时,该拉拔位移值为 36.5mm;直径 250mm 时,该值为 30.0mm)。这一事实表明,修复后的管道在强震中具有所需的位移应变能力。

② 在所有测试案例中,没有观察到图 8.18 中所示的接头的滑动位移。

照片 8.4 正在进行的拉拔试验

表 8.14 拉拔试验结果

测试案例	原始管内径 /mm	型材类型	对应永久地表应变 1.5% 的拉出位移 /mm	试验结束后的位移 / mm	接口连贯性
1	450	#87S	36.5	38.02	是
2	600			37.50	是
3	700	#80S		37.02	是
4	900			38.46	是
5	1000	#79S		37.79	是
6	250	#90S	30.0	30.45	是
7	400		36.5	36.53	是

③ 图 8.18 展示了在包括中部和侧面区域在内的整个型材宽度的几个位置，所观察到的三个案例即 ϕ250mm（#90S）、ϕ400mm（#90S）和 ϕ900mm（#80S）的接头开口。然而，在任何测试案例中都没有观察到接头完全断开；参见照片 8.5。

基于这些结果，得出结论：SPR 型材的节点连接基本满足了强震时连续性的抗震要求。

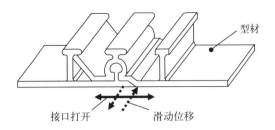

图 8.18　压配合接头的变形

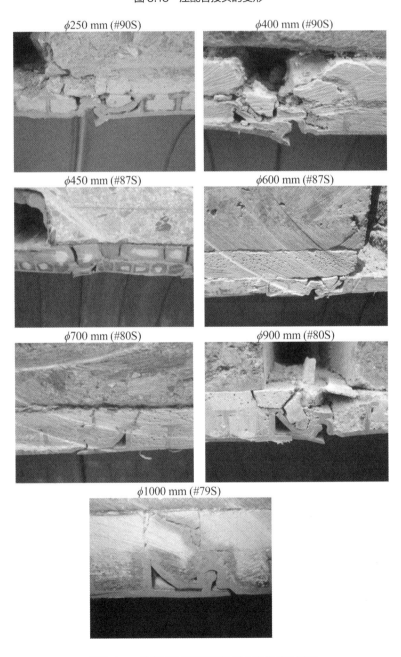

照片 8.5　拉拔试验后观察到的所有试件接头情况

8.6 辅助设计软件的开发

在使用 SPR 方法对老化排水管道进行修复设计中，采用基于性能的极限状态设计方法进行安全验证。为了验证正常使用和极限状态下的安全性，有必要使用非线性有限元方法确定修复后排水管道的裂纹起始载荷、设计载荷下的截面力和承载能力。复合管道设计支持系统 SPRana（CSD，2015）是一个软件包，可以帮助不熟悉非线性结构分析的用户获得满足相关建筑法规安全要求的完善的修复设计。SPRana 的概述如下。

8.6.1 基本功能

8.6.1.1 系统概述

SPRana 专门应用于现有的钢筋混凝土排水管道和采用 SPR 方法修复的管道，可以基于正常和地震载荷条件下的非线性有限元分析来验证目标管道的安全性能。SPRana 符合相关的建筑规范和准则（JRA，1999；JSWA，2003，2011）。

SPRana 通过简化结构设置并采用网格生成功能自动创建 FE 排水管模型，从而减少了数据准备的时间。该系统可以处理四种类型的排水管道：矩形、有盖、圆形和马蹄形，因此可以对大多数现有的排水管道进行修复设计。稍作改进，该系统也可以用于其他类型的复合管施工。

8.6.1.2 程序结构

图 8.19 显示了 SPRana 的程序结构。输入的分析条件包括横截面尺寸、钢筋数据、材

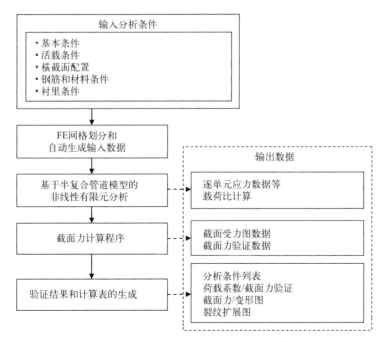

图 8.19 SPRana 设计辅助软件的程序结构和输出数据

料条件和衬里条件（使用的型材和填充砂浆）。当执行分析程序时，将自动创建 FE 排水管模型以及结构分析所需的各种输入数据。验证输入数据后，作业执行将启动非线性结构分析，该分析将计算元件应力、截面力以及相应的裂纹起始和结构破坏的载荷系数。分析完成后，将生成一份作业报告。该程序基于 Windows 系统，计算时间取决于配置环境。

8.6.1.3 输入／输出功能和应用范围

表 8.15 列出了 SPRana 系统中的输入条件。表 8.16 显示了系统的条目和结果输出。输出条目不仅包括验证结果，还包括可用于验证分析结果的形变、截面力和裂纹扩展。表 8.17 和表 8.18 列出了 SPRana 系统的应用范围。

表 8.15 SPRana 的输入项

条件		子项	备注
埋地条件	覆盖层厚度		
	土壤单位重量		
	地下水位		仅考虑这一点
	土壤反应		仅考虑这一点
	支撑角		仅用于循环污水渠
结构条件	现有管道	形状和尺寸	• 内部宽度，内部高度 • 构件厚度（混凝土覆盖层损失） • 拱腋高度 • 翻转高度，半径 • 管内半径 • 侧面内半径	针对横截面形状的子项
		钢筋条件	• 混凝土保护层 • 钢筋间距 • 钢筋直径（腐蚀比例）	
		材料条件	• 混凝土 • 钢筋	
	修复管	形状和尺寸	• 内部宽度和修复管道高度 • 修复管定线 • 内半径倒置 • 管内半径 • 侧面内半径	针对横截面形状的子项
		衬里材料条件	• 概要文件规范 • 填充砂浆材料 • 异型钢板条件	
		在现有构件和衬管之间的界面处发生移动		仅在需要时考虑
负载条件	土压	垂直土压		
		水平土压		仅在需要时考虑

续表

条件			子项	备注
负载条件	活载	垂直	• 车辆荷载 • 铁路负荷（EA 负荷） • 过重的负荷	
		水平		仅在需要时考虑
	任意负载		• 自重 • 土压 • 活载	
验证	截面力验证			
	载荷系数验证			
安全因素			• 材料系数 γ_m • 构件系数 γ_b • 结构系数 γ_i • 结构分析系数 γ_a • 载荷系数 γ_f	

表 8.16 SPRana 的输出项

主要项目		子项	备注
设计条件	横截面视图		
	现有管道条件	• 尺寸数据（混凝土覆盖层损失） • 钢筋布置（腐蚀） • 混凝土材料性能 • 钢筋材料性能	
	改造条件		
	埋藏条件		
	负载条件		
	安全系数		
载荷计算及载荷图	静载		
	活载		
	土壤反应		
计算结果	位移图	• 在设计载荷下 • 在最大负载下	
	截面力及截面力图	在设计载荷下和在最大负载下 • 弯矩图 • 剪力图 • 轴向力图	
	裂纹扩展图	• 在设计载荷下 • 发生开裂时 • 在最大载荷下	
验证结果	截面力验证	• 在设计荷载下是否发生开裂 • 弯矩 • 剪力 • 轴向力	以截面力的形式进行验证

续表

主要项目		子项	备注
验证结果	负载验证	• 开裂载荷系数 • 最大载荷系数	用荷载系数进行验证

表 8.17 SPRana 的一般适用范围

一般条件			SPRana	
结构类型			老化排水管道	
			用 SPR 方法修复管道	
管道类型		矩形	√	
		马蹄形	√[①]	
		覆盖	√[②]	
		圆形	√	
		覆盖砌筑	×	
		椭圆形	×	
载荷条件	主载荷	静载	自重[③]	√
			排水管道进水	×
		活载	过重的负荷[③]	√
			排水管道活载	×
			由于活载引起的侧向应力	√
			影响[③]	√
		土压	垂直[③]	√
			水平[③]	√
			地下水	√
			浮力或上升压力	√
			干燥收缩的影响	×
			土壤反应	√
	次要载荷		温度变化的影响	×
			地震的影响	√
地表条件		覆土厚度	无限制	
		土层：单层	√	
		土层：多层	√	
		土壤反应系数	无限制	
材料		混凝土	√	
		钢筋	√	
		SPR 衬里材料：砂浆	√	
		SPR 衬里材料：型材钢板	√	
		其他（如，新的材料）		
断裂模式			无限制	

① 特殊形状不适用。
② 不适用于不均匀的侧壁厚度。
③ 荷载必须考虑。

表 8.18 SPRana 对现有排水管道的适用范围

		适用性	备注
支持条件		预先确定的（仅可选择"循环"）	
现有管道的损坏条件	部分构件损失	√	
	部分构件损失，不限于内部混凝土覆盖层	×	
	钢筋暴露/腐蚀	√	
	钢筋完全腐蚀	×	
	材料变质	√	
	局部严重断裂	×	
断裂模式		无限制	

图 8.20 显示了由 SPRana 系统生成的不同类型排水管的不同配置的有限元网格。注意，不能在计算机屏幕或作业报告中检查这些 FE 网格，因为此设计辅助软件的工作目标是帮助用户获得设计结果，并不关注计算细节。

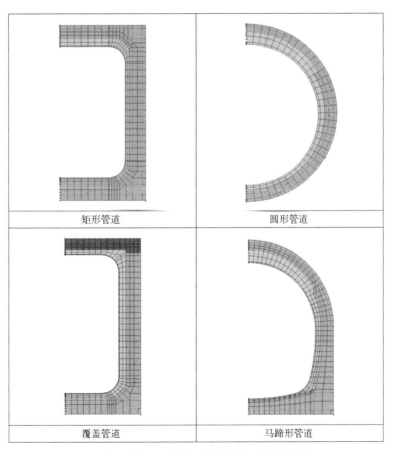

图 8.20 SPRana 输出的各种类型排水管道的网格图
（扫封底或后勒口处二维码看彩图）

8.6.2 运行任务

设置分析条件后，可以通过单击"列表""查看结果"或"计算表单"按钮来执行任务，如图 8.21（A）所示。开始计算时，将出现一个窗口，显示分析进度和已用的时间，如图 8.21（B）所示。完成任务后，将出现一条显示执行时间的完成消息，如图 8.21（C）所示。选择"列表""查看结果"或"计算表单"按钮可以显示分析结果。保存项目文件后，分析结果将与所有其他输入数据一起保存。

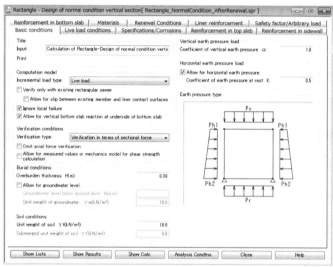

(A) 运行任务的按钮

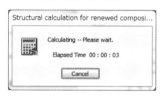

(B) 运行期间

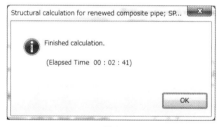

(C) 运算完成后

图 8.21 系统运行相关的屏幕展示

通过选择"列表"按钮，可以检查载荷条件 [图 8.22（A）]、截面力 [图 8.22（B）]、裂纹 [图 8.22（C）] 和验证结果 [图 8.22（D）]。裂纹扩展图显示了在设计载荷、裂纹起始和最大载荷下的开裂行为。用户还可以通过动画的形式查看导致失败的开裂过程。截面力和裂纹扩展的图像可以另存为图像数据文件，动画也可以另存为视频（例如 avi）文件。

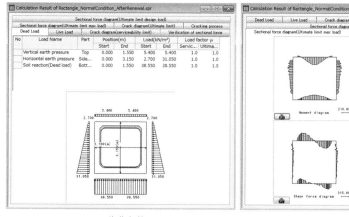

(A) 载荷条件　　　　　　　　(B) 截面力图(极限)

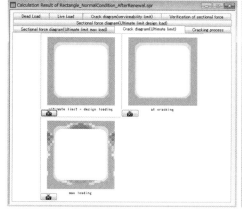

(C) 裂纹图　　　　　　　　　(D) 截面力验证

图 8.22　分析结果的屏幕显示

（扫封底或后勒口处二维码看彩图）

点击"计算表单"按钮，可以将显示分析条件和结果的作业报告，以 Microsoft Office Word 文件输出。点击"查看结果"按钮可以预览报告，也可以打印并转换为 PDF。

8.7　设计案例研究

本节以案例研究的方式介绍了使用 SPR 方法修复的老化排水管道的设计过程，介绍了在日本半复合管模型的应用和基于性能极限状态的排水管道的修复设计。

8.7.1　结构分析的确定条件

8.7.1.1　排水管道内部勘查

此处勘查的排水管截面为矩形，其内部尺寸和各部分的损坏情况如表 8.19 所示。在初步检查的基础上，对编号为第 28 的部分进行结构研究，发现该处结构损坏最严重。排水管的勘查条目和结果见表 8.20。

表 8.19　受检排水管道结构条件

编号	测量结果 /mm			管道条件
	宽度	高度	长度	观测到的损坏评估
19	4410	2670	70.30	无损
20	4430	2670	60.35	无损
21	4400	2650	47.05	无损
22	4400	2650	63.60	无损
23	4430	2660	57.70	钢筋腐蚀
24	4450	2650	54.95	无损
25	4420	2650	82.05	无损
26	4410	2640	104.55	无损
27	4420	2670	53.50	无损
28	4420	2640	94.20	混凝土覆盖层损失，钢筋腐蚀
29	4410	2670	78.55	无损
30	4410	2640	48.15	无损
31	4360	2700	8.05	无损

表 8.20　调查条目及结果

条目内容			调查结果
横截面形状			矩形管道
内部尺寸 /mm	宽度		4360～4450
	高度		2640～2700
覆盖层厚度 /m			0.26～1.55
混凝土抗压强度 /（N/mm^2）			23.4～40.5
构件厚度 /mm	顶板		235～500
	侧墙	左侧	242～400
		顶板	250～435
混凝土覆盖层 /mm	顶板		48.0
	侧墙	左侧	76.0
		顶板	71.0
钢筋直径和间距 /mm	顶板		$\phi19@135$
	侧墙	左侧	$\phi22@333$
		顶板	$\phi22@359$
强度 /（N/mm^2）	弯折强度		249
	应力强度		414
	基于 JIS 标准		SR235

8.7.1.2 原始设计文件和设计截面的确定

由于已经掌握目标排水管道施工的设计图,可根据勘察结果和原始设计文件的数据来确定设计截面的详细信息,以获得关键条件。表 8.21 比较了这些结果,并显示了用于结构分析的截面结构条件。

表 8.21 设计横截面结构详图

内容			分类		
			结构调查结果	竣工图纸	设计横截面
内部尺寸 /mm			4450×2700	4400×2600	4450×2700
覆盖层厚度 /m			0.26~1.55		0.26~1.55
混凝土抗压强度 /(N/mm²)			23.4		23.4
构件厚度 /mm	顶板		235	450	235
	侧壁		242	400	242
	底板			500	500
混凝土覆盖层 /mm	顶板	内侧	48.0	61.0	61.0
		外侧		61.0	61.0
	侧壁	内侧	76.0	61.0	76.0
		外侧		61.0	76.0
	拱腋			61.0	61.0
	底板	内侧		61.0	61.0
		外侧		61.0	61.0
钢筋直径和间距 /mm	顶板	内侧	$\phi19@135$	$\phi22@320$	$\phi19@320$
		外侧		$\phi22@320$	$\phi22@320$
	侧壁	内侧	$\phi19@359$	$\phi22@320$	$\phi19@359$
		外侧		$\phi22@320$	$\phi22@359$
	拱腋			$\phi22@320$	$\phi22@320$
	底板	内侧		$\phi22@320$	$\phi12@320$
		外侧		$\phi22@320$	$\phi12@320$
钢筋强度 /(N/mm²)	弯折强度		249		235
	应力强度		414		280
	基于 JIS 标准		SR235		

8.7.1.3 结构分析的一般条件

(1)填埋条件、截面尺寸和钢筋布置

图 8.23 显示了现有排水管的填埋条件、总体结构尺寸、钢筋布置和其他结构细节。还显示了标准修复的管道截面。

(2)支持条件

根据图 8.24 所示的原始设计图,假定基底为固定底板结构。

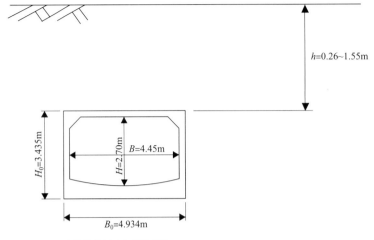

(A) 结构尺寸和埋藏条件

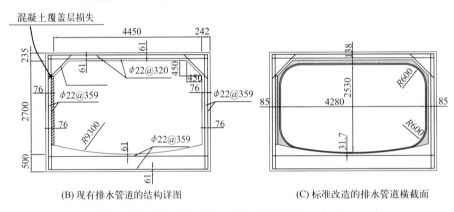

(B) 现有排水管道的结构详图

(C) 标准改造的排水管道横截面

图 8.23　用于结构分析和改造设计的排水管道横截面图（单位：mm）

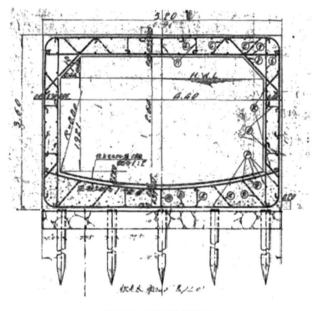

图 8.24　竣工图（1941）

(3）材料特性

表8.22汇总了混凝土、灌浆材料、钢筋和修复层型材钢板的材料性能。

表8.22 排水管道改造材料的特性

材料	内容	规格	单位	备注
混凝土构件	抗压强度	23.4	N/mm²	最小测试值
	抗拉强度	1.88	N/mm²	JSCE（2012）
	弹性模量	24.70	kN/mm²	JSCE（2012）
	泊松比	0.2		JSCE（2012）
	断裂能	83.6	N/m	JSCE（2012）
钢筋	抗弯强度	235	N/mm²	设计值
	弹性模量	200	kN/mm²	JSCE（2012）
灌浆（砂浆2号）	抗压强度	21.0	N/mm²	设计值
	抗弯强度	1.83	N/mm²	设计值
	弹性模量	6.60	kN/mm²	设计值
	泊松比	0.25		设计值
	断裂能	17.6	N/m	设计值
灌浆（砂浆3号）	抗压强度	35.0	N/mm²	设计值
	抗弯强度	2.92	N/mm²	设计值
	弹性模量	22.0	kN/mm²	设计值
	泊松比	0.22		设计值
	断裂能	70.8	N/n	设计值
异形钢板#792SU	屈服点	210	N/mm²	设计值
	弹性模量	170	kN/mm²	设计值
	横截面面积	1571	mm²/m	设计值

（4）土壤条件

根据从管道附近点位获得的钻孔数据，土壤条件汇总如表8.23所示。

（5）载荷条件

由于该排水管道的覆盖层厚度小于4m，故采用最小覆盖层厚度（0.26m）来确定载荷条件。因为沿该排水管线有一条道路，所以假定载荷为平行活载荷（T-25）。载荷条件是按照相关法规计算得出的（JRA，1999，2013）。

① 静态土压力（图8.25）

$$P_{vd} = \alpha \cdot \gamma \cdot h \tag{8.15}$$

式中，P_{vd}为垂直土压力，kN/m²；α为垂直土压力系数，$\alpha=1.0$；γ为土壤的单位重量，$\gamma=18.0$kN/m³；h为覆盖层厚度，0.260m。

$$P_{hd1} = K_0 \cdot \gamma \cdot h \tag{8.16}$$

$$P_{hd2} = K_0 \cdot \gamma \cdot (h + H_0) \tag{8.17}$$

式中，P_{hd1}，P_{hd2} 为水平土压力，kN/m^2；K_0 为水平土压力系数，0.5；H_0 为管的外径（高度）H_0=3.435m。

表 8.23　排水管道的土壤条件

钻孔数据	土壤编号	土壤类型	深度/m	厚度 H_i/m	平均 N 值	平均剪切波速 V_{si}/(m/s)	H_i/V_{si}
	1	填土	4.22	4.22	2	119.72	0.035
	2	粉质砂土	5.60	1.39	23	288.59	0.005
	3	粉土	6.70	1.10	8	208.44	0.005
	4	粉土	8.50	1.80	14	260.74	0.007
	5	砂	10.80	2.30	44	363.55	0.006
	6	粉土	12.40	1.60	18	288.31	0.006
	7	砂	13.40	1.00	30	311.91	0.003
	8	粉土	20.00	6.60	15	268.03	0.025
	基底层	砂砾			>50	400.0	

注：地面性能评估：$T_G = 4\sum_{i=1}^{n} \dfrac{H_i}{V_{si}} = 0.368(s)$，二级。

地面分级：$T_G < 0.2$，一级；$0.2 \leqslant T_G < 0.6$，二级；$T_G \geqslant 0.6$，三级。

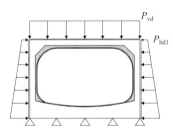

静态土压/(kN/m²)		
垂直载荷	水平载荷	
P_{vd}	P_{hd1}	P_{hd2}
4.68	2.34	33.25

图 8.25　静态土压力

② 活载（图 8.26）（kN/m^2）

$$P_{vl} = \frac{Pl/2 \times (1+i)}{(2 \cdot h \cdot \tan\theta + b) \cdot (2 \cdot h \cdot \tan\theta + a)} \times v/b_e \qquad (8.18)$$

式中，P_{vl} 为垂直活载荷，kN/m^2；Pl 为后轮载荷，取 100kN；i 为影响因子，取 0.3；a 为纵向地面接触宽度，$a=0.2m$；b 为横向地面接触宽度，$b=0.5m$；θ 为载荷分布角，$\theta=45°$；v 为纵向载荷分布宽度，$v=0.720m$；b_e 为有效宽度，$b_e=1.010m$。

$$b_e = v + [(c-a)/2 - h \times \tan\theta] \tag{8.19}$$

式中，c 为后轮之间的距离，$c=1.300m$。

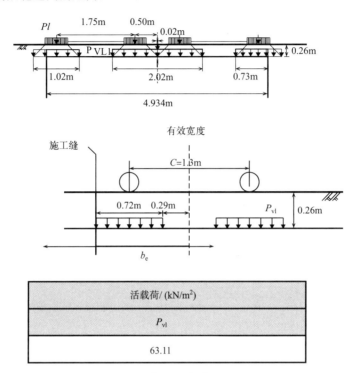

图 8.26 活载

（6）分析模型

图 8.27 和图 8.28 分别显示了在正常载荷条件下和地震载荷条件下进行结构分析的有限元模型。考虑到侧壁构件的不对称性，将全截面模型用于正常载荷下的结构分析。在抗震性能评估中，使用有限元网格对地面进行建模，该网格有足够的覆盖范围以进行管道-土壤耦合分析。

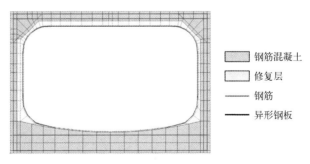

图 8.27 正常载荷下结构分析的 FE 模型
（扫封底或后勒口处二维码看彩图）

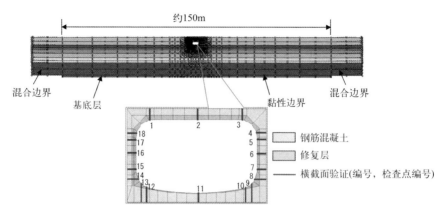

图 8.28 抗震性能分析的 FE 模型

（扫封底或后勒口处二维码看彩图）

8.7.2 正常和地震载荷条件下的安全验证

8.7.2.1 正常载荷条件下的安全性验证

表 8.24 显示了对现有排水管道和其他三个修复条件的安全验证结果，结论如下。

在正常使用极限状态下，现有的排水管或使用 2 号砂浆的标准修复截面都不能满足性能要求，因为裂纹起始的载荷系数小于 1.0。使用 3 号砂浆的标准修复截面由于裂纹起始的载荷系数大于 1.0，满足性能要求。

在承载能力极限状态下，由于最大载荷系数小于 2.5，现有的排水管将无法满足性能要求。使用 2 号或 3 号砂浆的标准修复截面最大载荷系数大于 2.5，因此满足性能要求。

如果将使用 2 号砂浆的标准修复横截面的侧壁的衬里厚度增加 60mm，则新截面 1（内部尺寸 4160mm×2530mm）的修复排水管将同时满足正常使用极限状态和承载能力极限状态两个性能要求，所获得的载荷系数在每种情况下均超过最低要求。

表 8.24 正常载荷条件下载荷系数的安全验证结果

改造条件		并联活载		评价	备注
横截面	砂浆	裂缝载荷系数	最大载荷系数		
现有横截面		0.10	1.09	未通过	
标准修复	2 号	0.90	2.83	未通过	
	3 号	1.15	3.34	通过	
新的截面	2 号	1.10	3.34	通过	侧壁厚度增加 60mm
要求的载荷系数		>1.0	≥2.5		

8.7.2.2 地震载荷条件下的安全性验证

表 8.25 显示了对现有排水管道和其他四种类型修复条件下管道的地震安全性验证结果，结论如下。

- 验证结果表明，在一级地震动下，现有排水管道满足抗震要求。
- 验证结果表明，在二级地震动下，现有的排水管不满足抗震要求，但新的 2 号砂浆截面和新的 3 号砂浆截面满足抗震要求。
- 在新的截面 3 和 3 号砂浆下，裂纹起始载荷系数为 1.12，最大载荷系数为 3.30，满足正常载荷条件下的性能要求。表 8.26 给出了在二级地震动修复条件下的验证结果。

表 8.25 地震载荷下的安全验证结果

修复条件		一级地震地表运动	二级地震地表运动			备注
横截面	砂浆		极限位移	剪切力	评价	
现有横截面		通过	通过	未通过	未通过	
标准改造	3 号	—	通过	未通过	未通过	
1 号新截面	2 号	—	通过	未通过	未通过	两侧的侧壁厚度增加 60mm
2 号新截面	2 号	—	通过	通过	通过	两侧的侧壁厚度增加 60mm，底板厚度增加 20mm
3 号新截面	3 号	—	通过	通过	通过	增加底板厚度 10mm，降低顶板厚度 10mm

注：通过检查最大压缩应变来验证二级地震动下的极限位移。

8.7.3 底板局部屈曲的安全验证

对三种修复条件下（砂浆 2 的标准修复截面、砂浆 2 的新截面 2、砂浆 3 的新截面 3），底板修复层在地下水压力下局部屈曲的可能性进行了校核。屈曲方程为

$$P_{cr} = \frac{1.28E}{(1-v^2)} \left(\frac{I}{R^3}\right)^{3/5} \left(\frac{\pi A}{L}\right)^{2/5} \quad (8.20)$$

式中，P_{cr} 为屈曲强度，N/mm²；I 为惯性矩；R 为修复层半径；L 为修复层底拱长度；A 为修复层的横截面积；E 为弹性模量；v 为泊松比。式（8.20）来自第 7 章附录 7.C 排水管道改造的结构分析理论与试验研究。

对三种修复条件的屈曲分析表明，尽管 2 号砂浆的标准修复存在局部屈曲的可能性，但其他两种修复条件在最大地下水压力下仍具有足够的屈曲强度。表 8.27 给出了有关局部屈曲的验证研究的详细信息。

表 8.26 二级地震动下 3 号砂浆新截面验证结果

截面		3 号新截面（4280×2520）							
修复条件		底板厚度增加 10mm，顶板厚度减少 10mm							
砂浆		砂浆 3 号							
输入的地面运动		二级地震动（内陆 1 型）				二级地震动（内陆 2 型）			
验证内容		响应值	响应值/极限值	评价	极限值	响应值	响应值/极限值	评价	极限值
最大抗压		0.0011		通过	0.0031	0.0001		通过	0.0031
检查点的剪切力/kN	顶板 1	122.47	0.30	通过	411.97①	99.50	0.20	通过	494.36
	顶板 2	61.58	0.12	通过	494.36	56.81	0.11	通过	494.36
	顶板 3	160.66	0.39	通过	411.97①	111.08	0.22	通过	494.36
	侧壁 4	86.40	0.29	通过	296.38①	113.47	0.32	通过	355.66
	侧壁 5	100.02	0.34	通过		114.81	0.32	通过	
	侧壁 6	133.12	0.45	通过		113.71	0.32	通过	
	侧壁 7	191.54	0.65	通过		132.19	0.37	通过	
	侧壁 8	216.88	0.73	通过		147.94	0.42	通过	
	底板 9	189.82	0.24	通过	790.25	157.13	0.20	通过	790.25
	底板 10	179.30	0.83	通过	215.24①	146.42	0.57	通过	258.29
	底板 11	86.08	0.41	通过	210.15	68.76	0.33	通过	210.15
	底板 12	151.17	0.59	通过	258.29	154.10	0.60	通过	258.29
	底板 13	165.76	0.21	通过	790.25	160.63	0.20	通过	790.25
	侧壁 14	146.86	0.50	通过	296.38①	168.17	0.57	通过	296.38ª
	侧壁 15	152.90	0.52	通过		152.46	0.51	通过	
	侧壁 16	158.75	0.54	通过		114.74	0.39	通过	
	侧壁 17	156.02	0.53	通过		95.23	0.32	通过	
	侧壁 18	154.20	0.52	通过		95.87	0.32	通过	
最终评价		通过				通过			

①钢筋屈服的构件（使用的构件系数 γ_b=1.56）。

表 8.27 底板局部屈曲的安全验证

内容	变量	单位	值	修复条件		
				标准修复截面	2 号新截面	3 号新截面
				2 号砂浆	2 号砂浆	3 号砂浆
最大覆土层厚度	h	m	1.550			
管道高度	H_0	m	3.435			
衬里泊松比	v		0.30			
底板衬里厚度	t	mm		31.7	51.7	41.7

续表

内容	变量	单位	值	修复条件		
				标准修复截面	2号新截面	3号新截面
				2号砂浆	2号砂浆	3号砂浆
翻转半径	R	mm		9300	9300	9300
衬里翻转长度	L	mm		3300	3180	3300
惯性矩	I	mm^3/mm		2.655	11.516	6.043
衬里截面面积	A	mm		31.7	51.7	41.7
衬里等效面积	E			12.71×10^3	10.35×10^3	21.25×10^3
抗弯强度	P_{cr}			0.036	0.087	0.110
最大地表水压力	P_w		0.049			
安全系数	γ		1.5			
最大地下水压力因子	γP_w		0.0735			
安全验证				$P_{cr} < \gamma P_w$	$P_{cr} > \gamma P_w$	$P_{cr} > \gamma P_w$
评价				未通过	通过	通过

8.7.4 确定修复条件

8.7.4.1 结构强度

尽管现有的排水管道可以承受一级地震动，但它的强度不足以承受二级地震动，并且不能满足正常载荷条件下的性能要求。因此，该排水管道需要进行结构修复。在使用2号砂浆的情况下，从标准修复截面将侧壁厚度增加60mm，底板厚度增加20mm，可以达到所需的结构强度。在使用3号砂浆的情况下，从标准修复截面将顶板厚度减小10mm，并将底板厚度增加10mm，同样可以达到所需的结构强度。

8.7.4.2 所需过流能力

根据如下流量比计算公式得出修复后的排水管道所需的过流能力：

$$流量比 = 过流能力 / 总流量 \tag{8.21}$$

其中，过流能力 $=A \cdot v$，单位为 m^3/s；A 为横截面积，m^2；v 为流速，m/s。流速定义为 $v=1/n \cdot R^{2/3} \cdot I^{1/2}$，其中 n 为粗糙系数；R 为湿周，m；I 为坡度。总流量单位为 m^3/s。请注意，对于现有的钢筋混凝土排水管，$n=0.013$，对于经过修复的带有PVC衬里的排水管，$n=0.010$。较低的粗糙系数可以部分或全部补偿修复排水管的截面积。

8.7.4.3 结论

根据上述各种分析结果，需要对排水管道进行修复以增强其抗震性，并通过保持足够的过流能力来减轻雨水的影响。由于该排水管包含了现有排水管流量比小于1.0的管段，因此有必要最大化排水管的截面。可以根据3号砂浆的新截面3的结构细节来确定修复条件。表8.28中列出了该排水管道各部分的修复计划。

表8.28 修复方案一览表

编号		19	20	21	22	23	24	25
管道长度/m		70.30	60.35	47.05	63.60	57.70	54.95	82.05
尺寸/mm	原管道	4410×2670	4430×2670	4400×2650	4400×2650	4430×2660	4450×2650	4420×2650
	修复后管道	4200×2420	4200×2420	4200×2420	4200×2420	4200×2420	4200×2420	4200×2420
坡度/%	原管道	1.7	1.8	0.9	2.4	2.2	1.0	1.7
	修复后管道	1.7	1.4	1.4	1.9	1.9	1.9	1.9
流量比	原管道	1.16	1.22	0.84	1.34	1.33	0.84	1.07
	修复后管道	1.23	1.12	1.11	1.30	1.30	1.21	1.11
编号		26	27	28	29	30	31	
管道长度/m		104.55	53.50	94.20	78.55	48.15	8.05	
尺寸/mm	原管道	4410×2640	4420×2670	4420×2640	4410×2670	4410×2640	4360×2700	
	修复后管道	4200×2420	4200×2420	4230×2420	4210×2440	4190×2400	4190×2400	
坡度/%	原管道	1.6	1.7	1.6	1.9	1.2	3.5	
	修复后管道	1.6	1.6	1.6	1.6	1.6	3.5	
流量比	原管道	1.04	1.07	0.99	1.06	0.84	1.77	
	修复后管道	1.12	1.09	1.09	1.07	1.04	1.87	

参考文献

CSD 2015. SPRana,//www.civil.jp/sinsyouhin/kouseihukugou. html.; Civil Soft Developments Co. Ltd., Tokyo.

Cundall, P. A., Kunar, R. R., Carpenter, P. C. et al., 1978. Solutions of infinite dynamic problems by finite element modeling in the time domain, Proc. 2nd Int. Conf. Appl. Num. Modeling, Madrid, 339-351.

FORUM 8, 2013. UC-win/WCOMD Ver. 2.

JRA, 1999. Highway Earthworks: Guidelines for Culverts. Japan Road Association, Tokyo.

JRA, 2012. Specifications for Highway Bridges: V. Seismic Design. Japan Road Association, Tokyo.

JRA, 2013. Specifications for Highway Bridges: Part I, General Specifications. Japan Road Association, Tokyo.

JSCE, 2012. Standard Specifications for Concrete Structures: Design. Japan Society of Civil Engineers, Tokyo.

JSWA, 2003. Reinforced Concrete Sewerage Pipes. Japan Sewage Works Association, Tokyo.

JSWA, 2011. Design and Construction Guidelines for Sewer Pipe Rehabilitation. Japan Sewage Works Association, Tokyo.

JSWA, 2014. Guidelines for Seismic Design and Retrofit of Sewerage Facilities. Japan Sewage Works

Association, Tokyo.

Okamura, H., Maekawa, K., 1991. Reinforced Concrete: Nonlinear Analysis and Constitutive Law. Tokyo, Gihodo.

Sakai, K., 1997. Design methodology for next generation civil structures. In: Whereabouts of Design Methodologies for Next Generation Concrete Structures. JSCE 1997 National Conference Discussion Session 10; pp. 4-9 (in Japanese).

Tachibana, Y., Watanabe, K., 2001. Seismic design methodology for underground structures. In: Introduction to Earthquake Engineering: The Professional Engineers' Perspective, Japan Society of Civil Engineers, Tokyo, pp. 161-205.

Wight, J.K., MacGregor, J.G., 2009. Reinforced Concrete: Mechanics and Design. Pearson Prentice Hall, Upper Saddle River, NJ, pp. 13-17.

9 排水管道系统的结构弹性

9.1 结构弹性理论

9.1.1 结构损伤能量

在讨论复杂坝-库系统在大地震作用下的弹性能力时（2.4 节），当坝体出现严重裂缝，影响到坝-库系统的正常功能（例如泄洪渠受损导致洪水控制失效），则定义为非弹性系统。在弹性方法中，坝体在地震力作用下承受的断裂能被定义为结构损伤能，它表示未被受影响系统吸收的破坏性能量，这种能量会对该系统造成严重的结构破坏。对于包含许多网络化基础设施系统在内的复杂系统（如排水管道系统）而言，估算自然灾害后的结构损伤能是复杂系统弹性评估的重要组成部分。

为了厘清概念，分析了以下排水管道试件的数值载荷试验。图 9.1 显示了集中载荷条件下的三种排水管道：图 9.1（A）为无混凝土内衬的老化管道；图 9.1（B）为老化管与内衬管道接口处无黏结的双层结构修复管道；图 9.1（C）为接口处有刚性黏结的复合结构修复管道。在载荷试验中，首先对老化管施加载荷至其结构失效，然后计算总变形能 W^*。其次，通过增加载荷 P 使其他两种修复管道承受同样的变形能，直到每种情况下的总变形

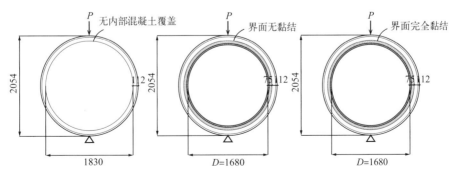

(A) 壁厚减小且钢筋裸露的管道　(B) 双层管道，其接口处无黏结　(C) 复合管道，其接口处完全黏结

图 9.1　三种引入结构损伤能 WSD 的数值模型（单位：mm）

能达到 W^*。基于求得的修复管道试件的结构性能，引入了结构损伤能。这个数值测试的简单逻辑是，由于 W^* 代表了导致现有排水管道结构破坏的大量破坏性能量，因此适用于研究不同修复条件下排水管的结构弹性。表9.1列出了试件的材料特性。

表9.1 用于数值载荷试验的污水管道试样的材料特性

材料特性	材料类型			
	混凝土	砂浆	钢筋	型材钢筋（79SW）
抗压强度/(N/mm^2)	30.0	21.0		
抗拉强度/(N/mm^2)	2.22	1.83		
泊松比	0.20	0.25		
弹性模量/(kN/mm^2)	28.00	6.60	200	165
抗弯强度/(N/mm^2)			235	205

如图9.2（A）所示，当管道老化时，$P=52.6$kN/m处产生钢筋屈服，管道内混凝土出现大面积开裂。$P=62.0$kN/m时产生结构破坏，总变形能为 $W^*=400.0$kN·mm/m。对于钢筋混凝土结构来说，钢筋屈曲通常伴随着混凝土的严重开裂和较大的结构变形，因此，当发生钢筋屈曲时，往往意味着排水管道的结构遭到了破坏。

在图9.2（B）中，钢筋屈曲发生在 $P=73.8$kN/m，在达到 W^* 时，$P=90.0$kN/m。基于以上分析，双层排水管道在施加变形能的作用下发生了结构损伤，累积的结构损伤能用 W_{SD} 表示，即载荷点 $P=73.8$kN/m之后的变形曲线下的面积。对于界面黏结良好的复合材料管，从图9.2（C）中可以看出，在达到载荷点 $W^*=185.2$kN/m之前，没有出现钢筋屈曲，因此复合材料管没有结构损伤。换句话说，以 W^* 表示的破坏能量完全被复合排水管道吸收。如图所示，钢筋屈服发生在 $P=193.8$kN/m，远远超过载荷点 $P=185.2$kN/m。

9.1.2 定义结构弹性

将排水管道系统定义为 $S(q_1, q_2, \cdots, q_n)$，其中 $[q]$ 作为其关键系统变量，涵盖了系统的重要特征，如排水管道在极端事件下的结构完整性和排水能力，以及维护工作、修复工作、风险管理措施等。系统环境用 V 表示，代表排水管道系统所在地区的社会和生态结构以及生活在那里的居民。显然，系统环境通过其关键系统变量会受到系统行为的强烈影响。

将扰动定义为 D，影响函数定义为 $I(r)$，$I(r)$ 是弹性指标 r 的函数，定量衡量扰动对排水系统及其系统环境的影响。值得注意的是，此影响函数揭示了系统和系统环境之间的密切关系，并被假定为平滑函数。

当发生大地震或洪水/风暴等干扰时，会向排水管道系统释放一定量的破坏能 E_d。设 $E_{s(1)}$ 为系统吸收的能量，即从释放的破坏能中减去结构损伤能 W_{SD} 获得，即

$$E_{s(1)} = E_d - W_{SD} \tag{9.1}$$

此外，设 $E_{s(2)}$ 表示系统故障情况下次生损伤破坏能，如公共饮用水源污染导致的传染病传播，以及系统排水能力丧失导致的大规模内涝。

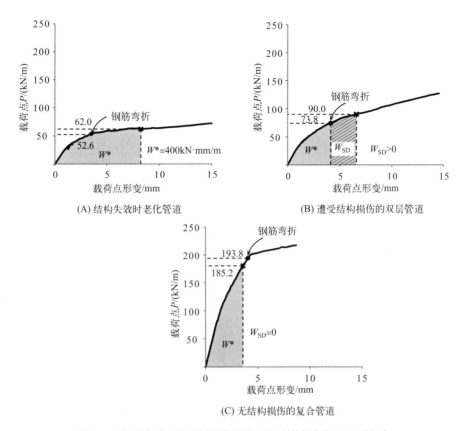

图 9.2 基于修复排水管试件的结构特性，引入结构损伤能 WSD 的概念

根据上述能量项，系统环境吸收的总能量 E_v 为

$$E_v = E_d - E_{s(1)} + E_{s(2)} \tag{9.2}$$

将式（9.1）代入式（9.2），可得

$$E_v = W_{SD} + E_{s(2)} \tag{9.3}$$

图 9.3 显示了用 W_{SD} 解释的弹性三角形，它也代表了一般复杂系统的系统损伤能。将式（9.1）代入式（3.4），得到弹性指数 r（或 R_E）为

$$r = 1 - \frac{W_{SD}}{E_d} \tag{9.4}$$

对于影响函数 $I(r)$，由于在式（3.5）中已经找到了一个合适的函数，因此可以省去进一步的检索工作，该函数的计算公式为

$$I(r) = e^{a(1/r + r^2/2)} - b \tag{9.5}$$

式中，$0 < r \leqslant 1$，$a > 0$，且 $b \leqslant e^{1.5a}$ [为了确保 $I_0 = I(1) \geqslant 0$]。式（9.3）～式（9.5）为本书所提出的结构弹性理论提供了理论基础，其中式（9.3）和式（9.5）侧重于扰动对系统环境的影响，式（9.4）侧重于弹性的量化。图 9.4 展示了排水管道系统在面临变化和干扰 [即排水管道老化、自然灾害和人为因素（如危险物质流入）引起的事故] 时的弹性、非弹性和故障的典型系统行为。下一节将给出每种情况的数学准则。

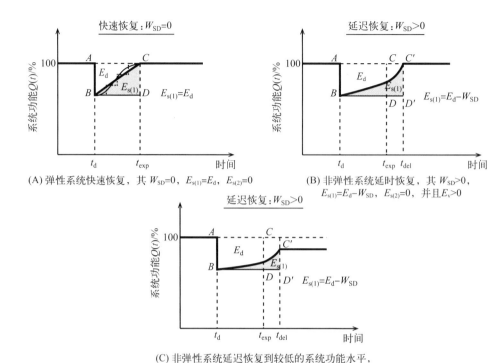

图9.3 将结构损伤能引入弹性三角形

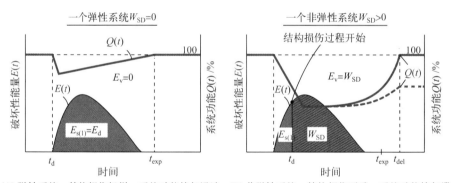

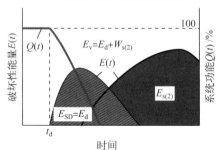

(C) 失效系统，系统功能完全丧失，并释放大量破坏性能量，对系统环境造成次生破坏

图9.4 基于结构损伤能和系统功能概念的弹性、非弹性和失效排水管道系统的系统行为

(1)弹性系统

给定一个破坏能量为 E_d 的扰动，如果 $W_{SD}=0$ 并且 $E_{s(2)}=0$，则系统弹性等级最高，满足弹性系统的三个典型条件，即 $E_v=0$，$r=1$，$I(1)=I_0$，其中 I_0 代表对系统环境的影响最小，且 $I'(1)=0$（图 2.12）。

如图 9.4（A）所示，弹性系统在面对大规模扰动时，其结构可能仍会受到轻微破坏，系统功能可能会略有下降，但可以迅速恢复。

(2)非弹性系统

给定一个具有破坏性能量为 E_d 的扰动，如果 $W_{SD} > 0$ 并且 $E_{s(2)}=0$，则系统是非弹性的，但系统没有失效，满足非弹性系统的三个特征条件，即 $E_v > 0$，$r < 1$，$I(r) > I_0$。

如图 9.4（B）所示，遭受破坏性能量时非弹性系统会遭受严重的结构损伤，从而导致系统功能的巨大损失，而且通常会延迟完全恢复或只能部分恢复。在后一种情况下，可能发生了部分系统故障，将二次损坏的部分破坏性能量释放到系统环境中，从而阻碍系统的完全恢复。为避免可能的混淆，图 9.2（B）对这种情况进行说明。

(3)失效系统

给定一个破坏性能量为 E_d 的扰动，如果 $W_{SD}=E_d$，$E_{s(2)} > 0$，则系统失效，表现为失效系统的三种特征条件，即 $E_v= \infty$，$r=0$，$I(0)= \infty$。

如图 9.4（C）所示，当系统失效时，系统功能完全丧失，并且发生与 $E_{s(2)}$ 相关的次生灾害，向系统环境释放大量破坏性能量。如图所示，次生灾害的破坏能量往往远大于结构损伤能，即 $E_{s(2)} > W_{SD}$，对系统环境造成灾难性的长期影响。

9.2 某排水管道震后应急恢复的结构弹性评价

本研究选取了与东京东部 Sunamachi 水回收中心（Water reclamation center，WRC）相连的排水管道（图 9.5），作为排水管道系统结构弹性的数值案例研究，假设发生了一场极强地震，对进行了第一阶段改造的老化排水管道造成了结构性破坏。在发生大规模地震时，恢复受损排水管道的排水能力是当务之急。图 9.5 为管道结构、各管道流向及其设计流量。通过假设三种改造方案，评估每种方案下地震对管道造成的破坏能量以及由此产生的结构损伤能，从而得到每条管道的结构损伤比，进而确定管道排水能力的削减幅度。根据管道长度及其结构损伤比，确定每条管道所需的恢复时间。

图 9.6 为该排水管道的有向图。为了最大限度地减少应急恢复所需的时间，同时最大限度地提高恢复期间水回收中心的日总流量（例如，要求修复工作从下游管道开始），可以利用关键路径法（CPM）求解网络问题来确定每种修复方案的工作进度。基于这些解决方案，计算出水回收中心的应急流量和管道的结构弹性，并评估每个方案的事件对系统环境的影响指标。下文将详细讨论这些问题。

9.2.1 排水管道系统应急修复的基本考虑因素

当发生大地震时，修复老化排水管网的首要任务是尽快恢复其排水功能。

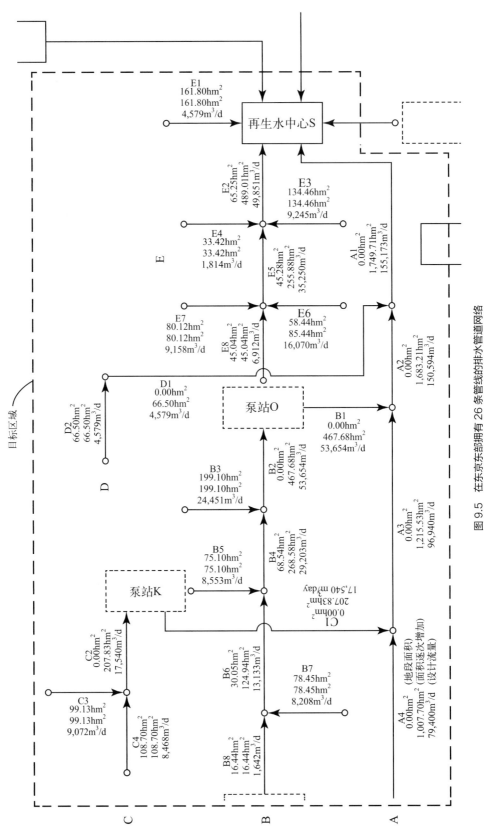

图 9.5 在东东东部拥有 26 条管线的排水管道网络

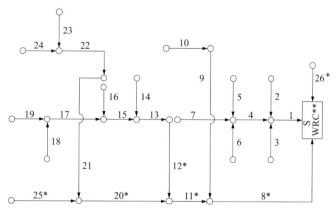

*无目标：管道已经过抗震加固，因此不是改造的目标
**WRC：水回收中心

图9.6 目标排水管道的有向图

图9.7显示了发生大地震时排水管道设施的应急恢复与损坏情况的关系。如图9.7所示，当排水管道的正常功能无法保证或管道所遭受的结构破坏可能造成次生灾害时，需采取紧急行动。

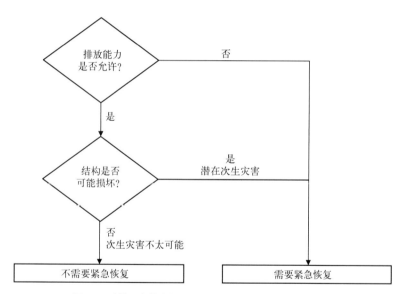

图9.7 大地震中排水管道设施的应急修复与损坏情况的关系

排水管道遭受地震破坏导致排水功能中断的典型类型包括管道（包括管道连接区域和检查井）严重下垂和弯曲、管道开裂或破裂导致泥土侵入，以及检查井抬升或下沉阻碍交通。为了迅速恢复排水管道功能，应采取的应急修复措施包括使用高压清洗车和吸泥车清除侵入的泥土，在管道破损处安装水泵以及设置临时旁路管道。

需要注意的是，排水管道的紧急修复工作首先要对所有管道的损坏情况进行为期7天的现场调查。恢复行动从第八天开始，并应尽快完成，以尽量减少系统功能退化或丧失对系统环境的影响。在东京，地震后的30天内必须完成应急修复工作，因为排水管网的长期瘫痪可能会极大增加发生次生灾害的可能性。

9.2.2 关键路径法

关键路径法（Critical Path Method，CPM）是一种基于图论的算法，可用于基于任务顺序和工期信息来安排项目活动。以下求解算法是基于 Jungnickel（2013）的著作。在此只考虑任务时间顺序受限的最简单情况，即在某些任务完成之前，不能开始执行其他任务。同时还假设用于运行进程的资源是无限的。我们关注的是项目所需的最短时间，以及每个任务开始的确切时间点。CPM 的基础是确定无环有向图中的最长路径。CPM 有两种不同的表述方法，项目中的活动可以用顶点或边表示。下文将讨论基于顶点的表述方法。

为项目 N 个任务中的每项任务分配有向图 G 的顶点 $i \in \{1, \cdots, N\}$。当且仅当任务 i 必须在开始任务 j 之前完成时，ij 为 G 任务的一条边。此时，边 ij 的长度 $w_{ij}=d_i$，等于执行任务 i 的时间。请注意，G 必须是非循环的，否则无法启动开始任务。用数学归纳法可以很容易地证明，G 至少包含一个顶点 v，其边长 $d_{in}(v)=0$，以及至少包含一个顶点 w，其边长 $d_{out}(w)=0$。现在，引入一个新顶点 s（项目的开始），并为所有顶点 v 添加边 sv，其边长 $d_{in}(v)=0$，引入一个新顶点 z（项目的结束），并为所有顶点 w 添加边 wz，其边长 $d_{out}(w)=0$。请注意，所有新边 sv 的长度为 0，新边 wz 的长度为 d_w。因此，用起点 s 得到一个更大的有向图 H，我们可以假设它是拓扑排序的（即顶点线性排序，对于每条有向边 ij，顶点 i 在排序中位于 j 之前）。图 9.8 展示了前面讨论过的受损排水管网应急修复项目的三张有向图，每张图对应一个管网改造方案。稍后将详细介绍这些有向图。

设 t_i 表示开始执行任务 i 的最早时间点。由于所有任务都必须在 i 之前完成，我们得到以下方程组：

$$\begin{cases} t_s = 0 \\ t_i = \max\{t_k + w_{ki} : ki \text{ 为 } H \text{ 的一条边}\} \end{cases} \quad (9.6)$$

式（9.6）定义了 H 中的最长路径。由于 H 是拓扑排序，而且只包含边 ij，且 $i < j$，因此可以证明该方程组具有唯一解，易于递归计算。完成该项目的最短时间是从 s 到 z 的最长路径的长度 $T=t_z$。如果项目需要在 T 时间内完成，则开始任务 i 的最晚时间点 T_i 递归为：

$$\begin{cases} T_z = T \\ T_i = \max\{T_j - w_{ij} : ij \text{ 为 } H \text{ 的一条边}\} \end{cases} \quad (9.7)$$

因此，T_z-T_i 是从 i 到 z 的最长路径的长度。开始执行任务 i 的最早时间点和最晚时间点之间的差值 $m_i=T_z-T_i$ 称为松弛或浮动。所有具有松弛时间 $m_i=0$ 的任务 i 都被称为关键任务，必须在 $T_i=t_i$ 的时间点启动，否则整个项目将会延迟。

显然，从 s 到 z 的每条最长路径都只包含关键任务，因此，这样的路径被称为 H 的关键路径。通常，关键路径不止一条。关于上述求解算法的数学证明，请参考 Jungnickel（2013）的原著。

9.2.3 排水管道应急修复期间结构弹性与影响指标评价

通过震后应急调查，确定因结构损坏导致排水功能受损并需要应急修复的管道。管道

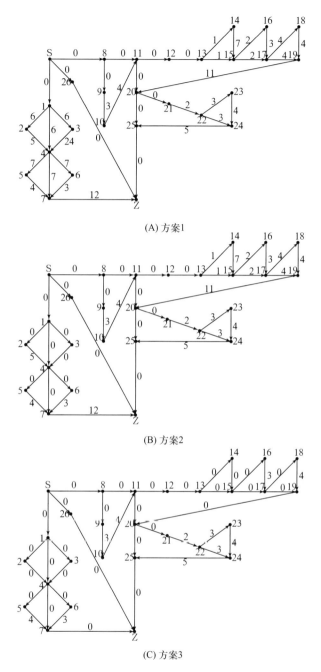

图9.8 排水管网应急修复项目的有向图

的结构损坏取决于多种因素，包括地基条件、管道尺寸、埋深、施工方法和管道老化情况等。在考虑上述影响因素的情况下，对管网中管道进行非线性动力响应分析，计算管道结构损伤比和削减的排水能力，结果如表 9.2 所示。请注意，这些损伤比并不能反映这些管道在发生大规模地震时的实际结构状况，但为了便于说明，这里使用假定的能量项进行计算。

如表 9.2 所示，假设所有管道均为钢筋混凝土管；其中大部分是圆形和矩形管，但也有 U 形管。这些管道的长度相差很大，从几十米到超 5 km 不等。各管道的 SPR 修复情况

表 9.2 大地震后目标排水管网中原管道在强震后的结构损伤比和震后排水能力比的评估结果

编号	管道名称	流入	管道状况 结构类型: RC 管道			SPR改造状态	w^i_{SY}① (kN·mm/m)		w^i_{SD}/ (kN·mm/m)	能量计算 $e^i_d=w_{SY}+w^i_{SD}$② /(kN·mm/m)	$W^i_{SD}=w_{SD}\times l_i$ /(kN·mm)	$E^i_d=e^i_d\times l_i$ /(kN·mm)	结构损伤比 $(W^i_{SD}/E^i_d)/\%$	排水比率 $[1-(W^i_{SD}/E^i_d)]/\%$
			截面形状	截面尺寸/mm	长度/m		原管道	改造管道						
1	E2	S WRC	矩形	4000×3500	9w50	完成	1500	4500	1500	3000	1,425,000	2,850,000	50	50
2	E4	E2	圆形	φ1800	786	计划	500	1500	500	1000	393,000	786,000	50	50
3	E3	E2	矩形	2700×2700	1908	完成	800	2400	2000	2000	3,816,000	3,816,000	100	0
4	E5	E2	矩形	3500×2500	520	完成	1000	3000	2500	2500	1,300,000	1,300,000	100	0
5	E7	E5	矩形	2700×2400	1359	待定	800	2400	267	1067	362,853	1,450,053	25	75
6	E6	E5	矩形	2400×2000	927	待定	500	1500	167	667	154,809	618,309	25	75
7	E8	E5	马蹄形	2500×2500	1846	计划	1000	3000	1000	2000	1,846,000	3,692,000	50	50
8	A1	S WRC	圆形	φ5500	5497	无目标③	2500	7500	0	2500	0	13,742,500	0	100
9	D1	A1	圆形	φ1500	1196	待定	500	1500	167	667	199,732	797,732	25	75
10	D2	D1	圆形	φ2000	1230	待定	1000	3000	333	1333	409,590	1,639,590	25	75
11	A2	A1	圆形	φ4750	1382	无目标③	2000	6000	0	2000	0	2,764,000	0	100
12	B1	A2	圆形	φ5500	35	无目标③	2500	7500	0	2500	0	87,500	0	100
13	B2	O PS	圆形	φ3500	154	计划	1500	4500	1500	3000	231,000	462,000	50	50
14	B3	B2	矩形	4000×4000	1101	计划	1500	4500	1500	3000	1,651,500	3,303,000	50	50
15	B4	B2	矩形	2500×2500	220	计划	500	1500	500	1000	110,000	220,000	50	50

9 排水管道系统的结构弹性 | 315

续表

编号	管道名称	流入	管道状况 结构类型：RC 管道					SFR 改造状态	w_{SY}^i① (kN·mm/m) 原管道	w_{SY}^i① (kN·mm/m) 改造管道	能量计算 w_{SD}^i/ (kN·mm/m)	$e_d^i=w_{SY}^i+w_{SD}^i$② /(kN·mm/m)	$W_{SD}^i=w_{SD}^i \times l_i$ /(kN·mm)	$E_d^i=e_d^i \times l_i$ /(kN·mm)	结构损伤比 $(W_{SD}^i/E_d^i)/\%$	排水比率 $[1-(W_{SD}^i/E_d^i)]/\%$
			截面形状	截面尺寸/mm	长度/m										
16	B5	B4	圆形	φ2200	1123			待定	1000	3000	333	1333	373,959	1,496,959	25	75
17	B6	B4	矩形	2500×2500	635			计划	500	1500	500	1000	317,500	635,000	50	50
18	B7	B6	圆形	φ2000	1327			待定	1000	3000	333	1333	441,891	1,768,891	25	75
19	B8	B6	圆形	φ1800	1619			计划	500	1500	500	1000	809,500	1,619,000	50	50
20	A3	A2	圆形	φ4250	1612			无目标③	2000	6000	0	2000	0	3,224,000	0	100
21	C1	A3	圆形	φ2600	662			待定	1500	4500	500	2000	331,000	1,324,000	25	75
22	C2	K PS	圆形	φ1650	1123			待定	500	1500	167	667	187,541	749,041	25	75
23	C3	C2	矩形	2500×2500	1329			待定	500	1500	167	667	221,943	886,443	25	75
24	C4	C2	圆形	φ1000	1916			待定	100	500	33	133	63,228	254,828	25	75
25	A4	A3	圆形	φ4250	3288			无目标③	2000	6000	0	2000	0	6,576,000	0	100
26	E1	S WRC	圆形	φ5500	1467			无目标③	2500	7500	0	2500	0	3,667,500	0	100
													$W_{SD}=\sum W_{SD}^i=$ 14646046	$E_d=\sum E_d^i=$ 59730346		

① w_{SY} 为钢筋弯折时的变形能。
② 结构损坏，$w_{SD}^i=e_d^i$。
③ 非目标：管道已经过抗震加固，因此不属于改造的目标。

注：WRC，水回收中心；PS，泵站。

以正在进行的第一阶段排水管道修复成果为基础，1、3、4号线修复工程已完成。7条管道的修复工程计划在近期内进行，10条管道的修复状态标记为待定，即尚未做出修复决定。值得注意的是，在26条管道中，有6条非目标干线此前已进行过抗震加固，因此不属于修复目标。

如前所述，对于钢筋混凝土排水管道，钢筋开始弯折标志着结构破坏过程的开始。w_{SY}^i为管道单位长度上钢筋弯折前的变形能，w_{SD}^i为管道单位长度上钢筋开始弯折后的结构损伤能。表9.2列出了在现有管道条件下（即未经修复）每条管道这两个能量项的评估结果。需要注意的是，在接下来的计算中，也给出了修复后管道的 w_{SY}^i 值作为判断修复后管道结构损伤的参考值。在本研究中，假设这些值比老化管道的值大3倍（对于小直径的管道，则是5倍）。

显然，管道所承受的单位长度的破坏能量 e_d^i，是由 w_{SY}^i 和 w_{SD}^i 相加得到。请注意，在结构损坏的情况下，$w_{SY}^i = e_d^i$。值得说明的是，对于修复过的管道，条件 $e_d^i < w_{SY}^i$ 适用于所有管道。这意味着在地震力的作用下，案例中的任何修复管道都不会受到结构破坏。

将管道长度乘以相应的单位能量值，得到每条管道所承受的结构损伤能 W_{SD}^i 和破坏能 E_d^i。基于结构损伤比 W_{SD}^i / E_d^i，假定该值等于管道的流量减少比，震后排水能力比计算为 $1 - W_{SD}^i / E_d^i$。获得对应结构损伤比为0%、25%、50%和75%，排水能力比分别为100%、75%、50%和25%。最后，对于整个排水管网，其结构损伤能 W_{SD} 和破坏能量 E_d 分别由 W_{SD}^i 和 E_d^i 相加得到。需要强调的是，总破坏能量 $E_d = 59730346 \text{kN} \cdot \text{mm}$，表示假定强震向该排水管网释放的破坏能量。

为评估管网结构抵御自然灾害的能力，本文考虑了三种修复方案。在方案1中，除了非目标管道外，所有管道都假定为未修复状态。在方案2中，假设只有3条管道需要修复，这反映了管网当前的修复状态。在方案3中，除了修复状态为待定的10条管道外，其他所有管道都假设已被修复，从而反映未来修复后的情况。表9.3给出了三种方案下各管道的震后流量和所需恢复天数的计算结果。图9.5展示了各管道的设计流量 Q_{dfr}^i。在方案1中，表9.2列出了未修复管网的灾后排水能力比。管道恢复所需的天数由修复速度和管道长度估算得出。当排水能力比为75%、50%、0%时，日恢复长度分别为400m、160m、80m。用设计流量 Q_{dfr}^i 乘以排水能力比得到地震后应急流量 Q_{efr}^i。再次简单地给出表9.2展示的案例中各管道的结构损伤能对应值。

在方案2中，1、3、4号管道都进行了修复，因此，这些管线不存在如前所述的结构损伤。因此，这些管道震后过流比例保持在100%，所需恢复天数减少到零，灾后排水管道的排水能力与设计值相当。同样，在方案3中，所有改造后的管道都没有受到结构性破坏，因此其震后功能保持在100%，无须进行紧急修复。对于每种方案，由 Q_{efr}^i 之和计算出Sunamachi水回收中心应急修复期间的总流量 Q_{efr}，由 W_{SD}^i 之和计算出网络所能维持的总结构损伤能 W_{SD}。值得注意的是，对于处于待修复状态的管道，其结构破损率相对较低，震后排水能力相对较高，分别为25%和75%。

基于讨论CPM时的图9.8，三个应急恢复图的边表示管道恢复所需天数，这些管道用顶点表示。应急修复必须在尽可能短的时间内完成，同时最大限度地增加水回收中心 S 的应急流量，即

9 排水管道系统的结构弹性 | 317

表9.3 方案1～3中各管道震后流量及所需恢复天数

管道编号 i	管道名称	流入	长度 l_i/m	设计流量 Q_{di}^i/(m³/d)	方案1（无改造）					方案2（改造中）					方案3（计划改造）				
					SPR改造状态	排水比率/%	所需修复时间[①]/d	灾后流量 Q_{ef}^i/(m³/d)	W_{SD}^i/(kN·mm)	SPR改造状态	排水比率/%	所需修复时间[①]/d	灾后流量 Q_{ef}^i/(m³/d)	W_{SD}^i/(kN/mm)	SPR改造状态	排水比率/%	所需修复时间[①]/d	灾后流量 Q_{ef}^i/(m³/d)	W_{SD}^i/(kN/mm)
1	E2	S WRC	950	49,851	×	50	6	24,926	1,425,000	√	100	0	49,851	0	√	100	0	49,851	0
2	E4	E2	786	1814	×	50	5	907	393,000	×	50	5	907	393,000	√	100	0	1814	0
3	E3	E2	1908	9245	×	0	24	0	3,816,000	√	100	0	9245	0	√	100	0	9245	0
4	E5	E2	520	35,250	×	0	7	0	1,300,000	√	100	0	35,250	0	√	100	0	35,250	0
5	E7	E5	1359	9158	×	75	4	6869	362,853	×	75	4	6869	362,853	×	75	4	6869	362,853
6	E6	E5	927	16,070	×	75	3	12,053	154,809	×	75	3	12,053	154,809	×	75	3	12,053	154,809
7	E8	E5	1846	6912	×	50	12	3456	1,846,000	×	50	12	3456	1,846,000	√	100	0	6912	0
8	A1	S WRC	5497	155,173	无目标[②]	100	0	155,173	0	无目标[②]	100	0	155,173	0	无目标[②]	100	0	155,173	0
9	D1	A1	1196	4579	×	75	3	3434	199,732	×	75	3	3434	199,732	×	75	3	3434	199,732
10	D2	D1	1230	4579	×	75	4	3434	409,590	×	75	4	3434	409,590	×	75	4	3434	409,590
11	A2	A1	1382	150,594	无目标[②]	100	0	150,594	0	无目标[②]	100	0	150,594	0	无目标[②]	100	0	150,594	0
12	B1	A2	35	53,654	无目标[②]	100	0	53,654	0	无目标[②]	100	0	53,654	0	无目标[②]	100	0	53,654	0
13	B2	O PS	154	53,654	×	50	1	26,827	231,000	×	50	1	26,827	231,000	√	100	0	53,654	0
14	B3	B2	1101	24,451	×	50	7	12,226	1,651,500	×	50	7	12,226	1,651,500	√	100	0	24,451	0

续表

管道编号 i	管道名称	流入	长度 l/m	设计流量 Q_{dt}^i/(m³/d)	方案1（无改造）					方案2（改造中）					方案3（计划改造）				
					SPR改造状态	排水比率/%	所需修复时间①/d	灾后流量 Q_{eff}^i/(m³/d)	W_{SD}^i/(kN·mm)	SPR改造状态	排水比率/%	所需修复时间①/d	灾后流量 Q_{eff}^i/(m³/d)	W_{SD}^i/(kN/mm)	SPR改造状态	排水比率/%	所需修复时间①/d	灾后流量 Q_{eff}^i/(m³/d)	W_{SD}^i/(kN/mm)
15	B4	B2	220	29,203	×	50	2	14,602	110,000	×	50	2	14,602	110,000	√	100	0	29,203	0
16	B5	B4	1123	8553	×	75	3	6415	373,959	×	75	3	6415	373,959	×	75	3	6415	373,959
17	B6	B4	635	13,133	×	50	4	6567	317,500	×	50	4	6567	317,500	√	100	0	13,133	0
18	B7	B6	1327	8208	×	75	4	6156	441,891	×	75	4	6156	441,891	×	75	4	6156	441,891
19	B8	B6	1619	1642	×	50	11	821	809,500	×	50	11	821	809,500	√	100	0	1642	0
20	A3	A2	1612	96,940	无目标②	100	0	96,940	0	无目标②	100	0	96,940	0	无目标②	100	0	96,940	0
21	C1	A3	662	17,540	×	75	2	13,155	331,000	×	75	2	13,155	331,000	×	75	2	13,155	331,000
22	C2	KPS	1123	17,540	×	75	3	13,155	187,541	×	75	3	13,155	187,541	3	75	3	13,155	187,541
23	C3	C2	1329	9072	×	75	4	6804	221,943	×	75	4	6804	221,943	×	75	4	6804	221,943
24	C4	C2	1916	8468	×	75	5	6351	63,228	×	75	5	6351	63,228	×	75	5	6351	63,228
25	A4	A3	3288	79,400	无目标②	100	0	79,400	0	无目标②	100	0	79,400	0	无目标②	100	0	79,400	0
26	E1	SWRC	1467	4579	无目标②	100	0	4579	0		100	0	4579	0	无目标②	100	0	4579	0
				Q_{dt} $=\sum Q_{dt}^i$ $=869,262$				Q_{eff} $=\sum Q_{eff}^i$ $=708,495$	W_{SD} $=\sum W_{SD}^i$ $=14,646,046$									Q_{eff} $=\sum Q_{eff}^i$ $=843,320$	W_{SD} $=\sum W_{SD}^i$ $=27,46,546$

注：WRC，水回收中心；PS，泵站。
① 所需恢复天数从地震后第8天开始计算；排水比率为75%、50%、0%时，日恢复长度分别为400 m、160 m、80 m。
② 非目标：管道已经经过抗震加固，因此不是改造的目标。

$$Q_{\text{efr}} = \max \sum_{i=1}^{26} Q_{\text{efr}}^{i} \qquad (9.8)$$

为满足式（9.8），修复工作必须从管道下游开始，从第 1、8、26 号管道开始，到第 7、25、26 号管道结束。图 9.8 中的三个管道工程问题都是在式（9.8）的条件下基于 CPM 解决的。图 9.9 展示了由此确定的修复行动甘特图，说明了每种方案中修复受损管道的工作进度。如前所述，震后应急调查需要 7 天时间，因此修复工作从第 8 天开始。如图所示，在方案 1 中恢复工作需要 37 天才能完成，超过了规定的 30 天。方案 2 和方案 3 的恢复工作均可以在 30 天内完成，分别需要 25 天和 17 天。

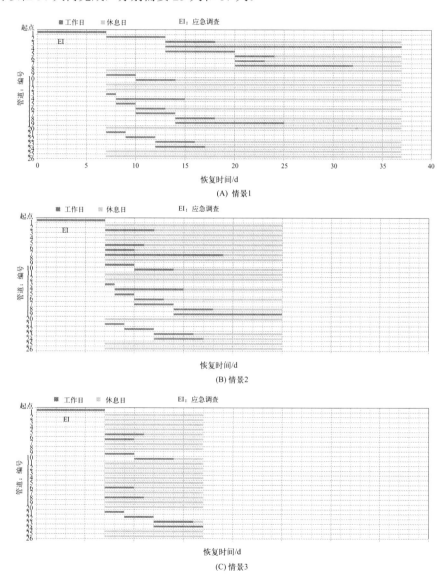

图 9.9 管道修复行动甘特图，其目标是最大限度地提高水回收中心 S 的日流量

根据图 9.9 的修复工作时间表，计算出修复期内水回收中心 S 的应急流量和管道结构弹性，见表 9.4。ΔQ_{efr} 和 ΔW_{SD} 分别表示修复受损管道后恢复的流量和消除的结构损

表 9.4 方案 1～3 水回收中心 S 的应急流量及排水管道结构弹性

恢复行动	方案 1（无改造）					方案 2（改造中）						方案 3（计划改造）					
所需天数	恢复管道	恢复流量 ΔQ_{efr} /(m³/d)	Q_{efr} /(m³/d)	已消除的 ΔW_{SD} /(kN·mm)	W_{SD} /(kN·mm)	$r=1-W_{SD}/E_d$	恢复管道	恢复 ΔQ_{efr} /(m³/d)	Q_{efr} /(m³/d)	已消除的 ΔW_{SD} /(kN·mm)	W_{SD} /(kN·mm)	$r=1-W_{SD}/E_d$	恢复管道	恢复 ΔQ_{efr} /(m³/d)	Q_{efr} /(m³/d)	已消除的 ΔW_{SD} /(kN·mm)	W_{SD} /(kN·mm)	$r=1-W_{SD}/E_d$
1	—	—	708,495	—	14,646,046	0.755	—	—	777,916	—	8,105,046	0.864	—	—	843,320	—	2,746,546	0.954
2	—	—	708,495	—	14,646,046	0.755	—	—	777,916	—	8,105,046	0.864	—	—	843,320	—	2,746,546	0.954
3	—	—	708,495	—	14,646,046	0.755	—	—	777,916	—	8,105,046	0.864	—	—	843,320	—	2,746,546	0.954
4	—	—	708,495	—	14,646,046	0.755	—	—	777,916	—	8,105,046	0.864	—	—	843,320	—	2,746,546	0.954
5	—	—	708,495	—	14,646,046	0.755	—	—	777,916	—	8,105,046	0.864	—	—	843,320	—	2,746,546	0.954
6	—	—	708,495	—	14,646,046	0.755	—	—	777,916	—	8,105,046	0.864	—	—	843,320	—	2,746,546	0.954
7	—	—	708,495	—	14,646,046	0.755	—	—	777,916	—	8,105,046	0.864	—	—	843,320	—	2,746,546	0.954
8	13	26,827	735,322	231,000	14,415,046	0.759	13	26,827	804,743	231,000	7,874,046	0.868	—	—	843,320	—	2,746,546	0.954
9	21	4385	739,707	331,000	14,084,046	0.764	21	4385	809,128	331,000	7,543,046	0.874	21	4385	847,705	331,000	2,415,546	0.960
10	9, 15	15,746	755,453	309,732	13,774,314	0.769	6, 9, 15	19,764	828,892	464,541	7,078,505	0.881	6, 9, 16	7301	855,006	728,500	1,687,046	0.972
11	—	—	755,453	—	13,774,314	0.769	5	2290	831,181	362,853	6,715,652	0.888	5, 18	4342	859,347	804,744	882,302	0.985
12	22	4385	759,838	187,541	13,586,773	0.773	2, 22	5292	836,473	580,541	6,135,111	0.897	22	4385	863,732	187,541	694,761	0.988
13	1, 16	27,064	786,902	1,798,959	11,787,814	0.803	16	2138	838,612	373,959	5,761,152	0.904	—	—	863,732	—	694,761	0.988
14	10, 17	7711	794,613	727,090	11,060,724	0.815	10, 17	7711	846,323	727,090	5,034,062	0.916	10	1145	864,877	409,590	285,171	0.995
15	14	12,226	806,839	1,651,500	9,409,224	0.842	14	12,226	858,548	1,651,500	3,382,562	0.943	—	—	864,877	—	285,171	0.995
16	23	2268	809,107	221,943	9,187,281	0.846	23	2268	860,816	221,943	3,160,619	0.947	23	2268	867,145	221,943	63,228	0.999
17	24	2117	811,224	63,228	9,124,053	0.847	24	2117	862,933	63,228	3,097,391	0.948	24	2117	869,262	63,228	0	1
18	2, 18	2959	814,183	834,891	8,289,162	0.861	18	2052	864,985	441,891	2,655,500	0.956						

续表

恢复行动			方案1（无改造）				方案2（改造中）						方案3（计划改造）			
所需天数	恢复管道	恢复流量 ΔQ_{efr} /(m³/d)	Q_{efr} /(m³/d)	已消除的 ΔW_{SD} /(kN·mm)	W_{SD} /(kN·mm)	$r=1-W_{SD}/E_d$	恢复管道	恢复 ΔQ_{efr} /(m³/d)	Q_{efr} /(m³/d)	已消除的 ΔW_{SD} /(kN·mm)	W_{SD} /(kN·mm)	$r=1-W_{SD}/E_d$	恢复管道	恢复 ΔQ_{efr} /(m³/d)	Q_{efr} /(m³/d)	已消除的 ΔW_{SD} /(kN·mm)	W_{SD} /(kN·mm)	$r=1-W_{SD}/E_d$
19	—	—	814,183	—	8,289,162	0.861	7	3456	868,441	1,846,000	809,500	0.986						
20	4	35,250	849,433	1,300,000	6,989,162	0.883	—	—	868,441	—	809,500	0.986						
21	—	—	849,433	—	6,989,162	0.883	—	—	868,441	—	809,500	0.986						
22	—	—	849,433	—	6,989,162	0.883	—	—	868,441	—	809,500	0.986						
23	6	4018	853,450	154,809	6,834,353	0.886	—	—	868,441	—	809,500	0.986						
24	5	2290	855,740	362,853	6,471,500	0.892	—	—	868,441	—	809,500	0.986						
25	19	821	856,561	809,500	5,662,000	0.905	19	821	869,262	809,500	0	1						
26	—	—	856,561	—	5,662,000	0.905												
27	—	—	856,561	—	5,662,000	0.905												
28	—	—	856,561	—	5,662,000	0.905												
29	—	—	856,561	—	5,662,000	0.905												
30	—	—	856,561	—	5,662,000	0.905												
31	—	—	856,561	—	5,662,000	0.905												
32	7	3456	860,017	1,846,000	3,816,000	0.936												
33	—	—	860,017	—	3,816,000	0.936												
34	—	—	860,017	—	3,816,000	0.936												
35	—	—	860,017	—	3,816,000	0.936												
36	—	—	860,017	—	3,816,000	0.936												
37	3	9245	869,262	3,816,000	0	1												

注：E_d=59730346kN·mm；Q_{dfr}=869262m³/d。

伤能。首先，表 9.3 给出了各方案下的初始应急流量和结构损伤能。在方案 1 中，初始值分别为 Q_{efr}=708495m³/d 和 W_{SD}=14646046kN·mm，从而得到 $r=1-W_{SD}/E_d$=0.755，即弹性指数。在第 8 天，13 号管道恢复，恢复的流量为 26827m³/d，消除的结构性破坏能为 231000kN·mm。基于这些改造，紧急流量增加到 735322m³/d，结构性破坏能量减少到 14415046kN·mm，r=0.759。经过 10 天修复后，在第 18 天，第 2、18 号管道恢复运行，Q_{efr} 增加到 814183m³/d，W_{SD} 减少到 8289162kN·mm，r=0.861。在修复的最后一天，即第 37 天，3 号管道恢复，完全恢复为设计流量，结构损伤能完全消除，r=1。方案 2 和方案 3 的详细情况参见表 9.4。

图 9.10 和图 9.11 分别显示了在恢复期间 Sunamachi 水回收中心应急流量的增加和结构弹性的增加。震后管道的初始弹性指标值得商榷。当不利事件突然发生时，大多数实际系统的系统弹性 r 倾向于小于 1。这是因为在大多数情况下，无论是技术上还是经济上，建立一个 r=1 的系统都是不现实的。方案 3 中的初始弹性指数 r=0.954 应被视为目标排水管道改造的令人满意的结果。另一方面，在方案 2 中，r=0.864 明显存在改善管道结构弹性的

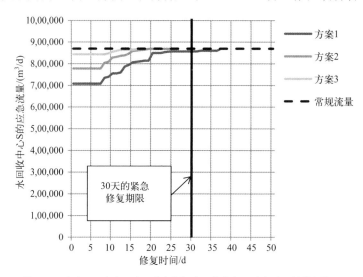

图 9.10　方案 1～方案 3 中，修复期间水回收中心 S 应急流量的增加情况

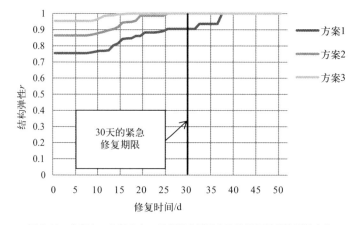

图 9.11　方案 1～方案 3 中，目标排水管道在改造期间的结构弹性变化

空间，显示了继续进行排水管道改造工作的必要性。最后，在方案 1 中，较低的弹性指数 $r=0.755$，说明了不进行老化排水管道修复会有严重后果：若应急修复无法在规定时限内完成，造成次生灾害的可能性会极大增加。

为了说明这一点，图 9.12 显示了修复期间基于式（9.5）的影响函数的计算结果。对于给定的排水管道，对 $I(r)$ 中系数 a、b 作如下假设：目标管道系数 $b=1$；在 30 天的修复期限内，方案 1～方案 3 中 a 分别为 0.5、0.2 和 0.1。超过该期限后，假设发生了次生灾害，影响函数中的 $a=1$。在 30 天期限内，方案 1～方案 3 的影响指数从 1.2 降到 0.36 再降到 0.16。换句话说，方案 1～方案 3 对系统环境的影响程度分别为严重、中等、较低。在方案 1 中，超过 30 天的修复期限后，影响指数跃升至约 3.5，表明排水管网的系统环境受到严重影响。需要强调的是，随着次生灾害的发生，弹性评估会失去意义。如第 3 章"弹性评估方法和图论基础"中所述，为了给特定系统建立合理的影响函数，必须对系统和系统环境有充分了解。

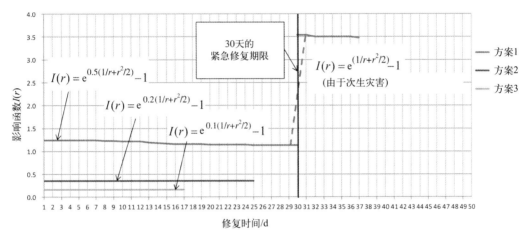

图 9.12 修复期间修复方案 1～方案 3 中目标排水管道结构弹性的增加情况

当能量项 E_d 和 W_{SD} 难以确定时，也可以通过应急流量与设计流量的比值来评估管网的结构弹性，即

$$r = \frac{Q_{\text{efr}}}{Q_{\text{dfr}}} = 1 - \frac{\Delta Q_{\text{dfr}}}{Q_{\text{dfr}}} \tag{9.9}$$

其中，ΔQ_{dfr} 为由于结构损坏而损失的设计流量。显然，式（9.9）和式（9.4）之间有很强的相关性，其中结构损伤由基于明确因果关系的流量减少比取代。虽然这两个比值并不一定相等，但它们都反映了破坏性能量 E_d 作用下系统损伤的百分比，只不过是从不同的方面来反映。一个是基于结构分析的能量方面，另一个是基于功能评估的性能方面。图 9.13 显示了使用表 9.4 中 Q_{efr} 的可用数据来计算式（9.9）的结果。对比图 9.13 和图 9.11 的弹性指数，可以看出两者有细微的差异，但明显呈现出相似的趋势。作为衡量系统应对不利事件的一般标准，这些结果基本相同。式（9.9）揭示了管道在面对变化和干扰时保持系统性能的能力，展示了结构弹性物理解释的另一个特征。

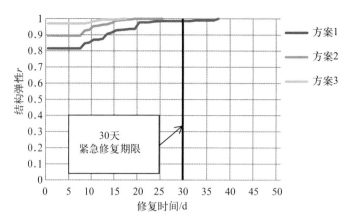

图 9.13　根据方案 1～方案 3 中修复期间的应急流量与设计流量之比计算的结构弹性

9.3　基于两个经典图论问题的震后路网应急行动

图 9.14 显示了东京东部的一个土壤液化易发区,该地区已进行检查井抗震改造,以防止在大地震期间检查井抬升和管道-检查井连接处损坏。如图所示,该小区道路网络非常密集,共有 60 个交叉路口和 94 条道路。如图 9.14 所示,假设在大地震期间,在该地区设立一个应急总部和 6 个疏散中心。

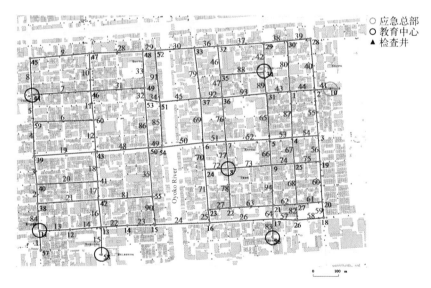

图 9.14　易发生液化的地区和大地震后用于应急行动的道路网
（扫封底或后勒口处二维码看彩图）

在以下案例研究中,假定道路网络因检查井抬升而部分受损,导致部分道路封闭。并考虑两个震后应急行动:检查井抬升调查和疏散中心检查。这两种情况下都需要沿着最快或最短的路线进行检修。显然,第一种情况类似中国邮递员问题,第二种情况则类似旅行推销商问题（其求解算法参见 3.3 节）。研究假设三种路网条件:抗震加固工程完成之前、期间和之后。案例 1 如图 9.15 所示,受大地震影响路段较多,21 条道路被封闭。案例 2 如图 9.16 所示,两条路段受影响,7 条道路被封闭。案例 3 如图 9.14 所示,没有检查井抬升,因此没有道路封闭。需要说明的是,道路封闭会阻止车辆通行,但不能阻止行人通行。

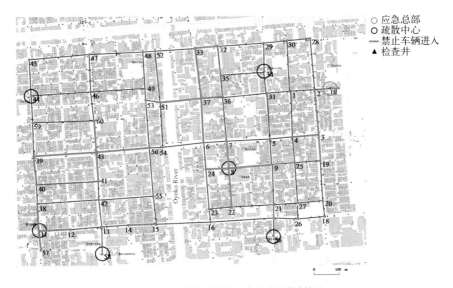

图 9.15　大地震后案例 1 中假定的道路状况
(扫封底或后勒口处二维码看彩图)

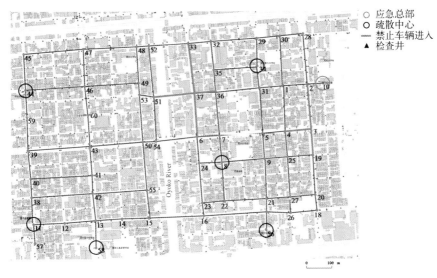

图 9.16　案例 2 中发生大地震后假定的道路状况
(扫封底或后勒口处二维码看彩图)

现在考虑路网的通行能力。假设道路开放时通行能力为 1,封闭时通行能力为 0。Q_{drt} 表示路网的设计道路通行能力,Q_{ert} 表示地震后的有效道路通行能力。进而得到路网的系统弹性为

$$r = \frac{Q_{ert}}{Q_{drt}} = 1 - \frac{\Delta Q_{drt}}{Q_{drt}} \tag{9.10}$$

式中，ΔQ_{drt} 表示损失的道路通行能力。因此，在案例 1 中 r=1−21/94=0.78；案例 2 中 r=1−7/94=0.93；案例 3 中 r=1−0/94=1。

在解决这两个问题时，假设道路通车时，车辆以 30km/h 的速度行驶；当道路禁止车辆通行时，调查人员以 5km/h 的速度步行。在检查井抬升调查中，当遇到封闭道路时，调查人员会停车，步行进行道路检查。工作结束后，他们回到车上，继续开车巡检。在对疏散中心进行检查时，则是步行通过封闭的道路，并假设汽车已在道路的另一端等待，以便检查人员可以从那里继续乘车巡检。需要注意的是，道路封闭信息假定是通过初步道路调查获得的，在解决第二个问题时，不包括在每个疏散中心花费的时间。

表 9.5 给出了检查井抬升调查问题的解决方案。对于案例 1～案例 3，所需的调查时间分别为 91.7min、52.3min、30.4min。在完成检查井抗震改造项目后（案例 3），对路网中 94 条道路的检查仅需约半小时，是抗震改造前（案例 1）调查所需时间的 1/3。每种情况下最短路径的详细信息见表 9.5。

表9.5 检查井抬升调查问题的解决方案

案例	节点	边编号									节点	时间（最少）/min
1	10	41,	55,	54,	54,	56,	56,	55,	40,	39,	80	1	10.05
	1	43,	89,	42,	38,	38,	37,	46,	47,	92,	79	33	4.99
	33	36,	36,	79,	45,	45,	69,	69,	92,	76,	77	8	14.91
	8	73,	73,	78,	78,	72,	72,	77,	51,	51,	52	5	11.69
	5	66,	94,	94,	74,	68,	61,	61,	82,	82,	62	21	2.15
	21	64,	64,	63,	27,	25,	25,	71,	70,	50,	49	50	1.86
	50	48,	19,	3,	3,	19,	18,	18,	12,	12,	48	50	19.24
	50	49,	85,	34,	34,	91,	30,	30,	29,	28,	9	45	2.70
	45	8,	7,	10,	9,	8,	5,	4,	4,	6,	11	46	3.22
	46	31,	33,	33,	32,	86,	35,	81,	16,	14,	13	11	4.19
	11	84,	84,	1,	1,	13,	14,	15,	15,	22,	23	15	7.89
	15	23,	22,	16,	17,	20,	2,	21,	81,	90,	24	16	4.04
	16	26,	83,	83,	57,	58,	59,	60,	75,	67,	53	5	2.19
	5	65,	93,	47,	88,	89,	65,	53,	87,	44,	41	10	2.59
	总共												91.71
2	10	41,	55,	54,	54,	56,	56,	55,	40,	39,	38	29	9.85
	29	38,	80,	43,	89,	89,	65,	53,	53,	66,	74	25	2.19
	25	68,	62,	64,	64,	63,	63,	94,	73,	77,	52	5	2.57
	5	65,	93,	92,	79,	79,	45,	45,	69,	69,	92	36	15.19
	36	47,	88,	42,	37,	36,	30,	29,	28,	9,	8	44	2.86
	44	5,	6,	6,	4,	3,	2,	84,	1,	1,	13	12	2.54
	12	14,	15,	15,	16,	16,	22,	23,	90,	81,	21	38	2.65
	38	2,	20,	17,	17,	18,	19,	4,	5,	7,	11	60	2.81

续表

案例	节点	边编号									节点	时间（最少）/min
2	60	12,	48,	35,	90,	24,	25,	71,	70,	50,	49	50	2.73
	50	86,	32,	31,	10,	28,	33,	32,	34,	85,	85	51	2.78
	51	91,	30,	36,	46,	47,	76,	51,	70,	72,	78	22	2.49
	22	27,	25,	26,	83,	83,	57,	82,	82,	58,	59	20	1.82
	20	61,	61,	60,	75,	67,	87,	44,	41	10	1.78		
	总共												52.26
3	10	41,	40,	39,	80,	43,	89,	42,	38,	38,	37	32	2.39
	32	36,	30,	91,	34,	32,	33,	29,	29,	28,	10	46	2.28
	46	10,	9,	8,	5,	5,	7,	11,	6,	4,	19	43	3.39
	43	19,	3,	2,	2,	20,	17,	16,	16,	21,	84	11	2.75
	11	1,	1,	13,	14,	15,	15,	22,	23,	90,	81	42	2.29
	42	17,	18,	12,	11,	31,	32,	86,	48,	48,	35	55	2.95
	55	90,	24,	25,	71,	72,	73,	66,	52,	76,	92	37	2.62
	37	69,	51,	77,	78,	27,	25,	26,	83,	83,	57	26	2.27
	26	57,	64,	62,	82,	58,	59,	60,	60,	61,	68	25	2.07
	25	74,	94,	63,	78,	72,	70,	50,	49,	49,	85	51	2.39
	51	45,	79,	36,	46,	88,	88,	47,	93,	65,	53	4	2.85
	4	67,	75,	56,	54,	87,	44,	55,	55,	41	10	2.18	
	总共												30.44

表9.6显示了疏散中心调查问题解决方案。案例1～案例3所需巡检时间分别为14.7min、8.7min和8.5min。与案例2和案例3相比，由于案例1中许多道路禁止车辆通行，检查6个疏散中心需要额外增加6min。图9.17展示了案例1～案例3疏散中心最快调查路线，路线详细信息见表9.6。

表9.6 疏散中心检查问题的解决方案

案例	EH/EC	节点编号，边编号	EH/EC	时间（最少）/min
1	10	$\xrightarrow{41}$ 2 $\xrightarrow{44}$ 1 $\xrightarrow{87}$ 4 $\xrightarrow{53}$ 5 $\xrightarrow{66}$ 9 $\xrightarrow{94}$ 21 $\xrightarrow{64}$ 17 $\xrightarrow{83}$	56	1.60
	56	$\xrightarrow{83}$ 17 $\xrightarrow{26}$ 16 $\xrightarrow{24}$ 15 $\xrightarrow{90}$ 55 $\xrightarrow{81}$ 42 $\xrightarrow{16}$ 13 $\xrightarrow{15}$	58	2.13
	58	$\xrightarrow{15}$ 13 $\xrightarrow{14}$ 12 $\xrightarrow{13}$	11	1.93
	11	$\xrightarrow{84}$ 38 $\xrightarrow{2}$ 40 $\xrightarrow{3}$ 39 $\xrightarrow{4}$ 59 $\xrightarrow{5}$	44	3.16
	44	$\xrightarrow{7}$ 46 $\xrightarrow{31}$ 49 $\xrightarrow{32}$ 53 $\xrightarrow{34}$ 51 $\xrightarrow{85}$ 54 $\xrightarrow{50}$ 6 $\xrightarrow{70}$ 24 $\xrightarrow{72}$	8	3.05
	8	$\xrightarrow{77}$ 7 $\xrightarrow{76}$ 36 $\xrightarrow{47}$ 35 $\xrightarrow{88}$	34	2.09
	34	$\xrightarrow{89}$ 31 $\xrightarrow{43}$ 1 $\xrightarrow{44}$ 2 $\xrightarrow{41}$	10	0.67
	总共			14.65

续表

案例	EH/EC	节点编号，边编号	EH/EC	时间（最少）/min
2	10	41→2 44→1 87→4 53→5 66→9 73→	8	1.39
	8	78→22 63→21 64→17 83→	56	0.87
	56	83→17 26→16 24→15 23→14 22→13 15→	58	1.70
	58	15→13 14→12 13→	11	0.71
	11	84→38 2→40 3→39 4→59 41→5	44	1.05
	44	41→8 45 9→47 28→48 29→52 30→33 36→32 46→35 88→	34	2.33
	34	89→31 43→1 44→2 41→	10	0.67
		总共		8.72
3	10	41→2 44→1 87→4 53→5 66→9 73→	8	1.39
	8	78→22 63→21 64→17 83→	56	0.87
	56	83→17 26→16 24→15 23→14 22→13 15→	58	1.70
	58	41→15 13 41→14 12 41→13	11	0.71
	11	84→38 2→40 3→39 4→59 5	44	1.05
	44	7→46 31→49 32→53 34→51 45→37 92→36 47→35 88→	34	2.11
	34	89→31 43→1 44→2 41→	10	0.67
		总共		8.50

注：EH=应急总部，EC=疏散中心。

一般来说，复杂系统在很多方面是相互关联的。从这两个问题可以看出，检查井抗震改造工程可以减少对排水管网可能造成的结构性破坏，从而提高其在大地震时的排水功能，也可以提高路网的通行能力，增强其抵御自然灾害的弹性。事实上，在许多不同领域的弹性能力提升项目中，都展现了这种一举两得的效果。

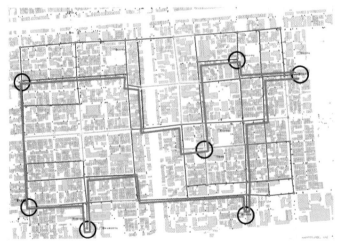

(A) 案例1

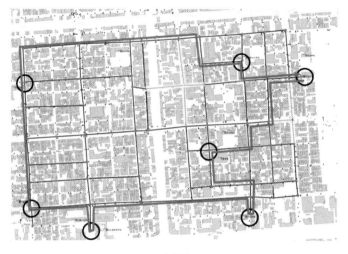

(B) 案例2

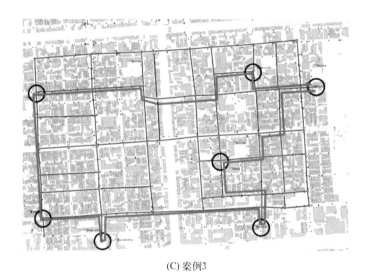

(C) 案例3

图 9.17　疏散中心调查问题的最快路线

（扫封底或后勒口处二维码看彩图）

9.4　两个弹性定义之间的关系

对于任意系统 S，Q_{dsf} 表示设计系统功能，Q_{esf} 表示受干扰后的有效系统功能，ΔQ_{dsf} 表示干扰导致的系统功能损失。存在如下关系

$$Q_{dsf} = Q_{esf} + \Delta Q_{dsf} \tag{9.11}$$

或

$$\frac{Q_{esf}}{Q_{dsf}} = 1 - \frac{\Delta Q_{dsf}}{Q_{dsf}} \tag{9.12}$$

从能量的角度来看，也存在以下关系：

$$E_d = E_{s(1)} + W_{SD} \quad (9.13)$$

或

$$\frac{E_{s(1)}}{E_d} = 1 - \frac{W_{SD}}{E_d} \quad (9.14)$$

由于功能损失 ΔQ_{dsf} 是由系统损坏能量 W_{SD} 引起的，系统弹性可定义为

$$r = \frac{E_{s(1)}}{E_d} = 1 - \frac{W_{SD}}{E_d} \quad (9.15)$$

或

$$r = \frac{Q_{esf}}{Q_{dsf}} = 1 - \frac{\Delta Q_{dsf}}{Q_{dsf}} \quad (9.16)$$

注意，在式（9.15）和式（9.16）中，W_{SD}/E_d 和 $\Delta Q_{dsf}/Q_{dsf}$ 这两个比值代表了在破坏性能量 E_d 作用下系统损失的百分比：一个是基于能量，另一个是基于系统功能。由于复杂系统受到许多内部和外部因素的影响，当从不同方面进行评估时，式（9.15）和式（9.16）可能会得出不同的结果，因为两种方法的影响因素和测量尺度可能略有不同。然而，只要 ΔQ_{dsf} 和 W_{SD} 之间存在这种明确的因果关系，这些弹性结果将必然会揭示出类似的趋势。

9.5 关于结构弹性理论和复杂社会基础设施系统的总结

这里使用的"复杂社会基础设施系统"一词是指现代社会基本功能性基础设施系统的集合，即能源供给、水、废物处理、交通和电信等生命线系统。以下部分将解释一些概括性的内容，从构建排水管道系统结构弹性的经验中总结出的四项弹性增强原则，也适用于其他系统的弹性增强。下文简要讨论了结构弹性理论的可能应用及其对其他弹性研究的影响。

9.5.1 弹性增强的四项原则

（1）原则 1：开阔视野，科学管理，迅速行动

复杂的社会基础设施系统的建设、维护和修复需要大量的公共资金，因此，决策过程不仅涉及技术问题，还涉及政策问题。第一项原则强调了三个组织素质，即对可持续发展的强烈愿景、对基础设施项目的科学管理以及解决紧急问题的迅速行动。俗话说，态度决定高度。在系统管理中，对变化和干扰采取有力、积极和坚定的态度，对于提升预警和应对新挑战的能力至关重要。

（2）原则 2：通过技术创新增强结构弹性

《牛津袖珍词典》（第 8 版）对"创新"的定义是引入新方法、新理念等对现状进行改变。例如，将东京老化的排水管道系统升级为具有弹性的现代系统，以满足各种社会需求和挑战，我们致力开发调查、监测、分析和诊断技术，以便应用于老化排水管道设施的功能扩建、结构修复和施工技术改造。随着社会发展，通常会面临新问题和新挑战带来的干扰，只有技术创新才能引入新方法和新理念，从而采取必要的行动来应对这些问题和挑战。

（3）原则3：建立冗余的结构弹性

对于复杂系统，可以通过多种方式实现冗余，包括强度和功能的冗余、提升功能可替代性。这些方法广泛应用于东京的排水管道改造工程，如在改造设计中采用半复合管道模型，以便在改造后的排水管道中引入强度冗余；在两个污水处理厂之间设计双向污水输送通道，以防其中任何一个污水厂在大地震中发生故障；在水回收中心建造多套进水和输水管道，也是为了达到类似目的。例如在第2章"弹性理论及其数学概论"中所述，社会生态系统和计算机系统已将冗余确定为增强弹性的重要机制。从本质上讲，冗余意味着有备无患："没有准备，就等于准备失败。"（本杰明·富兰克林）

（4）原则4：通过基于性能的设计增强结构弹性

基于性能的设计方法有三个重要的特点，应充分探讨，以增强复杂社会基础设施系统的结构弹性。第一，性能主要是在结构系统层面上规定的，如倒塌风险、死亡人数、功能损失、修复成本等。因此，要在设计中实现所需的性能目标，就相当于直接在系统层面上建立结构弹性。第二，在设计过程中可以考虑不同载荷作用的多种性能要求。因此，在设计中解决从结构安全性到可用性等所有重要问题，就有可能在系统面临极端事件时将功能损失降至最低。第三，在设计中采用局部安全系数。由于每个生命线系统都有其独特的安全问题或系统弱点，通过考虑局部安全因素，可以在系统中引入特殊的设计，以提高系统整体结构性能，从而增强其结构弹性。

9.5.2 受变化和干扰影响的复杂社会基础设施系统的安全性评价

图9.18概述了对受到变化和干扰的复杂系统进行结构安全性评价的过程。假设系统包含N个关键成分S_i。在建立系统框架和结构条件后，通过试验施加变化或扰动条件，如与老化有关的结构、材料损坏或自然灾害。根据结构分析结果，得到系统各构件i的结构损伤能W_{SD}^i和破坏能E_d^i，然后得到结构损伤比$\lambda_i = W_{SD}^i/E_d^i$。$i$，从而评估结构失效或部分失效导致次生灾害的可能性。如果发现可能发生次生灾害，则必须立即对系统进行结构改造。除此之外将计算弹性指数r，并根据$I(r)$确定影响等级。

θ_c表示临界影响等级，超过该等级，系统环境将受到假定事件的严重影响。根据θ_c对$I(r)$进行校验：如果满足条件$I(r)<\theta_c$，则判定系统安全；反之，则必须进行结构改造。显然，在确定修复条件时应考虑损伤比λ_i。改造后的系统必须再次进行安全性评价，必要时应修改改造条件以满足条件$I(r)<\theta_c$。由此可见，安全检查与评价的重点在于不利事件对系统环境的影响。

9.5.3 结构弹性理论的含义

基于上述讨论，针对复杂社会基础设施系统的结构设计和安全性评估的三个概念提出了调整建议。

- 将变化和干扰纳入强制载荷条件。
- 将设计理念由安全设计$W_{SD}=0$，转变为可持续设计$E_v=0$，即$W_{SD}=0$且$E_{s(2)}=0$。
- 将维护和改造作为应对变化和干扰的长期任务。

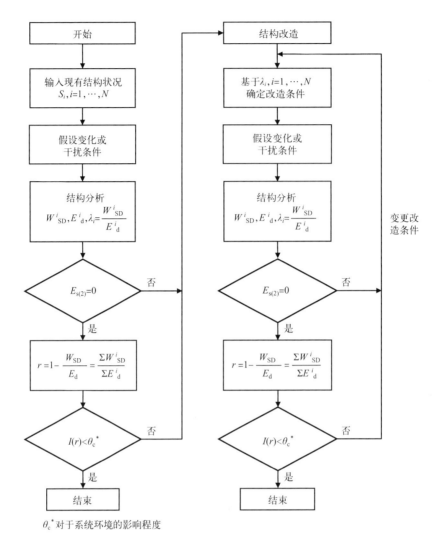

图 9.18 基于结构弹性理论的复杂社会基础设施系统应对变化和干扰的安全评估和修复设计流程图

这些建议旨在改变传统的设计理念,传统的设计理念将变化和干扰视为异常情况或异常载荷,需要证明其合理性才能纳入设计条件。在结构弹性理论中,这些异常事件被视为复杂社会基础设施系统必须能够承受的强制性设计条件,并确保这些条件不损害系统环境的安全性。

结构弹性理论为建立统一的跨学科系统弹性和分析其影响规模和指标提供了理论基础。基于对弹性的清晰界定,这些影响分析指导人们构建弹性系统和有效的弹性增强策略,促进各领域政策制定的一致性,并强化弹性方法的整体应用,促使人与自然的可持续发展目标实现。

参考文献

Jungnickel, D., 2013. Graphs, Networks and Algorithms. 4th ed. Springer, New York, pp. 79-83.

10 不同国家的排水管道修复改造工程

10.1 日本排水管道改造项目概述

10.1.1 日本管道建设现状

第 5 章已经提到了东京的管道改造和弹性增强措施，第 6 章创新性地提出了管道修复中的结构弹性构建技术。以东京为例，日本主要城市的管道覆盖率已经接近 100%，日本排水管道从"建设时代"转向"存量管理时代"。在小城市，管道覆盖率也在上升，2015 财年底全国平均值达到 77.8%。即使在管道建设相对较慢的中小型城市，国家及地方层面也应重视存量管理，包括老旧排水管道的改建或更换、修复、抗震加固等。尽管如此，管道问题仍然经常通过临时措施来解决。事实上，每年都会发生几千起因管道老化而引起的道路塌方事故。图 10.1 显示了每年的管网建设长度以及服务年限超过 50 年的老旧管道长度增长趋势。可以看到，在经济快速增长时期修建的管网，相当一部分存量管网已经超过预期使用寿命，在未来几年这一比例将大幅增加。照片 10.1 是存在各种结构缺陷的老旧管道示例。

显然，老化问题困扰着几乎所有种类的存量公共基础设施。在人口出生率下降造成的资金和人员的约束背景下，如何有效维持和管理这些存量基础设施是所有行政区和地方政府面临的挑战。

10.1.2 管道设施的抗震加固

近年来，日本遭受了一系列大地震，关于管道破坏情况的报道众多。1995 年发生阪神大地震（兵库县南部地震）时，管道的抗震设计还未得到重视，造成了严重的管网系统破坏，包括管道损坏和土壤液化导致的检查井抬升。在排水管道出现故障的地区，缺少可用的卫生设施成了一个严重的问题，人们对公共卫生产生了担忧。基于这些惨痛的教训，如何提高管道和附属设施的抗震性能备受关注，并对抗震的设计标准进行了审查和修订。持续的改进措施包括建立紧急情况下使用的卫生间，这些设施可以基于现有的检查井等管网设施进行安装。

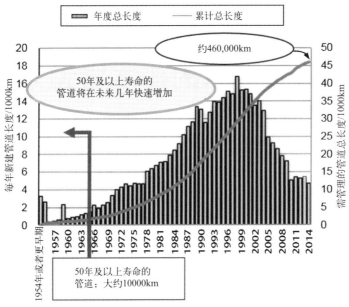

图 10.1 每年建造的排水管道长度及使用寿命超过 50 年的管道增加情况
资料来源：国土交通省网站

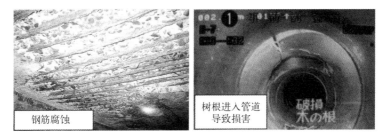

照片 10.1 带有各种结构缺陷的老旧管道示例

10.1.3 管道修复技术

随着老旧管道修复及抗震加固需求的增加，管道改造相关实践和有效措施进一步发展，许多管道修复技术也应运而生。这些技术的显著特征为非开挖，其中大多数的技术采用树脂材料作为内衬修复管道的内表面，极大提高了管道的耐久性。树脂还具有足够的柔韧性，可以适应地震引起的地面位移，从而在地震发生时保持排水功能并防止泥沙流入。鉴于这些优势，管道修复技术在日本管道建设中得到了越来越多的应用，截至 2015 财年底，管道修复累计总长度超过 7000km。图 10.2 显示了老旧管道修复的历史规模（数据来自日本管道修复质量保证协会）。

在 20 世纪 90 年代初，管道修复技术开始应用时，可用的方法很少。随后新技术不断涌现，根据日本管道修复质量保证协会的调查，新技术逐步发展起来，截至 2015 年已有 30 多项技术。这些修复技术中使用的材料种类繁多，但主要是树脂基材料，例如，排水管道修复（SPR）方法和 Omega 衬里法采用的硬质聚氯乙烯树脂以及聚乙烯树脂和纤维增强塑料。图 10.3 列出了在日本管道修复质量保证协会登记的技术。

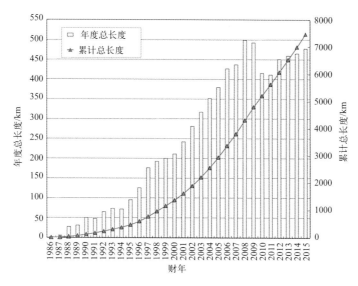

图 10.2　老旧管道修复的规模（数据来自日本管道修复质量保证协会）

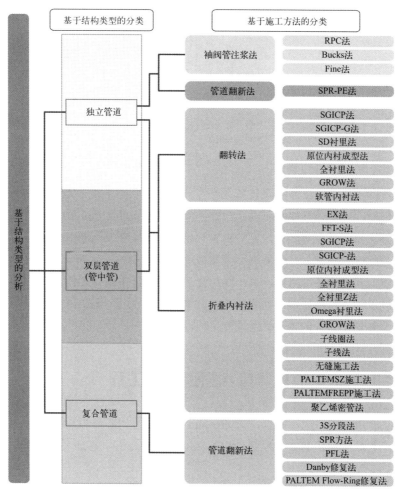

图 10.3　日本管道修复质量保证协会登记的技术

10.1.4　SPR 技术

SPR 技术属于管道修复方法,尽管它的设计理念是基于半复合管的概念,但通过这个方法修复的排水管道可以被认为是一种复合结构,这个在第 7 章 "排水管道改造的结构分析理论与试验研究"中已阐述。1986 年该方法首次在排水管道修复中实际应用,是早期少数几种开创性的排水管道修复施工方法。

在 2015 财年末,使用 SPR 技术修复的管道长度累计超过 1000km,SPR 方法成为至今为止管道修复中最广泛应用的一种技术。图 10.4 展示了用 SPR 方法开展管道修复的规模变化。

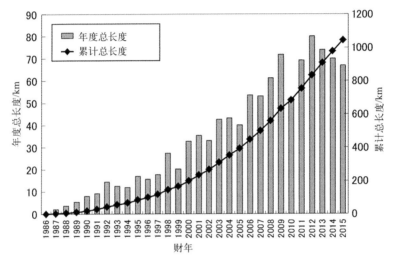

图 10.4　SPR 方法开展管道修复的规模变化

作为日本众多管道修复的主要技术之一,SPR 方法值得关注,不仅因为其修复工作的高质量和高性能,还因为其施工可以在污水不断流的情况下进行。由于修复施工不需要分流污水,该方法得到了许多地方政府的高度评价,也得到了广泛应用。SPR 方法另一个主要优点是可以随时暂停施工,比如突然降雨或受其他地面情况影响。许多方法,特别是翻转法,由于施工方式和所使用材料的特性,施工过程不能中断。相比之下,因为 SPR 方法使用的型材可以很容易地被切断并重新连接,采用该方法进行施工可以被中断。以下将介绍部分采用 SPR 方法进行的排水管道修复工程。

10.2　老旧排水管道和非排水管道修复工程

SPR 方法适用范围广泛,从直径约 250 mm 的小管道到直径约 6000 mm 的大管道,从圆形管道到任意截面形状的非圆形管道均可使用。本节介绍一些排水管道和非排水管道修复工程的典型实例。

10.2.1 小管径管道修复

照片 10.2～照片 10.4 展示了一项小管径污水管道修复工程，将一条直径 250mm 的排水管道砌上衬里，形成内径 210mm 的衬管。该工地位于城市中一个已建住宅区，街道非常狭窄，因此车辆，特别是大型卡车无法进入，这限制了可以使用的设备。在 SPR 方法中，用于小口径污水管道衬砌工作的升降设备非常小巧，所使用的材料（型材）由于重量轻、尺寸小，所以可以人工搬运。设备的电源（发电机）放置在附近较宽的道路上，通过电缆连接发电机供电。

照片 10.2　小管径管道修复（地面施工）

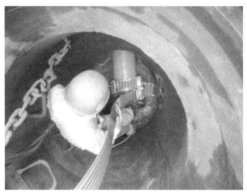

照片 10.3　小管径管道修复（检查井施工）

照片 10.4　小管径管道的衬砌工作完成后

在已建成的住宅区内进行排水管道改造的最大问题是在工程进行期间，黑水和灰水从连接每户住宅的侧管流入管道。在 SPR 方法中，现有管道和衬管之间的环形空间可以用来过流污水。在环形灌浆阶段，将各侧管出口暂时封闭，要求各住户暂时停止排放污水，然后将聚集在截留井中的污水泵入下游检查井或其他通道。在环形灌浆结束后，用钻孔机器人在侧管接头处钻孔，这样每家的侧管就可以重新开始使用。

10.2.2 大管径管道修复

照片 10.5 展示了在不断流情况下一个大管径排水管道修复的例子。老旧管道直径 2400mm，内衬管直径 2250mm。即使在夜间，管道内的水深也达到 70～100cm。通过泵送分流这么多的污水几乎是不可能的，所以决定采用 SPR 方法，因为该施工工作可以在不分流或断流的情况下进行。

为了创造更适宜的工作条件，决定在夜间进行内衬修复工作，此时污水管道的流速相对较低。不过即使在晚上，排水管道的水也非常深，所以需要采取充分的安全措施，以确保工人的安全。在 SPR 方法中，必须在下游一侧安装安全围栏，以免工人在施工过程中被急速的污水冲走。照片 10.6 展示了一个安全围栏安装的例子。

照片 10.5　在不断流的情况下修复污水干管　　　　照片 10.6　在下游一侧安装安全围栏防止工人在施工过程中被急速的污水冲走

由于降雨或其他因素会使水深和流速迅速增加，在一些施工工地，会安排专人负责监测当地的天气状况，并通过通信工具（例如对讲机）及时通知管道里的工人。该现场主干管长度约为 100m，修复工作顺利完成。

10.2.3　非圆形管道修复

（1）中等大小的矩形管道

照片 10.7 展示了 1997 年通过 SPR 方法修复的在城市道路下有顶板的矩形排水管道的案例，该管道宽 1670mm，深 1520mm。改造后的管道横截面宽 1540mm，高 1370mm。

在日本的城市地区，曾经有许多开放的排水管道（日本称为 dobugawa），用于输送生活污水。随着战后住宅用地的开发和城市化进程的推进，这些开放式排水管道被改造成有顶板的污水管道（箱涵），以减少异味，并能有效利用管道上方的空间。然而许多排水管道只是简单地在其上方铺上一块钢筋混凝土板，然后铺路来覆盖。这样的箱涵覆盖的土层通常很薄，因此车辆的移动载荷主要由覆盖污水管道的顶板直接承受。因此，顶板容易遭受严重的结构破坏。许多箱涵出现破损迹象，如箱涵内部表面的混凝土碎片剥落，钢筋暴露和腐蚀。

调查显示本案例的箱涵也不例外，顶部的盖板严重破损，有些管段还露出钢筋，甚至有些管段已没有钢筋。照片 10.8 显示了修复工程前箱涵的老化情况。修复工作采用 SPR 方法恢复了材料的结构强度，提高了材料内表面的耐蚀性。在修复工作之前，对现有污水管道混凝土进行取芯试验和钢筋腐蚀调查，以估算现有结构的剩余强度。基于这些结果，运用基于性能的设计理论进行改造设计，确保改造后的结构满足结构强度要求。在此基础上，确定了拟施工的截面，并据此进行了相应的改造工作。

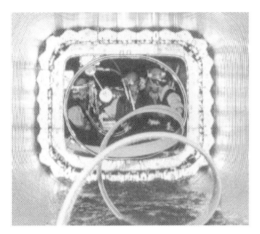 

照片 10.7　中等大小的矩形管道内衬　　　　　　照片 10.8　矩形箱涵修复前

（2）大型的矩形管道

照片 10.9 显示了一个大型长方形管道内衬施工的情况，该管道宽 4100mm，高 4000mm。施工期间管道内的水比较浅，为 30～40cm 深。由于内衬机和其他的设备较大，需采取衬管作业的安全措施，例如谨慎使用设备，以防止内衬机倾倒。

照片 10.9　大横截面的矩形管道内衬施工

（3）马蹄形管道

日本有相当数量的马蹄形管道，其中很多都比较老旧。照片 10.10 和照片 10.11 展示了一个用 SPR 方法修复马蹄形管道的例子。改造前管道横截面的宽度和高度为 1520mm，改造后减少到 1440mm。这个老化的管道可能是在第二次世界大战之前建造的，内部的混凝土已受到严重腐蚀。

照片 10.10　马蹄形管道的内衬（从下游视角）　　照片 10.11　马蹄形管道的内衬（从上游视角）

10.2.4　非排水管道修复

SPR 作为一种管道修复方法，不仅被广泛应用于老旧排水管道的修复，也被广泛应用于其他类型的老化管道修复。部分应用案例如下。

（1）农业灌渠

水稻种植在日本很普遍，并且用水量大。日本的地形以陡峭的坡地为主，降雨集中在占据大部分国土面积的山区，水流通过河流等迅速流入大海。因此农业用水需要从湖泊或水库中通过灌渠输送到平坦低洼的农田和稻田。

农业灌渠类型繁多，很多都存在老化、破损的问题。有些依靠重力流，利用水源地和用水区之间的高差（即总水头）输水，另一些则使用泵等机械设备加压送水。

照片 10.12 所示为一条马蹄形输水渠道，其横截面的宽度和高度均约为 2m。渗漏和内部混凝土表面磨损是常见问题，因此采用 SPR 方法以提高水密性并防止混凝土表面磨损。

照片 10.12　马蹄形农业输水管道内衬

（2）机场跑道下的排水管道

修复对象是一个商业机场用于排水的管道。由于计划引入大型飞机，预计跑道上的飞机载荷将会增加，SPR 方法被用于加固跑道下的管道，并修复其被腐蚀的内表面。照片 10.13～照片 10.15 显示的是机场地面图及管道是如何进行内部修复的。管道内径范围 1350～2200mm，修复长度 500 多米。修复工程在飞机起降较少的夜间进行，并顺利完成。

照片 10.13　修复机场跑道下的排水管道：机场地面图

照片 10.14　修复机场跑道下的排水管道：从内部铺设管道

照片 10.15　修复机场跑道下的排水管道：从地面输送材料

10.3　检查井抗震加固实例

地震对检查井造成的常见问题包括地震动引起的管道接头损坏和土壤液化引起的检查井抬升。东京都政府采用如图 5.16 所示的柔性结构法作为避免管道接头损坏的有效方法，采用图 5.17 所示的无浮点法作为防止井口抬升的方法。这些方法及其实际应用概述如下。

10.3.1　柔性结构法

如图 10.5 所示，地震引起的水平位移随着与地面距离的减小而增大。周围地面的相对位移会导致检查井倾斜。当检查井从垂直位置倾斜时，与管道的接头处可能发生弯曲，造成管道开裂。利用该检查井倾斜模型确定了柔性结构法中切割的宽度（注意，导致接头弯曲的次要因素也可能包括检查井和管道振动模式之间的相位差）。东京的检查井抗震改造工程始于 2000 年的避难区改造。在完成了服务避难区污水的检查井抗震改造后，东京都政府目前正在开展终端接收站和灾害恢复指挥中心的污水检查井抗震改造工作。截至 2015 财年末，已经完成东京 23 区共约 4.2 万个检查井的抗震改造工作。

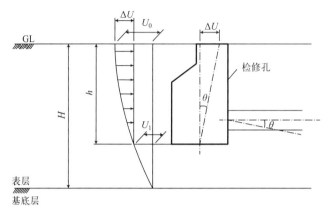

图 10.5　地震运动时由于周围地面相对位移而引起的检查井倾斜

该方法的结构细节如图 10.6 所示。首先，使用专用切割机沿管道四周切割检查井内壁，使检查井与管道分离。然后，在切割成的沟槽内填充防止泥砂流入的备用材料和防止地下水流入的密封材料，形成柔性接头。之后，在管道底部设置减震橡胶块，防止地震动时管道凸出进入检查井而造成管道端部损坏。照片 10.16～照片 10.18 是在实际工作现场拍摄的照片，展示了柔性接头连接的施工程序。

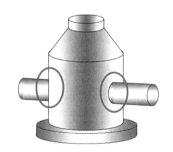

(A) 总体视图

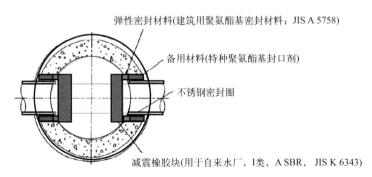

(B) 平面视图

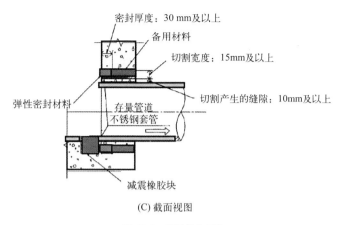

(C) 截面视图

图 10.6 柔性接头系统

照片 10.16 切割检查井墙壁，设置柔性连接接头

照片 10.17 向柔性接头注入备用材料

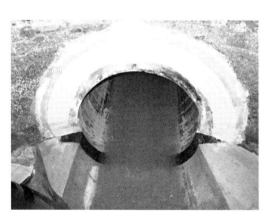

照片 10.18 完成检查井接口抗震改造

10.3.2 超孔隙水压力消散法

由于地震中可能发生土壤液化，检查井的相对密度比液化土壤（以泥水形式存在）的相对密度要小，检查井可能会抬升，如照片 10.19 所示。由此产生的相对于未抬升管道的

位移差可能会损害污水排水功能或损坏排水管道接头。同时，道路上凸出的检查井也将对过往车辆造成威胁。

照片 10.19　地面液化导致检查井抬升

通过评估土壤液化引起的检查井抬升的可能性，并优先考虑位于紧急运输路线上或将接收来自避难区、终端站或灾害恢复指挥中心污水的检查井，东京都政府一直在采用超孔隙水压力消散法（Float-less Method）改造处于风险中的检查井。到 2015 财年末，东京 23 个区的大约 17300 个检查井得到了改造。超孔隙水压力消散法是在检查井内钻孔，在孔内安装减压阀，防止地面孔隙水压力上升，从而防止检查井抬升。图 10.7 给出了减压阀的结构和机理。

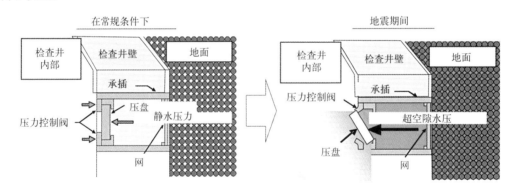

图 10.7　减压阀的结构和机理

在正常情况下，地下水位以下的水压是静态的。当土壤在地震中发生液化时，除了静水压力外，还会产生与水中土的重量相对应的超孔隙水压力，从而增加地面的水压。减压阀消除了这种超孔隙水压力。通常由压力控制阀支撑的压力板会抵抗作用在压力板上的静水压力，以阻挡外水进入。在发生地震时，压力控制阀在静水压力和超孔隙水压力共同作用下断裂，压力板脱落，外水流入检查井，可降低外部水压，防止检查井抬升。图 10.20 从不同角度展示了减压阀的结构。

照片 10.21～照片 10.23 显示了减压阀安装现场。阀门的不同颜色表示压力控制阀的不同强度。要安装的压力控制阀的类型和数量是根据土壤液化时采用平衡计算预测的检查井抬升量不超过 10cm 来确定的。

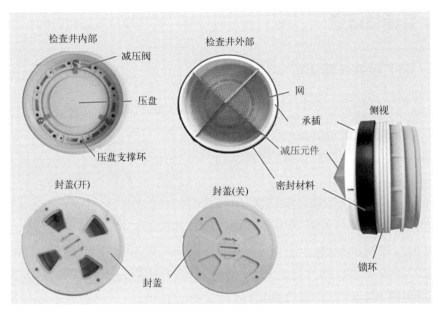

照片 10.20 从不同角度观察的减压阀

照片 10.21 安装的减压阀：近景

照片 10.22 已安装的减压阀：侧面图

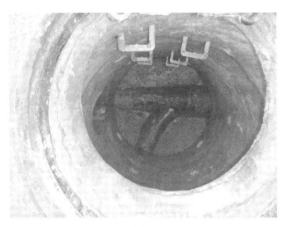

照片 10.23 已安装的减压阀：鸟瞰图

10.4 后评估调查

10.4.1 施工后的长期调查

自 1986 年首次采用 SPR 方法以来，该方法已经使用了 30 多年，目前正在系统地对采用该方法修复的管道进行后评估调查，以验证修复质量。下文将给出结果示例。

在后评估调查中，一般有三项评价内容：
- 管道外观检查；
- 灌浆试验（抗压强度试验和碳化试验）；
- 型材试验（抗拉强度试验、耐腐蚀试验、磨损测量）。

照片 10.24 及照片 10.25 显示了 1999 年及 2004 年采用 SPR 技术修复的两条排水管的状况。照片 10.26～照片 10.28 显示了后评估调查中岩芯样品的获取和砂浆碳化试验。调查结果显示管道的性能水平没有任何显著下降，结果令人满意。

照片 10.24　1999 年修复的排水管长期跟踪调查

照片 10.25　2004 年修复的排水管长期跟踪调查

照片 10.26　在后评估调查中，对采用 SPR 方法修复管道进行岩芯取样

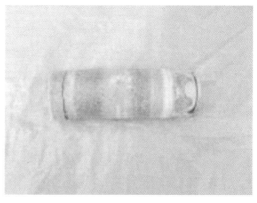

照片 10.27　用于后评估的岩芯样本

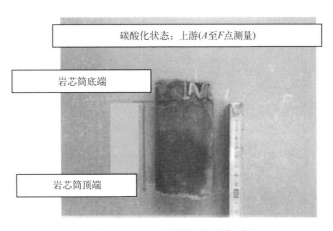

照片 10.28　后评估中的碳化试验示例

10.4.2　震后调查

近年来，日本连续发生了多次造成严重破坏的大地震，由此造成排水管道破坏的案例屡见不鲜。对地震前采用 SPR 方法改造的部分排水管道进行了调查，见下文。

第一次 1995 年的阪神大地震，震级 7.3 级，震中位于兵库县南部，震源深度 14km。这次毁灭性的地震，及其引发的火灾，摧毁了高速公路的高架桥和许多建筑物，造成超过 6000 人死亡（照片 10.29）。土壤液化对排水管道造成破坏的案例较多，特别是在填海区。在沿海地区，大规模的土壤液化使地下管道无法使用（照片 10.30）。

照片 10.29　1995 年阪神大地震导致高速公路高架桥部分坍塌
注：图片来自日本国土交通省近畿地区发展局网站

在神户、芦屋和西宫等受灾严重的城市，调查了 1995 年地震前用 SPR 方法修复的约 700m 的管道。在一个小尺寸（直径 250mm）管段的几个位置发现互锁结构脱节，但并未发现明显的异常，排水管道运行正常。

照片 10.30　阪神大地震导致土壤液化（图片来自日本国土交通省网站）

　　第二次大地震是 2004 年发生的中越地震。照片 10.31 和照片 10.32 是在地震后拍摄的。这场 6.8 级的地震震中位于长冈市新潟县，震源深度 13km，日本气象厅发布的地震烈度等级为 7 级。如照片 10.31 所示，地震导致道路开裂和检查井抬升（即周围地面下沉）。该区域正下方铺设的排水管道已采用 SPR 方法进行改造，地震后对排水管道损坏情况进行调查，并未发现管道有任何损坏。

照片 10.31　2004 年中越地震造成的地面破坏　　　照片 10.32　2004 年日本中越地震后 SPR 方法修复的排水管道没有损坏

　　最后一次是 2011 年日本东部大地震，震级为 9.0 级，震中位于宫城县海岸外约 70km 的海底。这场造成超过 1.5 万人死亡的大地震，不仅对建筑物和其他设施造成了直接破坏，还引发了毁灭性的海啸，造成更多人死亡。海岸附近的污水处理设施也遭到破坏，无法使用。

　　从破坏比例上看，此次地震对排水管道的破坏没有以往地震造成的破坏严重。不过，破坏的管道总长度却远远大于过去地震破坏的管道长度（MLITT，2012）。在日本东北地区，SPR 方法在地震前就得到了广泛的应用。后续调查主要集中在地震烈度较高的地区，有土壤液化现象的地区以及有进行过管道抗震改造的地区。

　　在青森县、岩手县、宫城县、福岛县和千叶县通过 SPR 方法修复的排水管道中，共有约 1900m 排水管道进行了外观和 CCTV 检查。调查结果显示，所有被检查的管段均未出现断裂、互锁接头断裂及进水等异常情况。附录 10.A 是宫城县东武污水处理办公室撰写的一份当地政府关于地震对改造排水管道损害调查的政府报告，该报告于2015年发表在《日本排水管道月刊（JOSM）》上。该报告对几个排水管道改造方法的性能进行了客观评价，其中包括在东日本大地震中用于该地区排水管道改造项目的SPR方法（MPTSO，2015）。据报道，采用SPR方法改造的管道中，发现了三处轻微损坏，但不需要进一步修复。

这些震后调查再次表明，SPR方法修复的排水管道确实能够抵御大地震的破坏，证明对老旧排水管道进行改造和抗震加固是提高排水管道系统弹性的有效措施。

10.5 其他国家的排水管道修复项目

10.5.1 项目背景

排水管道系统的建造历史源远流长。研究认为，世界上最古老的排水管道系统大约在4000年前由印度建造（MLITT，2016）。现代排水管道的发展始于工业革命后的欧洲，19世纪下半叶开始广泛使用地埋式管道。如今，这种管道系统成为维护生活环境和公共卫生的重要基础设施，被众多国家的大型城市和中小型城市所使用。

随着管道建造历史发展，在欧洲、美国和亚洲，许多城市排水管道使用年限已超过50年的设计使用寿命，且性能有迅速退化的趋势，因此，除了修建新的管道外，还有必要及时地、系统地进行管道改造工作。然而，采用开挖法进行管道修复，会造成一系列众所周知的问题，如工程量大、造价高、长期施工占地带来的交通拥堵、噪声、扬尘等对周围环境的不利影响。

为了解决这些问题，需要一种更高效、更安全的兼顾环境和经济的施工方法，来修复老化的地下管道，并增强其抵御老化问题和其他自然灾害（如地震等）的能力。近年来以恢复结构强度、增强耐腐蚀性、防止地下水流入和提高水力能力等为目标的管道修复的项目数量持续增加。

10.5.2 SPR方法的广泛应用

作为一种环境友好的非开挖修复方法，SPR方法具有许多重要特点：

- 由于使用预制件，施工质量稳定；
- 使用有机溶剂，引起火灾或产生恶臭的风险低；
- 建成后使用寿命长达50年；
- 施工期间无需排水断流；
- 适用于各种截面形状（圆形、马蹄形、矩形等）的管道；
- 可以形成长距离衬里和弧形衬里。

这些特点使SPR方法不仅在日本，而且在其他国家也被广泛应用。该方法作为一种高度可靠的修复方法，符合各种地方标准，并在许多国家获得了施工批准和许可，可被用于大直径、自由形状截面或弯曲管道等各种类型的排水管道修复项目。图10.8显示了自

2004～2015 年这 12 年期间，按地区和年份划分的采用 SPR 方法修复的排水管道总长度。如图所示，采用这种方法修复的管道总长超过 100km，主要分布在亚洲、北美和欧洲。

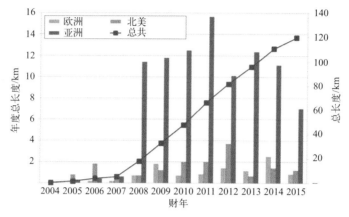

图 10.8　其他国家采用 SPR 方法修复的排水管道长度随时间的变化

（扫封底或后勒口处二维码看彩图）

10.6　其他国家的排水管道修复案例研究

本节简要介绍其他国家采用 SPR 方法进行排水管道修复的案例。表 10.1 列出了近年来不同地区实施的四个项目的基本情况，概述了排水管道的形状和大小、工期和项目目标。请注意，这些项目都旨在恢复老化排水管道的强度、提高耐腐蚀性、提高水力容量、控制进水量等。

表 10.1　其他国家使用 SPR 方法进行排水管道修复的案例

案例	地区	国家	城市	截面形状	内径 /mm		施工长度 /m	项目目标			
					现有管道	衬管		强度恢复	抗腐蚀能力提升	水力容量增强	进水控制
1	欧洲	法国	欧博讷	矩形（宽而浅）	2560×1085	2366×926	107.8	√	√		
2		德国	安斯巴赫	椭圆形	1200×1550	982×1349	726	√			√
3	北美	美国	堪萨斯州	圆形	2895	2540	61	√		√	
4	亚洲	中国	香港	矩形（窄而深）	2500×4000	2250×3530	160	√			

10.6.1　案例 1：法国欧博讷

（1）背景资料

法国是欧洲第三大排水管道修复市场。欧博讷（Eaubonne）位于法国巴黎大区，是巴黎的卫星城市之一。自 2008 年以来，该项目所在地曾发生过数次道路塌方事故，项目业主正在寻找排水管道改造方法,以有效解决塌方问题(照片10.33和照片10.34)。业主要求采用非开挖施工方法,以避免露天开挖,从而减少对环境的影响,并防止施工期间的交通拥堵。该排水管道尺寸相对较大且横截面宽浅,属于自由形横截面管道,因此最适合使用SPR方法进行修复。

 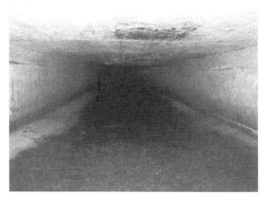

照片10.33　法国欧博讷的排水管道故障导致道路塌陷　　照片10.34　法国欧博讷一个截面较大且宽浅的老化排水管道

(2)修复设计

图10.9显示了现有排水管的平面图和典型修复横截面的尺寸。设计条件如下。

现有管道类型:钢筋混凝土管。

现有管道尺寸:2560mm×1085mm。

现有管道长度:107.8m。

覆盖层厚度:0.9～1.0m。

设计条件:条件二(假定地下水位与覆盖层深度相同)。

拟使用的型材:#79SW和#79SFW。

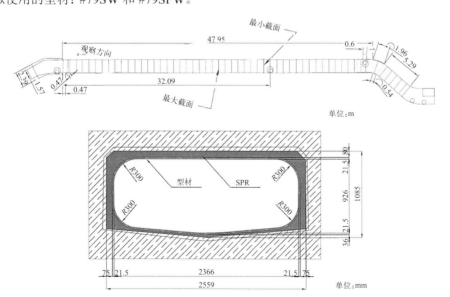

图10.9　现有排水管的平面图和修复横截面的尺寸(法国欧博讷)

(扫封底或后勒口处二维码看彩图)

（3）修复施工

照片 10.35～照片 10.38 展示了如何进行修复施工，以及修复完工后排水管的内表面。

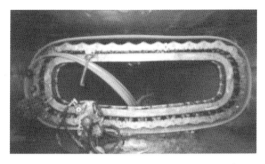

照片 10.35　现有管道衬里（弯管，法国欧博讷）

照片 10.36　设置支护和防抬升的框架（法国欧博讷）

照片 10.37　修复施工中进行砂浆灌浆（法国欧博讷）

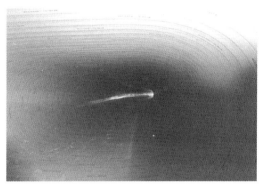

照片 10.38　采用 SPR 方法修复的排水管的内表面（弯管，法国欧博讷）

10.6.2　案例 2：德国安斯巴赫

（1）背景资料

德国是欧洲最大的排水管道修复市场。安斯巴赫（Andsbach）是位于德国南部拜仁州（Bayern）米特尔弗兰肯（Mittelfranken）的一个城市。该工程中要修复的老化排水管道修建于 1936 年，为椭圆形横截面砖砌体结构。该管道穿过一个旧城区，该城区建筑物的基桩采用橡木制成。这就排除了其他需要通过开挖等施工活动的排水管道修复方法，避免对土壤和地下水位的扰动。因此，项目业主正在寻找一种排水管道修复方法，巩固这种已有 80 年历史的管道结构，从而改善管道排水状况。最终选择 SPR 方法，该方法适用于弯曲管道和椭圆形横截面管道的修复（照片 10.39、照片 10.40）。

（2）修复设计

图 10.10 显示了修复排水管道的典型横截面尺寸和支撑框架的设计图。设计条件如下。

现有管道类型：砖砌体。

现有管道尺寸：1200mm×1550mm。

现有管道长度：363m（两个平行跨度）。

10 不同国家的排水管道修复改造工程 | 353

照片 10.39 德国安斯巴赫一条老化的砖砌排水管道

照片 10.40 德国安斯巴赫排水管道修复的地面现场图

覆盖层厚度：3.54m。

设计条件：条件二（假定地下水位与覆盖层深度相同）。

拟使用的型材：#80SW 和 #80SFW。

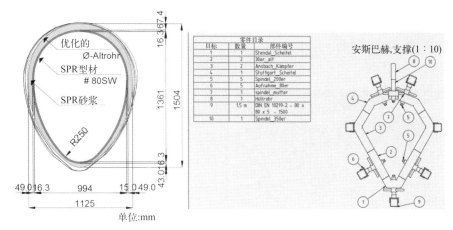
图 10.10 修复管道的尺寸和支撑框架的设计图（德国安斯巴赫）
（扫封底或后勒口处二维码看彩图）

（3）修复施工

照片 10.41～照片 10.43 展示了如何进行修复施工，以及修复完工后排水管的内表面。

照片 10.41 现有管道衬砌（椭圆形横截面，德国安斯巴赫）

照片 10.42 修复施工期间进行砂浆灌浆（德国安斯巴赫）

照片 10.43　采用 SPR 方法修复的管道内表面（椭圆形截面，德国安斯巴赫）

10.6.3　其他案例

还有一些亚洲和北美采用 SPR 方法进行排水管道修复的案例，下面对修复施工前后管道的照片进行了对比。

案例 3：美国堪萨斯城（照片 10.44）。

案例 4：中国香港（照片 10.45）。

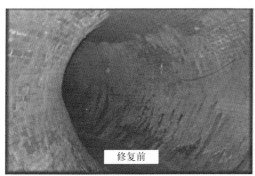 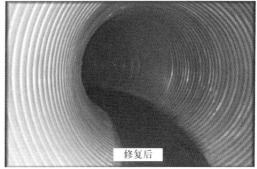

照片 10.44　美国堪萨斯城一条圆形管道修复施工前后的对比图

照片 10.45　中国香港一条双管排水管道修复施工前后的对比图

附录

附录 10.A 来自宫城县东武污水处理办公室的当地政府报告：东日本大地震中经抗震加固的排水管道的性能

10.A.1 引言

宫城县东武污水处理办公室位于宫城县东部的石卷市，负责管理三个流域的污水处理项目：北上川下游流域、位于石卷市的北上川下游流域东部，以及栗原·登米地（Tome-Kurihara）的 Hasama 流域。

三个流域排水管道服务总面积约 8000hm^2，服务人口约 20 万人，主要设施包括 3 座污水处理厂（石卷、东石卷和 Ishikoshi 污水处理厂）、30 座提升泵站，排水管道总长约 128km。

2005 年 3 月，通过了污水处理设施抗震改造计划（主要是污水处理厂和泵站的抗震加固），随后于 2007 年 3 月实施了污水处理设施紧急抗震安全计划（主要涉及排水管道系统的抗震加固）。这些计划旨在 2011 财年前完成重要设施的抗震加固，但在 2011 年 3 月 11 日，发生了东日本大地震，此次地震被日本气象厅评定为震级 6 弱，此时抗震加固的目标尚未完成。

本文描述了东日本大地震中，东武排水处理办公室所管理的北上川下游流域东部排水系统的女川干线排水管道修复后的情况。

10.A.2 排水管道系统的抗震加固改造原理

在详细探讨地震破坏之前，我们再次简要介绍排水管道系统的地震加固改造理念，该理念经由 2009 年 11 月发行的《日本排水管道月刊》（Journal of Sewerage Monthly）（第 32 卷第 13 期）的一份题为《排水管道系统抗震加固改造：优先顺序和应采取的行动》的报告首次提及。

宫城县在设计排水管道系统时，考虑到震后排水管道系统功能发挥的必要性和紧迫性，即使在发生二级地震的情况下，也要尽量确保"排水、存储和排水处理"的基本功能的可用性，这与长期预测的（概率为 90%）"宫城地震"相符。

排水管道系统也应满足抗震需求。例如，即使在发生大地震的情况下，排水管道系统必须避免危及生命和次生灾难的风险，以及严格避免对通往避难所和医院等主要设施的紧急交通路线的不利影响。

通过抗震性评估发现，不符合抗震标准的排水管道系统（例如在二级地震动条件下的管道抗拉阻力）或可能遭受液化导致的检查井抬升等不利影响的系统，被归类为在发生二级地震动时不满足排放能力要求的设施，需要进行抗震改造。

如图 10.A.1 所示的流程图，我们已经根据每个设施的重要程度（由紧急交通路线、铁路轨道区、干涸河床、实际流速和恶化程度的状况等因素决定），优先考虑了未能满足排放能力要求的设施的抗震改造。我们的计划是根据《排水管道设施紧急抗震安全计划》，对总长度约 14km 的"优先级Ⅰ"排水管道（包括排水管道桥梁）和约 200 个检查井进行抗震改造。但是，后来由于财务和其他问题，减少了抗震改造地点的数量，并选择了优先级更高的设施。

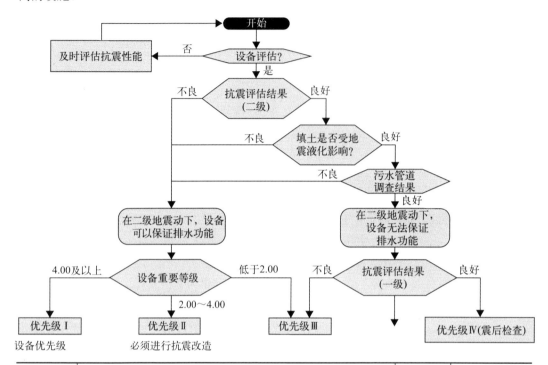

评估内容	（1）评估标准		（2）重要系数	（3）重要等级 [(3)=(1)×(2)]
选址	1.00	应急运输路线，铁路轨道区或河道区	4	4.00 ~ 0.00
	0.50	国道、县道或水道（小河）		
	0.00	市政道路或上述以外的其他道路		
污水设计流量	1.00 ~ 0.00	设计污水流量的计算方法为：（管道线路内设计污水流量）/污水厂的设计污水流量 = 整个项目的流量	3	3.00 ~ 0.00
形变等级	1.00	排水管道调查确定的等级 A（管道腐蚀）	2	2.00 ~ 0.00
	0.80	排水管道调查确定的等级 B（管道腐蚀）		
	1.00 ~ 0.00	排水管道调查确定的等级 C（管道腐蚀） 设计废水流量计算的基本方法为：完工后年数/50，此处 50 表示管道标准服役年限为 50 年		
地面地震烈度	1.00	地面地震烈度 7（实测地震烈度 6.5 或以上）	1	1.00 ~ 0.00
	0.90	地面地震烈度 6 以上（实测地震烈度 6.0 ~ 6.4）		
	0.80	地面地震烈度 6 以下（实测地震烈度 5.5 ~ 5.9）		
	0.70	地面地震烈度 5 以上（实测地震烈度 5.0 ~ 5.4）		
	0.60	地面地震烈度 5 以下（实测地震烈度 4.5 ~ 4.9）		
	0.50	地面地震烈度 6 或以下（实测地震烈度 4.4 ~ 0.0）		
			总计	1.00 ~ 0.00

图 10.A.1　排水管道设施抗震改造需求的优先顺序和设施重要性的分级
资料来源：由 JOSM 提供

10.A.3 修复的排水管道的状况

10.A.3.1 修复的排水管道的震前状况

在《排水管道设施紧急抗震安全计划》的支持下，截至 2011 财年，共修复了 2228m 的排水管道。

在签订合同时，未指定要使用的修复方法，而是规定了要满足的性能要求（如排水管直径、流速和抗震性），并且采用了投标人提出的最低报价法。

所使用的修复方法如表 10.A.1 和图 10.A.2 所示。

表 10.A.1 按长度划分的修复排水管类型

管径 /mm	修复方法			总长度 /m
	SPR	Danby	3S 分段法	
ϕ800	130.01	—	—	130.01
ϕ1100	—	512.99	815.47	1328.46
ϕ1200	228.29	541.41	—	769.70
总计	358.30	1054.40	815.47	2228.17

资料来源：JOSM 提供，《日本排水管道月刊》。

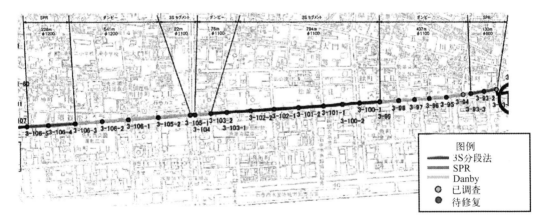

图 10.A.2 平面图
资料来源：由 JOSM 提供

10.A.3.2 修复的排水管道的震后状况

用肉眼和摄像机观察了修复后排水管道震后状况。

根据表 10.A.2 所示的标准对震后管道损坏进行了评估。

10.A.3.3 讨论：不同方法修复排水管道的外观检查结果

在受 2011 年 "6 级弱" 地震和随后的海啸影响地区，建筑物和道路遭到破坏。采用不同方法修复的排水管道的调查结果描述及讨论如下。

(1) Danby 法

采用 Danby 方法修复的管道部分，一共发现了 8 处损坏，其中 5 处 A 类损坏，3 处 B 类损坏。总共发现了 13 处渗水，其中 5 处 A 类渗水，3 处 B 类渗水和 5 处 C 类渗水。

表 10.A.2 排水管道损坏评估标准

			类别②		
		内容	(a)	(b)	(c)
每种管道的评估内容	(3) 管道损坏	钢筋混凝土管等	丢失	纵向裂纹，2mm 宽度或以上	纵向裂纹，低于 2mm 宽度
		陶土管	纵向裂纹 5mm 宽度或以上	纵向裂纹低于 1/2 管道长度	—
	(4) 管道断裂	钢筋混凝土管等	丢失	环形裂纹，2mm 宽度或以上	环形裂纹，宽度低于 2mm
			纵向裂纹大于 1/2 管道长度	环形裂纹，小于 2/3 周长	—
		陶土管	环形裂纹，5mm 宽度或以上	钢筋混凝土管道等，70mm 或者以上	钢筋混凝土管道等，小于 70mm
	(5) 管道接口位移		环形裂纹，大于 2/3 周长	陶瓦管：50mm 或以上	陶瓦管：50mm 以下
	(6) 渗水		涌入	流入	渗入
	(7) 连接管凸出①		主管道内径的 1/2 或者以上	主管道内径的 1/10 或者以上	低于主管道内径的 1/10
	(8) 油脂沉积①		堵塞 1/2 或以上的管道内径	堵塞管道内径少于 1/2	—
	(9) 树根侵入①		堵塞 1/2 或以上的管道内径	堵塞管道内径少于 1/2	—
	(10) 砂浆沉积①		30% 或以上的管道内径	10% 或以上的管道内径	10% 或以上的管道内径

① 这些项目基本上是可以通过清洁等常规方法来去除的问题。只有当这些问题无法通过清洁等常规方法来解决时，才被归入急需维修的分类中。资料由 JOSM 提供。
② 类别（a）需要维修；类别（b）可能需要维修（需要跟进）；类别（c）不需要维修。

A 类渗水区域包括一处从密封带渗水的区域和一处从进水管渗水的区域。C 类渗水区域包括两处从密封带渗水的区域（照片 10.A.1 和照片 10.A.2）。排水管道的损坏包括鼓包和接缝表面位移，并且从渗水的实际情况推断，损坏是由地下水压力等外力引起的。由于所有受损区域都可能阻碍水流，因此迫切需要采取补救措施。

照片 10.A.1 Danby 法：管道破损
资料来源：由 JOSM 提供

照片 10.A.2 Danby 法：外水渗入
资料来源：由 JOSM 提供

Danby 方法的一个特点是，表层材料较薄弱，以便地震引起的位移被薄弱层吸收。该特征是有利的，因为损坏的部分可以很容易地通过外观检查发现。

从 A 类破坏区域的地面条件还可以推断出，由于地震发生了相当大的位移（照片 10.A.3）。人们认为，由于地面运动或可能的其他外部因素，柔性段发生了超过允许极限的弯曲或其他变形。但是，即使在二级地震动下，排水管道的排水功能仍能保持正常，并且经过修复的管道在抗震性方面表现良好（照片 10.A.4）。

照片 10.A.3　Danby 法：地面破损
资料来源：由 JOSM 提供

照片 10.A.4　Danby 法：无异常
资料来源：由 JOSM 提供

（2）SPR 方法

在 SPR 方法修复的排水管段中，存在三个 C 类损坏区。但是，没有必要修复的受损部分，因为它们不会阻碍管道中的水流（照片 10.A.5 和照片 10.A.6）。

 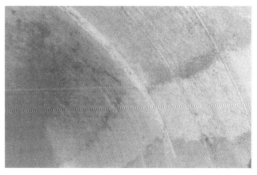

照片 10.A.5　SPR 方法：管道破损
资料来源：由 JOSM 提供

照片 10.A.6　SPR 方法：接缝表面位移
资料来源：由 JOSM 提供

（3）3S 分段法

在 3S 分段法修复的排水管段中，有 10 个 B 类损坏区、4 个 B 类渗水区和 8 个 C 类渗水区。

B 类渗水区域包括一个从管段延伸的区域和两个从密封带延伸的区域。C 类渗水区域包括两个从密封带延伸的区域。

在许多受损区域，出现了横跨两个或更多衬里段的环向裂缝。然而，在这种情况下，排水管道不需要重新维修，因为接缝表面没有位移，水流也没有受到阻碍（照片 10.A.7 和照片 10.A.8）。

结果表明，即使在二级地震动作用下，三种排水管道改造方法都能有效地保证其抗震性能。

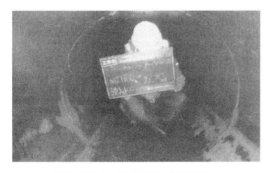

照片 10.A.7　3S 分段法：管道破损
资料来源：由 JOSM 提供

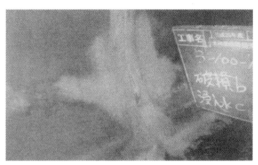

照片 10.A.8　3S 分段法：破损细节
资料来源：由 JOSM 提供

10.A.4　结论

2015 年 3 月 11 日是东日本大地震 4 周年纪念日。然而，灾后恢复仍在进行中，并且需要很长时间。许多从其他地区调派的人员仍在进行恢复工作，许多工程师和专家尚在进行基础设施的修复工作。

最后，我们要感谢参与震后恢复工作的所有人员在灾后长期重建过程提供的帮助。

参考文献

MLITT (2012). Summary Report on Sewer Damage Caused by 2011 Great East Japan Earthquake (A Report for Committee Deliberations). Ministry of Land, Infrastructure, Transport and Tourism, Tokyo (in Japanese).

MPTSO, 2015. Performance of seismically retrofitted sewer lines in the Great East Japan Earthquake. Miyagi Prefecture Tobu Sewerage Office. J. Sewerage Monthly. 32 (13), 6569, Tokyo (in Japanese).

MLITT, 2016. History of Sewer. From the website of Ministry of Land, Infrastructure, Transport and Tourism, Tokyo (in Japanese).

致　谢

撰写本书时，我们深受众多人士直接或间接的宝贵贡献所惠，我们向他们致以衷心的感谢。第 4 章、第 5 章、第 6 章、第 10 章的撰写，获得了来自东京都政府排水管道局的 Atsuhiko Mizunuma 先生、Tomoichi Fujihashi 先生和 Hitoshi Umano 先生，东京排水管道株式会社的 Yoshifumi Takahashi 博士、Yukitoshi Iwasa 先生和 Tsuyoshi Haibara 先生，Sekesui 公司的 Hirohide Nakagawa 先生、Mitsuhiko Watanabe 先生和 Akira Imagawa 先生的帮助。第 9 章两个网络问题的数值计算由 Nippon Koei 公司研发中心的 Masaaki Nakano 先生和 Yasuaki Sugimoto 博士完成。美术制作由 Kanae Uchiyama 女士完成。我们向他们表示感谢。感谢师自海以前团队的所有成员，Masaaki Nakano 先生、Yukari Nakamura 先生、Jianhon Wang 博士和 Toru Kouchi 先生，他们为了将老化排水管的改造设计变成一流的工程付出了巨大努力。还要感谢日本 Nippon Koei 公司研发中心的主任 Masaru Onodera 先生和总经理 Shigeru Nakamura 先生，他们的信任与支持让本书的写作更加顺畅。最后我们要感谢由 Kenneth P. McCombs 先生、Charlotte Rowley 女士和 Mohana Natarajan 女士领导的爱思唯尔（Elsevier）的编辑团队，感谢他们在本书出版过程中的积极支持和专业指导。本书的写作始于 Ken 的问候，我们在交流中开始撰写这本书，对于我们来说，写作本书的时光将成为人生中一段美好的回忆。

师自海

渡边志津男

小川健一

久保肇

2017 年 4 月 1 日